DVDで一発合格！

第二種電気工事士

筆記 & 技能 テキスト

カラー版

西東社

本書の特長と使い方

筆記試験には、かつて出題された問題や類題が数年後にまた出題される、という特徴があります。本書は過去問題の出題内容・傾向に基づいて編集されているので、合格レベルに短時間で到達することができます。

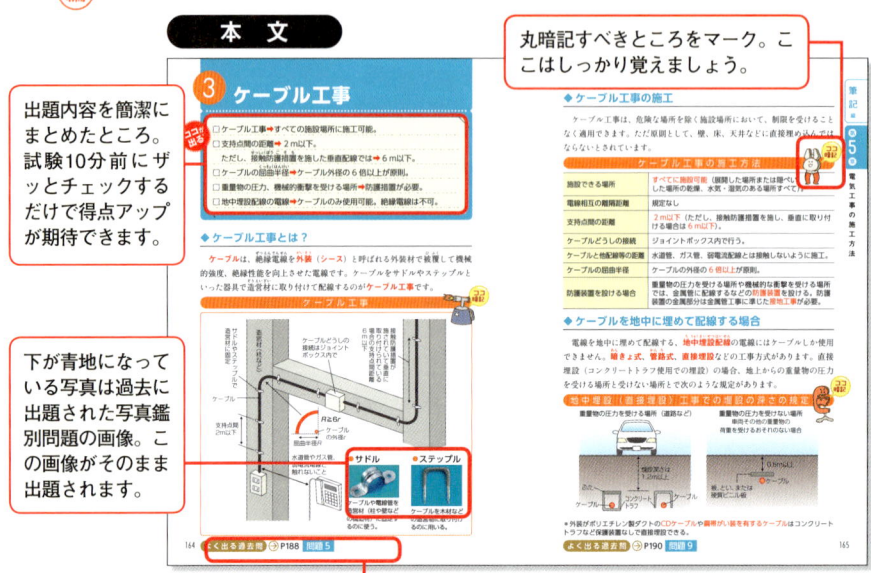

出題内容を簡潔にまとめたところ。試験10分前にザッとチェックするだけで得点アップが期待できます。

丸暗記すべきところをマーク。ここはしっかり覚えましょう。

下が青地になっている写真は過去に出題された写真鑑別問題の画像。この画像がそのまま出題されます。

各章の最後にある「よく出る過去問」の該当ページ。問題を解くことで理解が深まります。

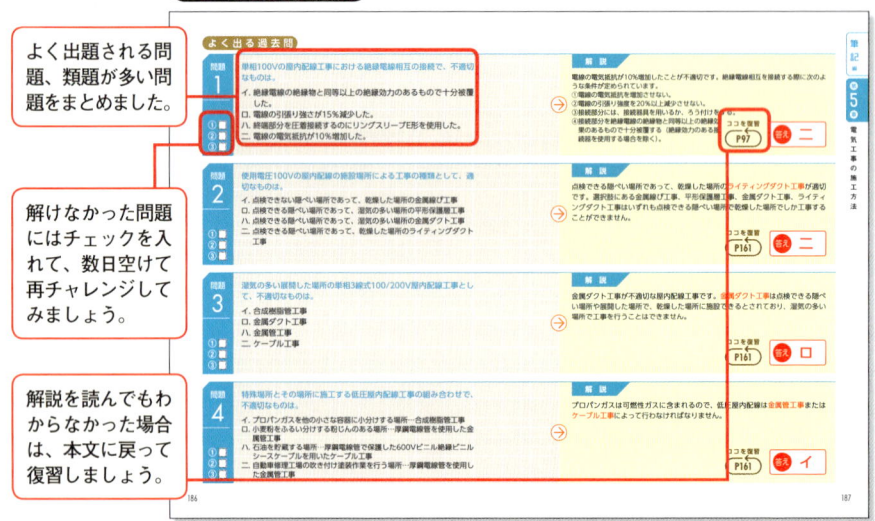

よく出題される問題、類題が多い問題をまとめました。

解けなかった問題にはチェックを入れて、数日空けて再チャレンジしてみましょう。

解説を読んでもわからなかった場合は、本文に戻って復習しましょう。

本書は「筆記試験編」と「技能試験編」の2編立て。
どちらの試験でも合格レベルの知識と技術がしっかり身につきます。

本書で解説したテクニックをマスターすれば、技能試験は楽にクリアできます。DVDを何度も見て、わからないところは本書の解説をよく読んでコツをつかみましょう。

初めて技能に挑戦する人でも、写真と詳しい解説、さらに付属のDVDを参考にすれば、ひと通りの作業が独学でできるようになります。

欠陥を起こさないためのコツや欠陥を見つけたときの対処法をまとめました。

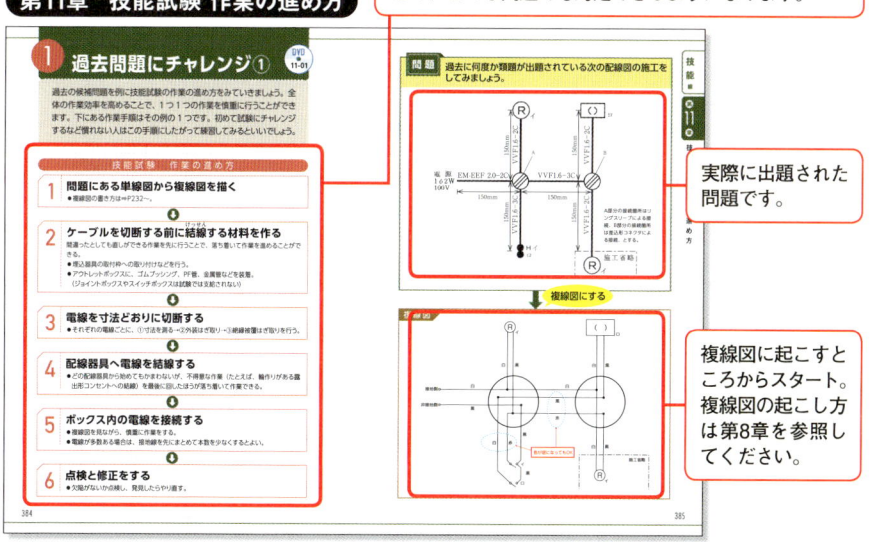

技能試験での作業の進め方を解説。この手順を覚えることで、どんな問題でも対処できるようになります。

実際に出題された問題です。

複線図に起こすところからスタート。複線図の起こし方は第8章を参照してください。

※本書は、特に明記しない限り、2018年4月1日現在の情報にもとづいています。

ＤＶＤの使い方

「技能試験 編」の内容がＤＶＤに収められています。
本書で理解した内容を映像で確認することで、技術向上を図れます。

① メイン・パートメニュー

ＤＶＤは、10章の内容を30のパート、11章の内容を2つのパートに分けて映像を収録しています。ご覧になりたい章のボタンを押すと右写真のようなパートメニュー（本書の見出し横にあるＤＶＤマークと同じ見出し）が表示されます。

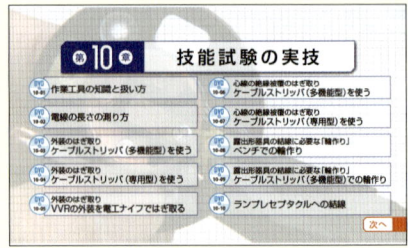

② 各技能の画面

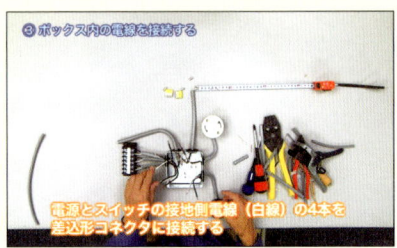

ご覧になりたいパートのボタンを押すと、映像が再生されます。映像での技術を「真似る」ことが最も効率的な習得法です。何度も繰り返し練習しましょう。

本書付録ＤＶＤをご使用になる前に

使用上のご注意
● ＤＶＤビデオは、映像と音声を高密度に記録したディスクです。ＤＶＤビデオ対応のプレーヤーで再生してください。プレーヤーによっては再生できない場合があります。詳しくは、ご使用になるプレーヤーの取扱説明書をご参照ください。
● 本ディスクにはコピーガード信号が入っていますので、コピーすることはできません。

再生上のご注意
● 各再生機能については、ご使用になるプレーヤーおよびモニターの取扱説明書を必ずご参照ください。本ディスクにはコピーガード信号が入っていますので、コピーすることはできません。
● 一部プレーヤーで作動不良を起こす可能性があります。その際は、メーカーにお問い合わせください。

取扱上のご注意
● ディスクは両面とも、指紋、汚れ、傷等をつけないように取り扱ってください。
● ディスクが汚れたときは、メガネふきのような柔らかい布を軽く水で湿らせ、内周から外周に向かって放射線状に軽くふき取ってください。レコード用クリーナーや溶剤等は使用しないでください。
● ディスクは両面とも、鉛筆、ボールペン、油性ペン等で文字や絵を書いたり、シール等を貼らないでください。
● ひび割れや変形、または接着剤等で補修されたディスクは危険ですから絶対に使用しないでください。また、静電気防止剤やスプレー等の使用は、ひび割れの原因となることがあります。

鑑賞上のご注意
● 暗い部屋で画面を長時間見つづけることは、健康上の理由から避けてください。また、小さなお子様の視聴は、保護者の方の目の届く所でお願いします。

保管上のご注意
● 使用後は必ずプレーヤーから取り出し、ＤＶＤ専用ケースに収めて、直射日光が当たる場所や高温多湿の場所を避けて保管してください。
● ディスクの上に重いものを置いたり落としたりすると、ひび割れたりする原因になります。

お断り
● 本ＤＶＤは、一般家庭での私的視聴に限って販売するものです。本ＤＶＤおよびパッケージに関する総ての権利は著作権者に留保され、無断で上記目的以外の使用（レンタル＜有償、無償問わず＞、上映・放映、インターネットによる公衆送信や上映、複製、変更、改作等）、その他の商行為（業者間の流通、中古販売等）をすることは、法律により禁じられています。

CONTENTS

本書の特長と使い方 ……………………………………………………… 2
DVDの使い方 ……………………………………………………………… 4
第二種電気工事士試験 Q&A …………………………………………… 10

筆記試験 編　13〜304

筆記試験の内容と対策 …………………………………………………… 14

第1章 電気の基礎理論　17

1. 電気の基本用語 …………………………………………………… 18
2. オームの法則 ……………………………………………………… 20
3. 電気回路の電流と電圧（分流と分圧）………………………… 22
4. 合成抵抗の求め方 ………………………………………………… 24
5. 電圧降下 …………………………………………………………… 26
6. 電力と電力量 ……………………………………………………… 28
7. 交流の値の表し方 ………………………………………………… 30
8. 交流負荷—抵抗・コイル・コンデンサ ……………………… 31
9. 交流回路と位相 …………………………………………………… 35
10. RLC直列回路とRLC並列回路 …………………………………… 37
11. 交流の電力と力率 ………………………………………………… 40
12. 三相交流の基本 …………………………………………………… 42
13. 三相交流回路の電力 ……………………………………………… 44

よく出る過去問 …………………………………………………… 46
試験直前10点UP! おさらい一問一答 ……………………… 56

CONTENTS

第2章 配電理論と配線設計　57

1. 配電方式　58
2. 単相2線式回路の電圧降下・電力損失　60
3. 単相3線式回路の電圧降下・電力損失　62
4. 三相3線式回路の電圧降下・電力損失　66
5. 絶縁電線の種類と許容電流　68
6. 引込線・引込口配線の設計　70
7. 過電流遮断器　72
8. 漏電遮断器　75
9. 屋内幹線の設計　76
10. 分岐回路の設計　80

よく出る過去問　84
試験直前10点UP! おさらい一問一答　90

第3章 配線器具・材料・工具　91

1. 電線—絶縁電線とケーブル　92
2. 電線どうしの接続　96
3. コンセント　100
4. 開閉器　102
5. スイッチ　103
6. 配線工事に使う材料　108
7. 遮断器　114
8. 照明器具　116
9. 誘導電動機　120

よく出る過去問　124
試験直前10点UP! おさらい一問一答　132

第4章 配線図記号　133

1. 配線に関する図記号　134
2. コンセントの図記号　138
3. スイッチの図記号　141
4. 照明器具の図記号　144
5. 配電盤・計器・各種電気機器の図記号　146

よく出る過去問　150
試験直前10点UP! おさらい一問一答　158

第5章 電気工事の施工方法　159

1. 施設場所と工事の種類 …………………………… 160
2. がいし引き工事 …………………………………… 162
3. ケーブル工事 ……………………………………… 164
4. 金属管工事 ………………………………………… 166
5. 金属可とう電線管工事 …………………………… 169
6. 合成樹脂管工事 …………………………………… 170
7. 金属線ぴ工事 ……………………………………… 172
8. ダクト工事 ………………………………………… 174
9. ネオン放電灯工事 ………………………………… 178
10. ショウウインドウ内配線工事 …………………… 179
11. その他の工事 ……………………………………… 180
12. 接地工事 …………………………………………… 182
13. 漏電遮断器の施設と省略 ………………………… 185
    よく出る過去問 …………………………………… 186
    試験直前10点UP! おさらい一問一答 ……………… 192

第6章 電気工作物の検査　193

1. 電気設備竣工検査の流れ ………………………… 194
2. 絶縁抵抗の測定 …………………………………… 195
3. 接地抵抗の測定 …………………………………… 197
4. 電流・電圧・電力の測定 ………………………… 198
5. 回路計・クランプメータ・検電器 ……………… 202
6. 各種計器の分類と記号 …………………………… 204
    よく出る過去問 …………………………………… 206
    試験直前10点UP! おさらい一問一答 ……………… 212

CONTENTS

第7章 一般用電気工作物の保安に関する法令　213

1. 電気工事に関わる法律 …… 214
2. 電気事業法 …… 215
3. 電気工事士法 …… 216
4. 電気設備技術基準・解釈 …… 219
5. 電気用品安全法 …… 221
6. 電気工事業法 …… 222
   - よく出る過去問 …… 224
   - 試験直前10点UP! おさらい一問一答 …… 230

第8章 配線図—単線図と複線図　231

1. 単線図と複線図の基礎知識 …… 232
2. 単線図→複線図 1 電気配線の基本ルール …… 234
3. 単線図→複線図 2 連用器具の配線 …… 236
4. 単線図→複線図 3 3路スイッチの配線 …… 238
5. 単線図→複線図 4 3路／4路スイッチの配線 …… 240
6. 単線図→複線図 5 タイムスイッチや自動点滅器の配線 …… 242
7. 単線図→複線図 6 リモコン回路 …… 244
8. リングスリーブと差込形コネクタでの結線 …… 246
   - よく出る過去問 …… 248
   - 試験直前10点UP! おさらい一問一答 …… 254

第9章 模擬問題　255

- **第1回** 筆記試験　模擬問題 …… 256
  - 解答と解説 …… 273
- **第2回** 筆記試験　模擬問題 …… 281
  - 解答と解説 …… 298

技能試験 編

305〜395

技能試験の内容と対策 ……………………………………………… 306

第10章 技能試験の実技　311

1. 作業工具の知識と扱い方 …………………………………… 312
2. 支給される材料の知識 ……………………………………… 316
3. 電線の切断寸法の決め方 …………………………………… 322
4. 電線の長さの測り方 ………………………………………… 324
5. 外装のはぎ取り ……………………………………………… 325
6. 心線の絶縁被覆のはぎ取り ………………………………… 332
7. 露出形器具の結線に必要な「輪作り」 …………………… 334
8. ランプレセプタクルへの結線 ……………………………… 340
9. 露出形コンセントへの結線 ………………………………… 343
10. 引掛シーリングへの結線 …………………………………… 345
11. 埋込連用取付枠への配線器具の取り付け方 ……………… 350
12. 1つの埋込器具へ結線する ………………………………… 353
13. 複数の埋込器具へ結線する ………………………………… 357
14. 端子台への結線 ……………………………………………… 362
15. 配線用遮断器への結線 ……………………………………… 365
16. 防護管の取り付け …………………………………………… 367
17. アウトレットボックスにゴムブッシングを装着 ………… 369
18. アウトレットボックスにPF管を接続 …………………… 370
19. アウトレットボックスと金属管の接続 …………………… 371
20. アウトレットボックスと金属管の接続　ボンド線の接続 … 374
21. アウトレットボックスでの電線の採寸 …………………… 376
22. リングスリーブでの電線の接続 …………………………… 378
23. 差込形コネクタでの電線の接続 …………………………… 382

第11章 技能試験　作業の進め方　383

1. 過去問題にチャレンジ❶ …………………………………… 384
2. 過去問題にチャレンジ❷ …………………………………… 390

さくいん ………………………………………………………………… 396

第二種電気工事士試験 Q&A

Q 「電気工事士」ってどんな資格ですか？

A 電気工事を行えるのは「**電気工事士**」の国家資格をもっている人に限られます。安全に電気が使用されるためには、電気配線や電気設備についての知識と技能をもつ専門技能者によって、適切な工事を行う必要があります。知識と技能をもたない人が工事を行うことによって、漏電や感電といった事故を引き起こすおそれがあるからです。

Q 「第二種」というのはどういう種類なんですか？

A 電気工事士には「**第一種**」と「**第二種**」があります。このうち、第二種電気工事士は、一般住宅や小規模な店舗・ビルなどのように、低圧の電圧で受電する場所の配線や電気設備の工事をすることができます。

　第二種電気工事士は国家資格なので、この資格があれば全国どこであっても上に記した範囲であれば工事ができることもあり、需要の多い人気の資格といえます。

Q 第二種電気工事士をもっていると有利な点は？

A 第二種電気工事士は、電気技術者の入門資格です。この資格を取得してから、上級資格である「**第一種電気工事士**」を目指す人も大勢います。第一種電気工事士なら、電力会社などの電気事業用設備を除く、ほとんどの電気工事に従事できます。

　また、実務経験を3年以上積めば「**主任電気工事士**」になることもできます。主任電気工事士とは、電気工事事業者が営業所ごとに置くことが義務づけられている資格者のことです。

　さらに上級資格として、電圧5万V未満の事業用電気工作物の工事やその保守や運用などの保安監督を行うことができる「**第三種電気主任技術者**」を目指す人もいます。

　このように、第二種電気工事士からスタートすることで、電機業界でのキャリアアップのスタートラインにつけるといえるでしょう。

　ただし、「入門資格」といっても、電気の知識をもっていない人にとっては、

その試験問題はかなり難しいといえます。基礎数学、基礎電気学の知識が必要です。準備にはある程度時間がかかることを覚悟して取り組みましょう。

Q 試験はどのように行われるのですか?

A 試験は、**筆記試験**と**技能試験**によって行われます。筆記試験合格者（筆記試験免除者➡P12）だけが技能試験を受けることができます。

なお、筆記試験と技能試験の詳しい内容は次のページを参照してください。

| 筆記試験 | ➡ | P14～16 |
| 技能試験 | ➡ | P306～310 |

Q 試験はどうやって申し込めばいいのですか?

A 個人での受験の申し込み手続きは、インターネットを使って行うか、申込書を入手して郵送するか、になります（団体での申し込みの場合は、団体受験主催者にお問い合わせください）。

❶ インターネットで申し込む場合

「一般財団法人　電気技術者試験センター」のホームページにアクセスして、「インターネット受験申込」というボタンを押すと、メニュー画面が表示されて、申し込み手続きを行うことができます。

● 一般財団法人　電気技術者試験センター　ホームページ
http://www.shiken.or.jp/

❷ 申込書を入手して郵送する場合

まず、「受験案内・申請書」を入手します。電気技術者試験センター窓口のほか、書店、河合塾主要校舎、各電力会社支店・営業所窓口などで入手できる場合があります。取り扱っている書店や校舎、支店・営業所については、下記URLを参照してください。

http://www.shiken.or.jp/examination/e-construction02guidance.html

申込書に必要事項を記入し、受験手数料とともにゆうちょ銀行の窓口に提出します。

● 申し込みに関する問い合わせ
一般財団法人　電気技術者試験センター本部事務局
電話　03-3552-7691　FAX　03-3552-7847
〒104-8584
東京都中央区八丁堀2-9-1　RBM東八重洲ビル8階

※住所や連絡先などについては、上記の電気技術者試験センターのホームページなどでよく確認してください。

Q 試験はいつ行われるのですか?

A 第二種電気工事士の資格試験は、上期と下期の2回の試験があります。申し込みから受験までの流れは次のとおりです。

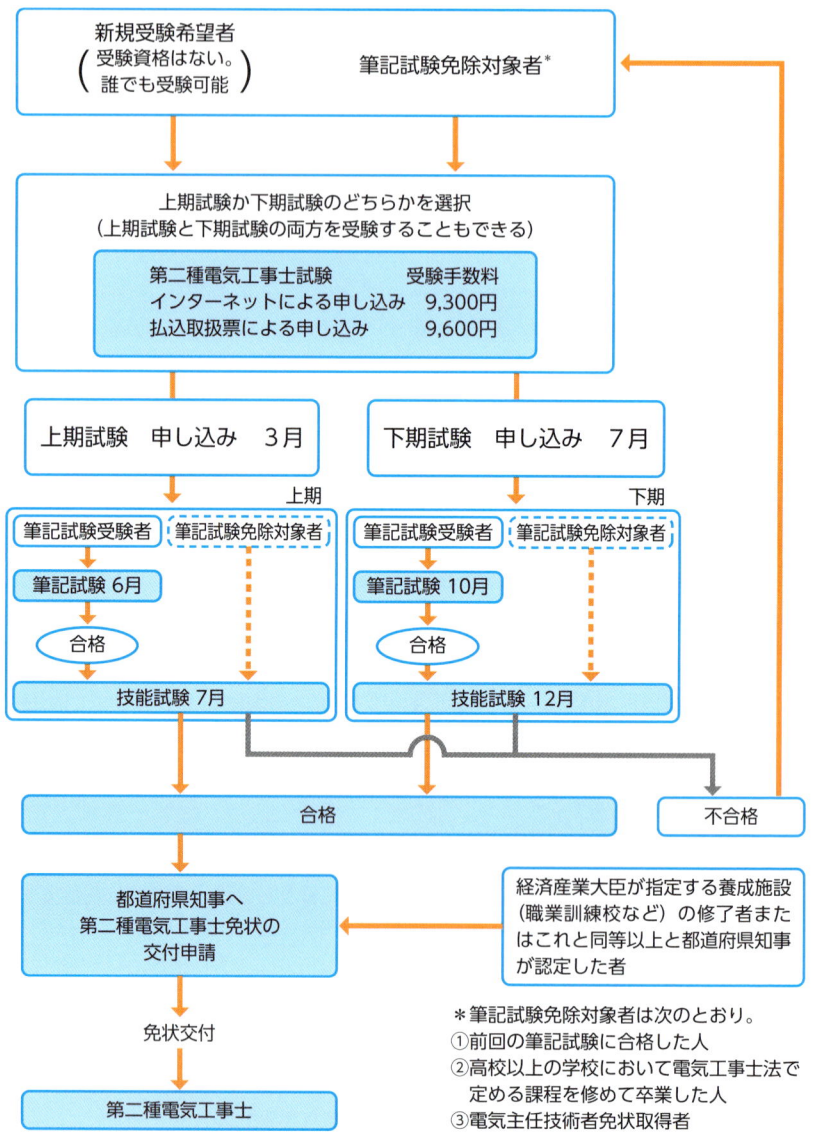

筆記試験 編

筆記試験の内容と対策

筆記試験の内容

筆記試験は、次に掲げる科目と範囲について行われます。各科目は本書のそれぞれの章と対応しています。

科目	範囲	本書の該当章	出題問題数
❶ 電気に関する基礎理論	①電流、電圧、電力及び電気抵抗 ②導体及び絶縁体 ③交流電気の基礎概念 ④電気回路の計算	第1章	4～6問
❷ 配電理論及び配線設計	①配電方式 ②引込線 ③配線	第2章	4～6問
❸ 電気機器、配線器具並びに電気工事用の材料及び工具	①電気機器及び配線器具の構造及び性能 ②電気工事用の材料の材質及び用途 ③電気工事用の工具の用途	第3・4・5章	4～6問
❹ 電気工事の施工方法	①配線工事の方法 ②電気機器及び配線器具の設置工事の方法 ③コード及びキャブタイヤケーブルの取付方法 ④接地工事の方法	第3・4・5章	5～6問
❺ 一般用電気工作物の検査方法	①点検の方法 ②導通試験の方法 ③絶縁抵抗測定の方法 ④接地抵抗測定の方法 ⑤試験用器具の性能及び使用方法	第6章	3～4問
❻ 配線図	配線図の表示事項及び表示方法	第3・4・5・8章	20問
❼ 一般用電気工作物の保安に関する法令	①電気工事士法、同法施行令、同法施行規則 ②電気設備に関する技術基準を定める省令 ③電気用品安全法、同法施行令、同法施行規則及び電気用品の技術上の基準を定める省令	第7章	3～4問

出題形式と試験時間

筆記試験は、**一般問題**と**配線図問題**に分かれており、それぞれ四肢択一方式により、マークシートで解答する方法で行われます。試験時間は**120分**です。

一般問題	【問題数・配点】30問　1問＝2点 【内容】左表の❶〜❼の各科目から問題が出題される。
配線図問題	【問題数・配点】20問　1問＝2点 【内容】住宅や店舗の配線図が示され、図中の配線、配線図記号などについて問われる（左表❻）。

＊問題数や配点などが変更になる場合があります。試験センター発行「受験案内」を必ず確認してください。

合格基準

例年、一般問題30問、配線図問題20問のうち、**30問の正解（60点）** で合格となります。

試験当日の持ち物

❶ 受験票および受験申込書兼写真票（指定の写真を貼り付けたもの）
❷ HBの鉛筆またはシャープペンシル、鉛筆削り　❸ プラスチック消しゴム
❹ 時計（電卓機能、通信機能のある時計は使用不可）

＊電卓や計算尺を使用することはできません。すべて筆算によって解答できる問題になっています。

筆記試験対策❶　本書をどう使うか

筆記試験は、過去に出題された問題と同じ問題、類題が、数年後に出題されることがよくあります。つまり、数回分の過去問題を繰り返し解くことによって、かなりの得点が期待できます。ただ、その過去問題に対応できる知識がないと、この試験はとても難しいはずです。

本書は出題された問題をもとに執筆されているので、テキストをひと通り読んでから章の最後にある「よく出る過去問」や「第9章 模擬問題」を解くことで、効率よく学習が進められるはずです。

テキストをひと通り読む
　▼
「よく出る過去問」を解く
　▼
「第9章 模擬問題」を解く

間違えた問題はテキストに戻って復習！

また、試験を主催する「一般財団法人　電気技術者試験センター」では、過去7～8年分の過去問題を全文公開しています。正解も公表しているので、本書を頼りにチャレンジしてみてください。

一般財団法人　電気技術者試験センター　第二種電気工事士試験の問題と解答
http://www.shiken.or.jp/answer/index_list.php?exam_type=50

筆記試験対策❷　暗記科目と計算科目

　筆記試験の出題科目は、「暗記科目」と「計算科目」に分けることができます。

	試験科目	本書の該当章
暗記科目	❷ 配線設計	第2章(一部)
	❸ 電気機器、配線器具並びに電気工事用の材料及び工具	第3章
	❹ 電気工事の施工方法	第4章
	❺ 一般用電気工作物の検査方法	第5章
	❻ 配線図	第6章
		第7章
	❼ 一般用電気工作物の保安に関する法令	第8章
計算科目	❶ 電気に関する基礎理論	第1章
	❷ 配電理論	第2章(一部)

　「第1章 電気の基礎理論」を読んでよく理解できない人が計算科目からスタートしてしまうとかなり勉強は大変かもしれません。そういった人は、第3章以降の暗記科目からスタートしてみましょう。テキストを読んで過去問題を繰り返し解けば、暗記科目だけでも合格ラインの60点を狙うことができます。

　また、本書の第3・4・5章で配線図問題のほとんどを解くことができます。わからないなりにも写真や図版を頼りに第3章から勉強をはじめたほうが、短期間で高得点を狙いやすくなるはずです。

　自分の得意・不得意科目を見極めて、どのくらいの期間をかけられるのかを考えてから計画的に勉強を進めてみましょう。

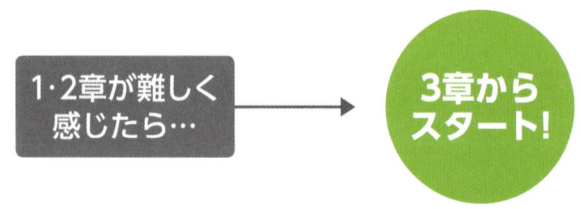

第1章

電気の基礎理論

1 電気の基本用語

- □ 電圧とは、電子の移動を発生させる力のこと。
- □ 導体は電気を通しやすい物質。絶縁体は電気を通しにくい物質。
- □ 直流とは、大きさと向きが常に変化しない電気のこと。
- □ 交流とは、大きさも流れの向きも変わる電気のこと。

◆ 電流と電圧

　まずは、中学理科で習う電流・電圧、直流・交流の用語から見ていきます。

　電流は、電線などの導体（➡P19）に流れる電気の流れのことで、単位は［A］（**アンペア**）です。

　下図のように豆電球のついた電線に乾電池をつなぐと、豆電球が光ります。これは電池のマイナス極にある**電子**が電池のプラス極に移動し、豆電球のフィラメントが熱を発するためです。**電流の正体はこの電子の流れです**。ただし、電流の向きは電子の流れる向きとは逆に、プラスからマイナスに流れると決められています。

電流の向きと電子の流れる向き

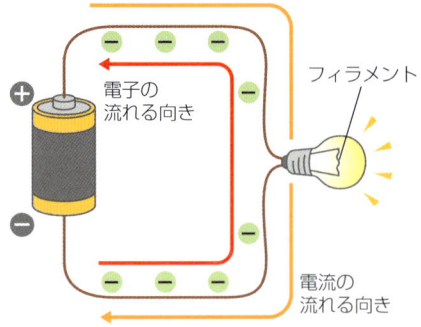

　電気を流すためには電子を押し出す必要がありますが、**電圧**はこの電子を押し出す力のことで、単位は［V］（**ボルト**）です。

　電気の流れはホースを流れる水の流れをイメージするとわかりやすいでしょう。水圧が高いほど水は勢いよく流れるように、電圧が高いほど電流は大きくなります。

また、電気をよく通す物質を**導体**、電気を通しにくい物質を**絶縁体**、導体と絶縁体の中間的な性質をもつ物質を**半導体**といいます。

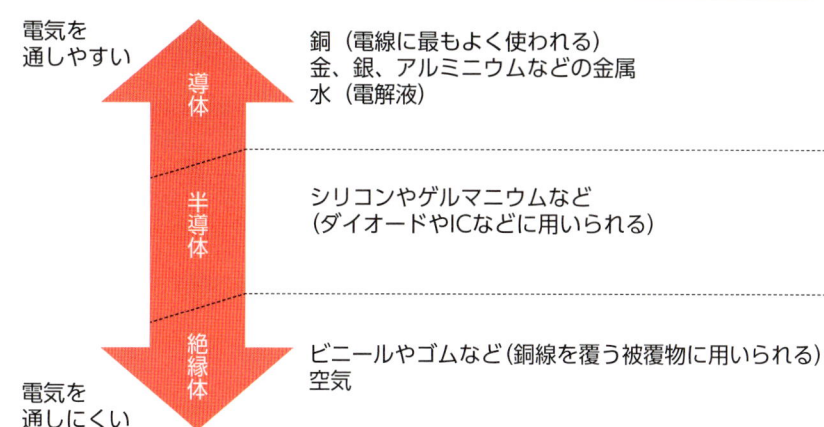

電気を通しやすい物質・通しにくい物質

- 導体：銅（電線に最もよく使われる）、金、銀、アルミニウムなどの金属、水（電解液）
- 半導体：シリコンやゲルマニウムなど（ダイオードやICなどに用いられる）
- 絶縁体：ビニールやゴムなど（銅線を覆う被覆物に用いられる）、空気

◆ 直流と交流

電気には**直流**と**交流**の2種類があります。**直流**は乾電池などが作る大きさと流れの向きが常に変化しない電気のことです。**交流**は火力発電所などで作られて家庭やビル、工場などに送られる**大きさも流れの向きも変わる電気**のことをいいます。交流電流・電圧は大きさと時間のグラフを作ると、波のような形になります。

直流と交流

直流の電流・電圧は、時間が経過しても、大きさと向きが変わらない。

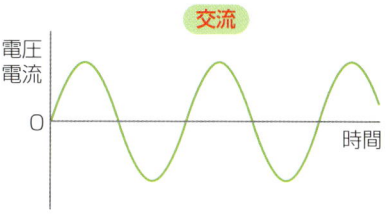

交流の電流・電圧は、時間の経過とともに、大きさと向きが変化する。

② オームの法則

- □ 電気抵抗は**断面積**に反比例。
  - ➡ 導線の断面積が2倍になると電気抵抗は2分の1に。
- □ 電気抵抗は**長さ**に比例。
  - ➡ 導線の長さが2倍になると電気抵抗は2倍に。
- □ **オームの法則** ➡ 電流＝$\dfrac{電圧}{抵抗}$　　電圧＝電流×抵抗　　抵抗＝$\dfrac{電圧}{電流}$

◆ 抵抗とは？

　電流の流れにくさを表すのが**電気抵抗**（略して**抵抗**）で、単位は［Ω］（**オーム**）です。電気抵抗が小さいと電流は流れやすくなり、抵抗が大きいと電流は流れにくくなります。

　豆電球を電池につないだ下の回路の場合、導線は電流が流れやすい一方、豆電球の光る部分であるフィラメントは電流が流れにくい構造です。この電流が流れにくい部分を電子が通過するため、摩擦で熱が発生し、発光するのです。このフィラメントのように電流を通しにくい物質自体も**電気抵抗**といいます。

　なお、豆電球を電池につないだときの回路は右下の図のように表されます。これを**回路図**といいます。

直流電源と抵抗の電気回路

電流　　　　　　　　　　　　　　　電流

導線　　　　　　　　　　　　　　　
　　　　　　　　　豆電球　　回路図に　　　直流電源　　
電池　　　　　　　　　　　すると…　　　　　　　　　直流電源の記号
　　　　　　　　　フィラメント　　　　　　　　　　　長いほうがプラス
　　　　　　　　　　　　　　　　　　　　　　　　　　短いほうがマイナス

　　　　　　　　　　　　　　　　　　　　　　　　　　抵抗の記号

◆ 電気抵抗と導線の長さと断面積の関係

電気抵抗の大きさは、導線の**長さに比例し**、**断面積に反比例する**ことがわかっています。これを式にすると、次のようになります。

- 抵抗と導線の長さと断面積の関係

$$抵抗 R = \rho \frac{\ell}{A} \ [\Omega]$$

$\begin{pmatrix} R：抵抗 [\Omega] \\ \rho（ロー）：電気抵抗率 [\Omega \cdot m] \\ \ell：導線の長さ [m] \\ A：導線の断面積 [m^2] \end{pmatrix}$

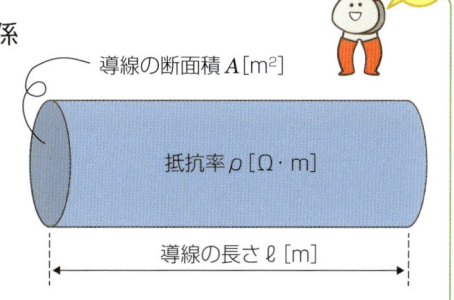

導線の断面積 $A[m^2]$
抵抗率 $\rho[\Omega \cdot m]$
導線の長さ $\ell[m]$

この式にある「ρ」は**電気抵抗率**（または**抵抗率**）といい、物質がもつ電気の流しにくさを表す値で、単位は[$\Omega \cdot m$]（**オーム・メートル**）です。

つまり、導体である銅などは抵抗率が低く、絶縁体であるガラスやゴムなどは抵抗率が高くなります。また、金属などの導体は**温度が上がると抵抗率も大きくなる**性質があります。

◆ オームの法則

オームの法則とは、電気回路を流れる**電流の大きさは電圧の大きさに比例し、抵抗の大きさに反比例する**という法則です。これを式にしてみると次のように表されます。

- オームの法則

$$電流 I = \frac{電圧\ V}{抵抗\ R} \ [A]$$

変形 ⇒ $V = IR \ [V]$

変形 ⇒ $R = \dfrac{V}{I} \ [\Omega]$

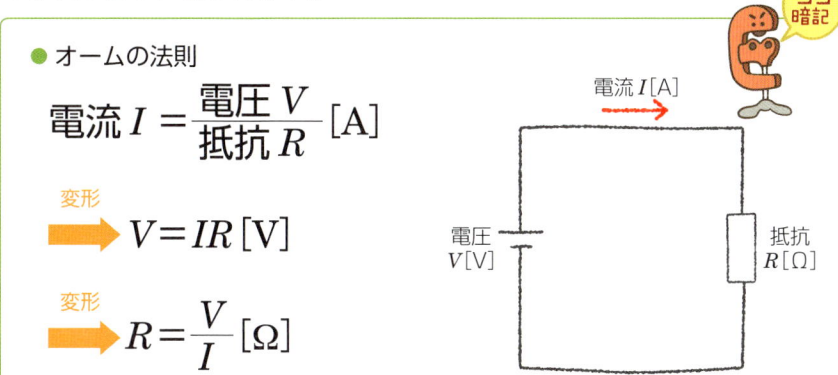

3 電気回路の電流と電圧（分流と分圧）

ココが出る!

- □ 抵抗の並列回路 ➡ 電流は各抵抗の逆比で分流。

$$I_1 = \frac{IR_2}{R_1+R_2} \quad I_2 = \frac{IR_1}{R_1+R_2}$$

- □ 抵抗の直列回路 ➡ 電圧は各抵抗の比で分圧。

$$V_1 = \frac{VR_1}{R_1+R_2} \quad V_2 = \frac{VR_2}{R_1+R_2}$$

◆ 並列回路では分流先の各抵抗の逆比で分流

　電源から流れ出た電流は電球を点灯させたり、家電製品を動かしたりすると元の電源に戻ります。途中で消えてしまうことはなく、元の大きさのままで戻るのです。

　下の左図のように並列回路で分かれて流れるところがあっても同じで、出た電流は必ず同じ値で電源に戻ります。

　下の右図は、左の豆電球の並列回路を回路図にしたものです。並列抵抗R_1とR_2があるため、電流はR_1とR_2に分かれて流れます。これを**分流**といいます。

抵抗を並列につないだ回路

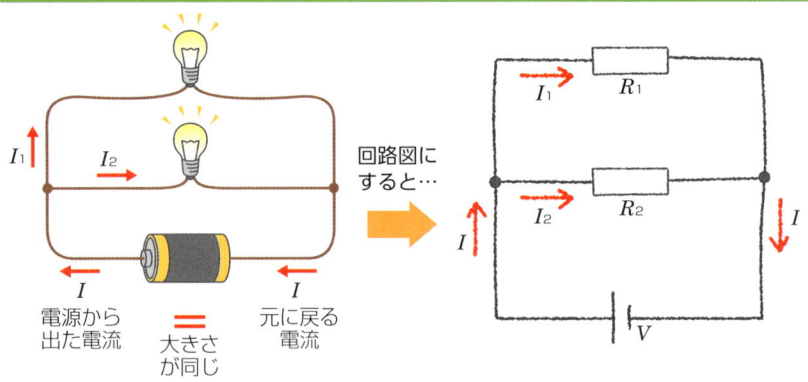

　この回路を水路にたとえて、電流を水の流れ、電池を水を送り出すポンプ、そして最初は1本だった水路がR_1とR_2の2つに分かれるとします。分かれた水路のうち、水路が広いほうによりたくさんの水が流れて、水路の狭いほうにより少ない水が流れます。そして最後に合流してポンプに戻るときには元の水量になります。

よく出る過去問 ➡ P48 問題4

これは、広い水路＝抵抗が小さい、狭い水路＝抵抗が大きい、と置き換えられます。つまり、抵抗が小さいほうにより多くの電流が流れて、抵抗が大きいほうにより少ない電流が流れます。その割合は、分流先の**各抵抗の逆比**になり、数式では次のように表されます。なお並列回路では、電源電圧と同じ電圧が各抵抗にかかります。

● 抵抗の並列回路の分流

$$I_1 = \frac{IR_2}{R_1+R_2} [A] \qquad I_2 = \frac{IR_1}{R_1+R_2} [A] \qquad I = I_1 + I_2$$

＊R_1が０Ω（ただの導線と同じ）だとすると、この分流の式から全電流がR_1側に流れることがわかる。

◆ 直列回路では抵抗の比例配分で分圧

２つの抵抗を直列につないだ回路では電流が分かれるところはないので、どこでも電流の値はいっしょです。しかし、各抵抗にかかる電圧は異なります。

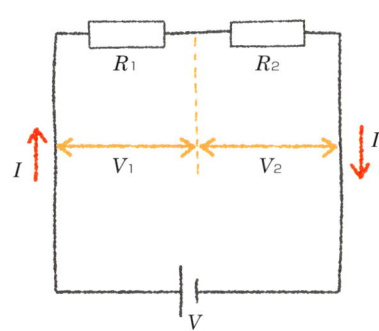
抵抗を直列につないだ回路

同じ水の量が流れるのなら、広い水路にはゆっくり水が流れ（水を押し出す力が小さい）、狭い水路には勢いよく水が流れる（水を押し出す力が大きい）ことは直感的にわかるでしょう。つまり、広い水路＝抵抗が小さい、狭い水路＝抵抗が大きい、となるため、抵抗が小さいほうが電圧が低く、抵抗が大きいほうが電圧が高くなります。直列回路では、抵抗の大きさによって抵抗にかかる電圧が異なり、これを**分圧**といいます。直列回路では各抵抗の比で分圧され（比例配分）、数式では次のように表されます。

● 抵抗の直列回路の分圧

$$V_1 = \frac{VR_1}{R_1+R_2} [V] \qquad V_2 = \frac{VR_2}{R_1+R_2} [V] \qquad V = V_1 + V_2$$

よく出る過去問 → P48 問題５

4 合成抵抗の求め方

ココが出る!

□ 直列接続された抵抗の合成抵抗

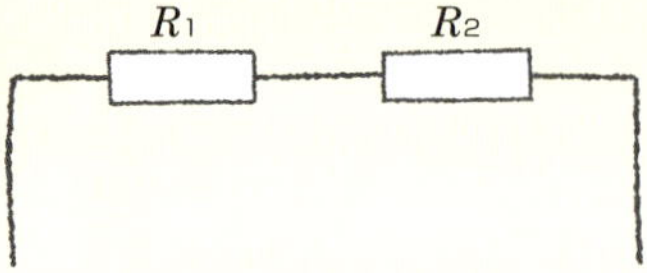

合成抵抗 $R = R_1 + R_2$

□ 並列接続された抵抗の合成抵抗

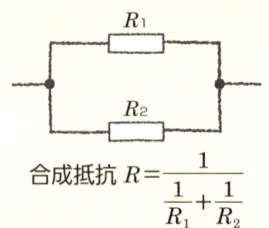

合成抵抗 $R = \dfrac{1}{\dfrac{1}{R_1} + \dfrac{1}{R_2}}$

◆ 直列接続された抵抗の合成抵抗

　複数の抵抗が接続された回路全体の抵抗値のことを**合成抵抗**といい、抵抗の直列接続、並列接続によって合成抵抗の求め方は違います。

　まず、直列につないだときの合成抵抗ですが、狭い水路をいくつか直列につなぐとさらに水は流れにくくなるように、**抵抗を直列につなぐと電流は流れにくくなる**、すなわち**全体の抵抗値が大きくなります**。抵抗を直列接続した場合の合成抵抗は、**各抵抗値を足し合わせた値**になります。式で表すと次のようになります。

抵抗の直列接続での合成抵抗

● 抵抗の直列接続 ➡ 合成抵抗は各抵抗値をそのまま足す

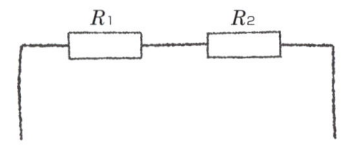

合成抵抗 $R = R_1 + R_2 \,[\Omega]$

● 直列接続の抵抗が3つ以上あっても各抵抗値をそのまま足す。

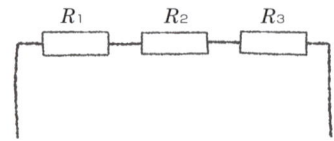

合成抵抗 $R = R_1 + R_2 + R_3 \,[\Omega]$

よく出る過去問 ➡ P46 問題3

◆ 並列接続された抵抗の合成抵抗

抵抗を並列につないだときの合成抵抗は、狭い水路を並列につなぐと水路の幅が広がるのと同じで水が通りやすくなるように、**抵抗を並列につなぐと電流は流れやすくなる**、すなわち**全体の抵抗値が小さくなります**。式で表すと次のようになります。

抵抗の並列接続での合成抵抗

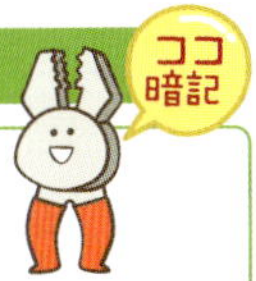

● 抵抗の並列接続 ➡ 合成抵抗は各抵抗の逆数の和の逆数

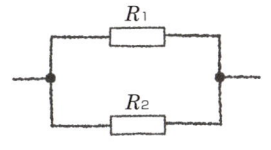

$$R = \cfrac{1}{\cfrac{1}{R_1} + \cfrac{1}{R_2}}$$ ←逆数の和

$$= \cfrac{1}{\cfrac{R_2 + R_1}{R_1 R_2}} = \cfrac{R_1 R_2}{R_1 + R_2}$$ ←（和分の積）

抵抗が2つの場合はこのようにまとめられる

● 並列接続の抵抗が3つ以上あっても逆数の和の逆数で求める。

$$合成抵抗 R = \cfrac{1}{\cfrac{1}{R_1} + \cfrac{1}{R_2} + \cfrac{1}{R_3}}$$

◆ 直列接続と並列接続が混在する抵抗の合成抵抗

試験では直列接続と並列接続が混在する抵抗の合成抵抗を求める問題がよく出題されます。この場合、下図の説明のように、接続ごとに合成していきます。

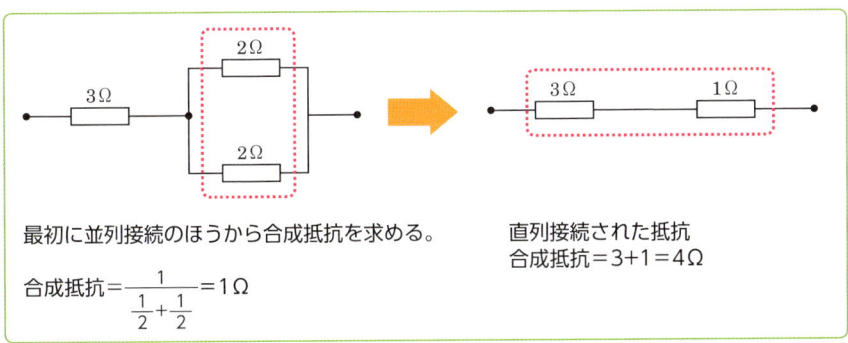

最初に並列接続のほうから合成抵抗を求める。

$$合成抵抗 = \cfrac{1}{\cfrac{1}{2} + \cfrac{1}{2}} = 1Ω$$

直列接続された抵抗
合成抵抗 = 3+1 = 4Ω

攻略のコツ 同じ値の抵抗の並列接続の場合、抵抗の数で1つの抵抗値を割れば合成抵抗値が計算できる。3Ωの抵抗2つの並列接続なら、3÷2＝1.5Ωが合成抵抗値。

5 電圧降下

ココが出る!

- □ 電圧降下➡電流が流れるときに抵抗によって失う電圧のこと。
- □ 電流が流れないところでは電圧降下は起こらない。
- □ 開放回路(閉じていない回路)には電流が流れないので、電圧降下は起こらない。

◆ 電圧降下とは?

電圧は電気を押し出す力といいましたが、電源電圧は電気回路に電流を流し込む力のようなものです。この力は抵抗を通ることで失われていきます。この失われた力(電圧)のことを**電圧降下**といいます。

次の抵抗の直列回路で説明しましょう。

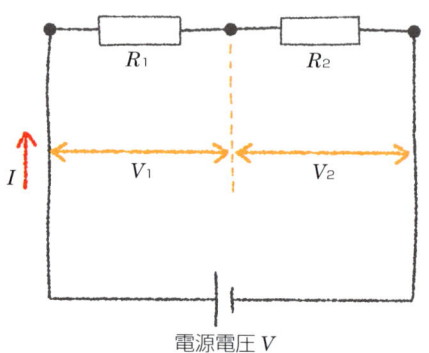

電源電圧 V

● 電圧降下の考え方

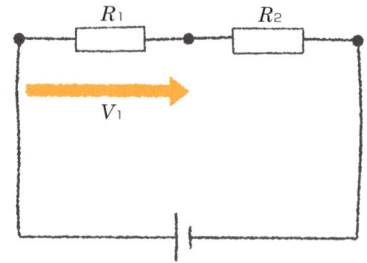

①まず、電流はR_1に流れ込む。そのとき、電圧V_1を失う。

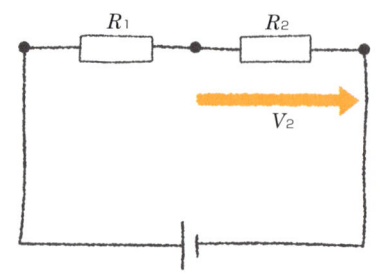

②次に、電流はR_2に流れ込む。そのとき、電圧V_2を失う。これによってすべての電圧を失う、と考える。

攻略のコツ 電圧降下の問題は配電理論(➡第2章)でもよく出題される。

◆電圧降下で考える問題

試験では電圧降下のしくみを知らないと解けない問題が出題されます。過去に出題された問題を解きながら説明しましょう。

問題 次の回路でスイッチSを閉じたとき、a-b端子間の電圧[V]を求めよ。

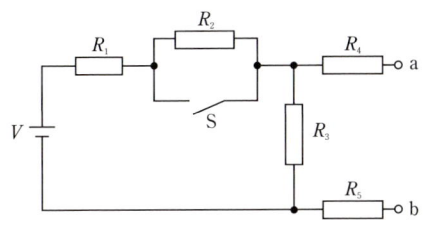

解き方

❶

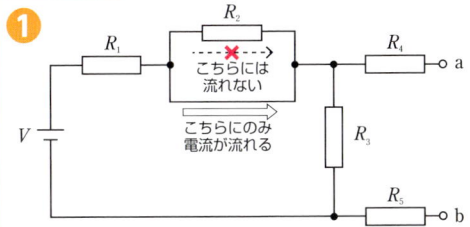

スイッチSを閉じると、抵抗のないSの導線と抵抗R_2は並列につながる。このとき、抵抗のないSのほうにだけ電流が流れ、R_2のほうに電流はまったく流れない（➡P23）。電流が流れないから、R_2では電圧降下は起こらない。

❷

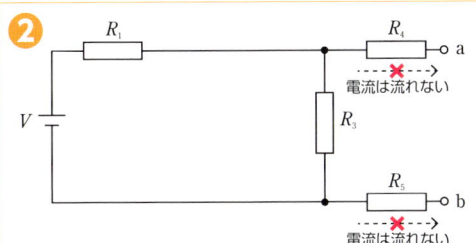

また、回路が閉じていない（**開放回路**という）ため、R_4とR_5にも電流は流れない。したがって、R_4でもR_5でも電圧降下は起こらない。

❸

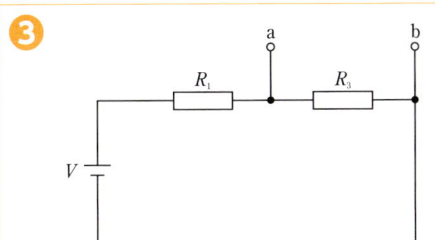

そうなると、回路図は左のように書き換えることができる。つまり、a-b間の電圧はR_3によって分圧された電圧だといえる。
したがって、分圧の計算式より次のように求められる。

a-b間の電圧 $= \dfrac{VR_3}{R_1+R_3}$

6 電力と電力量

ココが出る！

- □ 電力 ➡ 電気のもっているエネルギーのこと。
  電力 $P = VI = I^2R = \dfrac{V^2}{R}$ [W]
- □ 電力量 ➡ 電力の総使用量のこと。
  電力量 $Q = Pt = I^2Rt = \dfrac{V^2 t}{R}$ [Ws]もしくは [Wh]
- □ 電力量とジュールの関係 ➡ 1Ws=1J　1Wh=60×60[Ws]=3600J

◆ 電力とは？

　家庭にある電気製品、工場にある大型電気機械は、電気を利用することで熱が発生したり、モータが回転したり、発光したりします。つまり、電気がもっているエネルギーが**熱エネルギー**や**回転エネルギー（運動エネルギー）**に変わるわけです。この電気のもっているエネルギーのことを**電力**といいます。

電気エネルギー

モータを回す
（運動エネルギーに変換）

お湯を沸かす
（熱エネルギーに変換）

　電力は、火力発電のように発電機で生み出されるエネルギーをいうこともあれば、電気製品など（**負荷**といいます）で消費されるエネルギーを指すこともあります。負荷で消費される電力は記号 P で表され、その大きさはその負荷にかかる電圧と流れる電流の積で表されます。電力の単位は[**W**]（**ワット**）です。

● 電力を求める式（直流回路の負荷の場合）　　ココ暗記

電力 $P = VI$ [W]
オームの法則より電圧 $V = IR$、電流 $I = \dfrac{V}{R}$ であるから、次のように変形できる。

電力 $P = VI = I^2R$　　電力 $P = VI = \dfrac{V^2}{R}$

(P：電力[W]　V：電圧[V]　I：電流[A]　R：抵抗[Ω])

よく出る過去問 ➡ P48　問題6

◆ 電力量とは？

電力に実際にその電力を使った時間をかけることで、電力の総使用量（総エネルギー量）が求められます。これを**電力量**といいます。電力量は記号Qで表され、単位は[Ws]（**ワット秒**）もしくは[Wh]（**ワット時**）です。

● 電力量を求める式

$$電力量 Q = Pt \,[\text{Ws}] \text{ もしくは } [\text{Wh}]$$

$$= I^2 Rt = \frac{V^2 t}{R}$$

(Q：電力量[Ws]もしくは[Wh]　P：電力[W]　V：電圧[V]　I：電流[A]
R：抵抗[Ω]　t：時間[s(秒)]もしくは[h(時間)]）

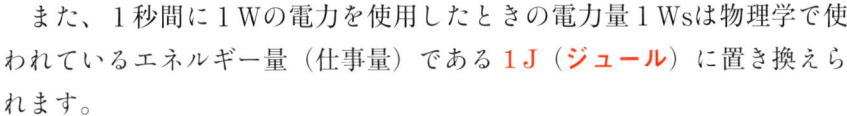

また、1秒間に1Wの電力を使用したときの電力量1Wsは物理学で使われているエネルギー量（仕事量）である**1J**（**ジュール**）に置き換えられます。

● [Ws]（ワット秒）と[J]（ジュール）の置き換え

電力量 1Ws ＝ 1J
1h＝60×60＝3600s であるから、次の式も成り立つ。
電力量 1Wh ＝ 3600J

試験に出題される問題で解説しましょう。

問題 消費電力が300Wの電熱器を2時間使用したときの発熱量H[kJ]を求めよ。

解説 発熱量は電力量に置き換えることができる。
電力量 $Q = Pt = 300 \times 2 = 600\text{Wh}$
　　　　　　　　＝ 600×60×60 ＝ 2160000Ws　← [Wh]→[Ws] への変換を忘れがち！
[kJ]で求める（10の3乗で割る）から、発熱量 $H = 2160\text{kJ}$

よく出る過去問 → P50 問題7

7 交流の値の表し方

ココが出る!

- ☐ 交流の実効値 = $\dfrac{最大値}{\sqrt{2}}$ [V]
- ☐ 周期と周波数の関係 ➡ 周期 $T = \dfrac{1}{f}$ [s]

◆ 交流の瞬時値・最大値・実効値

交流は時々刻々大きさも流れる方向も変わる電気のため、それを定量的に扱うのは難しいことから、交流の値を表す量として**瞬時値**と**最大値**と**実効値**が用いられます。

交流の瞬時値と最大値と実効値

瞬時値 変化する交流の瞬間、瞬間の値。

最大値 瞬時値が最も大きくなるときの値。

実効値 直流回路で発生する電力と同じ電力を発生させる交流回路の電流・電圧。交流の値として通常用いられるのは実効値。

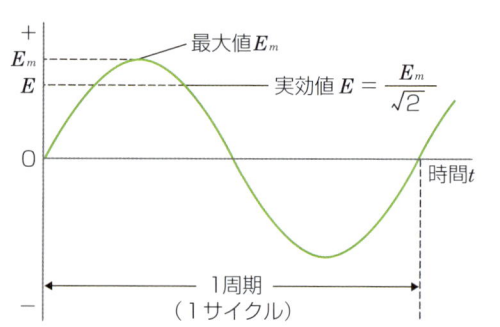

- 最大値と実効値の関係

  交流の実効値 = $\dfrac{最大値}{\sqrt{2}}$

ココ暗記

◆ 周期と周波数

交流はP19の図のように同じ波形を繰り返しています。この1回の繰り返しに要する時間を**周期**、1秒(=1s)間に繰り返す回数を**周波数**といいます。周期と周波数は右図の関係があります。

ココ暗記

- 周期と周波数の関係

  $T = \dfrac{1}{f}$ [s]

  (T:周期[s]　f:周波数[Hz])

よく出る過去問 ➡ P50 問題8

8 交流負荷－抵抗・コイル・コンデンサ

- □ コイルに流れる交流電流とインダクタンスの関係 ➡ $I=\dfrac{V}{2\pi fL}$ [A]
- □ コイルの負荷としての働きは誘導性リアクタンス ➡ $X_L=2\pi fL$ [Ω]
- □ コンデンサに流れる交流電流とキャパシタンスの関係 ➡ $I=2\pi fCV$ [A]
- □ コンデンサの負荷としての働きは容量性リアクタンス ➡ $X_C=\dfrac{1}{2\pi fC}$ [Ω]

◆ 交流回路での抵抗の働き

　これまで直流電源と抵抗をつないだ簡単な回路で電圧、電流の関係を解説してきました。ここからは**抵抗**、**コイル**、**コンデンサ**という3つの負荷を交流電源につないだときの電圧と電流の関係をみていきます。

　まず、抵抗は直流回路（➡P20）で解説したとおり、交流回路でも電流をさまたげる働きをし、抵抗を流れる電流を熱に変えてエネルギーを消費します。

抵抗に交流電源をつないだ回路

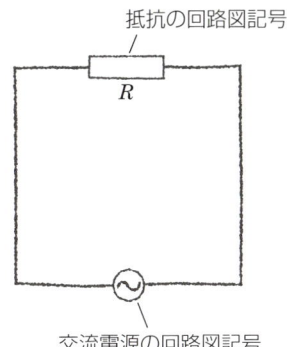

抵抗の回路図記号 R

交流電源の回路図記号

◆ 交流回路でのコイル（インダクタ）の働き

　コイルは、導線をぐるぐるとらせん状に巻きつけたものです。コイルを使ったモータを学校の工作などで見たことがあると思います。コイルは L で表され、回路図では次のページのような図記号を用います。

よく出る過去問 ➡ P50 問題9

コイルに交流電源をつないだ回路

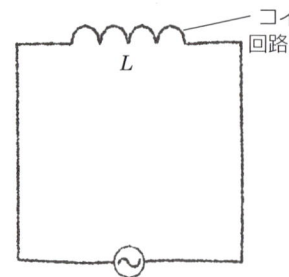

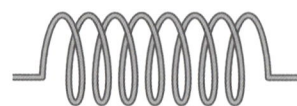

コイルは導線をらせん状に巻いた構造をしている。

コイルは直流ではふつうの導線と変わりません。ぐるぐる巻きにしているので抵抗が少し高いといった程度です。しかし、**交流（変化する電流）に対してはその流れをさまたげる**働きがあります。この働きをする性質のことを**インダクタンス**ということから、コイルのことを**インダクタ**ということもあります。インダクタンスの単位は [H]（ヘンリー）です。

コイルに加わる電圧とその周波数、コイルを流れる電流との間には次の関係があります。

● コイルを流れる交流電流とインダクタンスの関係

$$I = \frac{V}{2\pi fL} \, [\text{A}]$$

$\begin{pmatrix} I : \text{コイルに流れる電流[A]} \\ V : \text{コイルに加わる電圧[V]} \\ f : \text{コイルに加わる電圧の周波数[Hz]} \\ L : \text{インダクタンス[H]（ヘンリー）} \end{pmatrix}$

ココ暗記

電流が周波数（f）とインダクタンス（L）に反比例しているのがわかります。この$2\pi fL$をRとおけば $I = \dfrac{V}{R}$ となり、オームの法則と同じかたちになります。そこで$2\pi fL$を交流に対する負荷としてとらえ、**誘導性リアクタンス**といいます。一般にX_Lと表されます。単位は [Ω]（オーム）です。

● 誘導性リアクタンス

$$X_L = 2\pi fL \, [\Omega]$$

$\begin{pmatrix} X_L : \text{誘導性リアクタンス[Ω]} \\ f : \text{コイルに加わる電圧の周波数[Hz]} \\ L : \text{インダクタンス[H]（ヘンリー）} \end{pmatrix}$

ココ暗記

X_Lを使ってIを表すと ➡ $I = \dfrac{V}{X_L} \, [\text{A}]$

◆交流回路でのコンデンサの働き

コンデンサは、2枚の導体板（電極板）を向かい合わせにしたものです。コンデンサはCで表され、回路図では下図のような図記号を使います。

コンデンサに交流電源をつないだ回路

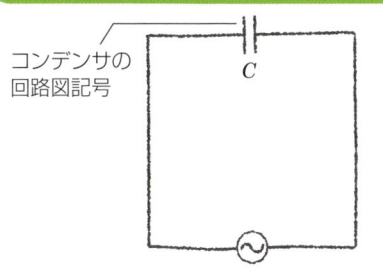
コンデンサの回路図記号

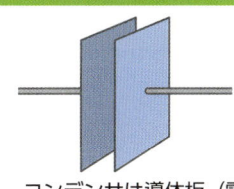
コンデンサは導体板（電極板）を向かい合わせにした構造をしている。

コンデンサに直流電源をつなぐと、一瞬電流が流れてすぐに流れなくなります。これは電極板に**電荷**（**正電荷**＝陽子、**負電荷**＝電子）が蓄えられた状態です。これを**充電**といいます。また、充電されたコンデンサの回路を電源を外して電線をつなげる（「**短絡**させる」という）と、さっきとは逆向きに一瞬電流が流れてすぐに流れなくなります。これは蓄えられた電荷が放出されたためで、これを**放電**といいます。

コンデンサに直流電源をつなぐ

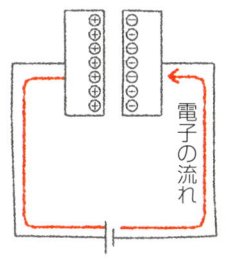
直流電源にコンデンサをつなぐと一瞬だけ電流が流れる。

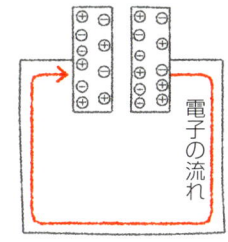
電源を外して回路を短絡させるとさっきとは逆向きに電流が一瞬流れる。

交流電源のようにプラスとマイナスが交互に切りかわる電源だと、直流電源をつないだりはずしたりを繰り返すのと同じことになり、コンデンサは充放電を繰り返して回路に電流が流れます。このように**コンデンサは直流電流は通さず、交流電流のみを通します**。

コンデンサに交流電源をつなぐ

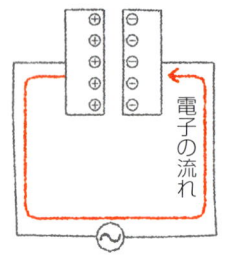
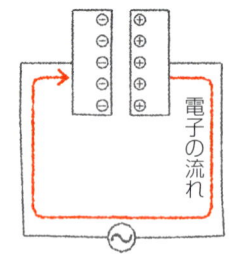

交流電源にコンデンサをつなぐと、電流の向きが切り替わるたびにコンデンサは充放電を繰り返す。

コンデンサには、**変化する電流（交流）の流れを助長する働き**があり、この性質のことを**静電容量**、または**キャパシタンス**ということから、コンデンサのことを**キャパシタ**ということもあります。キャパシタンスの単位は [F]（ファラド）です。コンデンサに加わる電圧と周波数、キャパシタンス、コンデンサを流れる電流との間には次の関係があります。

●コンデンサに加わる交流電流とキャパシタンスの関係

$$I = 2\pi fCV \ [\text{A}]$$

I：コンデンサに流れる電流[A]
V：コンデンサに加わる電圧[V]
f：コンデンサに加わる電圧の周波数[Hz]
C：キャパシタンス[F]（ファラド）

電流が周波数（f）とキャパシタンスに比例していることがわかります。上の式をコイルのところでやったようにオームの法則に関連づけてみるために、この式の右辺を使って先の I の式を書き換えてみると、

$$I = \frac{V}{\dfrac{1}{2\pi fC}} \ [\text{A}]$$

となり、分母の $\dfrac{1}{2\pi fC}$ を R とおけば、オームの法則と同じ式になります。そこでこれを交流に対する負荷としてとらえ、**容量性リアクタンス**といい、一般に X_C と表します。単位は [Ω]（オーム）です。

●容量性リアクタンス

$$X_C = \frac{1}{2\pi fC} \ [\Omega]$$

X_C：容量性リアクタンス[Ω]
f：コイルに加わる電圧の周波数[Hz]
C：キャパシタンス[F]（ファラド）

X_C を使って I を表すと ➡ $I = \dfrac{V}{X_C} \ [\text{A}]$

9 交流回路と位相

ココが出る!

□コイル➡電流は電圧より90°（=$\frac{1}{4}$周期）位相が遅れる。

□コンデンサ➡電流は電圧より90°（=$\frac{1}{4}$周期）位相が進む。

◆抵抗では電流・電圧は同相

縦軸に電圧や電流の大きさ、横軸に時間をとると、交流の電圧や電流はプラスとマイナスを行き来する波を描きます（➡P19）。このグラフで、交流電圧が最大のときに交流電流も最大に、また交流電圧が最小になるときに交流電流も最小になるように、プラスとマイナスの行き来のタイミングが一致していることを**「位相が合っている」**または**「同相である」**といいます。しかし、コイルやコンデンサが回路に使われるとこれらの波動は互いにずれることがあります。これを**位相が合っていない**といいます。つまり、**位相**とは、電流と電圧の繰り返しのタイミングのことをいいます。

抵抗に交流電圧をかけた場合、電流と電圧とが完全に同期し、位相のずれはありません。電圧と電流に位相のずれがない場合、いつでもオームの法則が成り立ちます。

なお、電流と電圧のようにずれのある量を計算するには、大きさだけでなく方向も有する量である**ベクトル**を導入する必要があります。

抵抗のみの交流回路の電流と電圧の関係

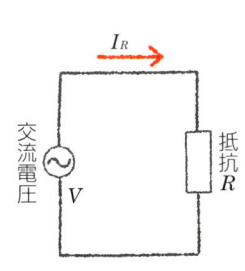

抵抗のみを交流電圧につないだ回路。

電圧と電流の波形

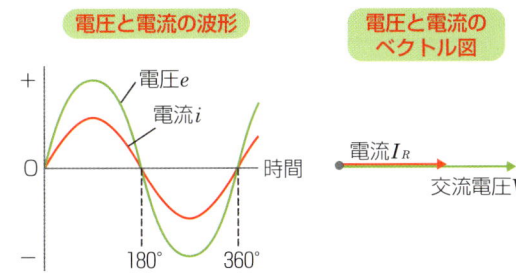

抵抗の両端にかかる電圧と抵抗に流れる電流が同じタイミングになっている（同相である）。

電圧と電流のベクトル図

電圧と電流が同相の場合のベクトル図。

◆コイルでは電流は電圧より90°（$\frac{1}{4}$周期）位相が遅れる

コイルには電流の変化を妨（さまた）げる性質があり、その変化を打ち消そうとする向きに電圧を発生させる性質があります。結果的にコイルに流れる電流は、コイルにかかる電圧より**90°位相が遅れます**。

コイルのみの交流回路の電流と電圧の関係

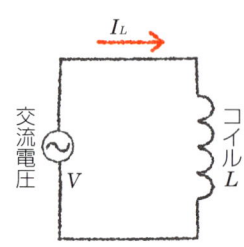

コイルのみを交流電圧につないだ回路。

コイルの電流・電圧

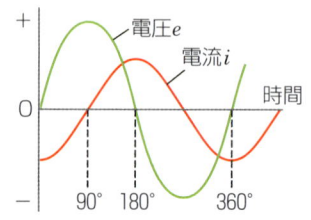

コイルの両端にかかる電圧に対して、そこに流れる電流は90°（$\frac{1}{4}$周期）タイミングが遅れる（位相が合っていない）。

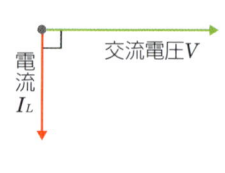

電圧より90°遅れた電流が流れる場合のベクトル図。

◆コンデンサでは電流は電圧より90°（$\frac{1}{4}$周期）位相が進む

コンデンサには電流の変化をうながす性質があり、その変化を助ける向きに電圧を発生させます。結果的にコンデンサに流れる電流は、コンデンサにかかる電圧より**90°位相が進みます**。

コンデンサのみの交流回路の電流と電圧の関係

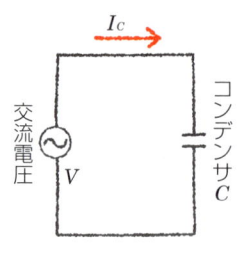

コンデンサのみを交流電圧につないだ回路。

コンデンサの電流・電圧

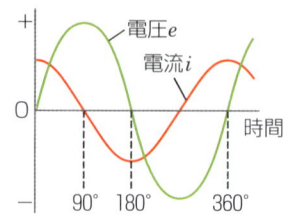

コンデンサの両端にかかる電圧に対して、そこに流れる電流は90°（$\frac{1}{4}$周期）タイミングが進む（位相が合っていない）。

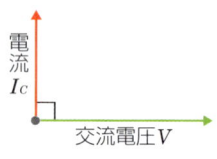

電圧より90°進んだ電流が流れる場合のベクトル図。

攻略のコツ 位相のずれは電圧を基準に考える。コイルの電流は90°遅れる、コンデンサの電流は90°進む、と覚えよう。

10 RLC直列回路とRLC並列回路

ココが出る!
- □ RLC直列回路の合成インピーダンス　$Z=\sqrt{R^2+(X_L-X_C)^2}\,[\Omega]$
- □ RLC並列回路の合成電流　$I=\sqrt{I_R{}^2+(I_C-I_L)^2}\,[\mathrm{A}]$

◆ 抵抗・コイル・コンデンサの直列回路

　抵抗R、リアクタンスX_L、X_C——これらの交流負荷を総称して**インピーダンス**といいます。複数の抵抗をまとめることを合成抵抗といいましたが（→P24）、抵抗とコイルや、コンデンサのリアクタンスもまとめることができます。これを**合成インピーダンス**といい、記号Zで表します。いわば回路全体の電流の流れにくさを表す量です。合成インピーダンスを求めるときに使うのが前項で解説した**ベクトル**です。

　まず、抵抗とコイルとコンデンサの直列回路（**RLC直列回路**）での合成インピーダンスを求めてみましょう。

ＲＬＣ直列回路

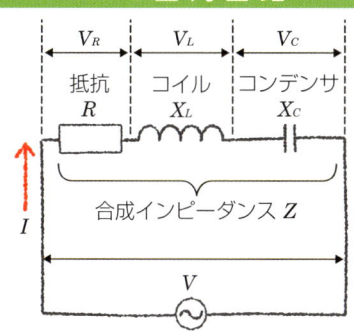

　RLC直列回路の大きな特徴は、**電流Iを同じ瞬間にどこの位置で測定しても同じ大きさと向き**だということです。したがって、この電流Iを各負荷の電圧の位相の基準にすることができます。

　まず、抵抗にかかる電圧は、電流と同相なので前項のベクトル図にあるように、電流のベクトルと同じ向きで右向きにとることができます。また、コイルにかかる電圧は電流よりも位相が90°進み、コンデンサにかかる電圧は電流よりも90°遅れます。

したがって、RLC直列回路での抵抗、コイル、コンデンサにかかる電圧のベクトル図を描くと、右の図のようになります。回路全体の電圧（電源電圧）の大きさは、「抵抗の両端の電圧」と「コイルとコンデンサの両端にかかる電圧」のベクトルの合成によって、次のように求めます（ピタゴラスの定理を使います）。

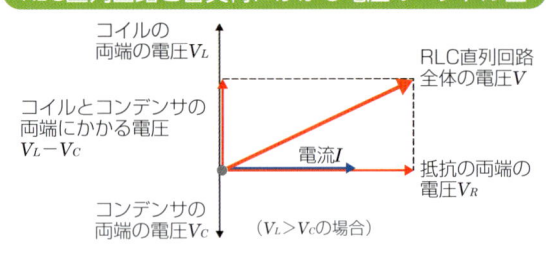

● RLC直列回路全体の電圧 V

$$V = \sqrt{V_R^2 + (V_L - V_C)^2} \, [\text{V}]$$

V_R：抵抗の両端の電圧 [V]
V_L：コイルの両端の電圧 [V]
V_C：コンデンサの両端の電圧 [V]

次にRLC直列回路の電圧のベクトル図をもとにして、合成インピーダンスを求めます。オームの法則より、それぞれの負荷にかかる電圧を電流 I で割れば、抵抗 R、コイルのリアクタンス X_L、コンデンサのリアクタンス X_C それぞれの値が求められます。まず、合成インピーダンスのベクトル図は次のようになります。

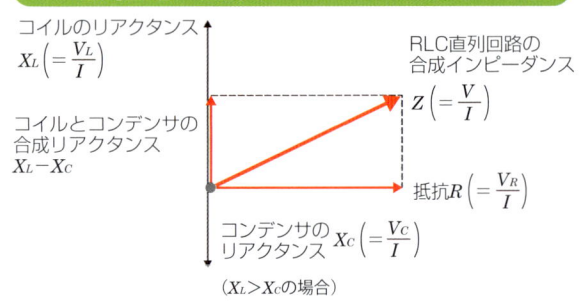

したがって、RLC直列回路の合成インピーダンスは次のように求められます。

● RLC直列回路の合成インピーダンス

$$Z = \sqrt{R^2 + (X_L - X_C)^2} \, [\Omega]$$

Z：合成インピーダンス [Ω]
R：抵抗 [Ω]
X_L：誘導性リアクタンス [Ω]
X_C：容量性リアクタンス [Ω]

＊ここでは、$V_L > V_C$、$X_L > X_C$ の場合で説明したが、$V_C > V_L$、$X_C > X_L$ の場合も同様に考えることができる。

◆抵抗・コイル・コンデンサの並列回路

次に**RLC並列回路**の合成電流を求めます。

RLC並列回路

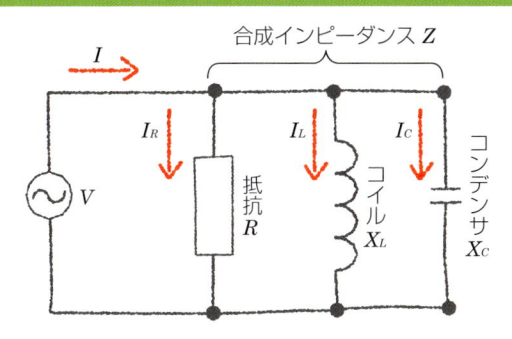

RLC並列回路の大きな特徴は、**電源電圧Vが分岐した負荷のどこにも同じにかかる**ということです。したがって、このVを各負荷における電流の位相の基準にすることができます。

各負荷の値は電流・電圧から求められますが、位相を考慮しなければならないのはこの場合、電流です。I_RはVと同相、I_LはVより位相が90°遅れ、I_CはVより位相が90°進みます。これをベクトル図にすると下の図のようになります。RLC並列回路全体の電流Iは、I_RとI_LとI_Cの合成電流で、I_RとI_C-I_Lのベクトルの合成によって、次のように求めます。

RLC並列回路の電流のベクトル図

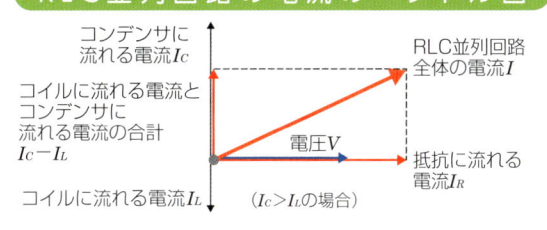

● RLC並列回路の合成電流

$$I = \sqrt{I_R^2 + (I_C - I_L)^2} \text{ [A]}$$

I_R：抵抗を流れる電流[A]
I_L：コイルを流れる電流[A]
I_C：コンデンサを流れる電流[A]

＊ここでは、$I_C > I_L$の場合で説明したが、$I_L > I_C$の場合も同様に考えることができる。

よく出る過去問 → P52 問題11

11 交流の電力と力率

ココが出る!
- □ 交流の有効電力の一般式　$P = VI\cos\theta$ [W]
- □ 力率 $\cos\theta = \dfrac{\text{有効電力}}{\text{皮相電力}}$
- □ 位相差 θ が大きくなる（$\cos\theta$ が小さくなる）➡力率が悪くなる。

◆ 有効電力と力率

P28で直流回路での電力を説明しましたが、交流回路の負荷において消費される電力 P の一般式は次のようになります。

ココ暗記
● 電力を求める式（交流回路の負荷の場合）

$$P = VI\cos\theta \text{ [W]}$$

$\begin{pmatrix} P：電力[W] & V：電圧[V] \\ I：電流[A] & \cos\theta：力率 \end{pmatrix}$

この式で表される電力 P は、負荷での仕事、たとえば電動機を回すとか、電気ポットを熱するといったことに実際に使われる電力（エネルギー）で、**有効電力**といいます。右辺の VI の値は、負荷に供給される電力で**皮相電力**といいます。皮相電力の単位は [VA]（ボルトアンペア）です。また、P の式の右辺の $\cos\theta$ を**力率**といいます。

● 有効電力・皮相電力・力率

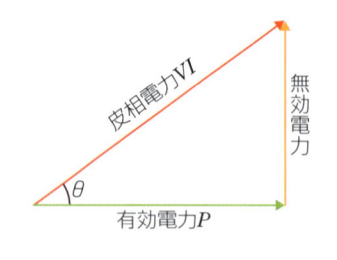

ココ暗記

$$力率 \cos\theta = \dfrac{P}{VI}$$

$\begin{pmatrix} \cos\theta：力率 \\ P：有効電力[W] \\ VI：皮相電力[VA] \end{pmatrix}$

（図：皮相電力 VI、無効電力、有効電力 P、角 θ からなる直角三角形）

よく出る過去問 ➡ P52 問題10

◆ 力率の改善

力率は、皮相電力のうち、有効電力はどれくらいの割合で含まれるかという値です。

$\cos\theta$ は 0 〜 1 の間の値をとります（%で表記される場合もあります）。この値が 1 のとき $P = VI$ となり、これは直流回路の場合、または交流回路でも負荷が抵抗のみの場合の電力です。$\cos\theta$ が 1 未満の値になるのは、交流回路にコイルやコンデンサの成分がある場合で、電流と電圧の間に生じる位相差が $\cos\theta$ の **θ** です。

力率 $\cos\theta$ が 1 未満になると、有効電力 P は実際に供給される電力（皮相電力 $= VI$）よりも小さくなります。これはコイルやコンデンサに流れ込む電流で見かけ上消費される**無効電力**の成分が現れるためです。

この θ が大きくなると（$\cos\theta$ が小さくなると）図に示すように無効電力の成分が増大して、有効電力の成分が減少します。これを**力率が悪くなる**といいます。

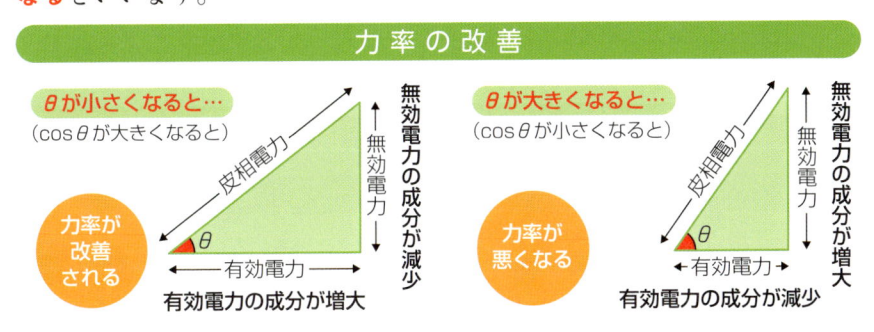

力率の改善

θが小さくなると…
（$\cos\theta$ が大きくなると）
力率が改善される
有効電力の成分が増大
無効電力の成分が減少

θが大きくなると…
（$\cos\theta$ が小さくなると）
力率が悪くなる
有効電力の成分が減少
無効電力の成分が増大

◆ 有効電力と皮相電力の使い分け

有効電力は、さまざまな電気機器や電動機などの負荷において実際に消費される電力や出力能力を問うときに使います。つまり、**有効電力は負荷側で問題にされる電力**です。

一方、負荷に供給される実効値のままの電力である皮相電力はおもに、いろいろな電気機器の容量の値などに用います。発電機やトランス、あるいはコンセントなどが負荷に供給しうる電力のことです。つまり、**皮相電力は供給する側で問われる電力**です。

12 三相交流の基本

ココが出る!

- □ 三相交流 ➡ 120°ずつ位相をずらした3系統の単相交流を組み合わせた交流のこと。どの瞬間をとっても3つの交流の振幅の和はゼロ。
- □ Y（スター）結線 ➡ 線電流＝相電流　線間電圧＝$\sqrt{3}$×相電圧
- □ Δ（デルタ）結線 ➡ 線間電圧＝相電圧　線電流＝$\sqrt{3}$×相電流

◆三相交流とは？

　一般家庭で使用される交流の電気は、2本の電線を用いて送られてくるもので、**単相交流**といいます。工場やビルなど大電力を必要とするところでは、3本の電線を用いて送られる**三相交流**が用いられます。**三相交流**とは、位相を互いに120°ずつずらした3系統の単相交流を組み合わせたものです（下図）。

　下の波形は3つの単相交流を組み合わせた三相交流の波形です。よく見ると、どの瞬間をとっても3つの交流の振幅の和はゼロになることがわかります。

三相交流の波形

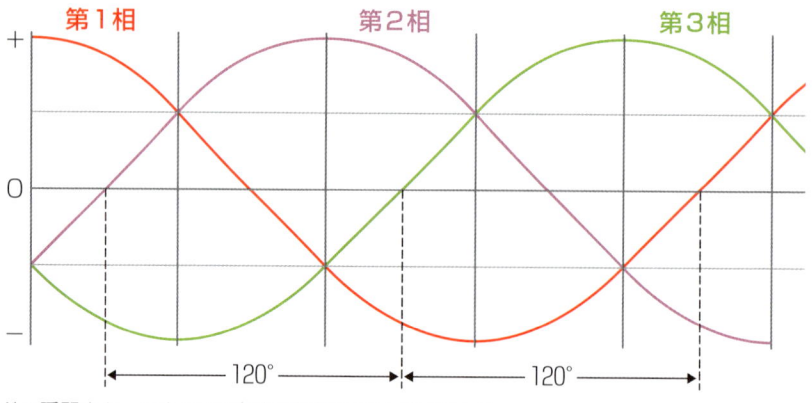

第1相　第2相　第3相

どの瞬間をとっても3つの交流の振幅の和はゼロになる。

◆三相交流の電圧と電流

三相交流の発電機と負荷の結線には**Y（スター）結線**と**Δ（デルタ）結線**があります。

三相交流を送る3本の電線の間の電圧を**線間電圧**、1相当たりの負荷にかかる電圧を**相電圧**といいます。また、3本の線を流れる電流を**線電流**、1相当たりの負荷に流れる電流を**相電流**といいます。

Y結線の場合、**線間電圧は相電圧の$\sqrt{3}$倍**になることがわかっています。また、**線電流と相電流は同じ**です。

Δ結線の場合、**線間電圧と相電圧は同じ**です。**線電流は相電流の$\sqrt{3}$倍**になります。

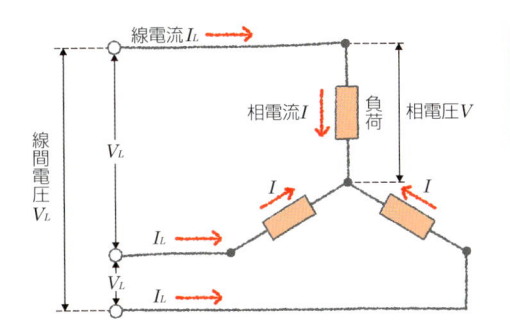

Y（スター）結線

●線間電圧と相電圧、線電流と相電流の関係

線電流＝相電流

線間電圧＝$\sqrt{3}$×相電圧

Δ（デルタ）結線

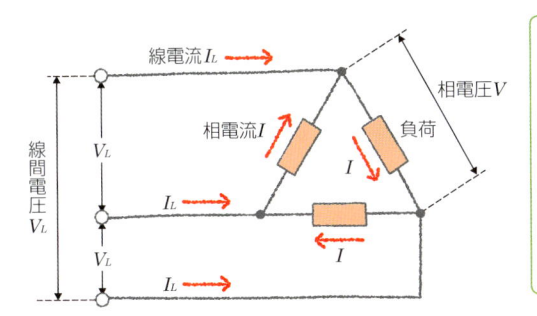

●線間電圧と相電圧、線電流と相電流の関係

線間電圧＝相電圧

線電流＝$\sqrt{3}$×相電流

13 三相交流回路の電力

ココが出る!

□ 三相交流の電力 ➡ 各相の負荷の消費電力を合計したもの。
$P = P_1 + P_2 + P_3$
□ 三相交流の電力 $P = 3 ×$ 相電圧 × 相電流 × 力率 $\cos\theta$
□ 三相交流の電力 $P = \sqrt{3} ×$ 線間電圧 × 線電流 × 力率 $\cos\theta$
□ 三相交流の電力量 $W =$ 三相電力 $P ×$ 時間 t

◆ 相電圧と相電流から電力を求める

　三相交流で消費される電力は、各負荷の消費電力を求めて合計すれば得られます。したがって、各相の負荷の消費電力が同じときは1つの相の電力を3倍することで答えが得られます。相電圧を V、相電流を I として、1つの相の電力を求め、それを3倍すればいいのです。なお、各相の力率が同じならば、**三相交流の力率は1つの相の力率と同じ**になります。1つの相の力率が0.7であれば三相交流回路全体の力率も同じ値の0.7になります。

● 三相交流で消費される電力(各相の消費電力が同じとき)

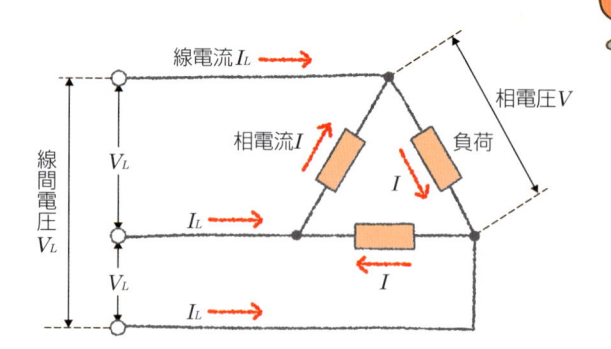

ココ暗記

$$P = VI\cos\theta × 3 \text{ [W]}$$

$\begin{pmatrix} P:三相交流回路全体の総消費電力[W] \\ V:1つの相の相電圧[V] \\ I:1つの相の相電流[A] \\ \cos\theta:力率 \end{pmatrix}$

よく出る過去問 ➡ P54 問題13

◆線間電圧と線電流から電力を求める

Y結線の線間電圧V_Lと相電圧Vには$V_L=\sqrt{3}\,V$の関係があります。これを$V=\dfrac{V_L}{\sqrt{3}}$と変形します。線電流I_Lはそのまま相電流Iとして流れるので$I=I_L$になります。これらを先ほどの三相交流回路の総消費電力の式に代入すると次のように変形できます。

$$P=\dfrac{V_L}{\sqrt{3}}\times I_L\times\cos\theta\times 3=\sqrt{3}\,V_L I_L\cos\theta$$

また、Δ結線の場合、線間電圧V_Lと相電圧Vは等しくなります。また、相電流Iと線電流I_Lには$I=\dfrac{I_L}{\sqrt{3}}$の関係があるので、これを三相交流回路の総消費電力の式に代入すると次のように変形できます。

$$P=V_L\times\dfrac{I_L}{\sqrt{3}}\times\cos\theta\times 3=\sqrt{3}\,V_L I_L\cos\theta$$

つまり、三相交流の電力を求める場合は負荷がY結線でもΔ結線でも同じ式で求められます。

> ●線間電圧と線電流から電力を求める式
>
> $$P=\sqrt{3}\,V_L I_L\cos\theta\,[\mathrm{W}]$$
>
> $\begin{pmatrix}P&:三相交流回路全体の総消費電力[\mathrm{W}]\\V_L&:線間電圧[\mathrm{V}]\\I_L&:線電流[\mathrm{A}]\\\cos\theta&:力率\end{pmatrix}$

◆三相交流の電力量

三相交流の電力量Wは、三相交流回路全体の総消費電力（三相電力）×時間で求められます。これは直流回路や単相交流回路での求め方と同じです。

試験では消費電力量から力率を求める問題が出題されます。消費電力、消費電力量を求める式をきちんと覚えておくことが必要です。

> ●三相交流の電力量
>
> $$W=Pt\,[\mathrm{Wh}]\text{もしくは}[\mathrm{Ws}]$$
>
> $\begin{pmatrix}W&:三相交流の電力量[\mathrm{Wh}]\\&\quad もしくは[\mathrm{Ws}]\\P&:三相電力[\mathrm{W}]\\t&:時間[\mathrm{h}]\text{ もしくは}[\mathrm{s}]\end{pmatrix}$

よく出る過去問 → P54 問題15

よく出る過去問

問題 1

ビニル絶縁電線（単心）の導体の直径をD、長さをLとするとき、この電線の抵抗と許容電流に関する記述として、誤っているものは。

イ. 電線の抵抗は、Lに比例する。
ロ. 電線の抵抗は、D^2に反比例する。
ハ. 許容電流は、周囲の温度が上昇すると、大きくなる。
ニ. 許容電流は、Dが大きくなると、大きくなる。

① ☐
② ☐
③ ☐

問題 2

A、B2本の同材質の銅線がある。Aは直径1.6mm、長さ20m、Bは直径3.2mm、長さ40mである。Aの抵抗はBの抵抗の何倍か。

イ. 1
ロ. 2
ハ. 3
ニ. 4

① ☐
② ☐
③ ☐

問題 3

図のような直流回路に流れる電流I［A］は。

イ. 1
ロ. 2
ハ. 4
ニ. 8

① ☐
② ☐
③ ☐

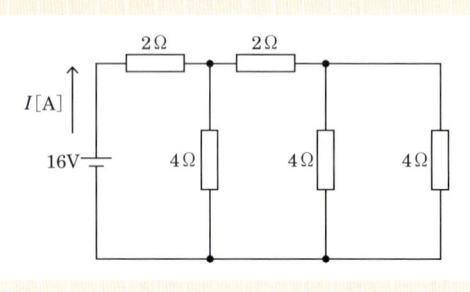

解 説

電線の抵抗は導体の長さに比例し、断面積に反比例するから、イとロは正しい記述です。許容電流とは、その導体に流すことができる最大の電流値のこと（➡P68）で、許容電流を超過した電流を流すと導体が発熱し、被覆などが溶けて火災の原因になることがあります。許容電流は同じ素材の導体なら、抵抗値が小さいほど大きくなる、すなわち、断面積が大きくなれば（導体の直径が大きくなれば）抵抗は小さくなるので、許容電流も大きくなります。したがってニも正しい記述です。一般的に金属は周囲の温度が上昇すると抵抗率が大きくなるので、温度が上昇すると許容電流は小さくなります。したがって、ハは誤りです。

ココを復習 **P21**　答え **ハ**

解 説

Bの長さはAの2倍、Bの直径はAの2倍です。Aの長さをL、半径をD、導線Aの抵抗値をR_a、導線Bの抵抗値をR_bとすると、R_a、R_bはそれぞれP21の式により次のように求められます。

$$R_a = \frac{\rho L}{\pi D^2} \qquad R_b = \frac{\rho \cdot 2L}{\pi \cdot (2D)^2}$$

したがって、R_aがR_bの何倍かは次の式で計算できます。

$$\frac{R_a}{R_b} = \frac{\rho L}{\pi D^2} \times \frac{\pi \cdot 4D^2}{\rho \cdot 2L} = 2$$

ココを復習 **P21**　答え **ロ**

解 説

複数の抵抗が接続されている回路の合成抵抗は、端から順番に合成して求めます。

R_aとR_bの合成抵抗＝$\frac{4 \times 4}{4+4}$＝2Ω……R_f

R_fとR_cの合成抵抗＝2＋2＝4Ω……R_g

R_gとR_dの合成抵抗＝$\frac{4 \times 4}{4+4}$＝2Ω……R_h

R_hとR_eの合成抵抗＝2＋2＝4Ω

したがって、この回路に流れる電流Iは

$I = \frac{16}{4} = 4A$

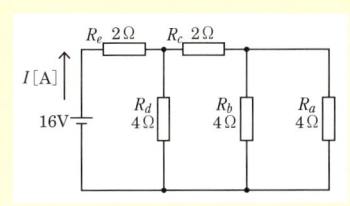

ココを復習 **P24・25**　答え **ハ**

よく出る過去問

問題 4

図のような直流回路で、Sを閉じたときのa—b間の電圧 [V] は。

イ. 30
ロ. 40
ハ. 50
ニ. 60

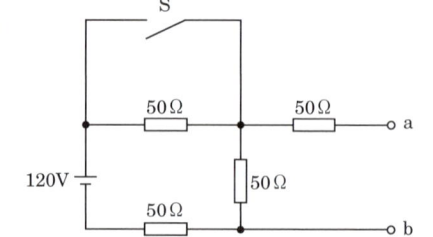

問題 5

図のような回路で、電流計Aの値が2Aを示した。このときの電圧計Vの指示値 [V] は。

イ. 16
ロ. 32
ハ. 40
ニ. 48

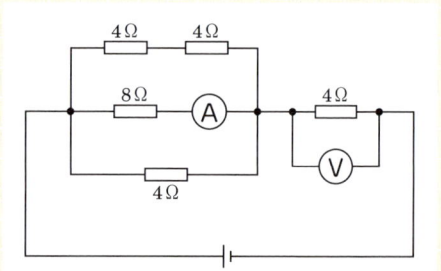

問題 6

電熱器により、60kgの水を20K上昇させるのに必要な電力量 [kWh] は。
ただし、1kgの水の温度を1K上昇させるのに必要なエネルギーは4.2kJとし、熱効率は100%とする。

イ. 1.0
ロ. 1.2
ハ. 1.4
ニ. 1.6

解説

スイッチSを閉じるとc-d間は短絡（ショート）されますからc-d間の抵抗は無視できます。また、端子aは回路につながっていないので、d-a間には電流は流れないので、d-a間の抵抗も無視できます。したがって、この回路は次の回路図に置き換えられます。

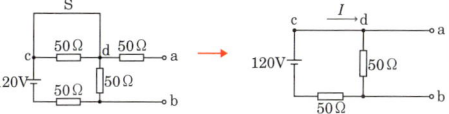

この回路に流れる電流を求めると、

$I = \dfrac{120}{50+50} = 1.2A$

したがって、a-b間の電圧＝1.2×50＝60V

ココを復習 P24〜27

答え 二

解説

8Ωに流れる電流が2Aですから、8Ωの抵抗にかかる電圧は2×8＝16V。

4Ωが直列接続しているところに流れる電流は $\dfrac{16}{4+4} = 2A$。

4Ωの抵抗に流れる電流は $\dfrac{16}{4} = 4A$。

したがって、電圧計のつながれている抵抗に流れる電流はこれらの分流した電流をあわせた電流なので、2+2+4＝8A。
したがって、電圧計の指示値＝8×4＝32V。

ココを復習 P22・23

答え ロ

解説

60kgの水を20K（ケルビン）（＝℃）上昇させるのに必要な熱量をQ［kJ］とすると、
$Q = 60 \times 20 \times 4.2 = 5040$ kJ＝5040kWs
電力量1kWh＝3600kWs（＝60×60）
したがって求める電力量を［kWh］で表すと

$\dfrac{5040}{3600} = 1.4$ kWh

1kgの水の温度を1K上昇させるのに必要な熱量（エネルギー）を<u>水の比熱</u>といいます。水の比熱は4.2kJ/(kg・K)で、試験ではこの比熱の値が示されることもありますが、解き方はこの問題と同じです。

ココを復習 P28・29

答え ハ

よく出る過去問

(注)計算において、√2、√3及び円周率πを使用する場合の数値は次によること。√2＝1.41、√3＝1.73、π＝3.14

問題7

消費電力が500Wの電熱器を、1時間30分使用した時の発熱量 [kJ] は。

イ. 450　ロ. 750　ハ. 1800　ニ. 2700

問題8

実効値が210Vの正弦波交流電圧の最大値 [V] は。

イ. 210
ロ. 296
ハ. 363
ニ. 420

問題9

コイルに100V、50Hzの交流電流を加えたら6Aの電流が流れた。このコイルに100V、60Hzの交流電圧を加えたときに流れる電流 [A] は。
ただし、コイルの抵抗は無視できるものとする。

イ. 2　ロ. 3　ハ. 4　ニ. 5

解説

この電熱器を1時間30分使ったときの電力量をQとすると、1時間30分＝90×60＝5400sなので、
Q＝500×5400＝2700000Ws
発熱量は電力量で置き換えることができます。
つまり、1Ws＝1Jなので
2700000Ws＝2700000J＝2700kJ

ココを復習 **P29**　答え **ニ**

解説

交流の最大値は実効値×$\sqrt{2}$ です。したがって、求める値は、
210×$\sqrt{2}$ ＝210×1.41＝296.1V
$\sqrt{2}$ ＝1.41、$\sqrt{3}$ ＝1.73、π＝3.14は試験問題の最初に提示されます。

ココを復習 **P30**　答え **ロ**

解説

50Hzの交流電圧を加えたときのコイルの誘導性リアクタンスをX_{L50}とすると、
$X_{L50} = \dfrac{V}{I} = \dfrac{100}{6} \fallingdotseq 16.7$ [Ω]
また、$X_L = 2\pi fL$ですから、このコイルのインダクタンスLは
$L = \dfrac{X_L}{2\pi f} = 16.7 \div (2 \times 3.14 \times 50) = 16.7 \div 314 \fallingdotseq 0.053$H
したがって、60Hzの交流電圧を加えたときの誘導性リアクタンスX_{L60}は
$X_{L60} = 2 \times 3.14 \times 60 \times 0.053 \fallingdotseq 20.0$Ω
したがって、求める電流は
$\dfrac{100}{20.0} = 5$A

ココを復習 **P31・32**　答え **ニ**

よく出る過去問

（注）計算において、$\sqrt{2}$、$\sqrt{3}$ 及び円周率 π を使用する場合の数値は次によること。$\sqrt{2}=1.41$、$\sqrt{3}=1.73$、$\pi=3.14$

問題 10

単相200Vの回路に、消費電力2.0kW、力率80%の負荷を接続した場合、回路に流れる電流［A］は。

イ．7.2
ロ．8.0
ハ．10.0
ニ．12.5

問題 11

図のような交流回路で、負荷に対してコンデンサCを設置して、力率を100%に改善した。このときの電流計の指示値は。

イ．零になる。
ロ．コンデンサ設置前と比べて増加する。
ハ．コンデンサ設置前と比べて減少する。
ニ．コンデンサ設置前と比べて変化しない。

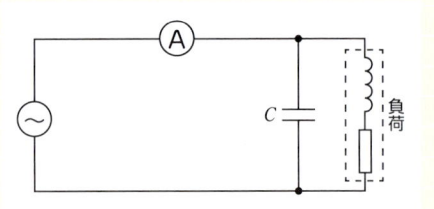

問題 12

図のような三相負荷に三相交流電圧を加えたとき、各線に20Aの電流が流れた。線間電圧 E［V］は。

イ．120
ロ．173
ハ．208
ニ．240

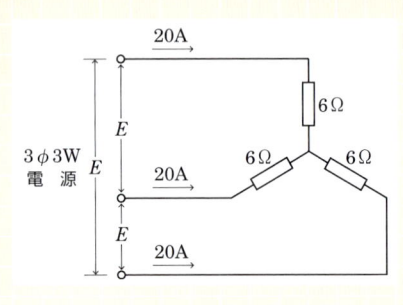

解説

電力を求める式から、

$I = \dfrac{P}{V \cdot \cos\theta}$

と変形できます。したがって、この回路に流れる電流Iは、

$I = \dfrac{2.0 \times 1000}{200 \times 0.8} = 12.5$ [A]

ココを復習 P40　答え 二

解説

力率改善前に負荷に流れる電流をI_M、コンデンサに流れる電流をI_C、力率100％のときに電流計に流れる電流をI_Aとして、ベクトル図を描くと次のようになります。力率改善前は、I_Aと負荷に流れる遅れ電流の合成であるI_Mが回路全体を流れる電流となります。力率が100％に改善されると負荷に流れる遅れ電流がなくなり、回路全体を流れる電流はI_Aのみになります。したがって、電流計の指示値は小さくなります。

力率100％ということはコンデンサの進み電流と負荷の遅れ電流が同じということ(相殺されてしまう)

コンデンサに流れる進み電流

電流計に流れる電流（力率100％のときにはこの電流のみ流れる）

負荷に流れる遅れ電流

負荷に流れる電流（力率改善前にはこの電流のみ流れる）

ココを復習 P39・40　答え ハ

解説

まず、相電圧を計算します。
1相の電圧Vは$V = 20 \times 6 = 120$V
Y（スター）結線の場合、線間電圧は相電圧の$\sqrt{3}$倍ですから、
線間電圧＝$\sqrt{3} \times 120 = 207.6$Vと計算できます。

ココを復習 P43　答え ハ

よく出る過去問

問題 13 図のような三相3線式回路の全消費電力 [kW] は。

イ. 2.4
ロ. 4.8
ハ. 7.2
ニ. 9.6

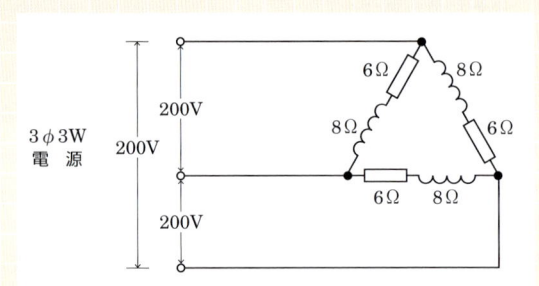

問題 14 図のような電源電圧 E [V] の三相3線式回路で、×印点で断線すると、断線後の a—b 間の抵抗 R [Ω] に流れる電流 I [A] は。

イ. $\dfrac{E}{2R}$

ロ. $\dfrac{E}{\sqrt{3}R}$

ハ. $\dfrac{E}{R}$

ニ. $\dfrac{3E}{2R}$

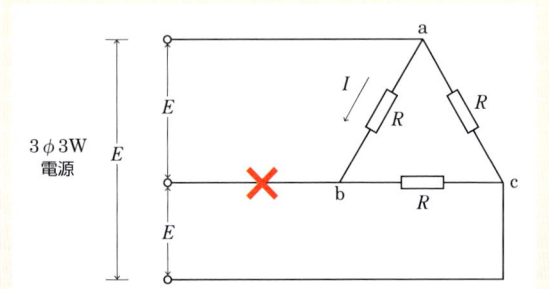

問題 15 定格電圧 V [V]、定格電流 I [A] の三相誘導電動機を定格状態で時間 t [h] の間、連続運転したところ、消費電力量が W [kWh] であった。この電動機の力率 [%] を表す式は。

イ. $\dfrac{\sqrt{3}\,VI}{Wt} \times 10^5$ ロ. $\dfrac{W}{3VIt} \times 10^5$

ハ. $\dfrac{W}{\sqrt{3}\,VIt} \times 10^5$ ニ. $\dfrac{3VI}{Wt} \times 10^5$

解説

各相にはコイルと抵抗が接続されているので、1相のインピーダンスZを求めます。
$Z=\sqrt{6^2+8^2}=\sqrt{36+64}=10Ω$

したがって1相の相電流 $I=\dfrac{200}{10}=20A$

全消費電力Pは1相の消費電力の3倍になりますから、
$P=3I^2R=3×20^2×6=7200W=7.2kW$
(流れる電流はインピーダンスにより決まり、電力は抵抗によって消費されます。
したがって、抵抗Rをインピーダンス$Z=10Ω$で計算するのは間違い。
各相の抵抗$R=6Ω$で計算すること)

ココを復習 P44　答え ハ

解説

×の箇所が断線した場合、右の回路図に置き換えることができます。
つまり、a-c間は2つの抵抗Rが直列接続されて、電圧Eがかかっている状態になります。したがって、接続するa-b間の電流は次のように求められます。

a-b間の電流$=\dfrac{E}{R+R}=\dfrac{E}{2R}$

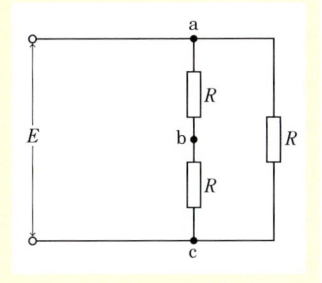

ココを復習 P24・43　答え イ

解説

三相誘導電動機の消費電力をPとすると、Pは次の式で求められます。
$P=\sqrt{3}\,VI\cosθ×10^{-3}$ [kW]
消費電力量$W=Pt$ですから、
消費電力量$W=\sqrt{3}\,VI\cosθ・t×10^{-3}$ [kWh]

力率$\cosθ=\dfrac{W}{\sqrt{3}\,VIt×10^{-3}}=\dfrac{W}{\sqrt{3}\,VIt}×10^3$

力率を[%]で表すには10^2をかければいいので、

力率$\cosθ=\dfrac{W}{\sqrt{3}\,VIt}×10^3×10^2$
$=\dfrac{W}{\sqrt{3}\,VIt}×10^5$ [%]

ココを復習 P45　答え ハ

試験直前 10点UP! おさらい一問一答

▶ 次の公式を答えなさい。

Q 01
抵抗と導線の長さと断面積の関係を表す式は？
$\left(\begin{array}{ll} R：抵抗 [\Omega] & \rho（ロー）：電気抵抗率 [\Omega \cdot m] \\ \ell：導線の長さ [m] & A：導線の断面積 [m^2] \end{array} \right)$

A 01
抵抗 $R = \rho \dfrac{\ell}{A} [\Omega]$

Q 02
並列接続された抵抗R_1とR_2の合成抵抗を表す式は？

A 02
合成抵抗 $= \dfrac{R_1 R_2}{R_1 + R_2} [\Omega]$

Q 03
電力量を表す式は？
$\left(\begin{array}{ll} Q：電力量 [Ws] & V：電圧 [V] \\ I：電流 [A] & R：抵抗 [\Omega] \quad t：時間 [s] \end{array} \right)$

A 03
電力量 $Q = I^2 R t = \dfrac{V^2 t}{R} [Ws]$

Q 04
コイルに流れる交流電流とインダクタンスの関係式は？
$\left(\begin{array}{l} I：コイルに流れる電流 [A] \quad V：コイルに加わる電圧 [V] \\ f：コイルに加わる電圧の周波数 [Hz] \\ L：インダクタンス [H] \end{array} \right)$

A 04
$I = \dfrac{V}{2\pi f L} [A]$

Q 05
RLC直列回路の合成インピーダンスを求める式は？
$\left(\begin{array}{l} Z：合成インピーダンス [\Omega] \quad R：抵抗 [\Omega] \\ X_L：誘導性リアクタンス [\Omega] \\ X_C：容量性リアクタンス [\Omega] \end{array} \right)$

A 05
$Z = \sqrt{R^2 + (X_L - X_C)^2} [\Omega]$

Q 06
交流回路の負荷において消費される電力の式は？
$\left(\begin{array}{ll} P：電力 [W] & V：電圧 [V] \\ I：電流 [A] & \cos\theta：力率 \end{array} \right)$

A 06
$P = VI \cos\theta [W]$

Q 07
Y（スター）結線の三相交流の線電流と相電流の関係式は？
また、線間電圧と相電圧の関係式は？

A 07
線電流 ＝ 相電流 [A]
線間電圧 ＝ $\sqrt{3}$ × 相電圧 [V]

Q 08
三相交流全体で消費される電力を求める式は？（各相の消費電力が同じとき）
$\left(\begin{array}{l} P：三相交流回路全体の総消費電力 [W] \\ V：1つの相の相電圧 [V] \\ I：1つの相の相電流 [A] \quad \cos\theta：力率 \end{array} \right)$

A 08
$P = VI \cos\theta \times 3 [W]$

第2章 配電理論と配線設計

1 配電方式

ココが出る!

- □ 低圧配線路の3つの主な方式 ➡ 単相2線式・単相3線式・三相3線式。
- □ 単相2線式（1φ2W）➡ 6600Vを100Vまで落として供給。
- □ 単相3線式（1φ3W）➡ 100Vも200Vも取り出せる。3本のうち、1本は接地されている中性線。
- □ 三相3線式（3φ3W）➡ 三相交流を200Vまで落として供給。

◆ 電力系統と送電、配電のシステム

　電気は発電所で作られ、下のイラストのような経路を通って一般家庭やビル、工場などに届きます。これらの一連のシステムを**電力系統**といいます。電力系統のうち、発電所から配電用変電所までのシステムを**送電**といい、配電用変電所から電線を通って需要家（一般家庭や工場など電気を買う者）に送られるシステムのことを**配電**といいます。

　配電は、配電用変電所から電柱の変圧器（柱上トランス）まで6600Vの**高圧配電線**と、柱上トランスから家庭までの100Vないし200Vの**低圧配電線**があります。

電力系統 − 電気が発電されてから需要家に届くまで

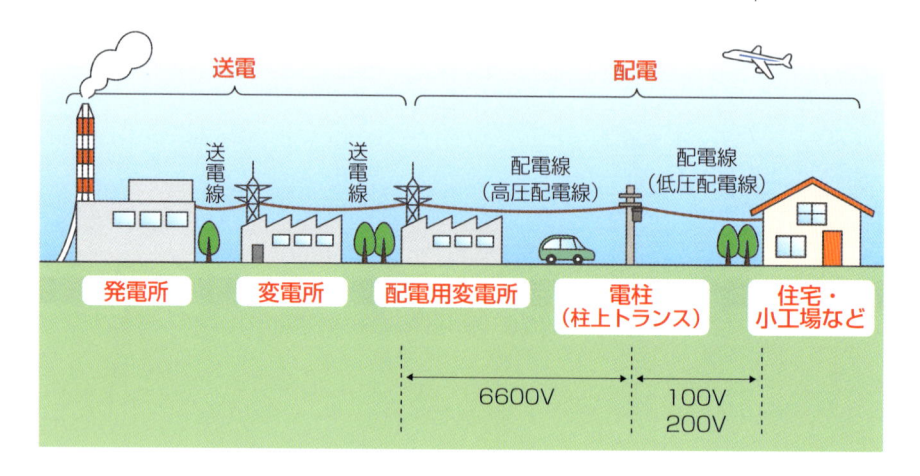

送電：発電所 → 送電線 → 変電所 → 送電線 → 配電用変電所

配電：配電用変電所 → 配電線（高圧配電線）→ 電柱（柱上トランス）→ 配電線（低圧配電線）→ 住宅・小工場など

6600V ／ 100V 200V

◆ 低圧配電の種類

　低圧配電線を通して一般家庭などに電気を供給するとき、その方式としておもに「**単相2線式**」「**単相3線式**」「**三相3線式**」の3種類があります。

低圧配電―単相2線式・単相3線式・三相3線式

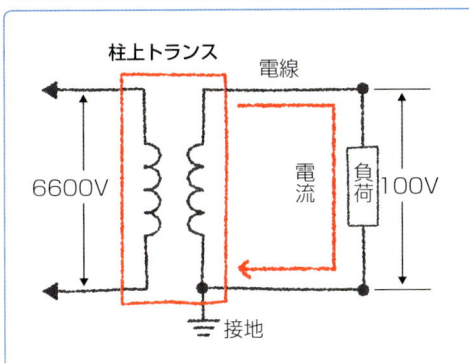

● **単相2線式**　記号で表すと ------> 1φ2W

3本の高圧電線のうち、2本の組み合わせが3組できる。この3組の6600V単相交流のうちどれか1つから電圧を取り出し、トランスによって6600Vを100Vにまで落として供給する方式。

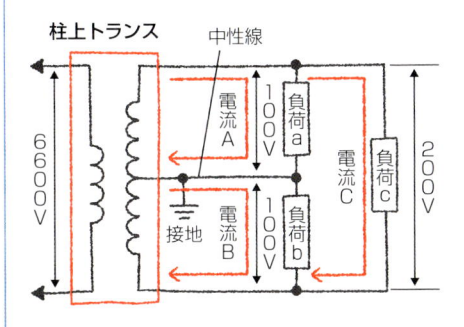

● **単相3線式**　記号で表すと ------> 1φ3W

単相の交流を3本の電線で配電する方式。3本の電線のうち、1本が接地（➡P182）されている中性線で、この中性線と残り2本の電線のうち、どちらかと接続することで100Vの電圧を取り出すことができる。また、中性線でない電線2本の間から200Vも取り出せるようになっている。一般的な住宅で最もよく使用される配電方式。

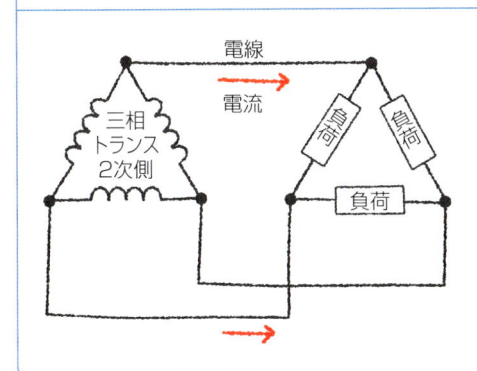

● **三相3線式**　記号で表すと ------> 3φ3W

3本の線で送られてくる三相交流（➡P42）をそのまま配電する方式。通常、電圧を6600Vから200Vに下げて供給される（3線式だが、中性線がなく、200Vしか供給できない）。家庭で普通に使う方式ではなく、工場などのような大容量の電力を必要とする場合に用いられ、その場合、6600Vの高圧のまま使用することもある。

筆記編　第2章　配電理論と配線設計

2 単相2線式回路の電圧降下・電力損失

ココが出る!

- □ 電圧降下 ➡ 電線の抵抗で失われる電圧
- □ 電力損失 ➡ 電線の抵抗で失われる電力
- □ 単相2線式回路の電圧降下 $v = 2Ir$
- □ 単相2線式回路の電力損失 $p = 2I^2r$

◆ 電圧降下と電力損失

抵抗を通ることで失われる電圧のことを**電圧降下**といいます（➡P26）。第1章では、負荷以外には抵抗がないという前提で説明をしましたが、電線にもわずかながら抵抗があり、抵抗の大きさは導体の長さに比例するので（➡P21）、電線が長くなるとそれ相応の電圧降下が生じます。また、電線の抵抗によって電力が消費されてしまうこともあります。これを**電力損失**といいます。

試験では、電柱から電線が家屋に引き込まれるところにある**引込口**から、負荷やコンセントまでの配線における電圧降下や電力損失について、問われます。

◆ 単相2線式回路での電圧降下と電力損失

単相2線式回路での電圧降下と電力損失について、過去に出題された問題を解きながら説明しましょう。

問題 引込口から負荷やコンセントまでの配線経路の距離（水平距離＋垂直距離）（**こう長**という）が8mの配線により、消費電力2000Wの抵抗負荷に電力を供給した結果、負荷の両端電圧は100Vであった。
① この電線の電圧降下を求めなさい。
② この電線の電力損失を求めなさい。
ただし、電線の電気抵抗は長さ1000m当たり3.2Ωとする。

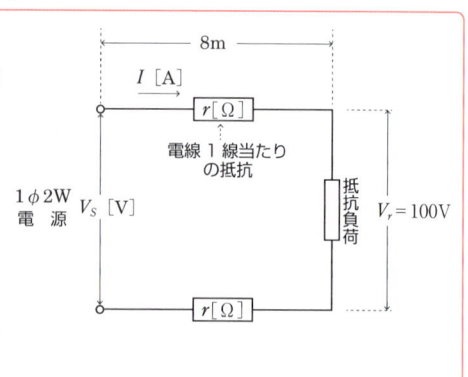

よく出る過去問 ➡ P84 問題1

①の解き方

電気回路で負荷にかかる電圧を計算する場合、これまで電線の抵抗をゼロと考えていました。しかし、実際の配線ではこう長が何十メートルにもわたるときがあり、この問題のようにその抵抗での電圧降下を求める問いが出題されます。その電線での抵抗を表したのが前ページの回路図の中にあるrです。

電線1線当たりの抵抗を$r[\Omega]$、この回路に流れる電流を$I[A]$とした場合、電線での電圧降下は次の式で表されます。電線は往復で2線あるので、1線分の電圧降下の値に2をかけて求めます。

● 単相2線式回路の電圧降下

$$電圧降下\ v = V_s - V_r = 2Ir$$

- v：電圧降下[V]
- V_s：電源電圧[V]
- V_r：抵抗負荷両端の電圧[V]
- I：回路に流れる電流[A]
- r：電線1線当たりの抵抗[Ω]

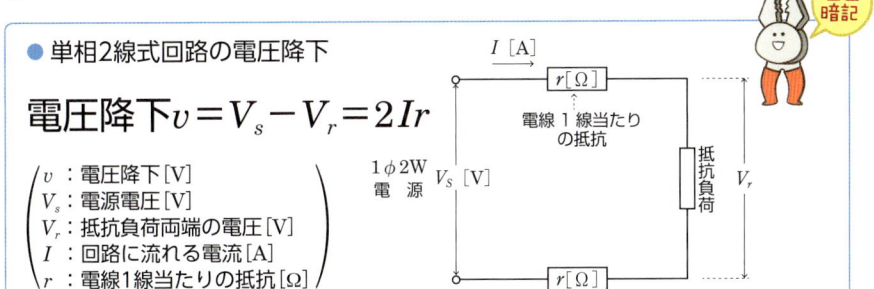

まずIを求めましょう。抵抗負荷で消費される電力は2000Wで、そこにかかる電圧は100Vなので、**P=VI**からIは次のように求められます。

$$I = \frac{2000}{100} = 20\text{A}$$

続いてrを求めます。この電線の抵抗は1000m当たり3.2Ωです。電線のこう長の8mは0.008kmなので、$r = 3.2 \times 0.008 = 0.0256\Omega$

したがって、電圧降下$v = 2 \times 20 \times 0.0256 ≒ 1.0\text{V}$

①の答え 1.0V

②の解き方

電線1線当たりの抵抗を$r[\Omega]$、この回路に流れる電流を$I[A]$とした場合、電線1線分の電力は$P=I^2R$の式（→P28）で求められます。電線は往復2線ありますから、1線分の電力損失の値に2をかけて求めます。

● 単相2線式回路の電力損失

$$電力損失\ p = 2I^2r$$

- p：電力損失[W]
- I：回路を流れる電流[A]
- r：電線1線当たりの抵抗[Ω]

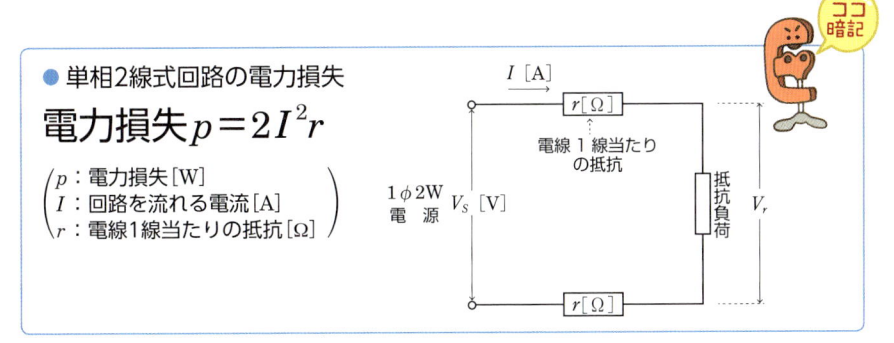

上の式から次のように求められます。
電力損失 $p = 2 \times 20^2 \times 0.0256 ≒ 20.5\text{W}$

②の答え 20.5W

3 単相3線式回路の電圧降下・電力損失

ココが出る!

☐ 平衡負荷の場合➡中性線に電流が流れない。したがって、電圧降下、電力損失の計算では中性線を考えなくてもよい。
☐ 不平衡負荷の場合➡2つの抵抗に流れる電流の差が中性線に流れる。中性線での電圧降下、電力損失を考える必要がある。

◆ 単相3線式回路の電圧降下と電力損失① 平衡負荷の場合

単相3線式では、負荷aと負荷bの値が等しい平衡負荷の場合と、値が異なっている不平衡負荷の場合とでは、電圧降下と電力損失の求め方が違います。まずは、平衡負荷の場合の求め方を説明します。

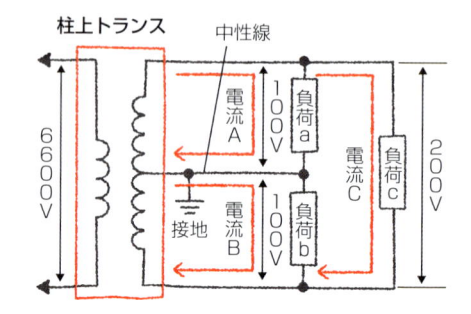

問題 図のような単相3線式回路において電線1線当たりの抵抗が0.1Ωのとき、

① A-A'間、B-B'間、N-N'間それぞれの電圧降下を求めなさい。
② A'-N'間の抵抗負荷にかかる電圧を求めなさい。
③ この回路の電力損失を求めなさい。

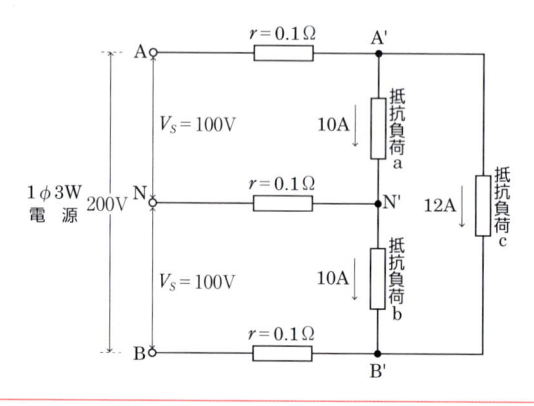

よく出る過去問 ➡ P84 問題2

①の解き方

まず、A-A′間の電圧降下を求めます。抵抗負荷aに流れる電流は10A、抵抗負荷cに流れる電流は12A。A-A′間には足し合わせた電流が流れます。すなわち、A-A′間の電流＝10＋12＝22A。
A-A′間の電線の抵抗は0.1Ωなので、
A-A′間の電圧降下＝22×0.1＝2.2V
B-B′間の電圧降下も同様の計算になります。抵抗負荷bに流れる電流は10A、抵抗負荷cに流れる電流は12Aなので、B-B′間の電流＝10＋12＝22A。
B-B′間の電圧降下＝22×0.1＝2.2V
最後にN-N′間の電圧降下を求めます。抵抗負荷aと抵抗負荷bに流れる電流が同値ということはN-N′間には電流は流れない、ということになります。したがって、電圧降下もゼロになります。このように、抵抗負荷aと抵抗負荷bの抵抗値が等しい場合、aとbを**平衡負荷**といい、この場合中性線には電流が流れません。

①の答え A-A′間：2.2V　B-B′間：2.2V　N-N′間：0V

②の解き方

N-N′間には電流は流れませんから、A-A′の100V配線には電線1本分の電圧降下が生じます。したがって、①の値を使って
A′-N′間の電圧＝100－2.2＝97.8V

②の答え 97.8V

③の解き方

N-N′間には電流は流れませんから、電力損失はA-A′間とB-B′間のみ考えればいいことになります。A-A′間の電流＝22A、B-B′間の電流＝22Aなので、
A-A′間の電力損失＝22^2×0.1＝48.4W
B-B′間の電力損失＝22^2×0.1＝48.4W
したがって、回路全体の電力損失＝48.4＋48.4＝96.8W

③の答え 96.8W

● 単相3線式回路　平衡負荷の場合

N-N′間の電流＝0
（平衡負荷では中性線に電流が流れない）

回路を流れる電流 $I = I_1 + I_2$ とすると

A-A′間の電圧降下＝ rI [V]
＊B-B′間の電圧降下も同じ

回路全体の電力損失 ＝ $2rI^2$ [W]

(I：回路を流れる電流 [A])
(r：電線1線当たりの抵抗 [Ω])

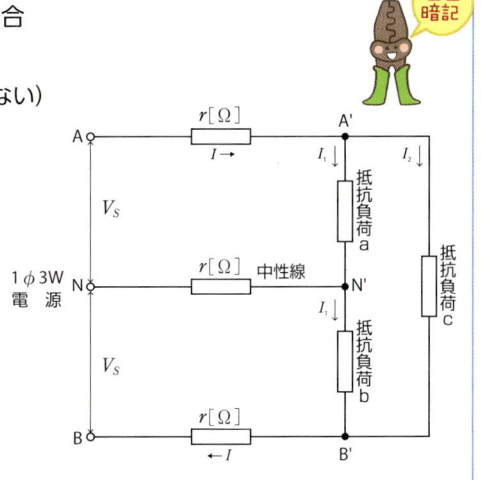

よく出る過去問 → P84 問題3

◆ 単相3線式回路の電圧降下と電力損失② 不平衡負荷の場合

次に2つの100V配線につながっていて抵抗負荷の値が異なる、不平衡負荷の場合の電圧降下と電力損失について説明します。

問題 図のような単相3線式回路において電線1線当たりの抵抗が0.1Ωのとき、

① N-N'間に流れる電流を求めなさい。
② 抵抗負荷AとBにかかる電圧を求めなさい。

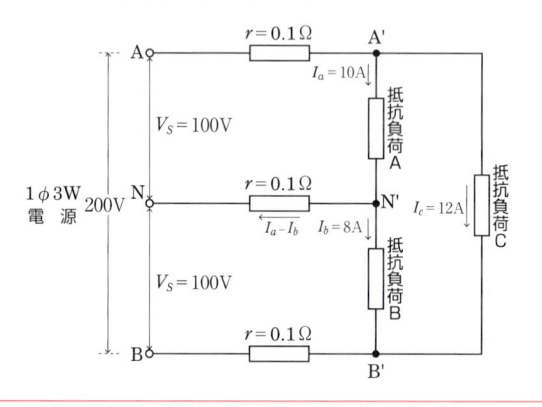

①の解き方 N-N'間には、抵抗負荷Aと抵抗負荷Bに流れる電流の差の電流が流れます。

$I_a=10A$、$I_b=8A$ですから、
$I_a-I_b=10-8=2A$

①の答え 2A

②の解き方 抵抗負荷Aにかかる電圧は$V_S=100V$からA-A'間の電圧降下とN-N'間の電圧降下を引くことで求められます。

A-A'間の電流$=I_a+I_c=10+12=22A$
A-A'間の電圧降下$=22\times0.1=2.2V$
N-N'間の電流$=2A$ （①の答えより）
N-N'間の電圧降下$=2\times0.1=0.2V$
抵抗負荷Aにかかる電圧$=100-2.2-0.2=97.6V$
抵抗負荷Bにかかる電圧は抵抗負荷Aとは少し違います。まず、B-B'間の電圧降下とN-N'の電圧降下を求めると、
B-B'間の電流$=I_b+I_c=8+12=20A$
B-B'間の電圧降下$=20\times0.1=2V$
N-N'間の電圧降下$=0.2V$ （先ほど求めた値）

ここで注意しなければならないのは、N-N'間を流れる電流はI_bと逆向きになりますから、電圧降下を逆向きに考える、すなわちマイナスではなくプラスしなければなりません。

抵抗負荷Bにかかる電圧＝100－2＋0.2＝98.2V

②の答え　Aにかかる電圧：97.6V　　Bにかかる電圧：98.2V

● 単相3線式回路での電圧降下　不平衡負荷の場合

N-N'間の電流＝$I_a - I_b$ [A]
A-N間の電圧降下＝$(I_a + I_c)r + (I_a - I_b)r$ [V]
B-N間の電圧降下＝$(I_b + I_c)r - (I_a - I_b)r$ [V]

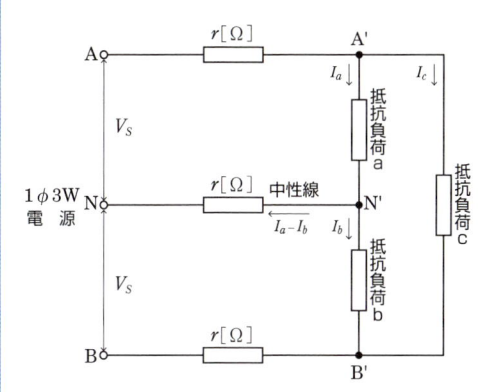

$\begin{pmatrix} I_a：\text{A'-N'間を流れる電流[A]} \\ I_b：\text{N'-B'間を流れる電流[A]} \\ r：\text{電線1線当たりの抵抗[Ω]} \end{pmatrix}$

● 中性線断線の問題

単相3線式回路の中性線が断線した場合のa-b間の電圧を求める問題がよく出題される。

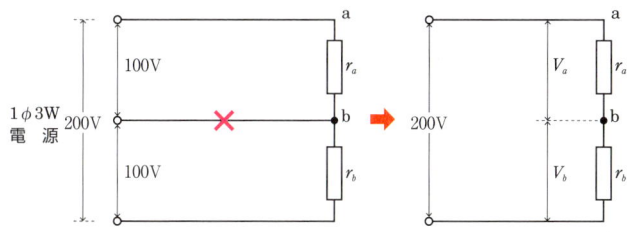

この場合、直列接続された2つの抵抗負荷の両端に200Vの電圧が加わることになるので、抵抗値の比で分圧されることになる。

a-b間の電圧 $V_a = 200 \times \dfrac{r_a}{r_a + r_b}$ [V]

よく出る過去問　→ P86　問題4

4 三相3線式回路の電圧降下・電力損失

ココが出る!

- □ 三相3線式回路での電圧降下＝$\sqrt{3}\,Ir$ [V]
- □ 三相3線式回路での電力損失＝$3I^2r$ [W]
- □ 1線が断線したら➡単相2線式回路に置き換える。

◆ 三相3線式回路での電圧降下と電力損失

三相3線式回路での電圧降下と電力損失も問題を解きながら説明しましょう。

問題 図のような三相3線式回路で、電線1線当たりの抵抗がr[Ω]、線電流がI[A]であるとき、
① 電圧降下（V_1-V_2）を表す式を答えなさい。
② この回路全体の電力損失を表す式を答えなさい。

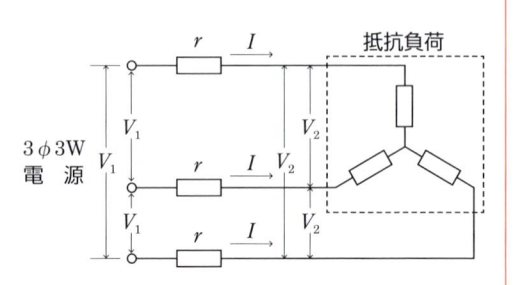

①の解き方 **線電流**とは、三相交流の3本の電線に流れる電流のことです（➡P43）。この電線の抵抗値はr[Ω]なので、1本当たりの電圧降下は$I\times r$になります。しかし、三相交流の場合、3本の電線それぞれの間の電圧と電流には120°の位相差があるので、電圧降下Irが2本の線に同時に発生することはありません（この図の回路では線電流Iが同時に流れているように見えますが、120°ずつ位相差があるので、同時にIが流れることはありません）。

三相3線式回路の2線間の電圧降下は数学的に$\sqrt{3}\,Ir$になることがわかっています（位相差があるから$2Ir$より小さくなると覚えておきましょう）。これはY結線でもΔ結線でも同じです。

よって、$V_1-V_2=\sqrt{3}\,Ir$

①の答え $\sqrt{3}\,Ir$

ココ暗記

● 三相3線式回路の2線間の電圧降下

$$電圧降下=\sqrt{3}\,Ir\ [\mathrm{V}]\quad \begin{pmatrix}I:線電流[\mathrm{A}]\\r:電線1線当たりの抵抗[\Omega]\end{pmatrix}$$

よく出る過去問 ➡ P86 問題5

②の解き方 電力損失の場合は回路全体での電線の電力消費を考えるので、各抵抗rで失われる電力を合計すれば求められます（位相差を考える必要はありません）。電線1線当たりの電力損失は$P=I^2R$の式より、電線1線当たりの電力損失$=I^2r$となります。これが3本分あるので、
回路全体の電力損失$=3I^2r$[W]

②の答え $3I^2r$[W]

● 三相3線式回路全体の電力損失

$$電力損失=3I^2r[\text{W}] \quad \begin{pmatrix} I：線電流[\text{A}] \\ r：電線1線当たりの抵抗[\Omega] \end{pmatrix}$$

◆ 三相3線式回路の1線が断線した場合の電流と電圧

試験では、三相3線式回路の1線が断線した場合の電流・電圧を求める問題がよく出題されます。

問題 図のような電源電圧E[V]の三相3線式回路で、×印点で断線した場合、断線後のa-b間の抵抗R[Ω]に流れる電流I[A]を求めなさい。

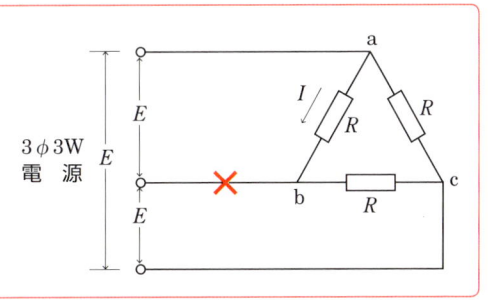

解き方 断線した電線には電流が流れないので、三相抵抗負荷は右の単相2線式回路に置き換えられます。
a-c間の合成抵抗は$R+R=2R$
またa-c間にはE[V]の電圧がかかっているので、
a-b間を流れる電流$=\dfrac{E}{2R}$[A]

答え $\dfrac{E}{2R}$[A]

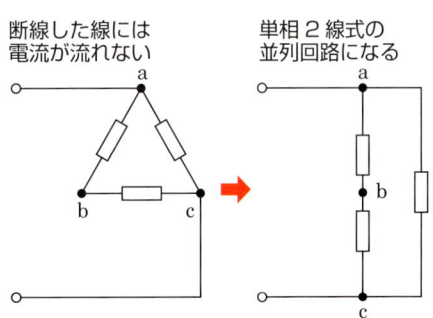

筆記編 第2章 配電理論と配線設計

よく出る過去問 → P86 問題6

5 絶縁電線の種類と許容電流

ココが出る!

- □ 単線の許容電流　直径1.6mm➡27A　2.0mm➡35A
- □ 電流減少係数　3本以下➡0.70
- □ コードの許容電流　断面積0.75mm²➡7A
- □ ケーブルの許容電流＝電線1本の許容電流×電流減少係数
- 小数点以下は七捨八入

◆ 電線の許容電流

ここからは電気工事の実際の話が中心になります。

電線の**許容電流**とは、その電線に流すことのできる最大の電流値のことです。電線は断面積（太さ）が小さいほど抵抗が大きくなります。細い電線に大電流を流すと、ジュール熱が発生して電線が断線したり絶縁被覆が溶けたりすることがあります。こういった事故を防ぐために、電線の太さによって流すことができる最大限の電流である**許容電流**が決まっています。

電線には1本の銅線の**単線**、複数本の銅線をまとめた**より線**があり、それぞれ直径や断面積によって許容電流が異なります。

ココ暗記

電線の種類と許容電流

電線の種類		電線の太さ	許容電流
単線	銅線／絶縁物　直径[mm]	直径1.6mm	27A
		直径2.0mm	35A
		直径2.6mm	48A
より線	銅線／絶縁物　断面積[mm²]	断面積5.5mm²	49A
		断面積8.0mm²	61A

なお、「電線」とひとくくりにして許容電流の説明をしましたが、電線には**裸電線**、**絶縁電線**、**ケーブル**、**コード**などの種類があります（➡P92）。上記の許容電流は裸電線、絶縁電線のものです。

よく出る過去問 ➡ P88 問題7

◆ケーブルの許容電流

ケーブルとは、絶縁電線を外装（シース）で覆ったものなので、電線保護用の管・外装に収容した場合に相当します。絶縁電線を電線保護用の管（合成樹脂管、金属管など）や外装などに収めて使用すると、熱がこもって温度が上昇してしまうため、**電流減少係数**という係数を乗じて許容電流を低くしなければなりません。

電流減少係数 （ココ暗記）

同一の管・外装内の電線数	電流減少係数
3本以下	0.70
4本	0.63
5または6本	0.56

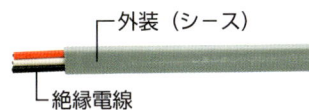

ケーブルは複数本の絶縁電線を外装（シース）が包んだ構造をしている（ケーブルの場合、外装内の電線数は「本」ではなく「心」という単位で表す。この写真のケーブルは「3心」）。

● ケーブルの許容電流　計算例

問題　ビニル絶縁ビニルシースケーブル平形（VVFケーブル）、直径1.6mm、3心の許容電流を求めなさい。

解き方　このケーブルはビニル外装に3本の電線を通したものなので、電線収容数は3本となります。したがって、上表より、電流減少係数は0.7です。
左ページの表より、直径1.6mmの単線電線の許容電流は27A。
電線1本当たりに流せる実質許容電流は次の式で求められます。
実質許容電流　＝　電線1本の許容電流　×　電流減少係数
したがって、次のように求められます。
許容電流＝27×0.7＝18.9→19A（小数点以下は**七捨八入**）。　**答え**　19A

◆コードの許容電流

コードは、移動しやすいように、細い銅線を何本もより合わせ、ゴムやビニルなどで被覆して柔らかく作った電線で、日常生活で最もよく見られるものです。絶縁電線とケーブルに使用される銅線は同じ規格ですが、コードの場合は他の銅線よりも細めなので独自の規格を設けています。

コードの許容電流 （ココ暗記）

断面積 (mm²)	許容電流
0.75	7A
1.25	12A
2	17A

第2章　配電理論と配線設計

6 引込線・引込口配線の設計

ココが出る!
- □ 引込線取付点の位置 ➡ 地上から垂直4m以上。技術的にやむを得ない場合、交通に支障のない場合は地上から垂直2.5m以上。
- □ 引込線 ➡ 直径2.6mm以上の硬銅線のケーブルまたは絶縁電線。
- □ 木造家屋の引込線配線 ➡ 金属管や金属がい装ケーブルは使用不可。

◆ 引込線と引込口配線

　電線が電柱から家屋内に引き込まれた後の配線を説明しましょう。

　電柱から家屋の軒先などに取り付けられた**引込線取付点**まで引かれた電線を**架空引込線**といいます。架空引込線の工事は電力会社が行います。引込線取付点の位置は原則として地上から**垂直4m以上**の高さを確保しなければなりませんが、例外として技術上やむを得ない場合、また交通に支障がない場合は**2.5m以上**でかまいません。

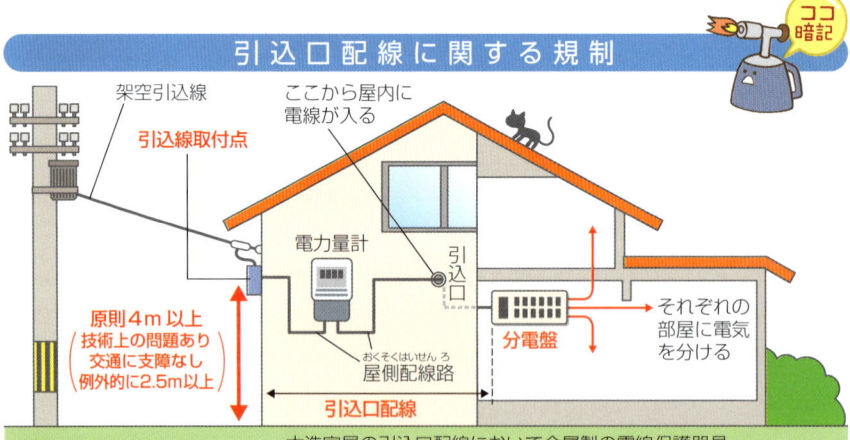

ココ暗記

引込口配線に関する規制

架空引込線／引込線取付点／ここから屋内に電線が入る／電力量計／引込口／屋側配線路／分電盤／それぞれの部屋に電気を分ける／原則4m以上 技術上の問題あり 交通に支障なし 例外的に2.5m以上／引込口配線

木造家屋の引込口配線において金属製の電線保護器具（金属管、金属がい装等）を使用することはできない。

コレも覚える!

● 張線器（シメラー）

　電柱間の電線のような、空中に張り渡した架空線のたるみを調整するのに用いるのが張線器（シメラー）である。電線に十分な張力が得られたら、電線をがいし（➡P162）に留めて張線器を外す。

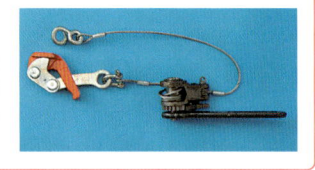

引込線取付点から分電盤までの配線を**引込口配線**といいます。引込線取付点と**分電盤**との間に入る**電力量計**、そして分電盤内の**配線用遮断器**（**ブレーカ**）（➡次項参照）の施設も電力会社が行います。なお、木造家屋の引込口配線においては金属製の電線保護器具（金属管、金属がい装など）を使用することはできません。金属製保護具は、漏電の際に木造家屋の火災を引き起こすおそれがあるためです。

◆ 引込開閉器の役割

開閉器とは、通電をオン／オフできるスイッチのことです。引込口から近いところには、容易に開閉できる開閉器を取り付ける必要があり、この開閉器のことを**引込開閉器**といいます。

かつてはカバー付ナイフスイッチ（➡P102）がよく使用されましたが、現在では開閉器の役割も兼ねる**配線用遮断器**（➡P115）が主流になっています。

● 配線用遮断器

記号 B

コレも覚える！ ● 引込開閉器を省略できる場合

敷地内に物置などの別棟の建物があり、母屋からその建物へ電線を引き込む場合でも、その別棟の引込口には開閉器を設置しなければならない。ただし、使用電圧が300V以下で、20Aの配線用遮断器（ヒューズの場合は15A）で保護された母屋の屋内電路に屋外電路を接続する場合、屋外電路の長さが**15m以下**であれば屋外電路用の引込開閉器は省略できる。

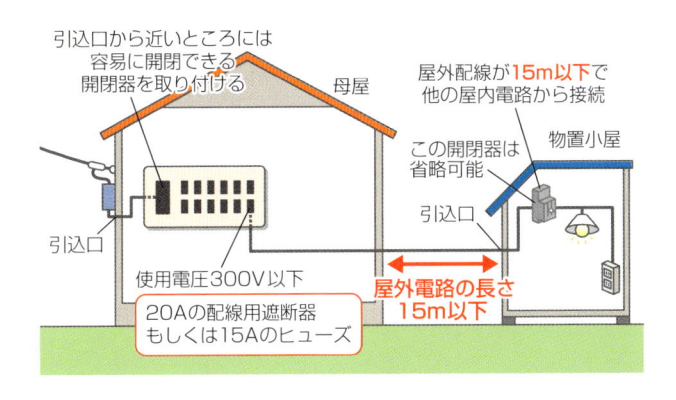

- 引込口から近いところには容易に開閉できる開閉器を取り付ける
- 母屋
- 屋外配線が15m以下で他の屋内電路から接続
- この開閉器は省略可能
- 物置小屋
- 引込口
- 引込口
- 使用電圧300V以下
- 20Aの配線用遮断器もしくは15Aのヒューズ
- 屋外電路の長さ 15m以下

攻略のコツ 配線図で倉庫の平面図があったら「引込開閉器が省略できない電路の長さ」の問題が出る可能性が高い（15m超は省略不可）。

7 過電流遮断器

- □ 定格電流の2倍の電流が流れたら配線用遮断器は
  - ➡ 定格電流30A以下で2分以内に遮断。
  - ➡ 定格電流30A超50A以下で4分以内に遮断。
- □ 単相3線式配線 ➡ 中性線に過電流遮断器をつないではいけない。

ココが出る!

◆ 過電流遮断器の役割

過電流遮断器とは、電路に過大な電流が流れると電路を遮断して、電路を保護する装置です。一般的な住宅にあるホーム分電盤に施設されているブレーカが一例です。エアコンや電子レンジなど大容量の電気機器を同時に使用した際にブレーカが切れたことのある人もいるでしょう。まさにそれが過電流遮断器の役割です。過電流遮断器の役割をするもので試験によく出題されるのが**ヒューズ**と**配線用遮断器**です。

◆ ヒューズと動作時間の規定

ヒューズは、過電流が流れると自ら発熱してその熱で溶けて、電路を遮断（**溶断**）する金属片です。溶断したヒューズの交換は手間がかかるので、いま住宅用に使われている過電流遮断器のほとんどは、手動で電路を復帰できる配線用遮断器に代わっています。しかし、高圧電力回路、三相電動機用の手元開閉器、あるいは医療用、車載用など特定の用途ではいまでも使われています。

なお、ヒューズが、過電流によって実際に電路を遮断するまでの時間（**溶断時間**）は右表のように決められています。

● 爪付ヒューズ

ココ暗記

ヒューズの溶断時間の規定

定格電流	溶断時間	
	定格電流の1.6倍の電流	定格電流の2倍の電流
30A以下	60分以内	2分以内
30A超60A以下		4分以内

（定格電流の**1.1倍**の電流では溶断しないこと）

◆ 配線用遮断器と遮断時間の規定

配線用遮断器は、過電流が流れると検知回路が働いて自動的にスイッチを切り、電路を遮断する装置です。屋内配線の幹線、分岐回路（➡P80）ごとに設置されます。なお、「電気設備の技術基準の解釈」（➡P219）には、「**開閉器及び過電流遮断器**」という装置名が出てきます。開閉器は電路のオン／オフができるスイッチのことなので、配線用遮断器は単独で開閉器と過電流遮断器の役割を果たすことができます。

なお、配線用遮断器が過電流によって実際に電路を遮断するまでの時間は右表のように決められています。

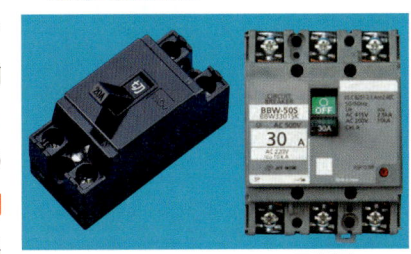

● 配線用遮断器

単相用　　三相用

配線用遮断器の遮断時間の規定

定格電流	遮断時間	
	定格電流の1.25倍の電流	定格電流の2倍の電流
30A以下	60分以内	2分以内
30A超50A以下		4分以内

（定格電流の**1倍**の電流では動作しないこと）

◆ 過電流遮断器の回路構成

過電流遮断器には、**2極1素子**、**2極2素子**、**3極2素子**などの回路タイプがあります。**極（P）** とは、電源側からの電路をつなぐための端子部分で、内部で遮断スイッチに直結しています。この遮断スイッチには過電流を検知する**素子（E）** が設けられています。また、2極1素子、2極2素子、3極2素子は、それぞれの極（P）数と素子（E）数をとって**2P1E、2P2E、3P2E**と表記します（➡次ページの図）。

過電流を遮断して電路を保護するのが過電流遮断器の役割です。したがって、原則として電路のどの電線（極）にも過電流遮断器を設ける必要があります。たとえば、単相2線式回路の配線用遮断器を接続する際は、対地電圧が高い電圧線を素子のある極につなぎ、対地電圧の低い接地側線は素子のない極（**N極**　N＝Neutral）につなぎます。

過電流遮断器の極と素子

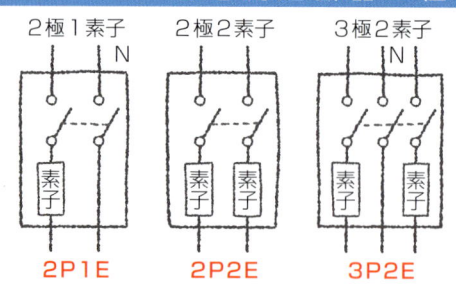

図では、遮断スイッチがオフになっているが、平常時にはオンの状態となっている。過電流を素子が検知したときにスイッチが切れる。

2極1素子 → 2P1E
2極2素子 → 2P2E
3極2素子 → 3P2E

　下図のように、2極1素子の遮断器は単相3線式の100Vの電路の、2極2素子の遮断器は200Vの電路の分岐回路で用いられます。3極2素子のタイプは、単相3線式電路の幹線に接続されるメインブレーカとして用いられます。

　なお、**単相3線式配線の中性線には過電流遮断器を入れてはいけない**ことになっています。もし、ここに遮断器が入って、何らかの理由で遮断器が働き、中性線が断線状態になったら、100V電路につながっている電気機器に200Vの電圧が不均等に加わり、機器が破損するおそれがあるためです。この状態を**中性線欠相**といいます。中性線が何らかの理由で断線状態になったときでも中性線欠相になってしまうため、最近では中性線欠相保護付遮断器を設けることが多くなっています。

単相3線回路と過電流遮断器の接続

1φ3W電源 200V (100V/100V)

過電流検知素子のないN極は中性線に接続

- 電圧線
- 中性線
- 電圧線

3P2E：メインブレーカとして用いられる

中性線への過電流遮断器の施設の禁止

2P1E／2P1E：100V用配線用遮断器として用いられる

2P2E：200V用配線用遮断器として用いられる

8 漏電遮断器

> □ 分岐回路の機器で漏電遮断器が必要な場合 ➡ 金属製外箱あり・使用電圧60V超・簡易接触防護措置なし。
> □ 省略可能な場合は ➡ 乾燥した場所・接地抵抗3Ω以下・対地電圧150V以下で水気のない場所・二重絶縁構造。

◆ 漏電遮断器の構造

漏電遮断器は漏電が起きると電路を遮断する機能がある装置です。**漏電**とは、電線の絶縁体などが破損したりして電気回路以外に電気が流れることをいいます。

● 漏電遮断器

電源から出た電流は仕事をしても元の大きさのまま電源に戻ります（➡P22）。しかし、配線や電気機器などで漏電があると**地絡電流**になって地面に流出してしまいます。その不足分を漏電遮断器の中の**零相変流器**が検知して、ただちに電流を遮断するのです。

漏電遮断器は主幹電路に施設されるだけではありません。分岐回路に接続される電気機器が、**金属製の外箱を有し、使用電圧が60Vを超え、簡易接触防護措置を施していない**場合、その電気機器の電路にも施設しなければなりません。

その一方で漏電遮断器を省略できる場合もあります。

漏電遮断器を省略できる場合

- 電気機器を乾燥した場所に施設したとき
- 対地電圧150V以下で水気のない場所に施設するとき
- 電気機器にC種接地工事またはD種接地工事（➡P183）が施されていて、その接地抵抗が3Ω以下のとき
- 電気用品安全法（➡P221）適用の二重絶縁構造の機器のとき

9 屋内幹線の設計

ココが出る!

□ 幹線の許容電流 I_L を求める式
(I_M：電動機の定格電流の総量　I_H：電動機以外の定格電流の総量)

$I_M ≦ I_H$　のとき　➡　$I_L ≧ I_M + I_H$

$I_M > I_H$　で　$I_M ≦ 50A$ のとき　➡　$I_L ≧ 1.25 I_M + I_H$

$I_M > I_H$　で　$I_M > 50A$ のとき　➡　$I_L ≧ 1.1 I_M + I_H$

◆ 幹線と分岐回路

　屋内配線は屋外から屋内に電路を引き込んだ引込口から始まります。引込口から引き入れて分岐されるまでの配線部分のことを**屋内幹線**（単に**幹線**とも）、幹線から引き出されて各部屋、電気機器ごとに分岐される配線のことを**分岐回路**といいます。引込口配線も幹線の一部分です。

　一般的な住宅の場合、引込口から引き入れた電線はまず**分電盤**に入ります。家庭にある分電盤を見るとわかりますが、分電盤には大きな**過電流遮断器**と、各部屋のコンセント、電灯、電気機器ごとに分岐した**配線用遮断器**が設けられています。

分電盤でわかる幹線と分岐回路

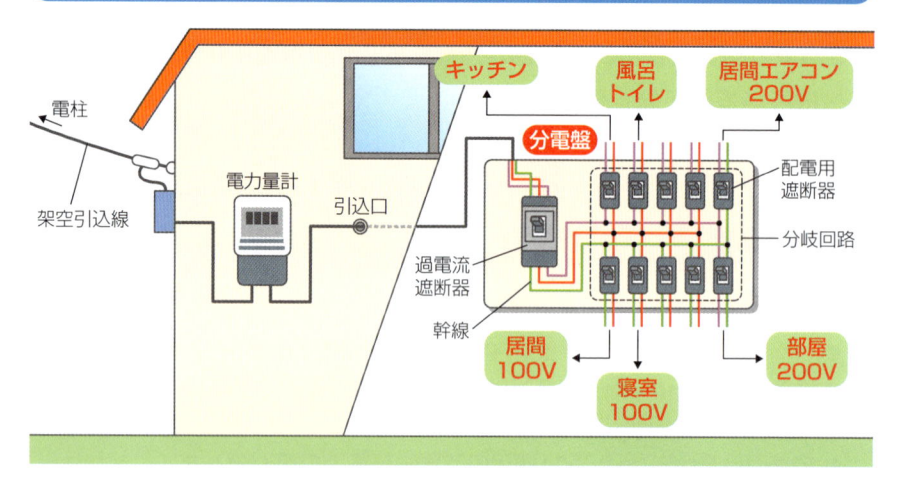

一般的な住宅の配線設計

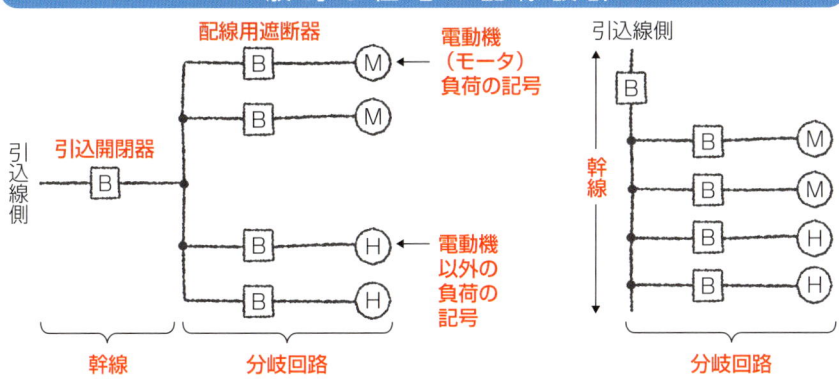

(図：引込線側 — 引込開閉器(B) — 幹線 — 配線用遮断器(B) — 分岐回路(M:電動機(モータ)負荷の記号、H:電動機以外の負荷の記号))

◆ 幹線の許容電流の見積もり

　幹線に使用する電線を決めるには幹線の**許容電流の見積もり**が必要です。幹線には分岐線の各負荷に流れる電流の合成電流が流れるので、幹線に流れる電流の最大値を見積もって、使う電線の太さを決めます。

　その計算方法は、電動機の定格電流の総量 I_M が、電動機以外の定格電流の総量 I_H より小さいか大きいかによって異なります。**定格**というのは、電気製品の製造メーカーが指定する各々の電気製品の電圧や電流の規格値のことです。電動機は始動時に大きな電流が流れるため、I_M と I_H とを分けて考える必要があるのです。

幹線の許容電流

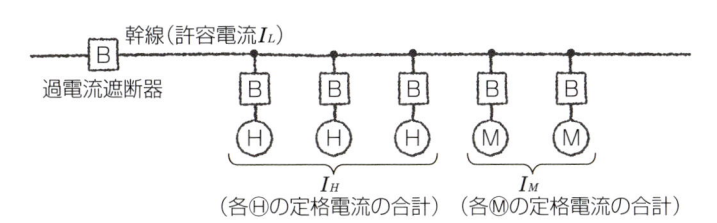

（図：過電流遮断器(B) — 幹線(許容電流 I_L) — (H)(H)(H) I_H（各Hの定格電流の合計）、(M)(M) I_M（各Mの定格電流の合計））

I_MとI_Hの大きさ		幹線の許容電流
$I_M \leq I_H$		$I_L \geq I_M + I_H$
$I_M > I_H$	$I_M \leq 50A$	$I_L \geq 1.25 I_M + I_H$
	$I_M > 50A$	$I_L \geq 1.1 I_M + I_H$

ココ暗記

よく出る過去問 → P88 問題8

◆ 需要率とは？

「屋内配線」の図中に示されている許容電流の値は各負荷が同時に稼動したと仮定して決めた値です。しかし、実際にはすべての電気機器が同時に稼動することはほとんどありません。そこで実際に使用する電力は何％になるかをみる必要があります。この値を**需要率**といいます。ある一定期間における需要率は次のとおりです。

> ● 需要率
>
> $$需要率 = \frac{実需用電力の最大値[W]}{総設備容量（総設備出力）[W]} \times 100\%$$
>
> 定格電流の総量[A] ＝ 設備1台の定格電流 × 台数 × 需要率

試験問題では需要率が示されている場合があります。次の問題で説明しましょう。

> **問題** 定格電流20Aの電動機5台が接続された単相2線式の低圧屋内幹線がある。この幹線の太さを決定する電流の最小値を求めなさい。ただし、需要率は80％とする。

> **解き方** 定格電流20Aの電動機が5台で需要率が80％の場合、電動機の定格電流の総量 I_M は次のように求められます。
>
> $I_M = 20 \times 5 \times 0.8 = 80A$
>
> 電動機以外の負荷がなく、電動機の定格電流の総量が50Aを超えるので、幹線の許容電流 I_L は次の式を使って求めます（➡P77の表）。
>
> $I_L \geq 1.1\,I_M + I_H$
>
> したがって、$I_L \geq 1.1 \times 80 = 88A$　　　　**答え** 88A

◆ 幹線を保護する過電流遮断器の定格電流

幹線に施設する過電流遮断器の定格電流は次ページの表のように定められています。原則としては、過電流遮断器の定格電流は幹線の許容電流より小さくなければなりません。また、電動機はスイッチを入れたときに大電流が流れるので、それも考慮する必要があります。

幹線に施設する過電流遮断器の定格電流

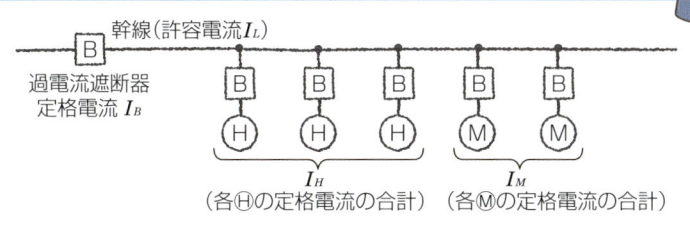

ココ暗記

幹線（許容電流I_L）
過電流遮断器 定格電流I_B

I_H（各Ⓗの定格電流の合計）
I_M（各Ⓜの定格電流の合計）

電動機の有無	過電流遮断器の定格電流
電動機なし	$I_B \leq I_L$
電動機あり	$I_B \leq 3I_M + I_H$ ← いずれか小さいほう $I_B \leq 2.5 I_L$

◆ 分岐した細い幹線の過電流遮断器が省略できる場合

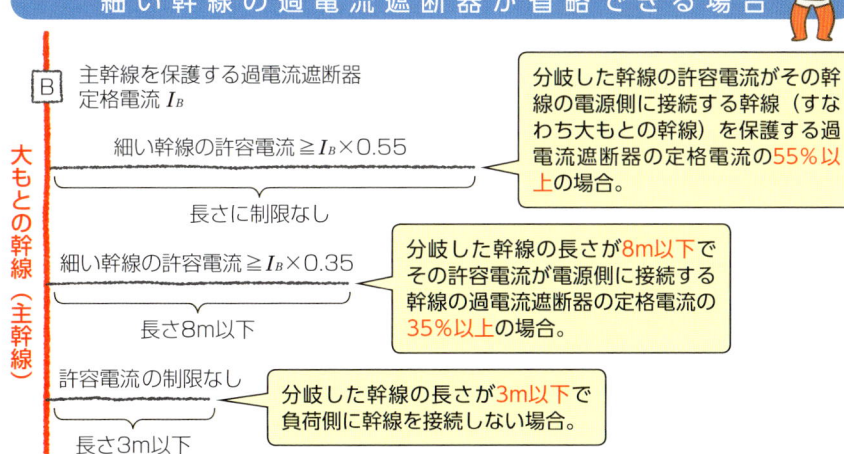

　一般住宅用の配電は、大もとの太い幹線から分岐回路が出る構造になっています。しかし、集合住宅など多数階のある建物では、大もとの太い幹線から細い幹線を分岐させて、それぞれの階ごとに細い幹線から分岐回路を施設します。原則的には、この細い幹線にも過電流遮断器をつながなければなりませんが、次の条件では過電流遮断器を省略できます。

ココ暗記

細い幹線の過電流遮断器が省略できる場合

主幹線を保護する過電流遮断器 定格電流I_B

大もとの幹線（主幹線）

細い幹線の許容電流 $\geq I_B \times 0.55$
長さに制限なし

分岐した幹線の許容電流がその幹線の電源側に接続する幹線（すなわち大もとの幹線）を保護する過電流遮断器の定格電流の**55％以上**の場合。

細い幹線の許容電流 $\geq I_B \times 0.35$
長さ8m以下

分岐した幹線の長さが**8m以下**でその許容電流が電源側に接続する幹線の過電流遮断器の定格電流の**35％以上**の場合。

許容電流の制限なし
長さ3m以下

分岐した幹線の長さが**3m以下**で負荷側に幹線を接続しない場合。

10 分岐回路の設計

ココが出る!

- ☐ 配線用遮断器の位置 ➡ 分岐点から原則3m以内。
  【例外】分岐回路の電線の許容電流がI_Bの35％以上55％未満の場合 ➡ 8m以内　55％以上 ➡ どこでもOK。
- ☐ 屋外配線の例外 ➡ 屋内配線の分岐点より8m以内の場合は屋内配線の延長で配線可能。
- ☐ 分岐回路30A以上 ➡ （上限値－10A）が過電流遮断器の定格電流の下限値。

◆ 分岐回路とは？

　一般的な住宅のように、電灯や電動機など電気機器（負荷）がいくつも接続される低圧屋内電路において、それら電気機器を接続するための回路のことを**分岐回路**といいます。電気器具や電路に事故が生じた場合、その影響が他の電気機器や電路に影響を及ぼさないように、分岐回路を適当に分割します。分岐回路の電線は幹線の電線より細い場合が多いので、許容電流も小さめです。

　ユーザーから最も身近なところにある電路なので、その事故対応にも念を入れており、過電流遮断器の施設位置などにも細かい規定があります。

分岐回路

引込口側　幹線の開閉器および過電流遮断器　幹線　分岐点　分岐線　分岐回路

分岐回路の開閉器および過電流遮断器＝配線用遮断器

電動機負荷　電動機以外の負荷

◆ 分岐回路の開閉器および過電流遮断器（配線用遮断器）の施設位置

　幹線にも設置したように、分岐回路にも過電流遮断器を設置しなければなりません。分電盤のカバーを開けると、幹線用の大きな過電流遮断器の横に小さな遮断器がいくつか並んでいると思います。それが分岐回路用の過電流遮断器です。

　分岐回路に施設される過電流遮断器は省略できず、原則として分岐点から3m以内に設置することになっています。ただし、分岐回路の電線の許容電流によって、3mを超える位置に取り付けられる場合があります。

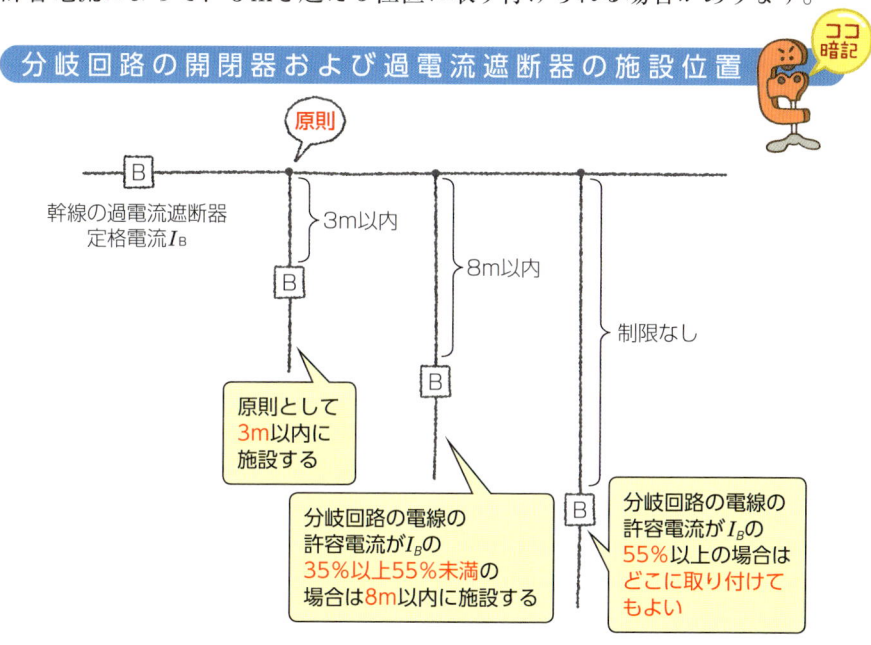

分岐回路の開閉器および過電流遮断器の施設位置

ココ暗記

- 幹線の過電流遮断器 定格電流 I_B
- 原則：3m以内
- 8m以内
- 制限なし

- 原則として3m以内に施設する
- 分岐回路の電線の許容電流が I_B の35％以上55％未満の場合は8m以内に施設する
- 分岐回路の電線の許容電流が I_B の55％以上の場合はどこに取り付けてもよい

◆ 屋外配線の施設

　屋外に常夜灯をつけるといった配線のことを**屋外配線**といいます。屋外配線の場合は、原則として1つの負荷だけがつながる専用の分岐回路にしなければなりません。

　ただし、屋内配線の分岐点より **8m以内** の場合は屋内配線の延長で配線することができます。この場合、20A以下の配線用遮断器が分岐回路についていることが条件です。

よく出る過去問 → P88 問題9

屋外配線の原則と例外

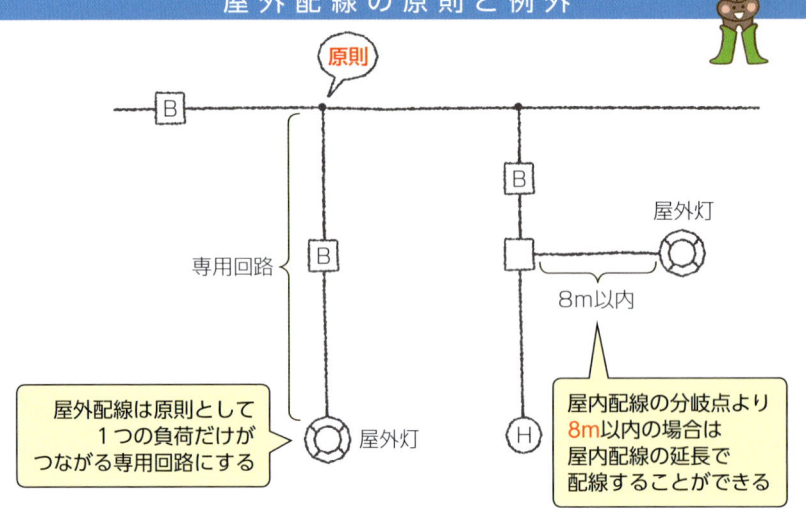

原則

屋外配線は原則として1つの負荷だけがつながる専用回路にする

屋内配線の分岐点より**8m以内**の場合は屋内配線の延長で配線することができる

◆ 電動機の分岐回路

電動機は、原則として**1台ごとに専用の分岐回路を設けて施設**しなければなりません。ただし、次のどちらかの場合は2台以上接続できます。

- 電動機の分岐回路の例外
① 配線用遮断器の定格電流が20A以下、または過電流遮断器の定格電流が15A以下の場合。
② 各電動機に過負荷保護装置*が施設されている場合。

＊過負荷保護装置：電動機等にかかる過負荷からの影響を遮断する装置。過負荷の状態では大きな電流が流れ、過電流状態となる。

◆ コンセントの分岐回路

さまざまな電気機器・器具を接続するためのコンセントの分岐回路は、回路に設けられる配線用遮断器の定格電流によって、次ページの表にある6種類に分けられています。そしてそれぞれの種類ごとに電線の太さやコンセントの定格電流が定められています。つまり、それぞれの過電流遮断器の定格電流の大きさに見合った電線やコンセントを使う、ということです。

たとえば、40A回路に定格電流20Aのコンセントを使うとすると、コンセントの定格電流以上の電流が流れ続けても過電流遮断器は作動しません。このような事故を防ぐために、30A以上の分岐回路のコンセントの定格電流には下限値が定められています。30A以上の回路のコンセントの定格電流に幅があるのはそのためです。

ココ暗記

分岐回路の種類と電線の太さ、コンセントの定格電流

分岐回路の種類	過電流遮断器の定格電流	電線の太さ	コンセントの定格電流
15A回路	15A以下	直径1.6mm以上	15A以下
B20A回路（配線用遮断器）	15A超20A以下の配線用遮断器		20A以下
20A回路（ヒューズ）	15A超20A以下のヒューズ	直径2.0mm以上	20A
30A回路	20A超30A以下	直径2.6mm以上 断面積5.5mm²以上	20〜30A
40A回路	30A超40A以下	断面積8mm²以上	30〜40A
50A回路	40A超50A以下	断面積14mm²以上	40〜50A

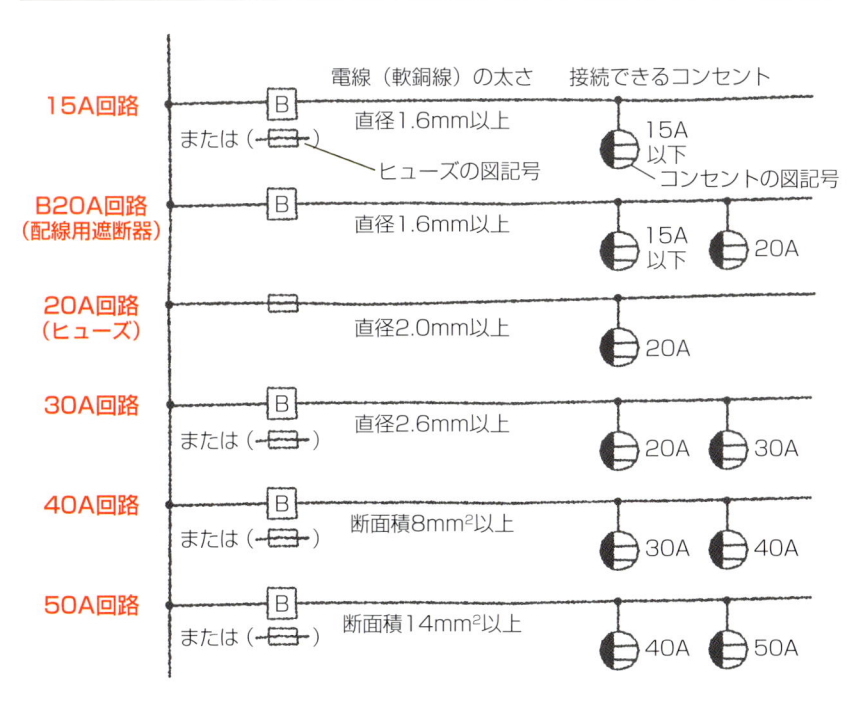

電線（軟銅線）の太さ　　接続できるコンセント

15A回路　─B─　直径1.6mm以上　　15A以下　←コンセントの図記号
または（ヒューズ）　←ヒューズの図記号

B20A回路（配線用遮断器）　─B─　直径1.6mm以上　　15A以下　20A

20A回路（ヒューズ）　直径2.0mm以上　　20A

30A回路　─B─ または（ヒューズ）　直径2.6mm以上　　20A　30A

40A回路　─B─ または（ヒューズ）　断面積8mm²以上　　30A　40A

50A回路　─B─ または（ヒューズ）　断面積14mm²以上　　40A　50A

よく出る過去問

問題 1

図のような単相2線式回路で、c - c′ 間の電圧が100Vのとき、a - a′ 間の電圧 [V] は。
ただし、r は電線の電気抵抗 [Ω] とする。

イ. 102
ロ. 103
ハ. 104
ニ. 105

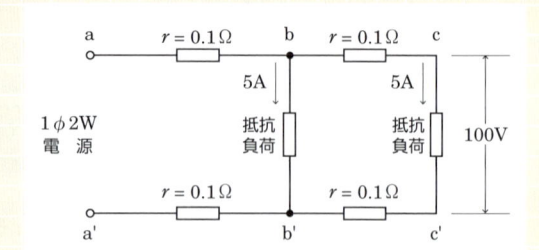

① ☐
② ☐
③ ☐

問題 2

図のような単相3線式回路で電流計Aの指示値が最も小さいものは。
ただし、Hは定格電圧100Vの電熱器である。

イ. スイッチa、b を閉じた場合。
ロ. スイッチc、d を閉じた場合。
ハ. スイッチa、d を閉じた場合。
ニ. スイッチa、b、d を閉じた場合。

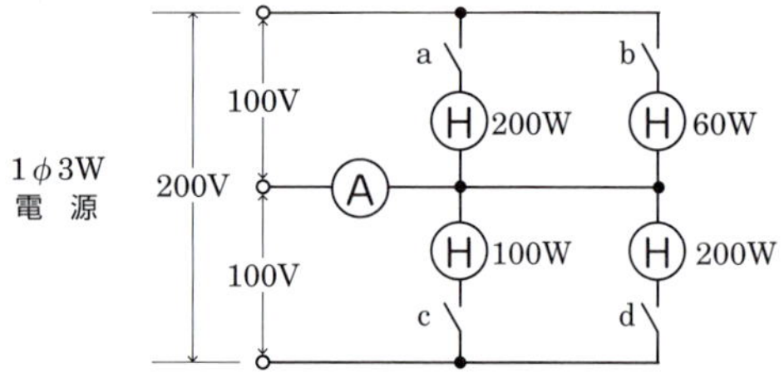

① ☐
② ☐
③ ☐

問題 3

図のような単相3線式回路において、電線1線当たりの抵抗が0.1Ω、抵抗負荷に流れる電流がともに10Aのとき、この電線路の電力損失 [W] は。

イ. 10
ロ. 20
ハ. 30
ニ. 40

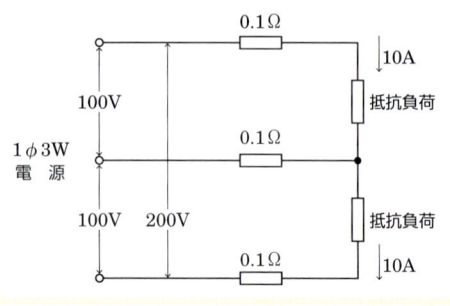

① ☐
② ☐
③ ☐

解説

a - a′間の電圧＝c - c′間の電圧＋a - c間の電圧降下分の電圧＋a′- c′間の電圧降下分の電圧
となります。
a - b間を流れる電流＝5+5＝10A
a′- b′間を流れる電流も同じく10Aですから、
a - c間の電圧降下分の電圧＝10×0.1＋5×0.1＝1.5V
a′- c′間の電圧降下分の電圧＝10×0.1＋5×0.1＝1.5V
したがって、a - a′間の電圧＝100＋1.5＋1.5＝103V

ココを復習 P60・61

答え □

解説

単相3線式回路では、中性線に流れる電流は上の電線に流れる電流と下の電線に流れる電流の差になります。つまり、上と下で同じ消費電力の負荷のときには中性線には電流は流れないので、答えはハと導き出せます。

ココを復習 P62・63

答え ハ

解説

抵抗負荷に流れる電流がどちらも10Aということは中性線には電流は流れないということです。つまり、中性線を除いた2線の電力損失を考えればいいということになります。したがって、この電線路の電力損失pは、
$p = I^2 r \times 2 = 10^2 \times 0.1 \times 2 = 20W$
となります。

ココを復習 P62・63

答え □

よく出る過去問

問題 4

図のような単相3線式回路で、開閉器を閉じて機器Aの両端の電圧を測定したところ150Vを示した。この原因として、考えられるものは。

イ. 機器Aの内部で断線している。
ロ. a線が断線している。
ハ. 中性線が断線している。
ニ. b線が断線している。

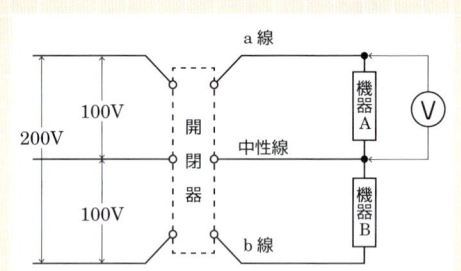

問題 5

図のような三相3線式回路で、電線1線当たりの抵抗が0.15Ω、線電流が10Aのとき、電圧降下（$V_s - V_r$）[V] は。

イ. 1.5
ロ. 2.6
ハ. 3.0
ニ. 4.5

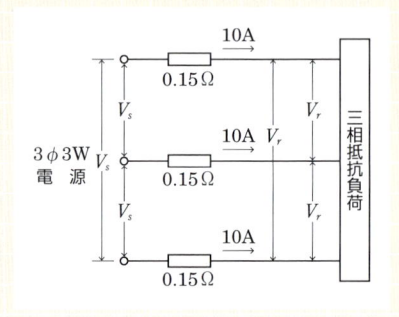

問題 6

図のような三相3線式回路で、電線1線当たりの抵抗が0.1Ω、線電流が20Aのとき、この電線路の電力損失 [W] は。

イ. 40
ロ. 80
ハ. 100
ニ. 120

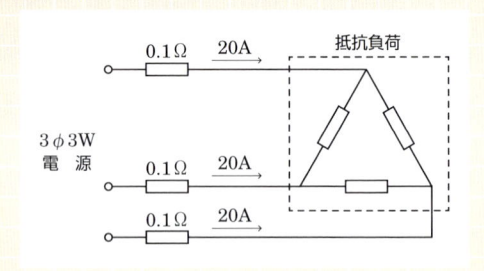

解説

単相3線式回路では機器A、機器Bともに100Vの電圧が加わります。しかし、中性線が断線すると、両者の間に200Vの電圧が加わり、それぞれの機器の抵抗値によって分圧されます。機器Aの抵抗値が機器Bよりも大きい場合、100Vを超える電圧が加わります。

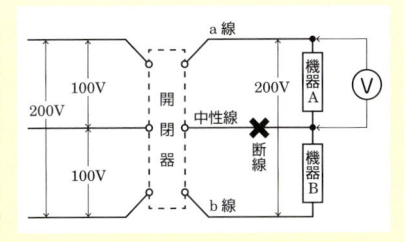

ココを復習 P65

答え ハ

解説

三相3線式回路の電圧降下vは次の式で求められます。
$v = \sqrt{3}\, Ir$
したがって、$v = \sqrt{3} \times 10 \times 0.15 ≒ 2.6V$

ココを復習 P66・67

答え ロ

解説

三相3線式回路の電線路での電力損失は1線当たりの電力損失の3倍になります。
電線1線当たりの電力損失をpとすると、
$p = I^2 r = 20^2 \times 0.1 = 40W$
したがって、電線路での電力損失 $= 40 \times 3 = 120W$

ココを復習 P66・67

答え ニ

よく出る過去問

問題 7

金属管による低圧屋内配線工事で、管内に直径1.6mmの600Vビニル絶縁電線（軟銅線）3本を収めて施設した場合、電線1本当たりの許容電流［A］は。
ただし、周囲温度は30℃以下、電流減少係数は0.70とする。

イ. 19
ロ. 24
ハ. 27
ニ. 34

① ☐
② ☐
③ ☐

問題 8

図のように、三相の電動機と電熱器が低圧屋内幹線に接続されている場合、幹線の太さを決める根拠となる電流の最小値［A］は。ただし、需要率は100%とする。

イ. 75
ロ. 81
ハ. 90
ニ. 195

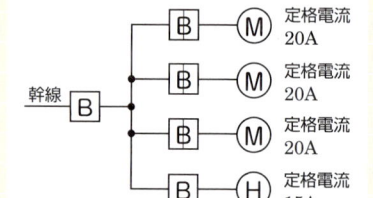

① ☐
② ☐
③ ☐

幹線 — B
- B — M 定格電流 20A
- B — M 定格電流 20A
- B — M 定格電流 20A
- B — H 定格電流 15A

問題 9

図のように定格電流60Aの過電流遮断器で保護された低圧屋内幹線から分岐して、5mの位置に過電流遮断器を施設するとき、a-b間の電線の許容電流の最小値［A］は。

イ. 15
ロ. 21
ハ. 27
ニ. 33

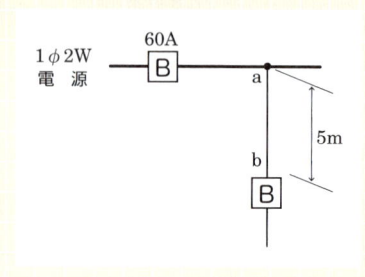

① ☐
② ☐
③ ☐

1φ2W 電源 — 60A B — a
a—b : 5m
b — B

88

解説

直径1.6mmの600Vビニル絶縁電線の許容電流は27Aです。
この電線を3本収めて施設した場合の電流減少係数は0.70なので、
1本当たりの許容電流＝27×0.70＝18.9A
小数点以下第1位を七捨八入して19Aとなります。

ココを復習 P68・69
答え イ

解説

電動機の定格電流の合計値I_M＝20×3＝60A
電熱器の定格電流の合計値I_H＝15A
つまり、P77の幹線の許容電流の表によると、この幹線は$I_M>I_H$で$I_M>50A$
に該当します。したがって、幹線の許容電流I_Lは
I_L＝1.1 I_M＋I_H＝1.1×60＋15＝81A

ココを復習 P77
答え ロ

解説

分岐点から3mを超えて8m以内に過電流遮断器を施設する場合、分岐回路の許容
電流は幹線の過電流遮断器の35%以上必要です。したがって、
a-b間の電線の許容電流の最小値＝60×0.35＝21A

ココを復習 P81
答え ロ

試験直前 10点UP! おさらい一問一答

▶次の問いに答えなさい。また [ ] に入る語句を答えなさい。

Q01 単相2線式回路の電圧降下を表す式は？
(v：電圧降下 [V]　Vs：電源電圧 [V]　Vr：抵抗負荷両端の電圧 [V]　I：回路を流れる電流 [A]　r：電線1線当たりの抵抗 [Ω])

A01 $v = Vs - Vr = 2Ir$ [V]

Q02 単相3線式回路（平衡負荷の場合）の回路全体の電力損失を表す式は？
(I：回路を流れる電流 [A]　r：電線1線当たりの抵抗 [Ω])

A02 回路全体の電力損失 $= 2rI^2$ [W]

Q03 三相3線式回路の電圧降下を表す式は？
(v：電圧降下 [V]　I：線電流 [A]　r：電線1線当たりの抵抗 [Ω])

A03 $v = \sqrt{3}\,Ir$ [V]

Q04 許容電流値、単線で直径1.6mmの場合は [A] A（アンペア）、直径2.0mmの場合は [B] A。

A04
A……27
B……35

Q05 電流減少係数、同一管の電線数が3本以下の場合は [A]、電線数が4本の場合は [B]。

A05
A……0.70
B……0.63

Q06 母屋から離れた物置小屋に電線を引き込む場合、引込開閉器を省略できるのは屋外電路の長さが何m以下の場合？

A06 15m以下

Q07 定格の2倍の電流が流れたとき、定格30A以下なら配線用遮断器は何分以内に電路を遮断しなければならないか？

A07 2分以内

Q08 分岐回路の配線用遮断器の位置は原則、分岐点から何m以内？

A08 3m以内

第3章

配線器具・材料・工具

1 電線－絶縁電線とケーブル

ココが出る！

- ☐ IV➡屋内用絶縁電線。　　DV、OW➡屋外専用絶縁電線。
- ☐ VVR➡丸形のケーブル。　VVF➡平形。どちらも許容温度は60℃。
- ☐ EM➡Eco Material、通称エコケーブル。

◆ 電線の種類

電線には主に次の4つの種類があります。このうち、配線工事でよく使われるのは**絶縁電線**と**ケーブル**です。電線の導体（➡P19）材料には**銅**や**アルミニウム**が最もよく用いられ、低圧用配線で使われるのはもっぱら**銅線**です。銅線には加工がしやすい**軟銅線**、強度にすぐれた**硬銅線**などがあります。電気工事では、これら電線の特徴を考慮して場所や使用方法などにあった適切な電線を選択します。

電線の種類

電線	特徴
裸電線	銅線がむき出しの電線。屋内配線では使用できない。
絶縁電線	銅線を絶縁物で被覆した電線。
ケーブル	絶縁電線の機械的強度、絶縁性能をアップさせるため外装（シース）でさらに厳重に覆った電線。
コード	細い電線を何本もまとめてゴムなどで被覆して柔らかく作った電線。家庭用電気機器などによく用いられる。

◆ 絶縁電線

絶縁電線は、銅やアルミニウムなどの導体を絶縁物で覆ったものです。導体の材質や絶縁物の材質などによって種類があります。このうち屋内配線用で最もよく使われるのが**IV線**（IV＝Indoor Vinyl／屋内ビニル線のこと）です。また、耐熱性を高めた**HIV線**もよく用いられます（IV線は許容温度が**60℃**、HIV線は**75℃**）。

これらは屋内配線に使われるといっても、天井裏に転がすような施設方法は禁止されており、電線管やダクト工事などによって施設する必要

があります。むき出しのままで屋内配線に使われるのは、接地用の電線など限られた場合だけです。

絶縁電線の種類と構造・記号

種類（名称）と構造	記号	用途
600Vビニル絶縁電線 軟銅線／ビニル絶縁物	**IV** (Indoor Vinyl)	屋内配線用 許容温度 **60℃**
600Vビニル二種絶縁電線 軟銅線／耐熱性の高いビニル絶縁物	**HIV** (Heat resistant IV)	屋内配線用 許容温度 **75℃**
600Vポリエチレン絶縁電線 軟銅線／耐熱性ポリエチレン絶縁物	**EM-IE** (EM=Eco Material) ※エコ電線＝焼却時の有害ガスの発生を抑えるなど環境に配慮した電線	屋内配線用
屋外用ビニル絶縁電線 硬銅線／ビニル絶縁物	**OW** (Outdoor Weather proof)	屋外配線用
引込用ビニル絶縁電線 ［より合わせ形］／硬銅線／ビニル絶縁物／［平形］	**DV**（Drop wire Vinyl） ※電柱から落とす(drop)の意味	屋外引込用

◆ ケーブル

　ケーブルは、導体を**絶縁物**で覆った電線を、多くの場合は２本や３本束ねてその上から**保護被覆**（**外装＝シース**）で覆ったものを指します。電気は必ず行きと帰りの最低２本（三相交流（➡P42）であれば３本）必要になるので、通常の電気工事ではケーブルが最も多く使われます。

攻略のコツ 配線図問題でも技能試験でも「電線の記号」を読むのは基本中の基本。本書で取り上げる絶縁電線とケーブルの記号はすべて覚えておこう。

ケーブルの種類と構造・記号

ココ暗記

種類（名称）と構造	記号	用途
600Vビニル絶縁ビニルシースケーブル平形 軟銅線／塩化ビニル	**VVF** (F=flat／平形) (Vinyl insulated Vinyl sheathed Flat-type cable)	屋内／屋外／地中配線用 最高許容温度 **60℃**
600Vビニル絶縁ビニルシースケーブル丸形 軟銅線／塩化ビニル／紙など介在物	**VVR** (R=Round／丸形) (Vinyl insulated Vinyl sheathed Round-type cable)	
600Vポリエチレン絶縁耐燃性ポリエチレンシースケーブル（通称、エコケーブル） 銅線／ポリエチレン／表示あり／耐熱性ポリエチレン／EM600VEEF/F	**EM-EEF** (EM=Eco Material／エコ素材)	屋内／屋外／地中配線用
600V架橋ポリエチレン絶縁ビニルシースケーブル 銅線／架線ポリエチレン／半導電層／介在物／塩化ビニル	**CV** (Closs-linked polyethylene insulated Vinyl sheathed cable)	屋内／屋外配線用
MIケーブル 銅線／無機絶縁物／銅管	**MI** (Mineral Insulated cable)	耐火配線用 ※高温でも燃えない無機物で絶縁。耐火性が高い
キャブタイヤケーブル 紙テープ／天然ゴム／軟銅より線	**CT** (Cab-Tire cable)	移動用 ※移動型電気機器などに使われる
ビニルキャブタイヤケーブル 塩化ビニル／軟銅より線	**VCT** (Vinyl Cab-Tire cable)	

ケーブルの各種類の中でも、**VVF**と**VVR**は名称が似ており、混同しやすいので注意しましょう。平形のVVFは住宅などで多く使われ、丸形のVVRは幹線(かんせん)に太い電線が必要な場合などに用いられます。どちらも技能試験で使われる材料に出てきます。ただ、実際の工事では、耐熱性(たいねつせい)があり、値段が安く、使いやすい**CV**を使用する場合が増えています。

さらに耐熱性を高めたものが**MI**です。工場などで使用されています。

EM-EEFは耐熱性もありますが、それよりも「焼却処分した際に有害物質を発生しない」という環境に配慮した点が特徴です。

ここまで解説してきたケーブルはすべての場所で施工できますが、例外は**CT**と**VCT**の**キャブタイヤケーブル**です。キャブタイヤケーブルは移動用のケーブルでコードよりも強度があるのですが、コードと同じように隠ぺい部分の配線には利用できません。また接続器具を用いずにほかの電線と直接つなぐことも禁止されています。

◆ コード

コードとは、一般的な電気器具の配線用として用いられる電線で、**ビニルコード**と**ゴムコード**があります。ビニルコードは耐熱性がないため、熱を利用しない一般的な機器に、ゴムコードは多少耐熱性があるので炊飯器やアイロンなどの配線用として用いられます。

コードはその断面積によって許容電流(きょようでんりゅう)が異なります（➡P69）。

ケーブルの種類と構造・記号

種類（名称）と構造	記号	用途
ビニルコード ビニル絶縁物／軟銅より線	VFF	熱を出さない電気機器用 電気スタンドなどに使用されるが、熱に弱いので白熱電球の電球線などには使用できない
ゴムコード 天然ゴム／編組／軟銅より線	FF	乾燥した場所で使用される 袋打ちゴムコードや丸打ちゴムコードなどがある

第3章 配線器具・材料・工具

2 電線どうしの接続

ココが出る!

- ☐ 電線の接続条件 ➡ 抵抗を増加させない。引張り強度を20%以上減少不可。絶縁電線の接続部は絶縁物と同等以上の絶縁効力があるもの（絶縁テープ）で被覆。
- ☐ ビニルテープでの絶縁処理 ➡ 半幅以上重ねて2回（4層）以上巻く。
- ☐ 黒色粘着性ポリエチレン絶縁テープでの絶縁処理 ➡ 半幅以上重ねて1回（2層）。
- ☐ リングスリーブの圧着ペンチ ➡ ハンドルが黄色。
- ☐ 裸圧着端子用圧着工具 ➡ ハンドルが赤（もしくは青）。

◆ 電線の接続方法

　電線の接続は、電気工事士として最も重要な作業で、筆記試験でも技能試験でも特に重視されています。電線やケーブルどうしの接続には、リングスリーブによる圧着付け、差込形コネクタなどの絶縁対応部品による接続、ろう付け（はんだ付け）などがあります。

電線の接続方法

● リングスリーブでの圧着接続

リングスリーブに導線を差し込み、圧着ペンチで圧着して接続する方法。圧着したら絶縁テープで被覆する。

● 差込形コネクタを使った接続

差込形コネクタに導線を差し込むだけ。接続が簡単なので、工事現場ではよく使われる。

◆ 電線接続の条件

　電線の接続で最も大切なのは、①漏電など事故が起こらないように接続する、②電線の電気的性能を落とさないようにする、ことです。さらに、ろう付けとリングスリーブによる圧着付けの場合は、絶縁テープを巻いてしっかり絶縁処理をする必要があります。また、接続箇所はそのままにしておかず、ジョイントボックスなどに収納します。

電線接続の条件

- 電線の電気抵抗を増加させないこと。
- 電線の引張り強度を20%以上減少させないこと。
- 絶縁電線（絶縁被覆で覆われた電線）相互の接続は接続器具（差込形コネクタなど）を用いて行うか、直接接続後にろう付け（はんだ付けなど）をすること。
- 絶縁電線の接続部は、絶縁物と同等以上の絶縁効力のあるもの（絶縁テープなど）で被覆する。
- コード相互、キャブタイヤケーブル相互、ケーブル相互の接続は、接続器（コードコネクタなど）や接続箱（ジョイントボックスなど）を使用する（直接接続してはいけない）。例外として、断面積8mm²以上のキャブタイヤケーブル相互だけは直接接続できる。

◆ 絶縁テープでの絶縁処理

上記の条件にあるように、電線の接続部分は、絶縁電線の絶縁物と同等以上の絶縁効力のあるもので被覆する必要があります。そのときによく用いられるのが絶縁テープです。リングスリーブでの圧着接続、手巻き接続などのように、接続部の導体が露出する接続の場合は、次のように絶縁テープを巻いて絶縁します。

絶縁テープでの被覆の方法

絶縁テープの種類	被覆の方法
ビニルテープ（0.2mm厚）	半幅以上重ねて2回（4層）以上巻く。 半幅以上重ねて1回目を巻く。 折り返して半幅以上重ねて2回目を巻く。
黒色粘着性ポリエチレン絶縁テープ	半幅以上重ねて1回（2層）以上巻く。
自己融着性絶縁テープ	半幅以上重ねて1回（2層）以上巻き、そのうえから保護テープを半幅以上重ねて1回（2層）巻く。

よく出る過去問 ➡ P186 問題1

◆ 電線の接続に使う材料

　電線の接続に使う材料として、試験によく出てくるのが、**リングスリーブ**と**差込形コネクタ**です。

●リングスリーブE形

圧着ペンチを使用して電線を圧着するのに用いる接続材料。

●リングスリーブ用圧着ペンチ

リングスリーブを圧着するときに使用する工具。握り部分が黄色になっているのが特徴。

●差込形コネクタ

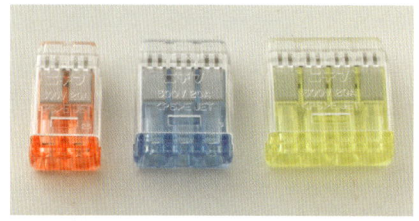

電線を差し込むだけで接続できる材料。差し込む電線の数により2本用、3本用などの種類がある。

●差込形コネクタ接続

電線を差込形コネクタに差し込んで接続する。絶縁テープを巻く必要はない。

◆ 電線の接続に使う工具

　次は電線の被覆をはがしたり、電線を切断したり、電線どうしを接続するための工具です。電工ナイフやペンチなどは技能試験で使います。

●電工ナイフ

電線の絶縁被覆やケーブルの外装をはぎ取るのに用いる。

●ペンチ

電線や心線を切断するのに用いる。

● ワイヤ（ケーブル）ストリッパ

外装（シース）や絶縁被覆をはぎ取るための工具。各種電線の径に合った刃のくぼみがある。

● ケーブルカッタ

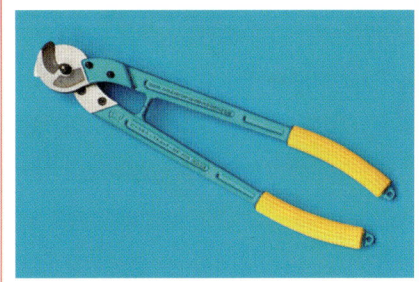

ペンチでは切断が難しい太いケーブルや絶縁電線を切断するのに用いる。刃先がケーブルをくわえるような半円形状をしているのが特徴。

● 電気はんだごて

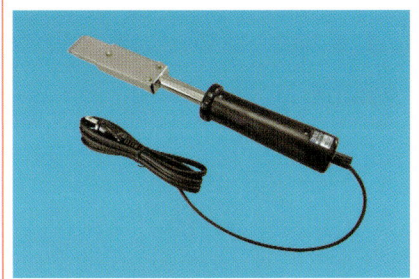

ろう付け（電線のはんだ付け）作業に用いる。先端の熱ではんだを溶かし、接続する。

● 手動油圧式圧着器

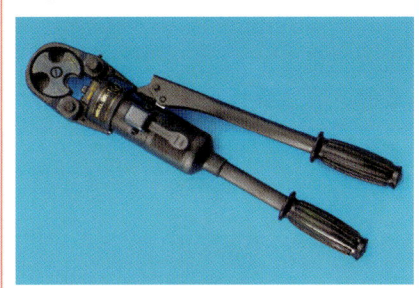

太い電線の圧着接続などに用いる。似た名称の工具に手動油圧式圧縮工具がある。どちらも圧着接続に用いるが、圧着端子の形状が異なる。

● 絶縁被覆付圧着端子用圧着工具

絶縁被覆付圧着端子が圧着できる工具。

● 裸圧着端子用圧着工具

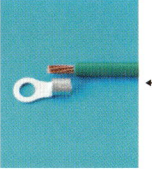

←R形圧着端子

R形圧着端子が圧着できる工具。赤や青のハンドルが特徴。

筆記編 第3章 配線器具・材料・工具

よく出る過去問 → P128 問題11　P130 問題15

③ コンセント

ココが出る!
- □ 防雨形 ➡ 雨水などに濡れないように電極が下向きでカバー付。
- □ フロアコンセント ➡ 床面に取り付けるタイプ。
- □ コンセントには極性がある。接地極には中性線を接続。

◆ コンセントの種類

コンセントは、屋内配線と電気機器・器具との接点に位置するもので、造営材や機器などに固定されているものをいいます。一方、コンセントに差し込む側の刃型の電極を**プラグ**といいます。

コンセントの種類と特徴

●埋込形コンセント

壁面に埋め込んで施設する、最もよく見かけるタイプ。コンセントを装着した金具を壁面内の埋込スイッチボックスに取り付ける。

●露出形コンセント

壁面に直接取り付けるタイプ。もう1つコンセントが必要というとき、簡単に増設できる。

●防雨形コンセント

主に屋外などに取り付ける際に役立つコンセント。雨水などで濡れないよう電極の穴が下を向き、上部がカバーされている。

●フロアコンセント

床面に取り付けるタイプ。オフィスや大規模展示施設でよく見られる。

よく出る過去問 ➡ P124 問題4

◆コンセントの刃受けの形状

　刃受けとは、電気を通すプラグを差し込むのに必要な穴のことをいいます。**差込口**、**プラグ受け**ともいいます。通常、2極のコンセント用の2つの穴が開いたものをよく目にしますが、用途に応じて接地極付、三相交流用などいろいろなタイプがあります。

コンセントの刃受け（例）
→ 刃受け

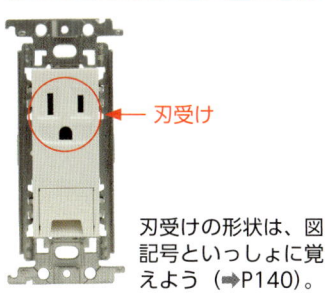

刃受けの形状は、図記号といっしょに覚えよう（➡P140）。

◆コンセントの接地側と接地極

　接地とは、感電・漏電を防ぐために大地に電線をつないで電気を逃がすことで、コンセントには接地のための構造が組み込まれています。
　この接地には、電柱の柱上トランス（➡P58）で施設されている**中性線接地**と、各電気機器・器具ごとに実施する個別の接地があります。**中性線**というのは、単相3線式回路の100V電路の片側配線です（➡P59）。コンセントの刃受けの片側はもう一方より穴の縦の長さがやや長くなっており、この長いほうの穴が**中性線**に接続されて接地されます。このようにコンセントや電灯などの電極には接地側が設けられており、その**接地側は必ず中性線に接続**しなければなりません。

コンセントの接地側
→ 接地側

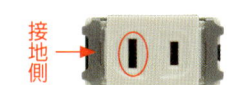

　屋内を経由して大地に接地されている**接地極**という電極が設けられたコンセントもあり、**接地極付プラグ**が使われます。このプラグの接地極は電気機器の外箱と電気的につながっていて、コンセントに差し込むことによって電気機器の外箱が接地されます。また、接地用電線を接続するための**接地端子**のあるコンセントもあります。

　住宅用単相200Vコンセントは、接地極付にします。また、洗濯機などの水場で使う電気機器のコンセントは漏電の危険性が高いため、接地極付・接地端子付が望ましいとされています。

接地極と接地端子
→ 接地極
→ 接地端子

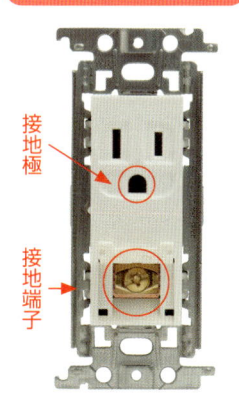

4 開閉器

- □ カバー付きナイフスイッチ ➡ 電動機の手元開閉器に使用。
- □ 箱開閉器 ➡ レバー操作で回路を開閉。
- □ 電磁開閉器 ➡ 電磁接触器部と熱動継電器（サーマルリレー）で構成。専用の押しボタン式スイッチなどがある。

◆ 開閉器の種類

　開閉器とは、本来は電気回路をオン／オフする装置のことです。スイッチと機能が似ていますが、次のような違いがあります。
- 開閉器…配線を開閉（オン／オフ）するための器具。
- スイッチ…電気機器をオン／オフするための器具。

開閉器の種類と特徴

●カバー付きナイフスイッチ
- ナイフ状の電極を刃受けに手で差し込むことで電路を開閉する。
- ヒューズを内蔵することで回路を保護し、カバーによって感電を防止している。
- 主に電動機操作用の手元開閉器などに使われる。

●箱開閉器
- ナイフスイッチを箱で覆ったもので、側面にあるレバーを手で操作することで電路を開閉する。
- 主に電動機操作用の手元開閉器などに使われる。

●電磁開閉器
- 手動ではなく電磁力を用いて開閉する。人力を必要としないため、電動機の遠隔操作、自動操作、送回転用などに使われる。また、きめ細かい制御が可能。
- 電路の開閉を行う電磁接触器と熱動継電器（サーマルリレー）の2つのパーツから構成されている。
- 電磁開閉器用押しボタンスイッチ。電磁開閉器のオン／オフを操作するためのスイッチ。

5 スイッチ

ココが出る!
- 自動点滅器➡周囲の明るさに応じて屋外灯などを自動的にオン／オフ。
- タイムスイッチ➡タイマーと一体化したスイッチ。
- リモコン配線の3要素➡リモコンスイッチ、リモコンリレー、リモコントランス。
- パイロットランプ➡スイッチの位置や照明器具の動作状態を表示。

◆ 屋内用小型スイッチ（点滅器）の種類

　スイッチには多くの種類がありますが、試験でよく出てくるスイッチについて取り上げます。まずは屋内用の小型スイッチです。

屋内用小型スイッチ

●タンブラスイッチ

埋込形
- 単極スイッチ
- 3路スイッチ
- 4路スイッチ

露出形

一般家庭の壁面に施設されているごく普通に目にするスイッチ。形態上の特徴から埋込形と露出形の2種類がある。

●表示灯内蔵スイッチ

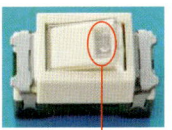

パイロットランプ

操作する部位に表示灯（パイロットランプ）がついたスイッチ（➡P107）。確認表示灯タイプと位置表示灯タイプがある。

●プルスイッチ

壁などに取り付けてひもを引くことでオン／オフするスイッチ。

●キャノピスイッチ

電気器具内に取り付けてひもを引いてオン／オフするスイッチ。

第3章 配線器具・材料・工具

● 自動点滅器

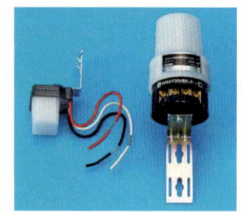

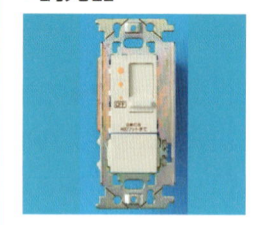

周囲の明るさを感知して自動的にオン／オフするしくみのスイッチ。街路灯などに内蔵されている。

● タイムスイッチ

タイマーと一体化したスイッチ。特定の時間になるとオン／オフするもので、簡単なものは換気扇にも使われている。

● 調光器

電灯の明るさを変えるためのスイッチ。レバーを回したり上下させることで調光できる。

◆ リモコンスイッチ

リモコンスイッチは、電灯などの電気機器のオン／オフを有線で遠隔操作するための装置です。1か所で多数の電灯の集中操作ができ、しかも**リモコントランス**によって低圧にしたうえで操作できるため感電の危険が少ないなどのメリットがあります。

リモコンスイッチと付属機器

● リモコンスイッチ

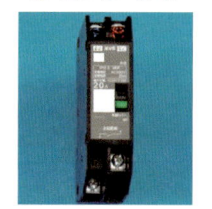

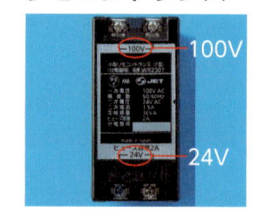

照明を1か所もしくは複数か所から操作する際に使われる。赤と緑のLEDは動作確認ランプ。

● リモコンリレー

リモコンスイッチの信号にあわせて回路を開閉する（リレー＝**継電器**）。

● リモコントランス

リモコン配線用の変圧器。1次側の電圧（写真の場合100V）を2次側の電圧（24V）に変圧する。

◆ 単極スイッチと2極スイッチのしくみと配線

ここからスイッチの配線について説明していきましょう。**単極スイッチ**とは、1回路の電路を開閉するスイッチで**片切スイッチ**ともいいます。**極**とは、1回の操作でスイッチが開閉できる回路数のことです。スイッチは通常、**非接地線側**に入れて、スイッチをオフにしたとき非接地線が負荷につながっていない状態にします。

2極スイッチは、2回路の電路を開閉するスイッチで**両切スイッチ**ともいいます。非接地線を2線使った200V電源につないだ電灯では2線とも非接地側なので、同時にオン／オフをしなければなりません。そのような場合に使われるスイッチです。

● 単極スイッチの配線

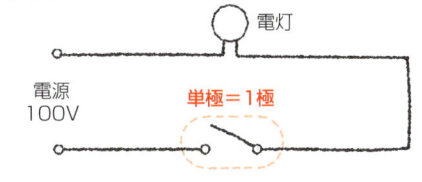

電源 100V　単極＝1極

● 2極スイッチの配線

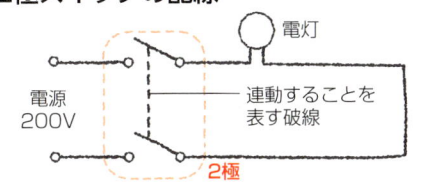

電源 200V　連動することを表す破線　2極

◆3路スイッチのしくみと配線

住宅にある階段の電灯には、1階のスイッチでも2階のスイッチでもオン／オフできるものがあります。この役目を果たしているのが**3路スイッチ**で、そのしくみは下図のとおりです。

3路スイッチの回路

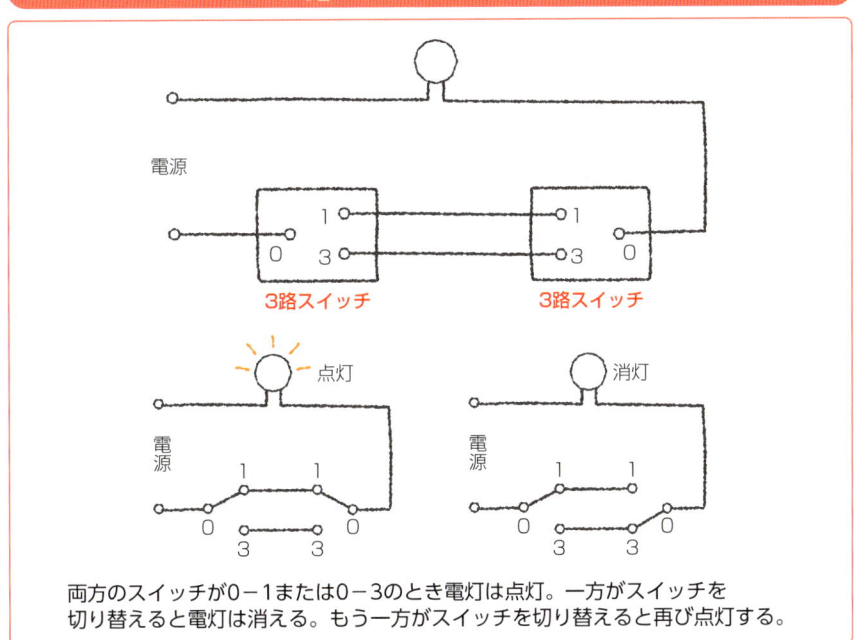

電源　3路スイッチ　3路スイッチ

点灯　消灯
電源　電源

両方のスイッチが0−1または0−3のとき電灯は点灯。一方がスイッチを切り替えると電灯は消える。もう一方がスイッチを切り替えると再び点灯する。

第3章 配線器具・材料・工具（筆記編）

105

◆3路／4路スイッチのしくみと配線

　3か所以上に同一の電気機器を操作するスイッチを設置したい場合は、3路スイッチと4路スイッチを組み合わせて配線します。
　下の回路図の中央が4路スイッチです。「1と2、3と4」が接続している状態を**平行接続**、「1と4、2と3」が接続している状態を**たすきがけ接続**といいます。スイッチを入れるたびに平行接続とたすきがけ接続が切り替わるようになっています。

3路／4路スイッチの回路

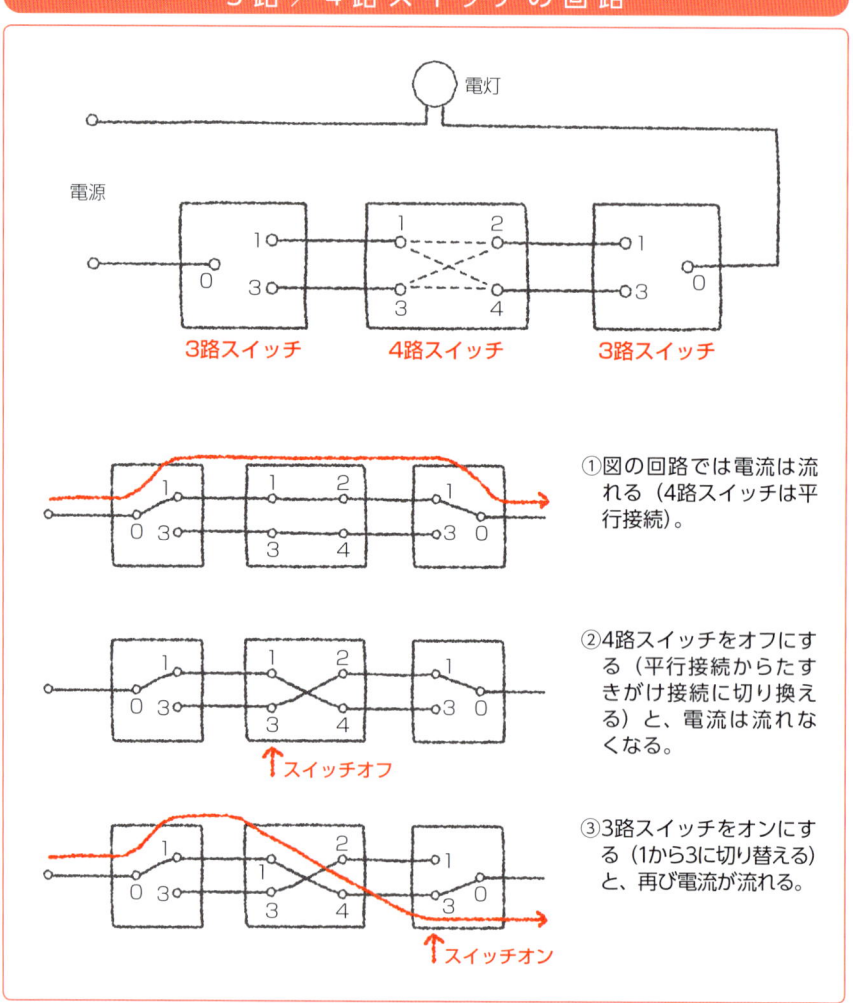

①図の回路では電流は流れる（4路スイッチは平行接続）。

②4路スイッチをオフにする（平行接続からたすきがけ接続に切り換える）と、電流は流れなくなる。

③3路スイッチをオンにする（1から3に切り替える）と、再び電流が流れる。

◆パイロットランプのしくみと配線

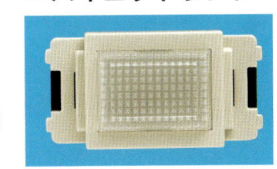

● パイロットランプ

パイロットランプは、スイッチと組み合わせて使われる、スイッチの位置やオン／オフの状態を表示するランプのことです。パイロットランプの点灯・点滅の回路には**常時点灯**（じょうじてんとう）、**同時点滅**（どうじてんめつ）、**異時点滅**（いじてんめつ）の3つがあります。これらは技能試験でよく問われます（➡P361）。

パイロットランプの点灯・点滅の回路

● 常時点灯

電灯はスイッチに連動してオン／オフするが、パイロットランプはスイッチに関係なく常時点灯している回路。パイロットランプを電源と並列に接続する。

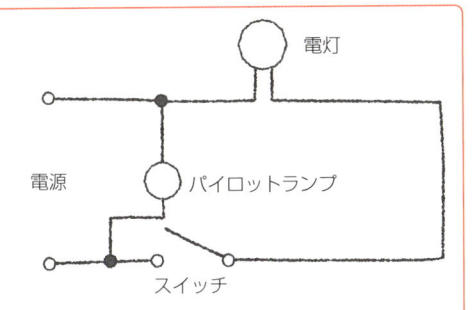

● 同時点滅

スイッチがオンのときに、電灯とパイロットランプが同時に点灯、オフのとき同時に消灯する。パイロットランプを電灯と並列に接続する。

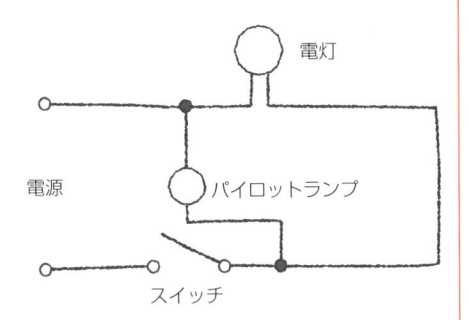

● 異時点滅

電灯はスイッチに連動してオン／オフするが、パイロットランプはスイッチがオフのとき点灯、オンのとき消灯する。パイロットランプをスイッチと並列に接続する。

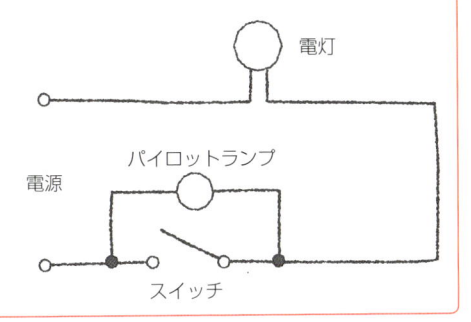

よく出る過去問 ➡ P252 問題9

6 配線工事に使う材料

ココが出る!

- □ 金属管どうしの接続 ➡ カップリングを使用。
- □ ケーブルどうしの接続 ➡ 必ずボックス内で行う。
- □ ノーマルベンド ➡ 配管をゆるやかに曲げる箇所に用いる。
- □ パイラック ➡ 金属管工事で管の支持に用いる。
- □ 合成樹脂管工事で用いる工具 ➡ 合成樹脂管用パイプカッタ、ガストーチランプ、面取り器。

◆ 電線管の分類

　電線管とは、電線を中に通す管のことで、電線管工事では配線より先に配管し、あとから配管内部に電線を通します。電線が保護できる、電線からの火災の拡大を防止できる、配管を通して壁面内部などにも簡単に配線できるといった利点があります。

　電線管には、**金属製**のものと**合成樹脂製**のものがあります。また、それぞれ曲がらないタイプと曲がる（**可とう性**のある）タイプがあります。試験によく出てくるのは次の電線管です。

金属管の分類

曲がらない(可とう性なし)タイプ	記号	曲がる(可とう性のある)タイプ	記号
● 薄鋼電線管（うすこうでんせんかん） ねじを切る。 ・管の厚さ1.6mm以上。 　長さ3.66m。 ・端にねじを切って使う。	**なし**	● 2種金属製可とう電線管 （プリカチューブ） （防水プリカ） 自由に曲げることができる。	**F2**
● ねじなし電線管 ・管の厚さ1.2mm以上。 　長さ3.66m。 ・ねじを切らずに使う。	**E**		

よく出る過去問 ➡ P128 問題9

合成樹脂管の分類

曲がらない（可とう性なし）タイプ	記号	曲がる（可とう性あり）タイプ	記号
●硬質塩化ビニル電線管（VE管）  ・標準長4m ・金属管より軽量、耐食性にすぐれるが、機械的衝撃や高温に弱い。	VE	●PF管 　耐燃性があるため、あらゆる配線に使える。	PF
		●CD管 　耐燃性がなく、コンクリート埋設用として用いられる。	CD

◆ 電線管工事の付属部品

電線管工事には、電線管どうしをつないだり、電線を引き込んだりする部品も用いられます。試験でよく問われるものは次の部品です。

電線管同士の接続に使う部品

●カップリング 
薄鋼電線管どうしを接続する。内側にねじが切ってある。

●ねじなしカップリング 
ねじなし電線管どうしを接続する。それぞれの管を留めるねじがついている。

●コンビネーションカップリング 
異なる種類の電線管どうしを接続する。

曲げ部分に使用する部品

●ノーマルベンド 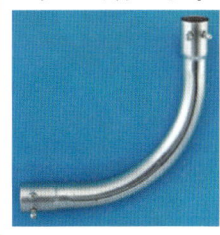
配管をゆるやかに曲げる箇所で使用する。

●ユニバーサル 
金属管どうしを直角につなぐのに使用する。

よく出る過去問 → P129　問題10

第3章　配線器具・材料・工具　筆記編

管端に使用するもの

- **ターミナルキャップ** 
管端から電線を引き出す際に使用する電線の保護用器具。

- **エントランスキャップ** 
ターミナルキャップの一種。傾斜をもつので、電線管が垂直に立ち上がっている場合でも耐降雨性がある。

◆ 金属管工事で使う工具

　金属管のねじ切り、屈曲、切断など加工に使う工具には次のようなものがあります。

金属管工事で使う工具

- **ウォーターポンププライヤ** 
金属管を押さえたり、ロックナットを締めるときなどに使う工具。ジョイント部の穴で、くわえ部の間隔を調整できる。

- **パイプレンチ** 
カップリングの取付時、金属管を回すのに使う工具。くわえ部の間隔をギアによって調整できる。

- **パイプカッタ** 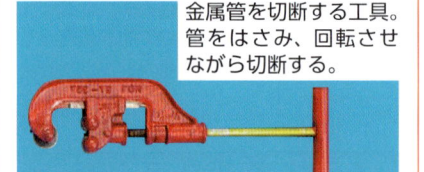
金属管を切断する工具。管をはさみ、回転させながら切断する。

- **パイプバイス** 
金属管を切断するときに管を固定する工具（万力）。

- **高速切断機** 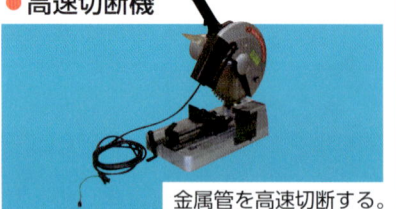
金属管を高速切断する。

- **金切のこ** 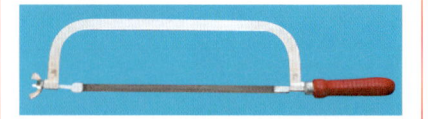
金属管などの金属部材の切断に使うのこぎり。

第3章 配線器具・材料・工具（筆記編）

●プリカナイフ
2種金属可とう管（プリカチューブ）を切断するときに使うナイフ。

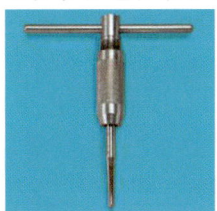

●タップとタップハンドル
鋼板などにねじの溝を作るための工具。

●ねじ切り器
ダイス（刃）を先端に装着して金属管のねじを切る（溝をつける）工具。

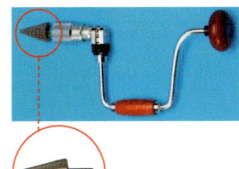

●クリックボールとリーマ
切断した金属管の内面のバリ（削りクズなど）を取る工具。クリックボールでリーマ（写真下）を回転させて管端のバリをとる。

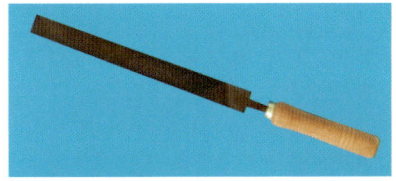

リーマ

●平やすり
金属管の切断面を仕上げるときに用いる。

●パイプベンダ
金属管を曲げる工具。曲げる部分にベンダを当てテコの力を使って金属管を曲げる。

◆ 合成樹脂管工事で使う工具

合成樹脂管を加工する工具には次のようなものがあります。

合成樹脂管工事で使う工具

●合成樹脂管用パイプカッタ
硬質塩化ビニル電線管の切断に用いる。金属管の切断はできない。

●ガストーチランプ
合成樹脂管を加熱して曲げるために用いる火炎放射器。

●面取り器
合成樹脂管の管端面の面取り（バリ取り）に用いる。

よく出る過去問 → P128 問題12　P130 問題13　問題14

◆ ボックス類とその付属部品

配線工事において配線の分岐や接続は、**ボックス**といわれる箱状のケースで行います。これは電線管内で接続すると漏電による火災などのおそれがあるからです。またメンテナンスがしやすいメリットもあります。

ボックス関係の部品

● VVF用ジョイントボックス 
VVF線どうしの接続箇所に使うボックス。透明になっているのが特徴。

● VVF端子付ジョイントボックス 
露出場所でVVFケーブルどうしを接続するボックス。内部に電線を止めるねじがついている。

● アウトレットボックス 
電線管の電線と他の電線との接続箇所に設ける。アウトレットとは、スイッチボックスなどへの取り出し口という意味。

● プルボックス 
多数の金属管が交差、集合する場所で電線の接続場所に施設するボックス。

● コンクリートボックス 
コンクリート埋設配管用のボックス。配管完了後に底板をかぶせる。

● スイッチボックス 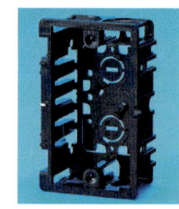
埋込形スイッチやコンセントを取り付けるためのボックス。

● 露出形スイッチボックス 
露出配線で用いられるスイッチボックス。管を装着するコネクタ部分がついているのが特徴。

● ケーブルラック 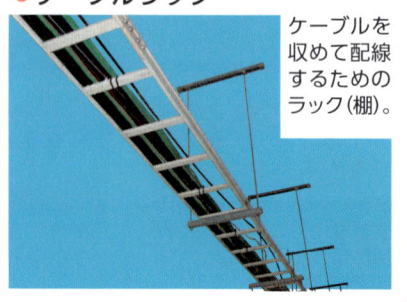
ケーブルを収めて配線するためのラック(棚)。

第3章 配線器具・材料・工具

● ボックスコネクタ
ロックナット
電線管をボックスに固定するのに使う。ロックナットを外してからボックスに接続する。

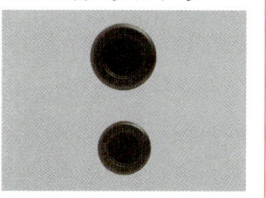

● ゴムブッシング
金属製のボックスの打ち抜き穴に取り付ける電線保護用のゴム材料。

● 絶縁ブッシング
電線管の管端に取り付けて電線の被覆を保護する。

◆ その他ケーブル工事で使う材料・工具

これまで紹介したもの以外に次のような材料や工具を覚えておきましょう。

● ステップル
ケーブルを木材などの造営材（柱や壁などの構造材）に取り付けるのに用いる。

● サドル
電線管を造営材に固定するのに使う。

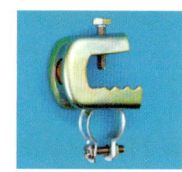

● パイラック
電線管を鉄骨などに固定するのに使う。

● 羽根切り
木材に穴を開ける工具。クリックボール（➡P111）に取り付けて使う。

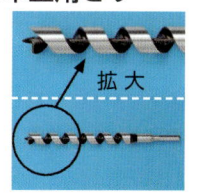

● 木工用きり
拡大
木材に穴を開けるときに使う工具。

● ホルソ
電気ドリルに取り付けて鋼板に穴を開ける工具。

● ノックアウトパンチャ
油圧で鋼板などに穴を開ける工具。

● 振動ドリル
コンクリートや木材に穴を開けるドリル。

● 呼び線挿入器
管工事において電線管に電線を通すために使う工具。

よく出る過去問 ➡ P130 問題16

113

7 遮断器

> **ココが出る!**
> ☐ 配線用遮断器 ➡ 過電流で電路を遮断。真ん中のレバーが特徴。
> ☐ 漏電遮断器 ➡ 漏電で電路を遮断。テストボタンと漏電表示ボタンが特徴。

◆ 遮断器の種類と役割

　遮断器とは、簡単にいえば、**電路を断つ（遮断する）**ための装置のことです。電路を遮断するのは、次のような場合です。

①電路に過電流が流れたとき

　電線にはその太さや材質などによって流せる電気の量（**許容電流**）が定められています。**過電流**とは、それを超えて電流が流れる状態のことをいい、電気火災、電気機器の故障の原因になります。

過電流遮断器と漏電遮断器

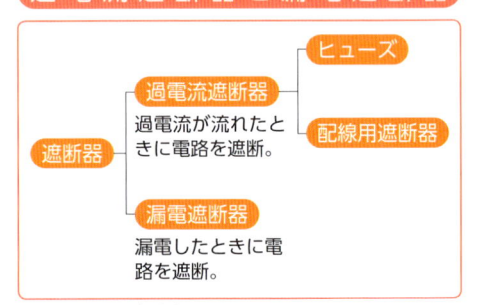

遮断器 ─┬─ 過電流遮断器 ─┬─ ヒューズ
　　　　│　過電流が流れたと　└─ 配線用遮断器
　　　　│　きに電路を遮断。
　　　　└─ 漏電遮断器
　　　　　　漏電したときに電路を遮断。

②漏電したとき

　電線や電気機器は電気が漏れないように**絶縁**されています。しかし、絶縁部分が劣化したり傷ついたりすると、その部分から配線や電気機器の外に電気が流れることがあります。これを**漏電**といいます。

　①のときに電路を遮断するのが**過電流遮断器**で、②のときに電路を遮断するのが**漏電遮断器**です。

◆ 過電流遮断器

　屋内配線で使用する過電流遮断器には、**ヒューズ**と**配線用遮断器**があります。

●ヒューズ

　ヒューズは、発熱時に溶けやすい鉛合金でできており、定格以上の電流が流れると発熱して溶けることで、電路を遮断します（**溶断**という）。

●爪付ヒューズ

両端の爪の部分に端子を接続するタイプ。

●配線用遮断器

　配線用遮断器は、分電盤（ぶんでんばん）などに設置して、過電流が流れたときに自動的に電路を遮断します。ヒューズは溶断した際に交換する必要がありますが、配線用遮断器は過電流がなくなれば手動でレバーを操作することで電路を復活させることができます。

配 線 用 遮 断 器

●配線用遮断器 
電路ごとに取り付け、過電流を検出したときに電路を遮断する。開閉用レバーが付いているのが特徴。

●配線用遮断器（電動機保護兼用） 
電動機と配線の保護を兼用するタイプ。写真のものは定格電流10Aの配線用遮断器兼200V2.2kW電動機用の遮断器として使用できる。

●三相用配線用遮断器 
三相交流用の配線用遮断器。3つの端子がついているのが特徴。

◆ 漏電遮断器

　漏電遮断器（漏電ブレーカ）は、零相変流器（れいそうへんりゅうき）という回路が内部に組み込まれており、漏電時に流れる零相電流を検出して電路を遮断します。

漏 電 遮 断 器

●漏電遮断器 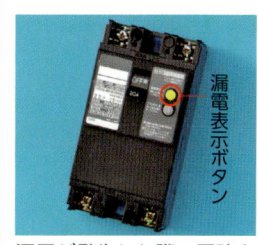
漏電が発生した際、電路を遮断する装置。漏電時に黄色の漏電表示ボタンが飛び出す。

●漏電遮断器付コンセント 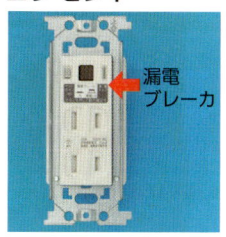
漏電遮断器を内蔵したコンセント。特定のコンセント回路だけを保護する。

●過負荷保護付漏電遮断器 
過電流が発生したときも回路を遮断するタイプ。一般住宅で最もよく使用されている。

よく出る過去問 ➡ P126 問題6 問題7

第3章　配線器具・材料・工具（筆記編）

8 照明器具

ココが出る!

- □ 照度 ➡ 照明の明るさを表す。単位は［lx］（ルクス）。
- □ 白熱灯 ➡ 力率よし。寿命が短い。発光効率が悪い。
- □ 蛍光灯 ➡ 発光効率よし。力率悪い。光にちらつきあり。
- □ グロースタート式蛍光灯の点灯 ➡ グローランプ（点灯管）で放電を始動。安定器（チョークコイル）で放電安定。グローランプに並列接続するコンデンサで高周波雑音の防止。

◆ 照明器具の明るさを表す 照度、光束、光度

　照明の明るさは**照度**で表されます。照明器具など光源から出た光の量のことを**光束**といい、単位は［lm］（ルーメン）です。**照度**とは、光源から出た光がどの程度ある面に降り注いでいるか、つまり単位面積当たり（1m²当たり）の光束のことで、単位は［lx］（ルクス）です。

　また、方向によって光の強さが違うことがあります。たとえば、懐中電灯は小さな電球から光が発せられますが、周囲にある反射鏡やレンズによって光が一方向に集められることで明るくなります。このようにある方向へ向けた光の強さのことを**光度**といい、単位は［cd］（カンデラ）です。

照度と光度

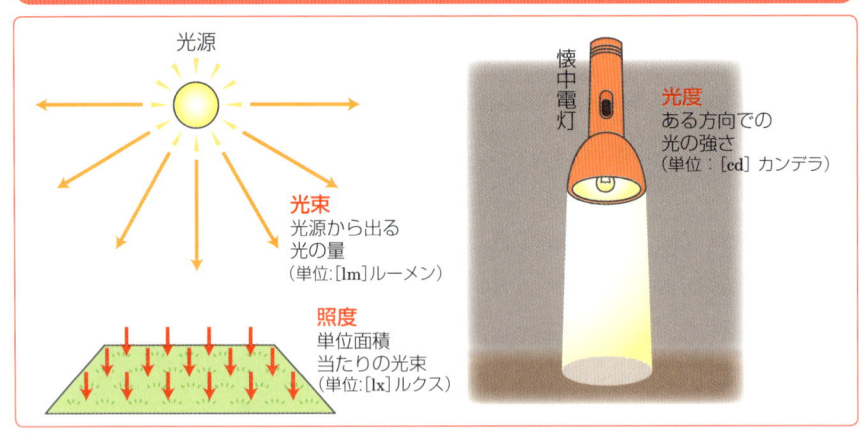

光源

光束 光源から出る光の量 （単位:［lm］ルーメン）

照度 単位面積当たりの光束 （単位:［lx］ルクス）

懐中電灯

光度 ある方向での光の強さ （単位:［cd］カンデラ）

◆白熱灯の種類と特徴

照明器具には、**白熱灯**と**放電灯**(ほうでんとう)があります。

白熱灯とは、ガラス球内の抵抗体がジュール熱によって熱を発し、その熱の放射による発光を利用した照明のことです。代表的なものは**白熱電球**や**ハロゲンランプ**です。

白熱灯は、蛍光灯と比較して、力率がよい、雑音が少ないという長所がある一方、寿命が短く、光束が少ない、電力の多くが熱エネルギーに変換されるため**発光効率が悪い**という欠点があります。

最近では、これらの欠点を補う寿命の長い**蛍光灯電球**、発光ダイオードを使った**LED電球**などに置き換わっています。それらの電球は白熱灯で使われていた**ねじ込み式の口金**が採用されています。

白熱灯

●白熱電球

ガラス管の中にガスを封入し、その中のフィラメントが約2,000℃まで発熱することで発光する。一般家屋の浴室やトイレなどの照明に用いられるほか、電気スタンド、シャンデリアなどにも使われる。

- フィラメント
- ガラス管(内側にガスが封入されている)
- 導入線
- 口金

極細な電線であるフィラメントが発熱して発光する。

白熱電球にはねじ込み式の口金が使われる。

●ハロゲンランプ

白熱灯のガラスの中に微量のハロゲンガスと不活性ガスを混合させて封入したランプ。白熱電球よりも明るく、店舗のダウンライトや自動車のライトなどに用いられている。

●線付防水ソケット(せんつきぼうすい)

屋外で用いる電球用のソケット。工事現場での仮設照明などに使われる。

第3章 配線器具・材料・工具

◆ 放電灯の種類と特徴

放電灯とは、気体や蒸気を封入されたガラス管の中で電子を放出したとき（**放電**）に発生する紫外線などを利用して発光させる電灯のことです。

放電灯の種類

● **蛍光灯**

一般家庭で使われる代表的な電灯で、放電が始まると、放出された電子がガラス管に封入された水銀を含むガスに衝突して紫外線を発生させ、その紫外線がガラス管に塗られた蛍光物質に当たって発光する。

● **ナトリウムランプ**

ガラス管の中にナトリウム蒸気を封入したランプ。霧の濃い場所やトンネル内の照明に利用されている。

● **高圧水銀ランプ**

高圧の水銀蒸気を封入したランプ。青白く光るのが特徴で、発光効率が高く、体育館や広場、スポーツ競技場のスタンド、道路照明などに利用されている。

● **ネオン管**

ネオンガスなどを封入したランプ。ガスの種類によって発色が異なる。それらを総称してネオンランプといい、看板照明などに用いられる。ネオン管配線では、専用の高圧のネオン変圧器が用いられるため、特殊電気工事資格者(ネオン)の有資格者しかその工事ができないことになっている。

◆ 蛍光灯の点灯のしくみ

蛍光灯は、白熱灯に比べて、発光効率がよい、寿命が長い、熱の放射が少ないといった長所がある一方で、力率が悪い、光にちらつきがあるといった欠点もあります。

蛍光灯には**グロースタート式**、**インバータ式**などの点灯方式があります。試験ではグロースタート式の点灯のしくみが出題されます。

グロースタート式での点灯

① 電源が入ると、グローランプ（点灯管）に電源電圧がかかり、グローランプ内に放電が起こる。

*グローランプから発生する高周波雑音を吸収するのがグローランプに並列に入っているコンデンサ。

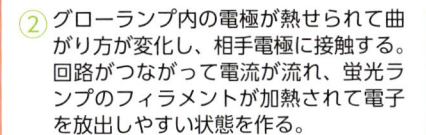

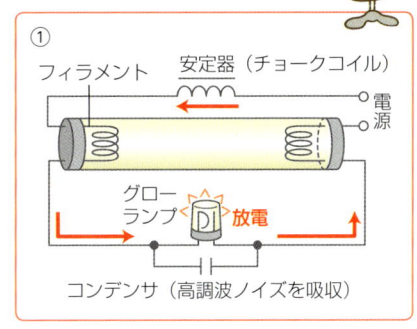

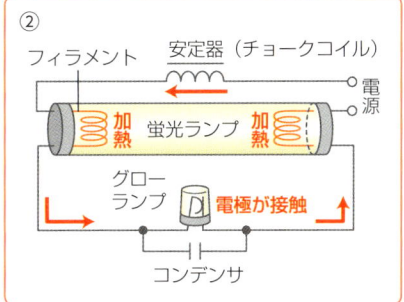

①
フィラメント　安定器（チョークコイル）
　　　　　　　　　　　　　　　　　電源
グローランプ　放電
コンデンサ（高調波ノイズを吸収）

② グローランプ内の電極が熱せられて曲がり方が変化し、相手電極に接触する。回路がつながって電流が流れ、蛍光ランプのフィラメントが加熱されて電子を放出しやすい状態を作る。

②
フィラメント　安定器（チョークコイル）
加熱　蛍光ランプ　加熱　　　　　　電源
グローランプ　電極が接触
コンデンサ

③ グローランプの電極の熱はすぐ冷めて接点が元の位置に戻るため、回路が遮断される。この瞬間、安定器（チョークコイル）に高圧が発生する。

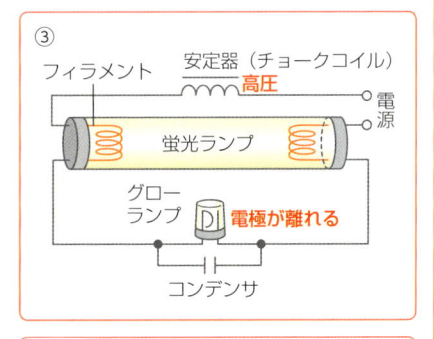

③
フィラメント　安定器（チョークコイル）高圧
　　　　　蛍光ランプ　　　　　　　電源
グローランプ　電極が離れる
コンデンサ

④ 高圧でフィラメントが放電を開始する。いったん放電が始まると、チョークコイルが電流の増減を抑える働きをし、放電を安定させる。

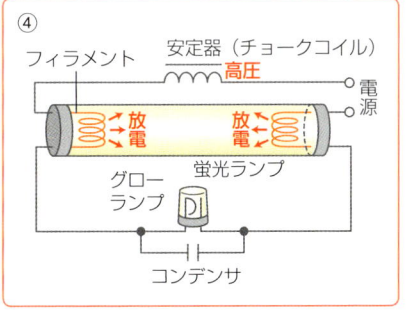

④
フィラメント　安定器（チョークコイル）高圧
放電　蛍光ランプ　放電　　　　　　電源
グローランプ
コンデンサ

よく出る過去問 → P126 問題5

9 誘導電動機

ココが出る!

- □ 三相誘導電動機の同期速度　$Ns = \dfrac{120f}{p}$ [min^{-1}]
- □ 三相誘導電動機の逆回転 ➡ 2本の線を入れ替え。
- □ スターデルタ始動 ➡ 三相かご形誘導電動機。

◆ 誘導電動機の動作原理

誘導電動機とは、交流電源で回転する**モータ**のことです。下図のように、磁界の中にコイルを置いてこの磁界を回転させると、電磁誘導によってコイルに電流が流れます。すると、電流が磁界の中を通るため、フレミングの左手の法則に従ってコイルに力が働き、磁界の回転につられるようにコイルも回転します。これが誘導電動機の基本的な動作原理です。

誘導電動機の動作原理

（図：磁界の中にコイルを置き、磁界を回転させる様子。①磁石の回転方向、②電磁誘導によりコイルに電流が流れる、③電流に対して力が働く）

左図を真横から見たところ

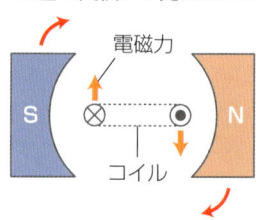

⊗：紙面手前から奥へ電流が流れる。
⊙：紙面奥から手前へ電流が流れる。

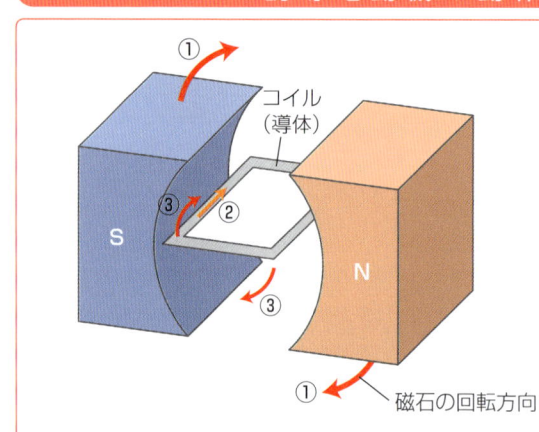

磁界を回転させると（①）、電磁誘導によってコイルに電流が流れ（②）、電流に対して力が働く（③）。磁界が回転し続けると、その動きにつられるようにしてコイルは回転し続ける。

誘導電動機には、三相交流で回す**三相誘導電動機**と単相交流で回す**単相誘導電動機**があります。ここでは、産業界で広く用いられている三相誘導電動機について解説します。

◆ 三相誘導電動機の構造と回転のしくみ

　三相交流誘導電動機は回転する部分の**回転子**と、回転子が回転する空間を取り囲む部分の**固定子**から成り立っています。この回転子と固定子にはそれぞれコイルが取り付けられています。また、回転子には**かご形**と**巻線形**があり、試験ではかご形について出題されます。回転子がかご形をした導体棒でできているのでこの名があります。3つの固定子の各コイルにはそれぞれ120°ずつ位相の異なる三相交流が流れます（→P42）。この電流の作る磁界は、3つの交流の位相差によって回転し（**回転磁界**という）、この回転につられて回転子も回転します。

かご形三相誘導電動機の基本構造

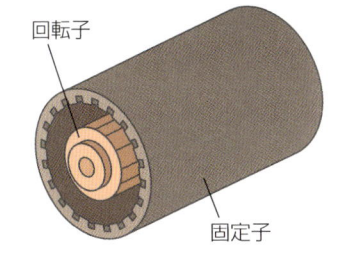

● 三相交流誘導電動機

回転子
固定子

● 回転子が回転するしくみ

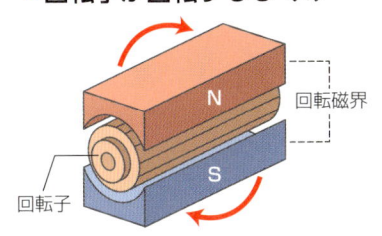

回転磁界
回転子

磁界が回転すると回転子も回転する。

固定子に磁界が発生するしくみ

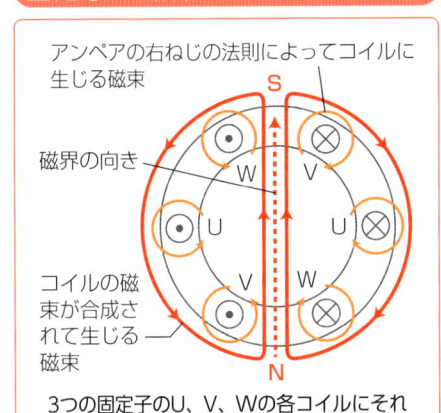

アンペアの右ねじの法則によってコイルに生じる磁束
磁界の向き
コイルの磁束が合成されて生じる磁束

3つの固定子のU、V、Wの各コイルにそれぞれ120°ずつ位相の異なる三相交流が流れると、導線の回りに磁束が発生し、それが合成されて矢印の向きに磁界が発生する。

コレも覚える！ ● 電動機の力率改善

誘導電動機に対して**電力用コンデンサ**（**進相コンデンサ**）を**並列**に接続することで、力率（→P41）を改善することができる。

進相コンデンサ

よく出る過去問 → P126 問題8

第3章 配線器具・材料・工具

固定子の磁界が回転するしくみ

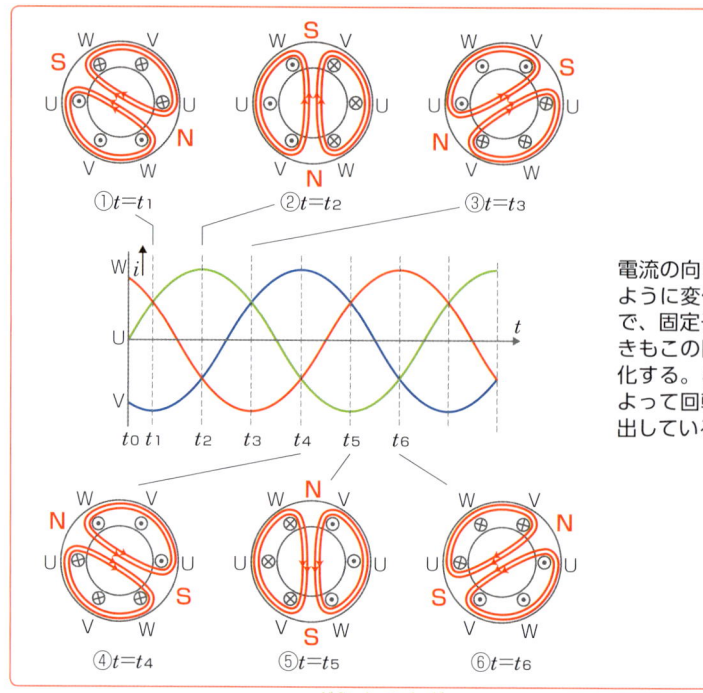

①$t=t_1$　②$t=t_2$　③$t=t_3$

電流の向きはグラフのように変化しているので、固定子の磁界の向きもこの図のように変化する。このしくみによって回転磁界を生み出している。

④$t=t_4$　⑤$t=t_5$　⑥$t=t_6$

◆三相誘導電動機の同期速度

　三相誘導電動機の回転磁界の速度のことを**同期速度**といい、下の式で表されます（1分間当たりの回転速度）。

　回転磁界はN極とS極という2つの磁極がペアで回転することなので、これを「極数2」といいます。上図では3つの固定子は回転磁界を1つつくるので、極数2です。実際の電動機では3つの固定子の組を複数もっているので、この数を2倍したものが極数になります。

● 三相誘導電動機の同期速度

$$Ns = \frac{120f}{p} \ [\text{min}^{-1}]$$

$\begin{pmatrix} Ns：回転速度 \ [\text{min}^{-1}] \\ (\text{min}^{-1}は「毎分」と読む) \\ f：三相交流の周波数 \ [\text{Hz}] \\ p：極数 \end{pmatrix}$

[実際の誘導電動機の回転速度は回転磁界の速度より数％遅くなり、この差の比のことを**すべり**という。たとえば、同期速度1500min^{-1}、すべり＝5％とすると、電動機の回転速度は、1500×(1−0.05)＝1425min^{-1}となる。]

◆ 三相誘導電動機の始動法

　誘導電動機は、その構造上、電源を入れた瞬間に大電流が流れます。誘導電動機に三相電源を直接接続して始動させる**じか入れ始動（全電圧始動）**は、始動の際の電流が定格電流の4〜8倍も大きくなるので、もっぱら定格出力の小さな電動機だけが、このやり方を採用しています。

　大きい定格出力の電動機には、始動時の電流を小さくするための手法がいくつかあり、代表的な方法が**Y−Δ（スターデルタ）始動**で、三相かご形誘導電動機に用いられます。この始動に用いられるのが**スターデルタ（Y−Δ）始動器**です。

● スターデルタ始動器

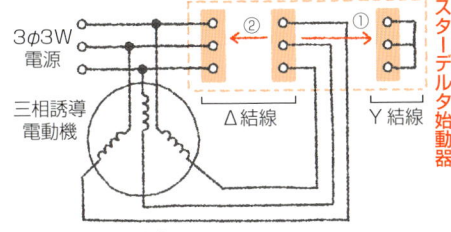

① 始動時はY結線。
② 一定の回転数に達したらΔ結線に切り換え。

◆ 三相誘導電動機の回転方向

　三相誘導電動機は3本の電線の位相が120°ずつずれていることを利用して回転しています。このため、三相交流の3本の結線のうちどれか**2本を入れ替える**と、三相誘導電動機の**回転方向が逆**になります。

　水を汲み上げるポンプや、ベルトコンベアの大型機械などでモータが逆回転すると、故障や事故の原因になります。そのため、**検相器**という小型モータが内蔵された機器を使って、試運転前に回路の**相順（相回転）**を確認する（回転方向を確認する）必要があります。

● 検相器

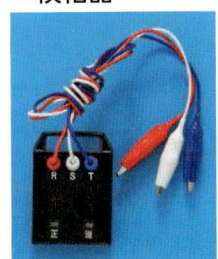

誘導電動機と三相交流電源との結線を確認するための検査器具。

三相誘導電動機を逆回転させる

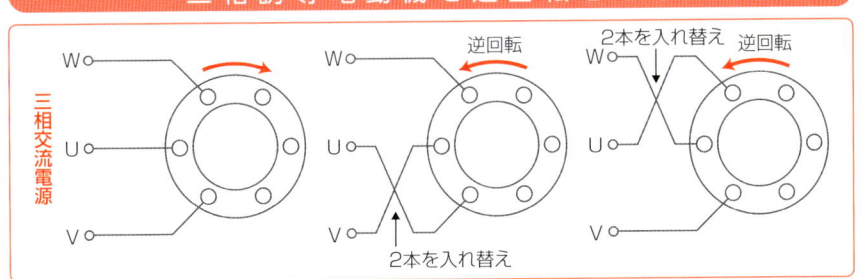

よく出る過去問

問題 1 写真に示す器具の用途は。

イ. 白熱電灯の明るさを調節するのに用いる。
ロ. 人の接近による自動点滅に用いる。
ハ. 蛍光灯の力率改善に用いる。
ニ. 周囲の明るさに応じて屋外灯などを自動点滅させるのに用いる。

① □
② □
③ □

問題 2 写真に示す器具の名称は。

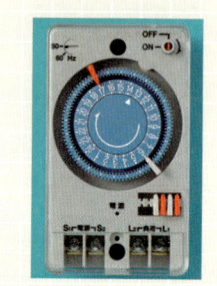

イ. タイムスイッチ
ロ. 調光器
ハ. 電力量計
ニ. 自動点滅器

① □
② □
③ □

問題 3 写真に示す器具の用途は。

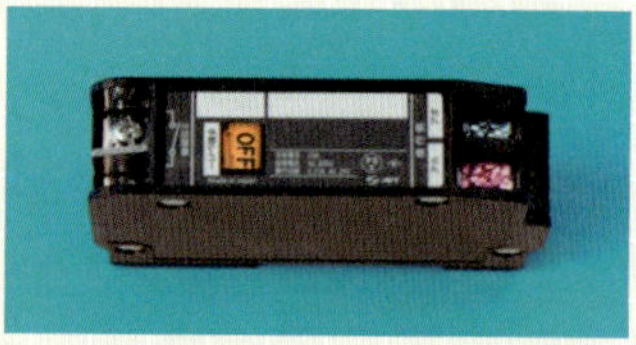

イ. リモコン配線のリレーとして用いる。
ロ. リモコン配線の操作電源変圧器として用いる。
ハ. リモコンリレー操作用のセレクタスイッチとして用いる。
ニ. リモコン用調光スイッチとして用いる。

① □
② □
③ □

問題 4 写真に示す器具の用途は。

イ. 粉じんの多発する場所のコンセントとして用いる。
ロ. 屋外のコードコネクタとして用いる。
ハ. 爆発の危険のある場所のコンセントとして用いる。
ニ. 雨水がかかる場所のコンセントとして用いる。

① □
② □
③ □

解 説

これは自動点滅器です。周囲の明るさを検知して屋外灯などを自動で点滅させるために用います。

ココを復習 P104　答え ニ

解 説

これはタイムスイッチです。タイマーと一体化したスイッチで、設定した時間になるとオン／オフするものです。時間を設定するダイヤル、電源と負荷の2つの端子が付いているのが特徴です。

ココを復習 P104　答え イ

解 説

これはリモコンリレーです。リモコン配線用のリレーとして用います。一次側と二次側に2つずつ端子が付いているのが特徴です。

ココを復習 P104　答え イ

解 説

これは防雨形コンセントです。雨水が入ってこないように、カバーがついているのが特徴です。

ココを復習 P100　答え ニ

よく出る過去問

問題 5

写真に示す器具の用途は。

イ．蛍光灯の放電を安定させるために用いる。
ロ．電圧を変成するために用いる。
ハ．力率を改善するために用いる。
ニ．手元開閉器として用いる。

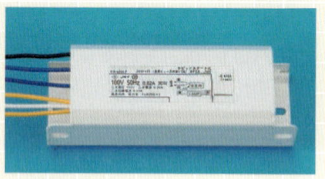

① ☐
② ☐
③ ☐

問題 6

写真に示す器具の名称は。

イ．漏電遮断器
ロ．リモコンリレー
ハ．配線用遮断器
ニ．電磁接触器

① ☐
② ☐
③ ☐

問題 7

写真に示す器具の名称は。

イ．漏電警報器
ロ．電磁開閉器
ハ．漏電遮断器
ニ．配線用遮断器（電動機保護兼用）

① ☐
② ☐
③ ☐

問題 8

写真に示す機器の名称は。

イ．低圧進相コンデンサ
ロ．変流器
ハ．ネオン変圧器
ニ．水銀灯用安定器

① ☐
② ☐
③ ☐

解説

これは蛍光灯の放電を安定させるために用いる蛍光灯用安定器です。銘板に「安定器」と表示されていることからわかります。また、FLRとあるのは「ラピッドスタート形蛍光灯」に使われるもので、スイッチを入れてから約1秒で点灯します。

ココを復習 P119・149

答え **イ**

解説

これは配線用遮断器です。分電盤に設置して、過電流が流れたときに自動的に電路を遮断します。過電流がなくなれば手動でレバーを操作することで電路を復活させることができます。

ココを復習 P115

答え **ハ**

解説

これは配線用遮断器（電動機保護兼用）です。定格電流10Aの配線用遮断器として使用できるだけでなく、右下にある「200V 2.2kW相当」の表示から電動機のモーターブレーカとしても使用でき、電動機保護兼用であることもわかります。

ココを復習 P115

答え **ニ**

解説

これは低圧進相コンデンサです。三相誘導電動機と並列に接続して使用することで力率を改善します。今回出題されたものはケーブル付きですが、左の写真のようにケーブルのないタイプで出題されることもあります。

ココを復習 P121

答え **イ**

筆記編 第3章 配線器具・材料・工具

よく出る過去問

問題9 写真に示す材料の名称は。
イ．合成樹脂線ぴ
ロ．硬質塩化ビニル電線管
ハ．合成樹脂製可とう電線管
ニ．金属製可とう電線管

① ☐
② ☐
③ ☐

問題10 写真に示す器具の用途は。
イ．金属管工事で直角に曲がる箇所に用いる。
ロ．屋外の金属管の端に取り付けて雨水の侵入を防ぐのに用いる。
ハ．金属管をボックスに接続するのに用いる。
ニ．金属管を鉄骨等を固定するのに用いる。

① ☐
② ☐
③ ☐

問題11 写真に示す工具の名称は。
イ．VVRケーブルの外装や絶縁被覆をはぎ取るのに用いる。
ロ．CVケーブル（低圧用）の外装や絶縁被覆をはぎ取るのに用いる。
ハ．VVFケーブルの外装や絶縁被覆をはぎ取るのに用いる。
ニ．VFFコード（ビニル平形コード）の絶縁被覆をはぎ取るのに用いる。

① ☐
② ☐
③ ☐

問題12 写真に示す工具の用途は。
イ．金属管の切断に用いる。
ロ．ライティングダクトの切断に用いる。
ハ．硬質塩化ビニル電線管の切断に用いる。
ニ．金属線ぴの切断に用いる。

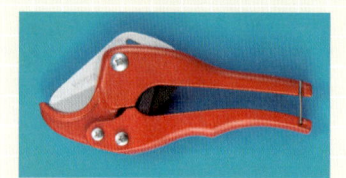

① ☐
② ☐
③ ☐

解説

これは2種金属製可とう電線管、別名プリカチューブです。銀色の表面が特徴です。プリカチューブを切断する工具がプリカナイフです（写真）。

ココを復習 P108　答え ニ

解説

これはユニバーサルといわれる、金属管工事で直角に曲がる箇所に用いられる材料です。

ココを復習 P109　答え イ

解説

これはVVFケーブルの外装や絶縁被覆をはぎ取るのに用いるケーブルストリッパです。刃が外装をはぎ取る部分と絶縁被覆をはぎ取る部分とに分かれているのが特徴（➡P329）です。

ココを復習 P99　答え ハ

解説

硬質塩化ビニル電線管の切断に用いる合成樹脂管用パイプカッタです。合成樹脂系の切断に特化し、金属管やライティングダクト、金属線ぴなど金属類を切断することはできません。

ココを復習 P111　答え ハ

第3章 配線器具・材料・工具（筆記編）

よく出る過去問

問題13

写真に示す工具の用途は。

イ. ホルソと組み合わせて、コンクリートに穴を開けるのに用いる。
ロ. リーマと組み合わせて、金属管の面取りに用いる。
ハ. 羽根ぎりと組み合わせて、鉄板に穴を開けるのに用いる。
ニ. 面取器と組み合わせて、ダクトのバリをとるのに用いる。

① ☐
② ☐
③ ☐

問題14

写真に示す工具の用途は。

イ. 金属管の切断や、ねじを切る際の固定に用いる。
ロ. コンクリート壁に電線管用の穴をあけるのに用いる。
ハ. 電線管に電線を通線するのに用いる。
ニ. 硬質塩化ビニル電線管の曲げ加工に用いる。

① ☐
② ☐
③ ☐

問題15

写真に示す工具の名称は。

イ. 手動油圧式圧縮器
ロ. 手動油圧式カッタ
ハ. ノックアウトパンチャ（油圧式）
ニ. 手動油圧式圧着器

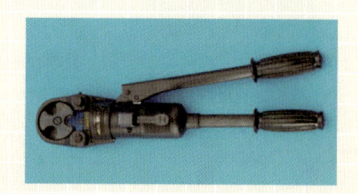

① ☐
② ☐
③ ☐

問題16

写真に示す工具の用途は。

イ. 金属管切り口の面取りに使用する。
ロ. 木柱の穴開けに使用する。
ハ. 鉄板、各種合金板の穴あけに使用する。
ニ. コンクリート壁の穴あけに使用する。

① ☐
② ☐
③ ☐

解説

これはクリックボールです。先端にリーマ（写真）を取り付けて回転させることで、金属管内部の面取りを行います。

ココを復習 P111　答え　ロ

解説

可とう性のない硬質塩化ビニル電線管（ＶＥ管）は加熱して軟化させることで、曲げることができます。その加熱に用いられるのがこのガストーチランプです。

ココを復習 P111　答え　ニ

解説

これは手動油圧式圧着器です。P形圧着スリーブ（写真）などを圧着することで、太い電線の接続をします。似た言葉に「手動油圧式圧縮工具」がありますが、これは別の工具です。

ココを復習 P99　答え　ニ

解説

電気ドリルに取り付けて鋼板に穴を開けるホルソです。ホルソには木材の穴あけに用いるものがありますが、試験には出題されません。

ココを復習 P113　答え　ハ

第3章 配線器具・材料・工具

試験直前 10点UP! おさらい一問一答

▶ 次の写真の名称を答えなさい。

Q01	A01 手動油圧式圧着器 油圧を使って太い電線を圧着する工具。
Q02	A02 ケーブルカッタ 太いケーブルなどを切るときに使う。
Q03	A03 防水形コンセント 屋外用で雨水が入らないような構造をしているコンセント。
Q04	A04 電磁開閉器 電磁力を使って回路をオン/オフするスイッチ。
Q05	A05 自動点滅器 周囲の明るさで回路をオン/オフするスイッチ。
Q06	A06 リモコンリレー リモコンスイッチの信号に合わせて回路を開閉する。
Q07	A07 パイロットランプ スイッチと組み合わせて使われるランプ。
Q08	A08 PF管 合成樹脂製で可とう性のあるタイプ。
Q09	A09 ノーマルベント 配管をゆるやかに曲げる箇所に使う配管。
Q10	A10 パイプバイス 金属管を切断するときに管を固定する。
Q11	A11 パイプベンダ 金属管を曲げる工具。
Q12	A12 スイッチボックス 埋込形配線器具を取り付けるボックス。
Q13	A13 絶縁ブッシング 電線管の端に取り付けて電線の被覆を保護する。
Q14	A14 ステップル ケーブルを木柱などに取り付けるときに用いる。
Q15	A15 呼び線挿入器 管工事で電線を電線管内に通すための工具。
Q16	A16 検相器 誘導電動機と三相交流電源との結線を確認するための検査器具。

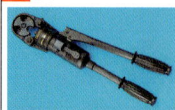

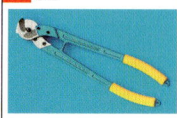

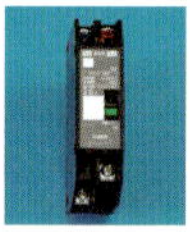

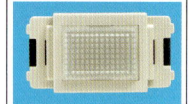

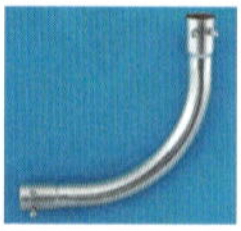

第4章 配線図記号

1 配線に関する図記号

ココが出る!

```
─────  天井隠ぺい配線（実線）      - - - - -  床隠ぺい配線（破線）
·········  露出配線（点線）        ─·─·─  地中埋設配線（一点鎖線）
♂ 立上り    ♀ 引下げ    ♂ 素通し    ⌐ 受電点
☐ アウトレットボックス    ◉ VVF用ジョイントボックス
⏚ 接地極                  ⏛ 接地端子
```

◆ 配線図記号とは？

　配線図とは、照明や電動機、コンセントなどがどこに設置され、それらがどう配線されるのかを示す電気工事の設計図のことです。配線図は**配線図記号**という、電線や電気機器それぞれに定められた記号によって図示されます。試験問題では、住宅などの配線図が示され、その中の図記号に関する問題が出題されます。

配線図問題（過去問題を改変）

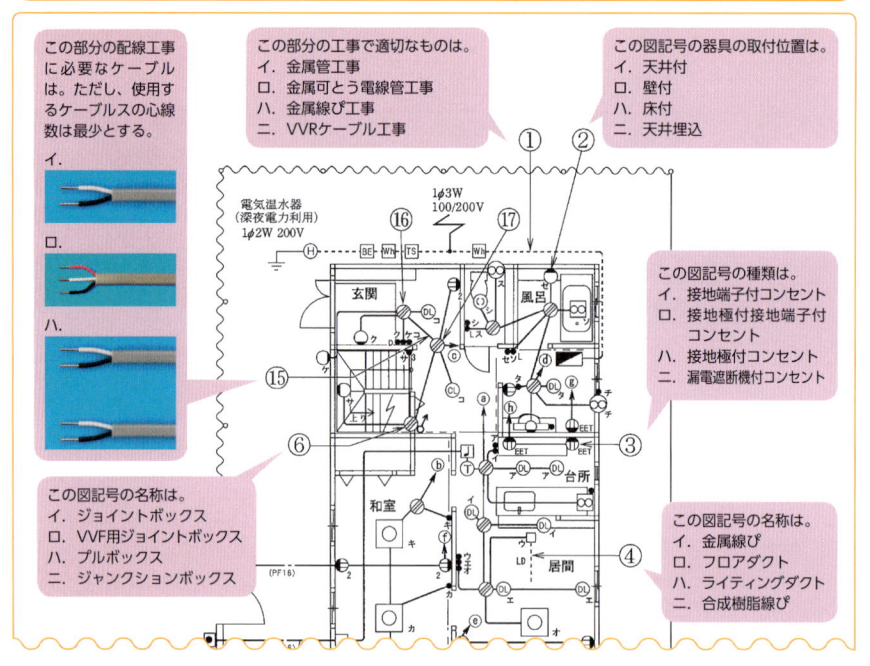

この部分の配線工事に必要なケーブルは。ただし、使用するケーブルの心線数は最少とする。
- イ．
- ロ．
- ハ．

この部分の工事で適切なものは。
- イ．金属管工事
- ロ．金属可とう電線管工事
- ハ．金属線ぴ工事
- ニ．VVRケーブル工事

この図記号の器具の取付位置は。
- イ．天井付
- ロ．壁付
- ハ．床付
- ニ．天井埋込

この図記号の種類。
- イ．接地端子付コンセント
- ロ．接地極付接地端子付コンセント
- ハ．接地極付コンセント
- ニ．漏電遮断機付コンセント

この図記号の名称。
- イ．ジョイントボックス
- ロ．VVF用ジョイントボックス
- ハ．プルボックス
- ニ．ジャンクションボックス

この図記号の名称。
- イ．金属ぴ
- ロ．フロアダクト
- ハ．ライティングダクト
- ニ．合成樹脂線ぴ

◆ 屋内配線の配線図

　屋内配線のイメージはだいたい次のようなものです。4つの配線場所とそれぞれの配線記号を覚えましょう。

屋内配線の配線図記号

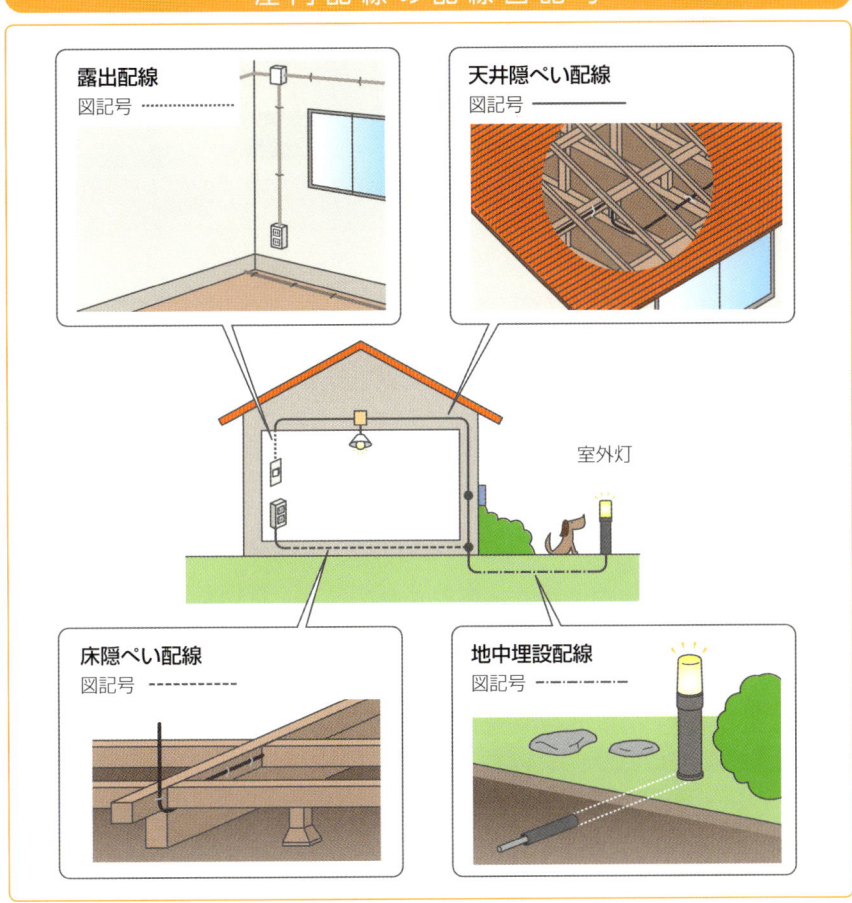

露出配線
図記号 _____

天井隠ぺい配線
図記号 _____

室外灯

床隠ぺい配線
図記号 - - - - - - - -

地中埋設配線
図記号 - ・ - ・ - ・ -

◆ 電線やケーブルの記号

　電線の図記号には、電線やケーブルの種類、電線の本数（条数）、電線の太さ（直径または断面積）が書き加えられます。なお、試験は、**VVF線**を使った工事がほとんどで、心線数や太さなどの表記は省略されます（問題文の注意書きにその旨が記されます）。

電線やケーブルの表し方の基本

● 電線の表し方

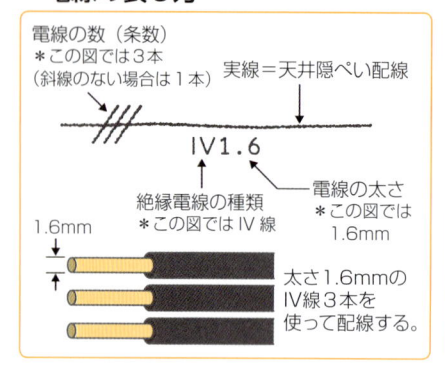

電線の数（条数）
＊この図では3本
（斜線のない場合は1本）

実線＝天井隠ぺい配線

IV1.6

絶縁電線の種類
＊この図ではIV線

電線の太さ
＊この図では
1.6mm

1.6mm

太さ1.6mmの
IV線3本を
使って配線する。

● ケーブルの表し方

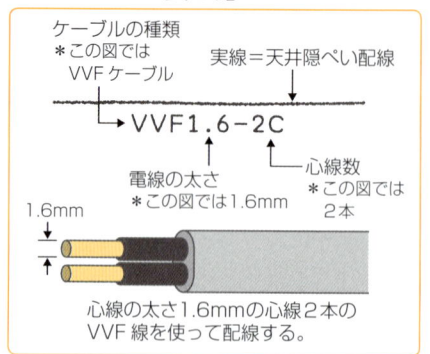

ケーブルの種類
＊この図では
VVFケーブル

実線＝天井隠ぺい配線

VVF1.6-2C

電線の太さ
＊この図では1.6mm

心線数
＊この図では
2本

1.6mm

心線の太さ1.6mmの心線2本の
VVF線を使って配線する。

◆ 電線管を通す配線の表し方

　配線をするときに、電線を電線管に収容する場合があります（➡ P108）。その場合には、電線管の種類と太さなどを**カッコに入れて追記**します。

　金属電線管（厚鋼電線管以外）の太さは、**外径に近い奇数**で表します。また合成樹脂電線管の太さは**内径に近い偶数**で表します。奇数なら外径、偶数なら内径と覚えておけばいいでしょう。

　なお、電線管の種類と記号は次のとおりです。管径しか記載がない場合は、薄鋼電線管を使います。

電線管の種類と図記号

種類	名称	記号
金属管	薄鋼電線管	なし
	ねじなし電線管	E
	2種金属製可とう電線管	F2
合成樹脂管	硬質塩化ビニル電線管	VE
	波付硬質合成樹脂管	FEP
	可とう電線管（難燃性）	PF
	可とう電線管（コンクリート埋設用）	CD

電線管を通す配線の表し方

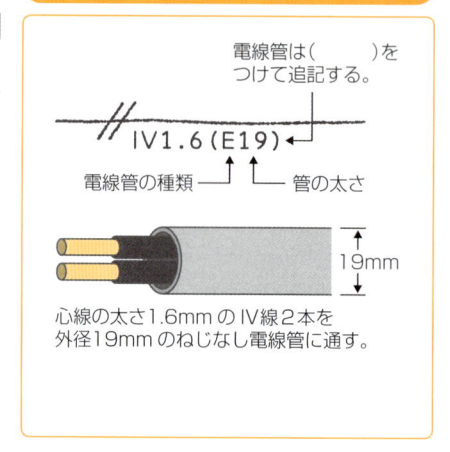

電線管は（　）を
つけて追記する。

IV1.6（E19）

電線管の種類　　　管の太さ

19mm

心線の太さ1.6mmのIV線2本を
外径19mmのねじなし電線管に通す。

◆ 配線に関する図記号

図記号	名称	内容
 ◯↗	立上り	立上り配線・配管（上階への配線・配管）
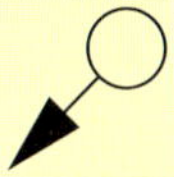 ◯↙	引下げ	引下げ配線・配管（下階への配線・配管）
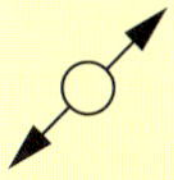 ◯↕	素通し	上階と下階を結ぶ素通しの配線・配管（右図では1階と3階を結ぶ配線）
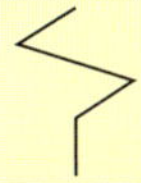 ⌇	受電点	電源を引き込んで受電する点

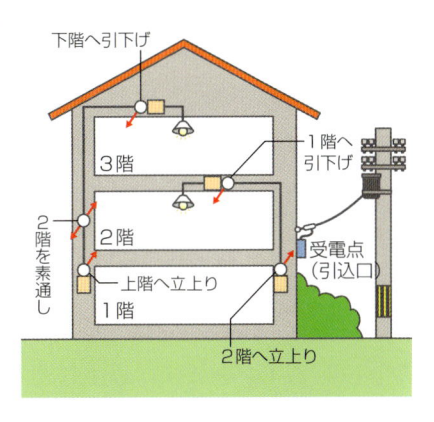

（図：下階へ引下げ、1階へ引下げ、3階、2階、1階、2階を素通し、上階へ立上り、受電点（引込口）、2階へ立上り）

アウトレットボックス
□
電線やケーブル、電線管などの集合する場所に用いるボックス。 

プルボックス
⊠
多数の金属管が交差、集合する場所で電線の接続場所に施設するボックス。

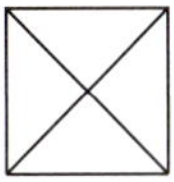

コンクリートボックス
□
コンクリート埋設配管用のボックス。

VVF用ジョイントボックス
⊘
VVF線どうしの接続箇所に使うボックス（端子付きは ⊘t と端にtをつける）

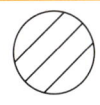

接地極（D種接地工事の場合）
⏚ E_D

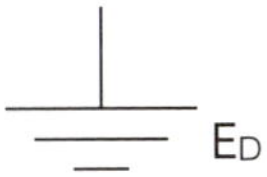

接地線を地面に打ち込んで接地させる極。C種接地工事はEcが傍記される（→P183）。

接地端子
⏚

電気器具の接地線を接続するための端子。

ねじ締め式
差込式

よく出る過去問 → P150 問題3

筆記編 第4章 配線図記号

② コンセントの図記号

ココが出る!

- ⏃ 壁付コンセント
- ⏃ 天井付コンセント
- ⏃ フロアコンセント
- ⏃_WP 防雨形
- ⏃ 接地極付
- ⏃_ET 接地端子付
- ⏃_2 2口
- ⏃_3P 3極
- ⏃_{20A E} 定格20A接地極付

◆ コンセントの図記号の読み方

コンセントの図記号は「取り付け場所」「傍記されている文字を読み解く」のがポイントです。以下に基本的な読み方をまとめました。

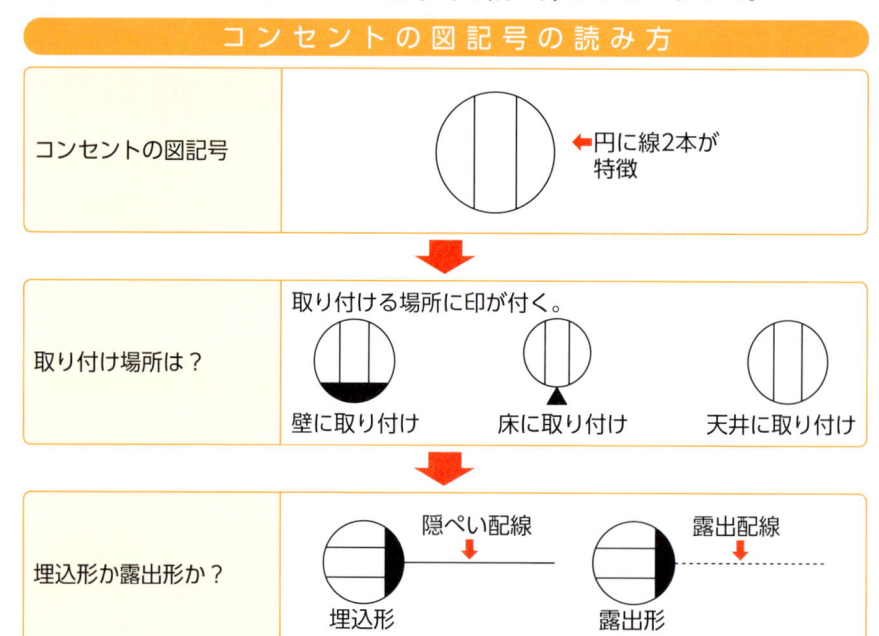

コンセントの図記号の読み方

コンセントの図記号	←円に線2本が特徴
取り付け場所は？	取り付ける場所に印が付く。 壁に取り付け／床に取り付け／天井に取り付け
埋込形か露出形か？	隠ぺい配線→埋込形／露出配線→露出形
傍記されている文字の意味は？	●使用電圧…定格250V以上は傍記（定格125Vは傍記なし） ●口数…数字で傍記（例 2：2口） ●定格電流…20A以上は傍記（15Aは傍記なし） ●極数…3極以上は傍記（例 3P：3極）（2極は傍記なし） ●種類…アルファベットで表記（例 E：接地極付）

よく出る過去問 → P152 問題4

一般用（壁付）コンセント

壁面に取り付けるコンセント。壁側を黒く塗る。

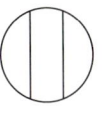

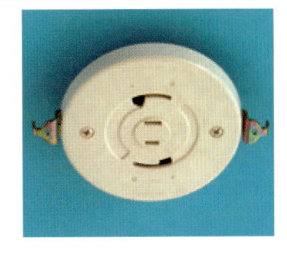

天井付コンセント

天井に取り付けるコンセント。

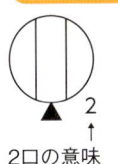

フロアコンセント

2口の意味

床面に取り付けるコンセント。床付コンセントともいう。

防雨形コンセント

WP

屋内の雨水がかかりやすいところに取り付けるコンセント。
(WP＝water proof)

抜止形コンセント

LK

プラグを差し込んだ後、ひねることでロック(lock) されるタイプのコンセント。一般の電気製品のプラグがそのまま使用できる。

引掛形コンセント

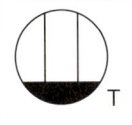

T

プラグを差し込んだ後、ひねる（twist）と抜けなくなるタイプのコンセント。コンセントに対応した引掛形プラグが必要。

接地極付コンセント

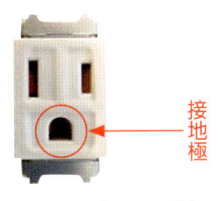

E

接地極

接地極付プラグを接続する差込口が付いたコンセント（E＝earth）。

接地端子付コンセント

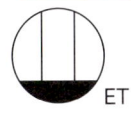

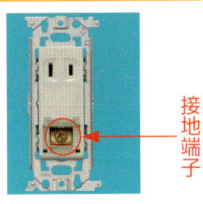

ET

接地端子

電気機器の接地線（アース線）を接続するための接地端子が付いたコンセント（ET＝earth terminal）。

よく出る過去問 → P152 問題6

筆記編 第4章 配線図記号

接地極付接地端子付コンセント

EET

接地極と接地端子がついたコンセント
(EET＝earth plate, earth terminal)。

漏電遮断器付コンセント

EL

漏電遮断器が内蔵されているコンセント
(EL＝earth leakage breaker)。

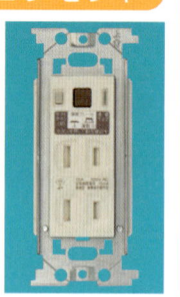

◆ コンセントの定格電圧や定格電流と刃受け形状

　コンセントの定格電圧や定格電流は、図記号の横に「250V」「20A」と傍記します。また、配電方式（単相、三相➡P42）や定格電圧、定格電流によって、刃受けの形状が以下の表のように異なります。

配電方式と使用電圧・定格電流と刃受け形状の違い

配電方式 使用電圧	定格電流	一般的な形状	接地極付の形状
単相 100V	15A		E
	20A	20A ／ （15A、20A兼用）	20A E ／ （15A、20A兼用）
単相 200V	15A	250V	250V E
	20A	20A 250V ／ （15A、20A兼用）	20A 250V E ／ （15A、20A兼用）
三相 200V	15A 20A	3P 250V	3P 250V E

よく出る過去問 ➡ P152　問題 5

3 スイッチの図記号

ココが出る!

- 単極スイッチ
- ●₃ 3路スイッチ
- ●₄ 4路スイッチ
- ●L 確認表示灯内蔵
- ●H 位置表示灯内蔵
- ○ パイロットランプ
- ●R リモコンスイッチ
- ▲ リモコンリレー
- ⊗ リモコンセレクタスイッチ

◆ スイッチの図記号の読み方

スイッチの図記号を読み取るには、図記号に傍記される記号を覚えるのがコツです。また、スイッチの内部構造を問う問題も出題されるので、あわせて覚えましょう。

スイッチの図記号　読み方

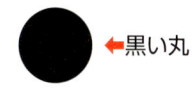

スイッチの図記号	● ←黒い丸
傍記される文字の意味は？	スイッチの種類が数字や英字で表記される ●₃ ←3路スイッチ　　●L ←確認表示灯内蔵

単極スイッチ

【内部構造】

照明器具などのオン／オフに使うスイッチ。片側に「オン」の印があるのが特徴。

●ワイドハンドル形スイッチ

コレも覚える!

広い操作面を軽く押すだけで電灯をオン／オフできるスイッチ。住宅用電灯スイッチとしての使用が増えている。

筆記編　第4章　配線図記号

3路スイッチ

【内部構造】3

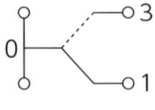

2か所から照明器具のオン／オフに使うスイッチ。「オン」の印がないのが特徴（➡P105）。

4路スイッチ

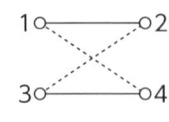

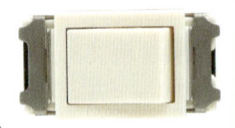

【内部構造】4

3か所以上の場所から照明器具のオン／オフに使うスイッチ。外観は3路スイッチと同じ（➡P106）。

確認表示灯内蔵スイッチ

L
【内部構造】

オンのときに表示灯が点灯するスイッチ。

位置表示灯内蔵スイッチ

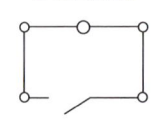

H
【内部構造】

オフのときに表示灯が点灯するスイッチ。別名ホタルスイッチ。

プルスイッチ

P

壁などに取り付けてひもを引くたびにオン／オフするスイッチ。

パイロットランプ

（パイロットランプとスイッチの組合せ）

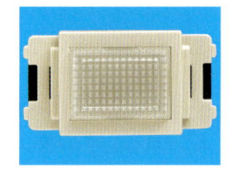

スイッチがオンの状態なのかオフの状態なのかを示すランプ。半透明のカバーが特徴。

自動点滅器

A

明るくなると内蔵の光センサが反応してスイッチをオフにし、照明を消灯させる（A＝auto、自動）。

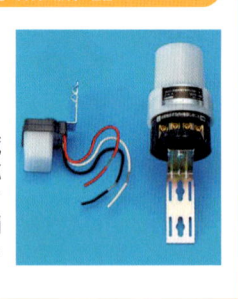

調光器

照明の明るさを変えるためのスイッチ。

よく出る過去問 ➡ P154 問題7

押しボタンスイッチ

●

ボタンを押すとオンに、離すとオフになるスイッチ。玄関のチャイムを鳴らす回路などに使われる。

防雨形スイッチ

● WP

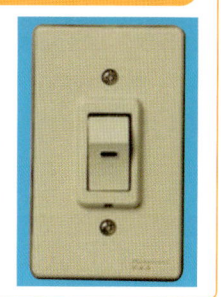

雨水などが入らないように防水構造をしたスイッチ。主に屋外で用いられる。
(WP＝water proof)

◆リモコン配線に使うスイッチ類

　1か所でいくつもの照明を操作するとき、また遠隔操作をするときに用いられるのがリモコンスイッチです。リモコンスイッチは、リモコントランスとリモコンリレーとを組み合わせて使用します。

リモコンスイッチ

● R

リモコン配線用のスイッチ。動作確認ボタンが特徴（R＝remote control，遠隔操作）。

リモコンリレー

【1個】▲

【複数】数を傍記する
▲▲▲3

リモコン配線用のリレー（リモコンスイッチに応じて大電流の回路を安全に切り替える装置）。

リモコンセレクタスイッチ

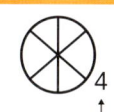

⊛ 4

回路数を傍記する

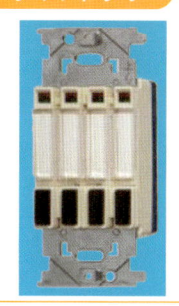

複数のリモコンスイッチを集合させたスイッチ。

リモコントランス（小型変圧器）

Ⓣ R

リモコン回路用に変圧する変圧器。一次側に100Vもしくは200V、二次側に24Vの表示がある。

4 照明器具の図記号

ココが出る!

- ○ 白熱灯
- ◐ 壁付白熱灯
- ⊖ 屋外灯（白熱灯）
- ⊙— 蛍光灯
- —◐— 壁付蛍光灯
- ⊗— 誘導灯（蛍光灯）
- Ⓒᴸ シーリング
- Ⓓᴸ 埋込器具（ダウンライト）
- Ⓒᴴ シャンデリヤ

◆ 照明器具の図記号の読み方

　照明器具は、まず白熱灯と蛍光灯の図記号を覚え、次に傍記される英数字などの意味などを覚えると暗記しやすいでしょう。

照明器具の図記号の読み方

白熱灯と蛍光灯の図記号を覚える	【白熱灯】 ○	【蛍光灯】 —○—

↓

図記号の中や、傍記される文字、記号の意味は？	照明器具の種類が数字や英字、記号で表記される 【シーリングライト白熱灯】 ⒸⓁ	【シーリングライト 蛍光灯】 —ⒸⓁ—

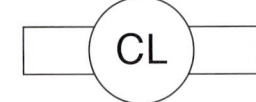

白熱灯

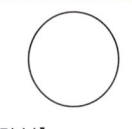

【壁付】
壁側を黒く塗る ○ → ◐

白熱電球を用いた照明器具。HID灯の場合、水銀灯はHを傍記 ○ₕ、ナトリウム灯はNを傍記 ○ɴ

蛍光灯

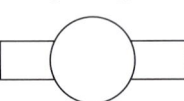

【天井取付】 —○— 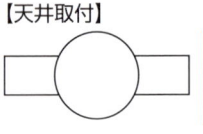
【天井取付】

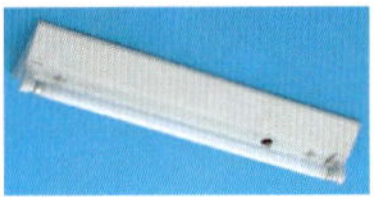

【壁付】 壁側を黒く塗る —◐— 
【壁付】

蛍光管を使った照明器具。

よく出る過去問 → P156 問題10

第4章 配線図記号（筆記編）

ペンダントライト
【白熱灯】⊖

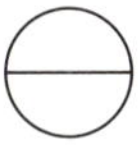

【蛍光灯】━⊖━

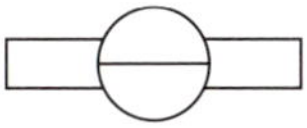

ペンダントとは吊りランプの意味。天井からコードなどで吊り下げるライト。

シーリングライト
【白熱灯】CL

【蛍光灯】━CL━

天井（＝シーリング）に直に取り付けるライト。

埋込器具（ダウンライト）
【白熱灯】DL

【蛍光灯】━DL━

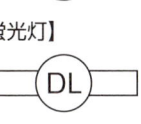

天井に埋め込むタイプのライト。

シャンデリヤ
【白熱灯】CH

【蛍光灯】━CH━

複数の電灯を天井に取り付けて点灯させる装飾的なライト。

屋外灯
【白熱灯】◉

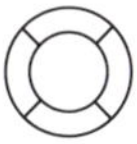

【蛍光灯】━◉━

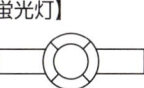

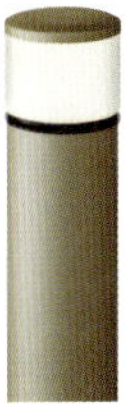

エントランスや庭など屋外で使うライト。

誘導灯
【白熱灯】⊗

【蛍光灯】━⊗━

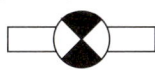

建物内に取り付けて避難誘導をするための照明器具。

引掛シーリング
【角形】( )

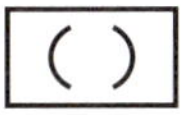

【丸形】()

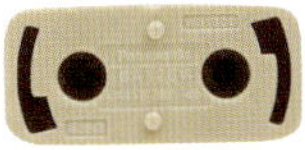

天井に照明器具を取り付けるための器具。

ランプレセプタクル
R

白熱電球などをねじ込んで取り付けるための器具。

よく出る過去問 → P154 問題9

5 配電盤・計器・各種電気機器の図記号

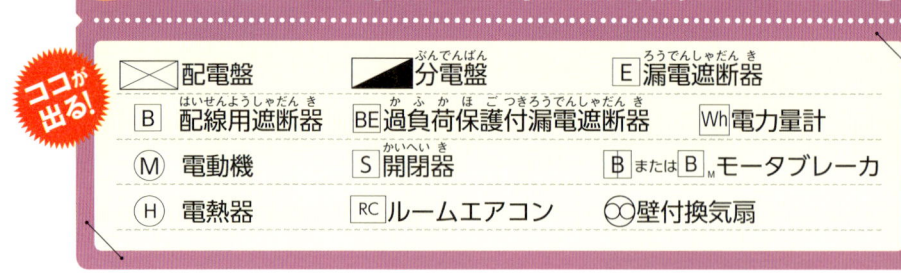

ココが出る！

- ⊠ 配電盤
- ◨ 分電盤
- E 漏電遮断器
- B 配線用遮断器
- BE 過負荷保護付漏電遮断器
- Wh 電力量計
- M 電動機
- S 開閉器
- B または B_M モータブレーカ
- H 電熱器
- RC ルームエアコン
- ∞ 壁付換気扇

◆ 配電盤・分電盤・計器の図記号

配線図問題では、屋内配線図のほかに分電盤の結線図が示され、その結線図より該当する分電盤の写真を選ぶ問題などが出題されます。

配電盤

電力会社から電力の供給を受けて、高圧から屋内用低圧に変圧した電気を分電盤などへ送る装置のこと。

制御盤

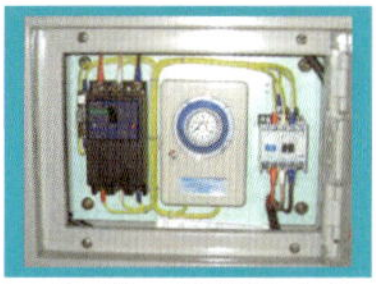

電動機やヒーターなどへの電源供給や回路の保護、制御を行うためのユニットなどをまとめた装置。

分電盤

【12分岐の回路用】

【4分岐の回路用】

各部屋や各電気機器へ電気を分ける（分電する）ための装置。一般的には過負荷保護付漏電遮断器と配線用遮断器で構成されている。

漏電遮断器

E

漏電を検知すると回路を遮断する装置。

配線用遮断器

B

分岐回路ごとに取り付けて、過電流を検出したときに回路を遮断する装置。

過負荷保護付漏電遮断器

BE

過電流や地絡電流が流れたときに自動的に配線を遮断する配線用遮断器と漏電遮断器の機能をあわせもつ装置。

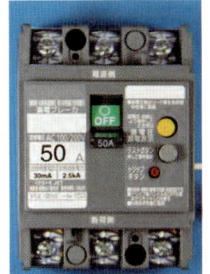

電力量計

【一般】

Wh

【箱入り・フード付】

Wh

電力量（消費電力量）を計量する計器。Whは電力量の単位であるワット時のこと。

◆ 電動機とその関連装置の図記号

技能試験では、電動機（モータ）の配線図が動力用配線図として提示されることがあります。動力用配線図には次のような図記号が用いられます。

電動機

M

工場などのファンやポンプなどの動力源として用いられる。

低圧進相コンデンサ

電動機の力率を改善するために回路に組み込まれるコンデンサ（→P121）。コンデンサの容量を表す[μF]の単位記号が表示されている。

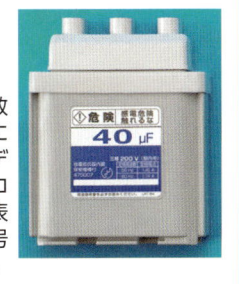

カバー付ナイフスイッチ（開閉器）

S

レバーを操作してナイフ状の電極を刃受けに差し込んだり離したりして回路を開閉するスイッチ。

箱開閉器（電流計付）

S

内部にナイフスイッチとヒューズを内蔵した、電動機の開閉器。電流計が付いているのが特徴。

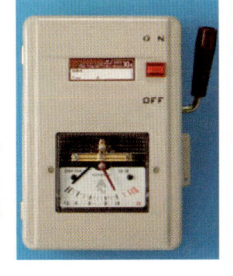

よく出る過去問 → P156 問題11 問題12

第4章 配線図記号（筆記編）

147

電動機保護兼用配線用遮断器（モータブレーカ）

$\boxed{B}_M$ または $\boxed{B}$

電動機の遮断器としても利用できる配線用遮断器（写真は定格電流10Aの配線用遮断器兼200V2.2kWの電動機のモータブレーカ）。

電磁開閉器・電磁開閉器用押しボタン

【電磁開閉器】

$\boxed{S}$ （構内電気設備の場合の図記号）

【押しボタンスイッチ】 B

電磁開閉器は電磁石の電磁力で電動機の回路をオン／オフする装置で、押しボタンスイッチは電磁開閉器のオン／オフの操作を行うスイッチ。

フロートスイッチ

● F

液面に浮かべたフロート（＝浮き）が液位にあわせて傾くことで、ポンプなどのスイッチをオン／オフする装置。

フロートレススイッチ電極棒

● LF

液面の上昇・下降によって高さの違う電極どうしが通電・開放することで電磁開閉器を動作させる装置。

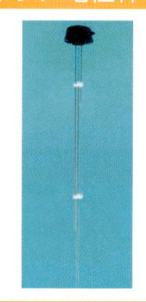

◆ 各種電気機器の図記号

住宅や工場の電気機器のうち、試験でよく出題されるものです。

電熱器（ヒーター）

Ⓗ

電気温水器などの電熱機器。

タイムスイッチ

TS

内蔵のタイマーにより設定した時間に自動的に電気機器をオン／オフさせるスイッチ。電気温水器の配線図でよく出てくる。

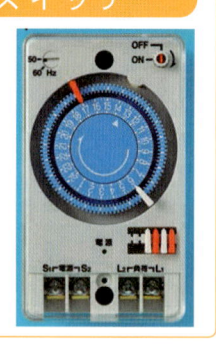

148

ルームエアコン 屋内ユニット

RC I

家庭用空調設備の室内機のこと。（I=indoor／室内の意味）

ルームエアコン 屋外ユニット

RC O

家庭用空調設備の室外機のこと。（O=outdoor／室外の意味）

換気扇

【壁付】

【天井付】

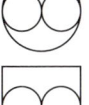

換気扇には壁付と天井付とがあり、記号が異なる。

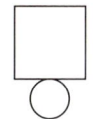

ベル

電磁石を利用してばねのついた打撃槌で発音体を連続的に打撃して音を出す装置。警報器などに用いられる。

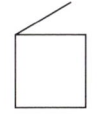

ブザー

電磁石の力で鉄片を振動させて音を出す装置。警報や呼び鈴に使う。

チャイム

電磁石の力で音を出す装置。呼び鈴などに使う。

ベル用変圧器

T B

ベルやチャイム用の低電圧を作るための変圧器。チャイムトランスともいう。

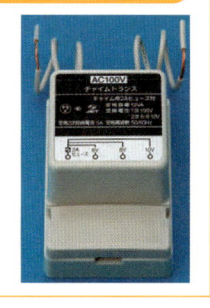

蛍光灯用変圧器（安定器）

T F

蛍光灯に内蔵されている変圧器で、電流を蛍光灯に合った値に制御したり、ランプの点灯に必要な開始電圧を供給する。

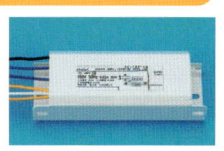

よく出る過去問 → P154 問題8

よく出る過去問

問題1 次に示す低圧ケーブルの名称は。

600V CV14mm² －3C（PF28）

イ．600Vビニル絶縁ビニルシースケーブル丸形
ロ．600V架橋ポリエチレン絶縁ビニルシースケーブル
ハ．600Vゴム絶縁クロロプレンシースケーブル
ニ．600Vポリエチレン絶縁ビニルシースケーブル

問題2 次に示す図記号のものは。

IV1.6（PF28）

イ． ロ．  ハ．  ニ．

問題3 次に示す図記号のものは。☐

イ．  ロ．  ハ．  ニ．

解説

CVIは架橋ポリエチレン絶縁ビニルシースケーブルのことです。高圧屋外配線用ケーブルとしてよく用いられるものです。イの記号はVVRです。

ココを復習 P94・136

答え ロ

解説

管径28mmの合成樹脂可とう電線管（ＰＦ管）です。ＰＦは合成樹脂可とう電線管を、28は管径28mmを意味しています。ロは2種金属製可とう電線管（プリカチューブ）、ハは硬質塩化ビニル電線管、ニはビニル被覆2種金属製可とう電線管（防水プリカ）です。

ココを復習 P109・136

答え イ

解説

これはアウトレットボックスの図記号です。ロの写真はプルボックス、ハはスイッチボックス、ニはVVF用ジョイントボックスです。

ココを復習 P112・137

答え イ

よく出る過去問

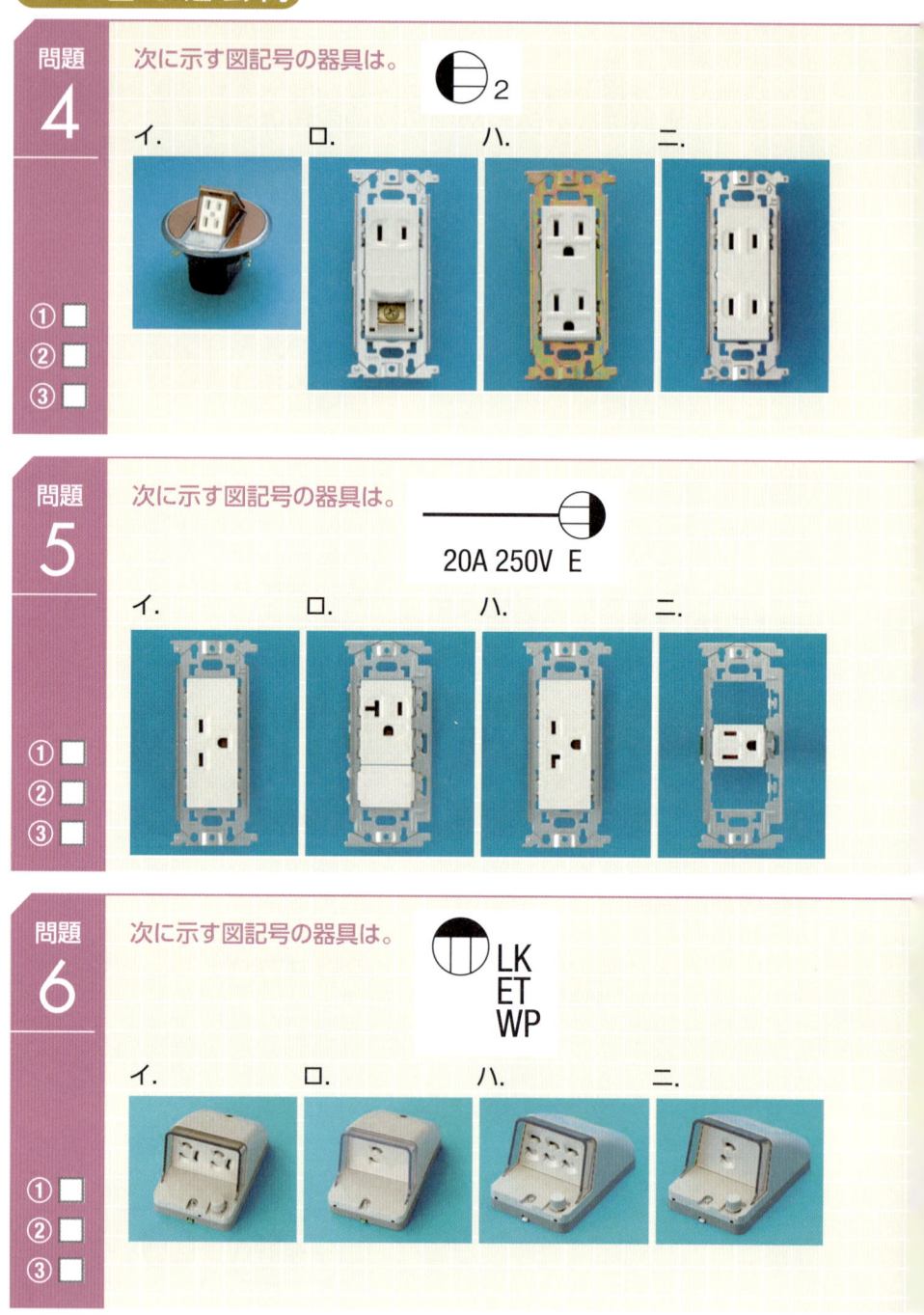

問題 4 次に示す図記号の器具は。 ⊖₂

イ. ロ. ハ. ニ.

① ② ③

問題 5 次に示す図記号の器具は。 20A 250V E

イ. ロ. ハ. ニ.

① ② ③

問題 6 次に示す図記号の器具は。 LK ET WP

イ. ロ. ハ. ニ.

① ② ③

解説

図記号は「15A 125V 2口コンセント」です。傍記の「2」が2口を表しているのがポイントです。イはフロアコンセント、ロは接地端子付コンセント、ハは接地極付2口コンセントです。

ココを復習 P138・139　答え 二

解説

図記号は「20A 250V 接地極付コンセント」です。傍記の「E」はearthのE、すなわち接地極です。イは15A250V接地極付コンセント、ロは20A125V接地極付コンセント、ニは15A125V接地極付コンセントです。

ココを復習 P139・140　答え ハ

解説

図記号は「抜止形接地端子付防雨形1口コンセント」です。傍記のLKは抜止形、ETは接地端子付、WPは防雨形を表します。傍記に数字がありませんから、1口だとわかります。イは2口、ロは接地端子がない、ハは3口。

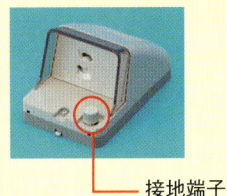

接地端子

ココを復習 P139　答え 二

よく出る過去問

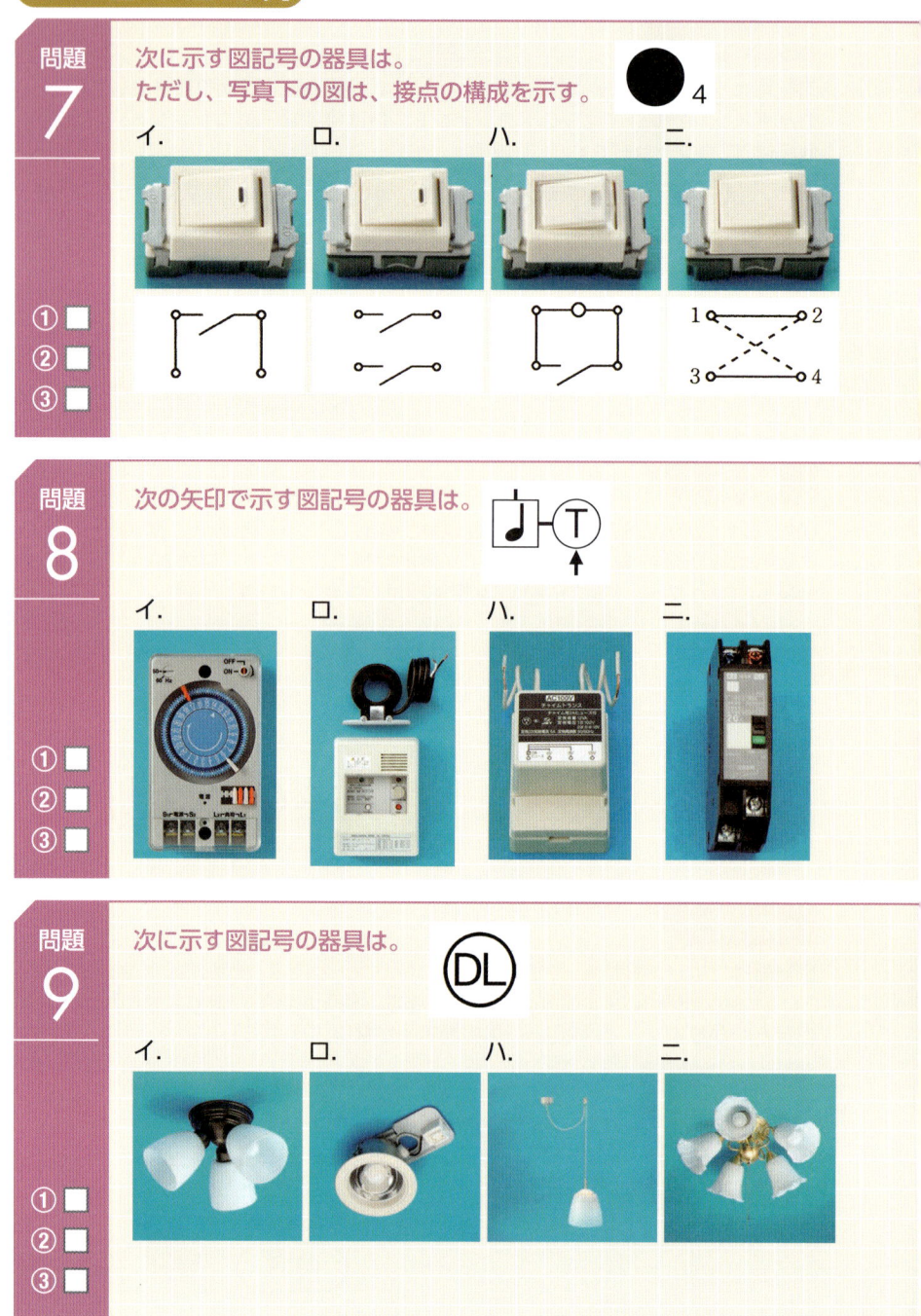

問題 7

次に示す図記号の器具は。
ただし、写真下の図は、接点の構成を示す。 ●₄

イ． ロ． ハ． ニ．

① ② ③

問題 8

次の矢印で示す図記号の器具は。

イ． ロ． ハ． ニ．

① ② ③

問題 9

次に示す図記号の器具は。 ⒟Ｌ

イ． ロ． ハ． ニ．

① ② ③

解説

図記号は傍記の「4」から4路スイッチであることがわかります。4路スイッチはオンの印がないスイッチで内部回路に4つの接点があるのが特徴です。イは単極スイッチ、ロは2極スイッチ、ハは位置表示灯内蔵スイッチです。

ココを復習 P141・142　答え 二

解説

図記号はベル用変圧器です。T＝Trance、変圧を表しています。隣にチャイムの図記号がありますから、チャイム用の小型変圧器だということがわかります。銘板に「チャイムトランス」がある、ハが答えだとわかります。イはタイムスイッチ、ロは漏電火災警報器、ニはリモコンリレーです。

ココを復習 P149　答え ハ

解説

この図記号は埋込器具（ダウンライト）です。ダウンライトは天井に埋め込むタイプの照明器具です。イはシーリングライト、ハはペンダントライトで、ニはシャンデリヤです。なお、埋込器具（ダウンライト）は左の写真で出題されることもあります。

ココを復習 P145　答え ロ

よく出る過去問

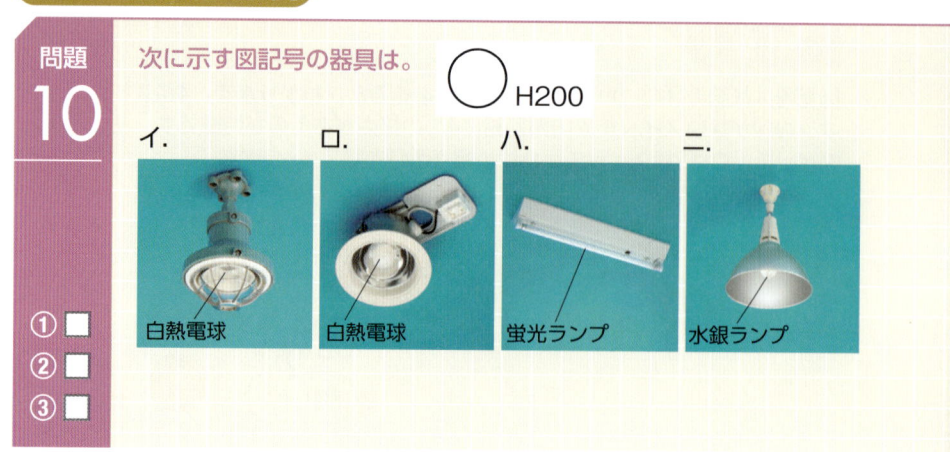

問題 10 次に示す図記号の器具は。 ◯H200

イ. 白熱電球
ロ. 白熱電球
ハ. 蛍光ランプ
ニ. 水銀ランプ

問題 11 次に示す図記号の器具を用いる目的のなかで正しいものは。 Ⓢf30A

イ. 過電流を遮断する。
ロ. 地絡電流を遮断する。
ハ. 過電流と地絡電流を遮断する。
ニ. 不均衡電流を遮断する。

問題 12 次に示す図記号の器具は。 Ⓦh

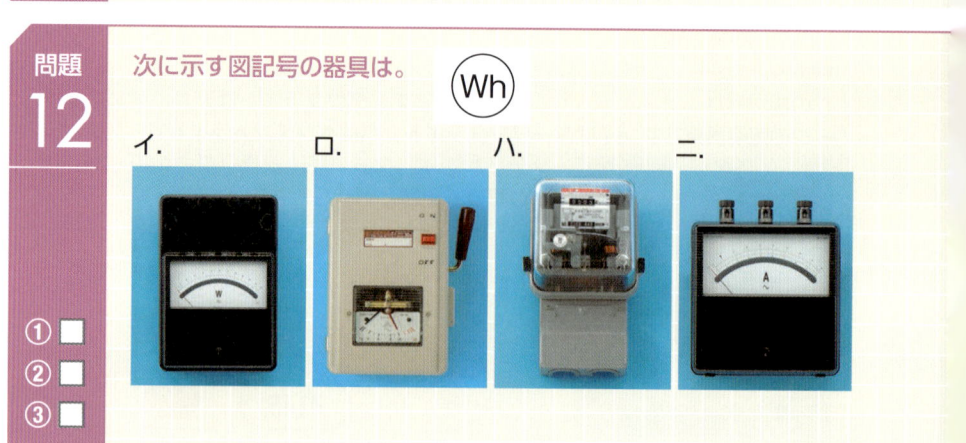

イ. ロ. ハ. ニ.

解説

図記号は200W 水銀灯です。Hは水銀HgのH、200はワット数を表しています。電灯類の傍記についてはこの他にN：ナトリウム灯、M：メタルハライド灯を覚えておきましょう。

ココを復習 P144　答え　ニ

解説

この図記号は箱開閉器（電流計付）です（写真）。ナイフスイッチとヒューズを内蔵しており、電動機に過電流が流れると回路を遮断します。傍記の30Aは「30Aのヒューズ」が内蔵されていることを示しています。

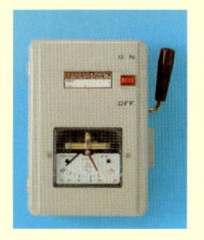

ココを復習 P147　答え　イ

解説

図記号は電力量計を表しています。Whは電力量の単位「ワット時」です。なお、箱入り（フード付）の電力量計の図記号は Wh となります。イは電力計、ロは電流計付箱開閉器、ニは交流電流計です。

ココを復習 P147　答え　ハ

157

おさらい一問一答

試験直前 10点UP!

▶ 次の配線図記号の意味は?

Q	記号	A	意味
01	― ― ―	01	**床隠ぺい配線** 床下のフロアダクトなどの配線。
02	(矢印記号)	02	**立上り** 上階への配線・配管。
03	(稲妻記号)	03	**受電点** 電源を屋内に引き込むところを表す。
04	IV（PF16）	04	**IV線（ビニル絶縁電線）を16mmのPF管に通す。** 電線管は（ ）をつけて電線の後に追記する。
05	(斜線入り円)	05	**VVF用ジョイントボックス** VVF線どうしの接続箇所に使用。
06	(壁付記号)	06	**一般用壁付けコンセント** 壁面に取り付ける。壁面側が黒。
07	EET	07	**接地極付接地端子付コンセント** EET = earth, earth, terminal
08	●3	08	**3路スイッチ** 2箇所から照明のオン／オフに使う。
09	○	09	**パイロットランプ** スイッチのオン／オフをランプで知らせる。
10	▲▲▲3	10	**リモコンリレー（3つ）** リモコン配線用のリレー。
11	CL	11	**シーリングライト（蛍光灯）** 天井に直に取り付ける蛍光灯のライト。
12	R	12	**ランプレセプタクル** 白熱電球などをねじ込んで取り付ける。
13	(三角塗り記号)	13	**分電盤** 分電するための装置。
14	B	14	**配線用遮断器** 分岐回路ごとに取り付ける遮断器。
15	TS	15	**タイムスイッチ** タイマー内蔵のスイッチ。
16	∞	16	**天井付換気扇** 天井に設置するタイプの換気扇。

158

第5章
電気工事の施工方法

1 施設場所と工事の種類

ココが出る!

- □ 合成樹脂管・金属管・2種金属可とう電線管・ケーブル ➡ どこでも施工可。
- □ がいし引き ➡ 点検できないところは工事不可。
- □ 金属ダクト・金属製線ぴ・ライティングダクト ➡ 湿気場所は工事不可。
- □ 危険な施設場所での工事 ➡ 金属管・ケーブル・合成樹脂管以外は不可。

◆ 施設場所ごとに可能な工事の種類

電気工事は、「施設する場所」によって可能な工事の種類が異なります。施設する場所は下図のように分けられ、また、それぞれの場所が**「乾燥した場所」**と**「水気・湿気のある場所」**に分けられています。それらの施設場所と施工できる工事の種類は次ページの表のように定められています。

屋内配線を施設する場所の区分

①展開した場所	壁面や天井面など、配線が目視できる場所。
②点検できる隠ぺい場所	天井裏、押入れ等、点検口から点検できる場所。
③点検できない隠ぺい場所	床下、壁内、天井懐など、一部を壊さないと近づけない場所。

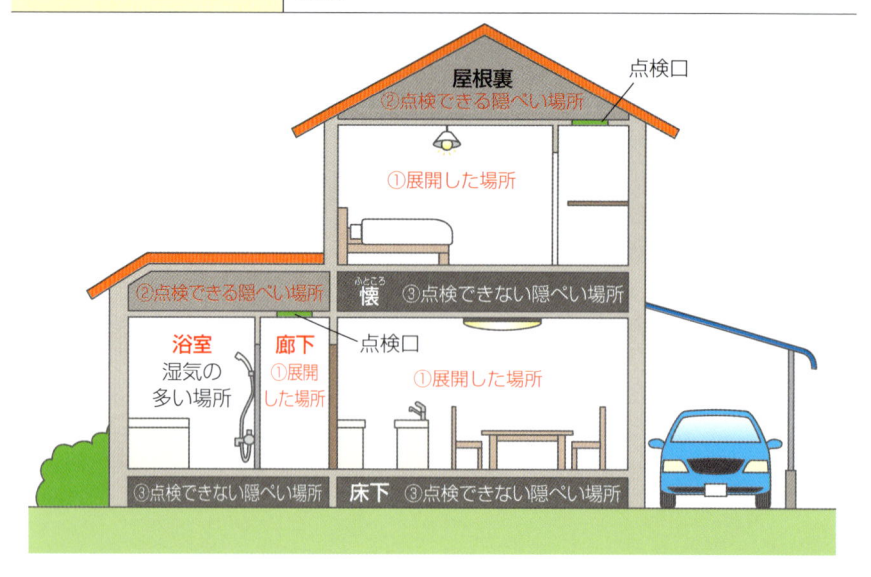

- 屋根裏 ②点検できる隠ぺい場所
- 点検口
- ①展開した場所
- ②点検できる隠ぺい場所
- 懐 ③点検できない隠ぺい場所
- 浴室 湿気の多い場所
- 廊下 ①展開した場所
- 点検口
- ①展開した場所
- ③点検できない隠ぺい場所
- 床下 ③点検できない隠ぺい場所

施設場所と施工できる工事の種類（使用電圧300V以下）

	展開した場所		点検できる隠ぺい場所		点検できない隠ぺい場所	
	乾燥場所	湿気場所	乾燥場所	湿気場所	乾燥場所	湿気場所
合成樹脂管工事（CD管以外）	○	○	○	○	○	○
金属管工事	○	○	○	○	○	○
2種金属可とう電線管工事	○	○	○	○	○	○
ケーブル工事	○	○	○	○	○	○
がいし引き工事	○	○	○	○		
金属ダクト工事	○					
金属線ぴ工事*	○		○			
ライティングダクト工事*	○					

*使用電圧300V以下に限る。　　　　　　　　　　　　　　（○：工事可能）

覚え方
- 管工事、ケーブル工事➡電線の損傷のおそれが少ない➡どこでも施工可。
- がいし引き➡むき出しの配線➡点検できない場所は不可。
- 金属ダクト、金属線ぴ、ライティングダクト➡感電や漏電のおそれあり➡湿気場所・点検できない場所は不可。

◆ 危険な施設場所の屋内配線と施工の制限

　粉じんの多い場所、また可燃性ガスや危険物などがある場所では、電気スパークによる引火・爆発事故が発生するおそれがあるため、工事の種類が制限されています。金属管工事とケーブル工事はどこの場所でも施工することが可能ですが、ケーブル工事は**MIケーブル**や鉄製外装、鋼帯外装などを有するケーブル以外は**防護装置に収める**必要があります。

危険な施設場所での施工の制限　＊次の3つの工事以外は施工不可。

	粉じんの多い場所*		可燃性ガス等の存在する場所**	危険物等の存在する場所***
	爆燃性粉じん	可燃性粉じん		
金属管工事	○	○	○	○
ケーブル工事	△	△	△	△
合成樹脂管工事		○		○

（○：工事可能　△：条件により可能）

*粉じんの多い場所……マグネシウムやアルミニウムなどの爆発性粉じん、小麦粉、でん粉などの可燃性粉じんのある場所
**可燃性ガスの存在する場所……プロパンガスなどを取り扱う施設
***危険物などの存在する場所……ガソリン、石油などを取り扱う施設

よく出る過去問 ➡ P186 問題2 〜 問題4

② がいし引き工事

ココが出る!
- □ がいし引き工事 ➡ 点検できない隠ぺい場所のみ施工不可。
- □ 使用可能電線 ➡ OW線、DV線以外の絶縁電線。
- □ 弱電流配線、水道管、ガス管との離隔距離 ➡ 10cm以上。

◆「がいし」とは？

がいし（碍子）とは、造営材（構造材）との間隔や電線相互の間隔を一定に保つために絶縁電線を支持する（支える）ための絶縁材です。建物の引込線取付点の部分や、送電線の支持具などに使われています。多くは磁器製でガラス製のものもあります。

●低圧ノップがいし

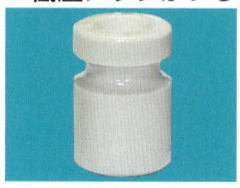

がいし引き工事で電線を支持するために用いる。

がいし引き工事とは、造営材に配線路に沿ってがいしを取り付け、電線をがいしに固定して配線する工事のことです。電線は**バインド線**を使って固定します。最近はほとんど見かけられませんが、田舎の旧家などではたまに見かけることがあります。

がいし引き工事【ココ暗記】

- バインド線で固定する
- 電線と造営材との距離 2.5cm以上
- 低圧ノップがいし
- 造営材：壁や柱など建築物の構造材のこと
- 支持点間の距離 2m以下
- 電線相互間の距離 6cm以上
- 絶縁電線
- ガス管
- 他配線との距離 10cm以上（ケーブルや水道管、ガス管など）

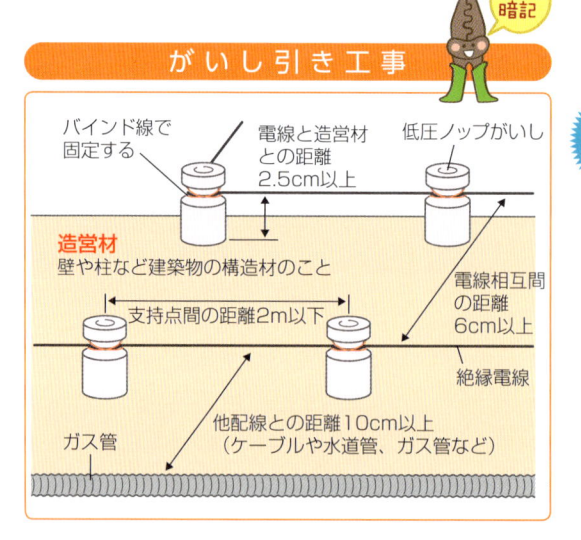

コレも覚える!
●平形がいし（引留がいし）

引込用ビニル絶縁電線（DV線）を引き留めるのに用いるがいし（造営材に取り付けるがいしではない）。

◆ がいし引き工事の施工

がいし引き工事は**点検不能な隠ぺい場所だけは施設できません**が、それ以外は施設場所の制限を受けません。また、施工には次のような決まりがあります。

がいし引き工事の施工方法

工事に使えるがいし	絶縁性、難燃性、耐水性のあるもの。	
施設できる場所	展開した場所、点検できる場所には施設可能。点検不能な隠ぺい場所だけは施設不可（絶縁電線が露出しているので、損傷する可能性があるため）。	
使用できる電線	絶縁電線（OW線とDV線は除く） OW線＝屋外用ビニル絶縁電線（➡P93） DV線＝引込用ビニル絶縁電線（➡P93）	
電線相互の離隔距離	**6cm以上**	
電線と造営材の離隔距離	使用電圧によって異なる。	
	使用電圧300V以下	使用電圧300V超
	2.5cm以上	**4.5cm以上** （乾燥した場所2.5cm以上）
支持点間の距離	2m以下（造営材に沿わないときは6m以下）	
他配線との離隔距離	10cm以上	
造営材の貫通	貫通部分の電線を別個のがい管または樹脂管で絶縁する。 （使用電圧150V以下で乾燥した場所では絶縁テープでも可）	

コレも覚える！

●接触防護措置と簡易接触防護措置

「電気設備の技術基準の解釈」（➡P219）には、電気工事に際して「接触防護措置を施す」や「簡易接触防護措置を施す」といった言葉がよく出てくる。これらは次のいずれかに適合するように施設することになっている。

● 接触防護措置
①設備を、屋内では床上2.3m以上、屋外では地表上2.5m以上の高さに、かつ、人が通る場所から手を伸ばしても触れることのない範囲に施設すること。
②設備に人が接近又は接触しないよう、さく、へいなどを設け、または設備を金属管に収めるなどの防護措置を施すこと。

● 簡易接触防護措置
①設備を、屋内では床上1.8m以上、屋外では地表上2m以上の高さに、かつ、人が通る場所から容易に触れることのない範囲に施設すること。
②設備に人が接近、接触しないように、さく、へいなどを設け、または設備を金属管に収めるなどの防護措置を施すこと。

3 ケーブル工事

ココが出る!

- □ ケーブル工事 ➡ すべての施設場所に施工可能。
- □ 支持点間の距離 ➡ 2m以下。
  ただし、接触防護措置を施した垂直配線では ➡ 6m以下。
- □ ケーブルの屈曲半径 ➡ ケーブル外径の6倍以上が原則。
- □ 重量物の圧力、機械的衝撃を受ける場所 ➡ 防護措置が必要。
- □ 地中埋設配線の電線 ➡ ケーブルのみ使用可能。絶縁電線は不可。

◆ ケーブル工事とは？

ケーブルは、絶縁電線を**外装（シース）**と呼ばれる外装材で被覆して機械的強度、絶縁性能を向上させた電線です。ケーブルをサドルやステップルといった器具で造営材に取り付けて配線するのが**ケーブル工事**です。

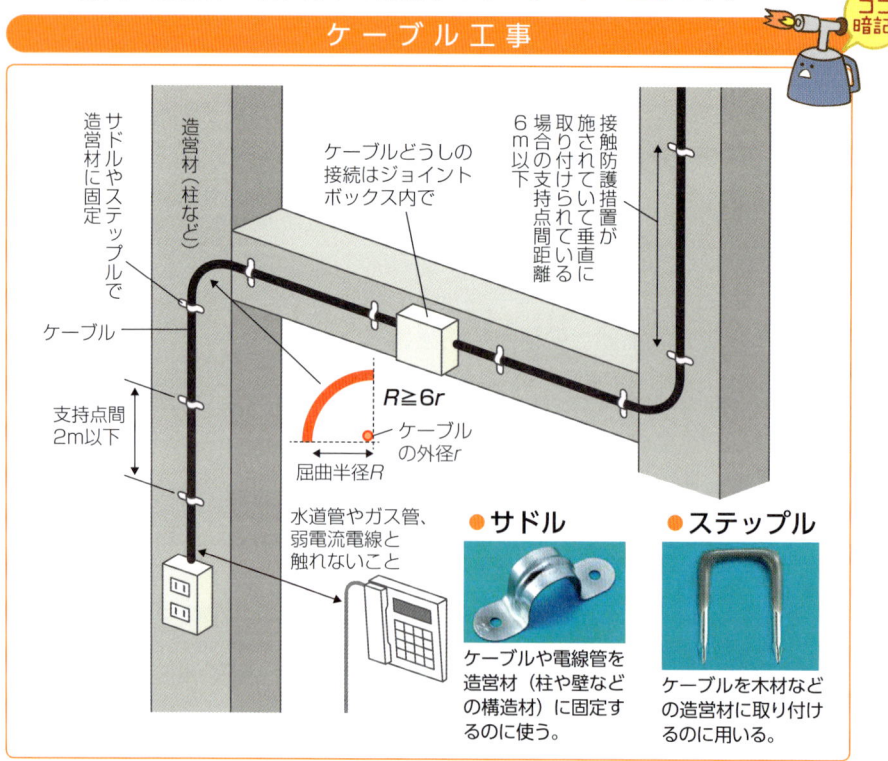

ケーブル工事

ココ暗記

- 造営材（柱など）
- サドルやステップルで造営材に固定
- ケーブル
- 支持点間 2m以下
- ケーブルどうしの接続はジョイントボックス内で
- 接触防護措置が施されていて垂直に取り付けられている場合の支持点間距離 6m以下
- $R \geq 6r$
- 屈曲半径 R
- ケーブルの外径 r
- 水道管やガス管、弱電流電線と触れないこと

● サドル
ケーブルや電線管を造営材（柱や壁などの構造材）に固定するのに使う。

● ステップル
ケーブルを木材などの造営材に取り付けるのに用いる。

◆ ケーブル工事の施工

　ケーブル工事は、危険な場所を除く施設場所において、制限を受けることなく適用できます。ただ原則として、壁、床、天井などに直接埋め込んではならないとされています。

ケーブル工事の施工方法

施設できる場所	すべてに施設可能（展開した場所または隠ぺいした場所の乾燥、水気・湿気のある場所すべて）。
電線相互の離隔距離	規定なし
支持点間の距離	2 m以下（ただし、接触防護措置を施し、垂直に取り付ける場合は6 m以下）。
ケーブルどうしの接続	ジョイントボックス内で行う。
ケーブルと他配線等の距離	水道管、ガス管、弱電流配線とは接触しないように施工。
ケーブルの屈曲半径	ケーブルの外径の6倍以上が原則。
防護装置を設ける場合	重量物の圧力を受ける場所や機械的な衝撃を受ける場所では、金属管に配線するなどの防護装置を設ける。防護装置の金属部分は金属管工事に準じた接地工事が必要。

◆ ケーブルを地中に埋めて配線する場合

　電線を地中に埋めて配線する、**地中埋設配線**の電線にはケーブルしか使用できません。**暗きょ式**、**管路式**、**直接埋設**などの工事方式があります。直接埋設（コンクリートトラフ使用での埋設）の場合、地上からの重量物の圧力を受ける場所と受けない場所とで次のような規定があります。

地中埋設（直接埋設）工事での埋設の深さの規定

重量物の圧力を受ける場所（道路など）
埋設深さは1.2m以上
ふた／ケーブル／コンクリートトラフ／ケーブル

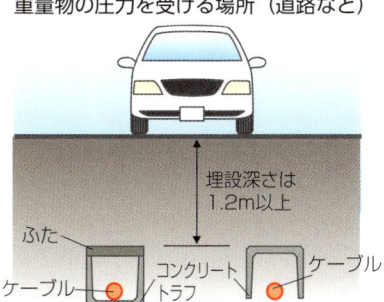

重量物の圧力を受けない場所
車両その他の重量物の荷重を受けるおそれのない場合
0.6m以上
ケーブル
板、とい、または硬質ビニル板

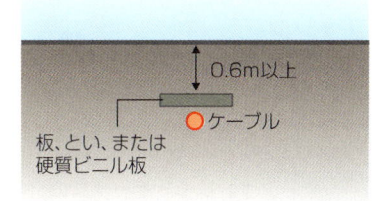

＊外装がポリエチレン製ダクトのCDケーブルや鋼帯がい装を有するケーブルはコンクリートトラフなど保護装置なしで直接埋設できる。

よく出る過去問 → P190 問題9

4 金属管工事

ココが出る!

- □ 金属管工事 ➡ すべての施設場所に施工可能。
- □ 使用可能電線 ➡ OW線（屋外用ビニル絶縁電線）以外の絶縁電線。
- □ 電線の接続 ➡ 必ずボックス内で。金属管内の接続は禁止。
- □ 1つの回路の電線は同一管内にまとめて収納（電磁的平衡をとる）。
- □ 接地工事の省略 ➡ 管長4m以下で乾燥した場所。対地電圧150V以下で管長8m以下で簡易接触防護措置を施す。

◆ 金属管工事とは？

金属管工事は、金属製の電線管に電線を通して配線する工事です。造営材（構造材）にサドルで固定する**露出配管**か、コンクリートに埋め込む**埋設配管**があります。

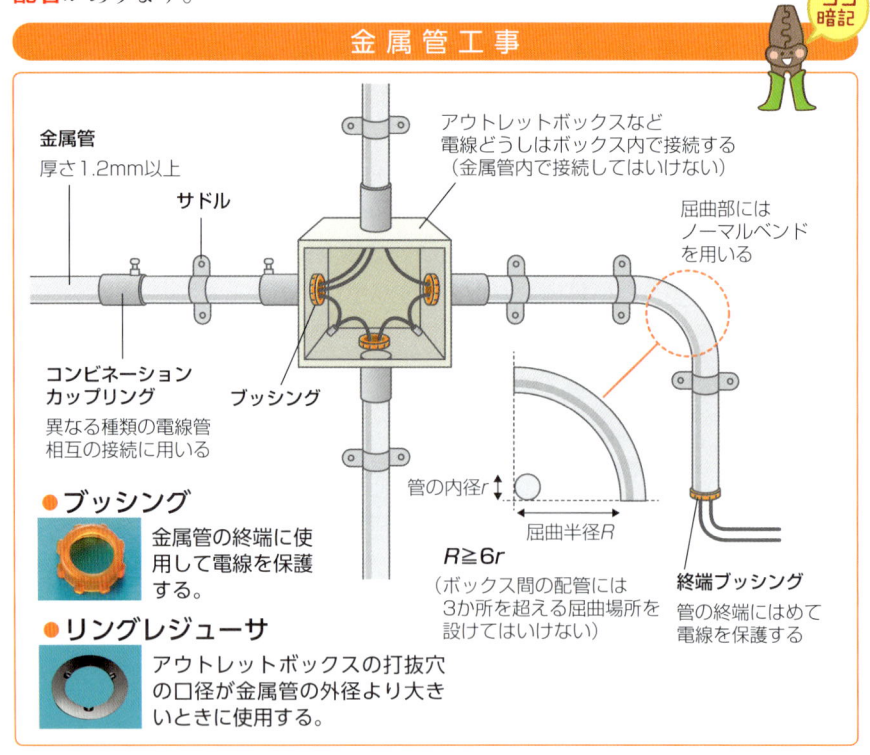

金属管工事

ココ暗記

- 金属管　厚さ1.2mm以上
- サドル
- コンビネーションカップリング　異なる種類の電線管相互の接続に用いる
- アウトレットボックスなど電線どうしはボックス内で接続する（金属管内で接続してはいけない）
- ブッシング
- 屈曲部にはノーマルベンドを用いる
- 管の内径 r
- 屈曲半径 R
- $R \geqq 6r$（ボックス間の配管には3か所を超える屈曲場所を設けてはいけない）
- 終端ブッシング　管の終端にはめて電線を保護する

● ブッシング
　金属管の終端に使用して電線を保護する。

● リングレジューサ
　アウトレットボックスの打抜穴の口径が金属管の外径より大きいときに使用する。

◆金属管工事の施工

金属管工事は、金属製の電線管を使用しているため、衝撃などに強く、施設場所や、施設場所による工事の種類の制限を受けることなく適用できます。

金属管工事の施工方法　ココ暗記

工事に使える金属管	コンクリートへの埋設配管の場合は厚さ1.2mm以上。
使用できる電線	OW線（屋外用ビニル絶縁電線）以外の絶縁電線。 ＊OW線は、電線管（金属管、合成樹脂管）、線ぴ、およびダクトには収容できないということを覚えておこう。
電線の接続	ボックス内で接続する。金属管内に接続点を設けてはならない。
管の終端の処理	管の終端は絶縁ブッシングをつけて電線を保護する（ボックス内の終端にも付ける）。
金属管の屈曲	金属管を屈曲する際の屈曲半径は金属管の内径の6倍以上が原則。ボックス間の配管には3か所を超える屈曲場所を設けないようにする。
収納可能電線本数	直径25mm薄鋼電線管に収めることができる電線の本数は次のとおり（規定の一部）。 | 電線の断面積（mm²）	電線本数（最大数）
5.5mm²	5本
8mm²	3本
14mm²	2本	
工事の禁止	木造の屋側電線路では工事ができない。

◆1回路の電線全部を同一管内に収める

金属管内の電線に電流が流れると、電流の周りには磁界が生じ、交流電流が時々刻々変化するので磁界も変化し、そのために金属管本体に渦電流が発生します。この渦電流により金属管が加熱されるおそれがあります。

たとえば、単相2線式の配線を1本1本別々の金属管に収納すると、それぞれの金属管に磁力線が発生し、渦電流が発生します。これを打ち消すためには、1つの回路の電線を同じ管内にすべて収める必要があります。これを電磁的平衡をとるといいます。

単相2線式で電磁的平衡をとる

○ 1つの回路　負荷　単相2線式の場合は2本を同一管内に収める。

× 1つの回路　負荷

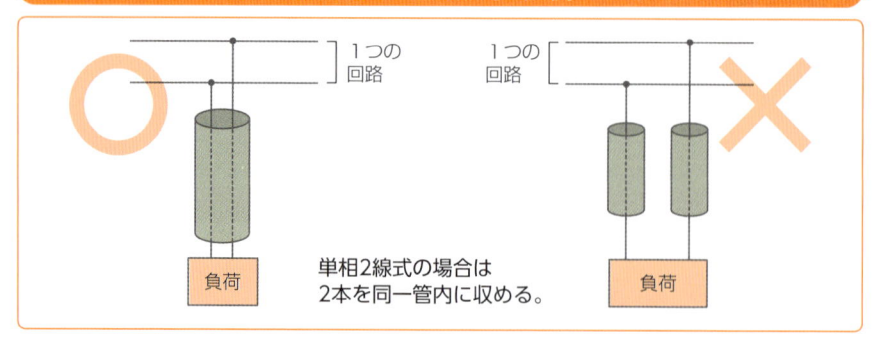

三相3線式で電磁的平衡をとる

○ 1つの回路　負荷　三相3線式では3本を同一管内に収める。

× 1つの回路　負荷

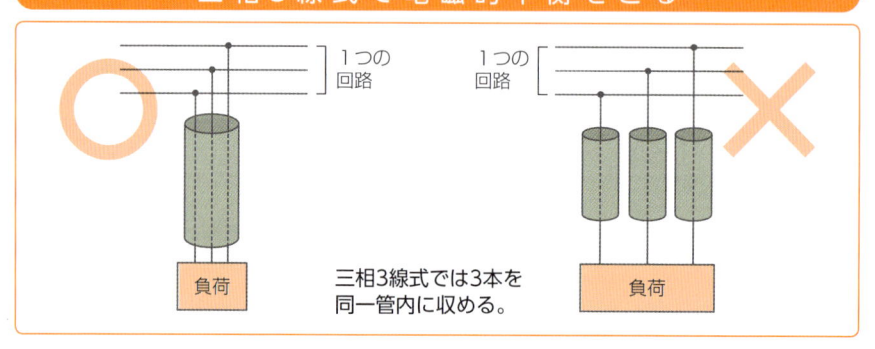

◆ 金属管に必要な接地工事

　金属管は、内部に収納した電線の絶縁不良から漏電などが発生した場合、金属管の表面まで漏えい電流が到達し、感電事故を引き起こすおそれがあります。したがって、金属管には接地工事を行う必要があります。収納電線の電圧が300V以下の場合は**D種接地工事**、300Vを超える場合は**C種接地工事**を行います（接地工事➡P182〜）。

　なお、次の場合は接地工事を省略できます。

ココ暗記

金属管の接地工事を省略できる場合

①管の長さ（2本以上の管を接続して使用する場合はその全長）が 4 m以下のものを乾燥した場所に施設する場合。
②対地電圧が150V以下で、その電線を収める管の長さが 8 m以下のものを簡易接触防護措置（➡P163）を施す、または乾燥した場所に施設する場合。

5 金属可とう電線管工事

ココが出る!
- □ 金属可とう電線管工事 ➡ すべての施設場所に施工可能。
- □ 使用可能電線 ➡ OW線以外の絶縁電線。
- □ D種接地工事の省略 ➡ 管長4m以下。

◆ 金属可とう電線管工事とは？

金属可とう電線管は、**可とう性**（曲げてたわめることが可能）のある電線管に電線を通して配線する工事で、振動の発生する**電動機などの配線**でよく用いられます。金属可とう電線管には**1種**と**2種**があり、**2種（プリカチューブ）**による工事はすべての場所に施設可能です。

2種金属可とう電線管工事

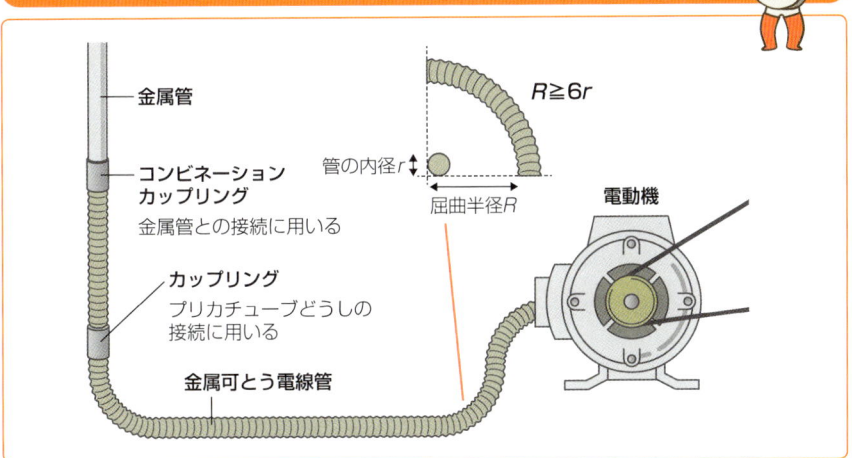

- 金属管
- コンビネーションカップリング：金属管との接続に用いる
- カップリング：プリカチューブどうしの接続に用いる
- 金属可とう電線管
- $R \geq 6r$
- 管の内径 r
- 屈曲半径 R
- 電動機

工事は金属管工事にそった基準で進めればOKです。他には次の規定を覚えておきましょう。

金属可とう電線管工事の施工方法

屈曲半径	屈曲半径は管内径の**6倍以上**が原則。展開した場所または点検できる場所で管の取り外しができる場合は3倍以上。
接地工事	収納電線の電圧が300V以下はD種接地工事、300V超はC種接地工事。管の長さが**4m以下**ならD種接地工事を省略できる。

よく出る過去問 ➡ P188 問題7

6 合成樹脂管工事

ココが出る!

- □ 合成樹脂管工事 ➡ すべての施設場所に施工可能（CD管以外）。
- □ 使用可能電線 ➡ OW線以外の絶縁電線を使用。原則としてより線使用。
- □ 管の屈曲半径 ➡ 管内径の6倍以上。
- □ 支持点の間隔 ➡ 1.5m以下。

◆ 合成樹脂管工事とは？

　合成樹脂管は、**硬質塩化ビニル電線管**（**VE管**）と**可とう電線管**（**PF管、CD管**）に大別されます。金属管に比べて安価で、高絶縁性、化学薬品に対する高抵抗力、加工の容易性、接地工事が不要などの金属管にはない特徴がありますが、熱によって溶融・変形したり、直射日光によって割れたりするおそれがあります。

合成樹脂管の種類と用途

合成樹脂管	略称	露出配管	埋設配管
硬質塩化ビニル電線管	VE管	○	○
合成樹脂製可とう電線管	PF管	○	○
	CD管	×	○

（○：施工可　×：施工不可）
＊CD管はコンクリート埋設用なので、露出配管には使えない。

　合成樹脂管工事には、合成樹脂管をサドルによって造営材に取り付ける**露出配管**、コンクリートに埋設する**埋設配管**があります。

ココ暗記

合成樹脂管工事

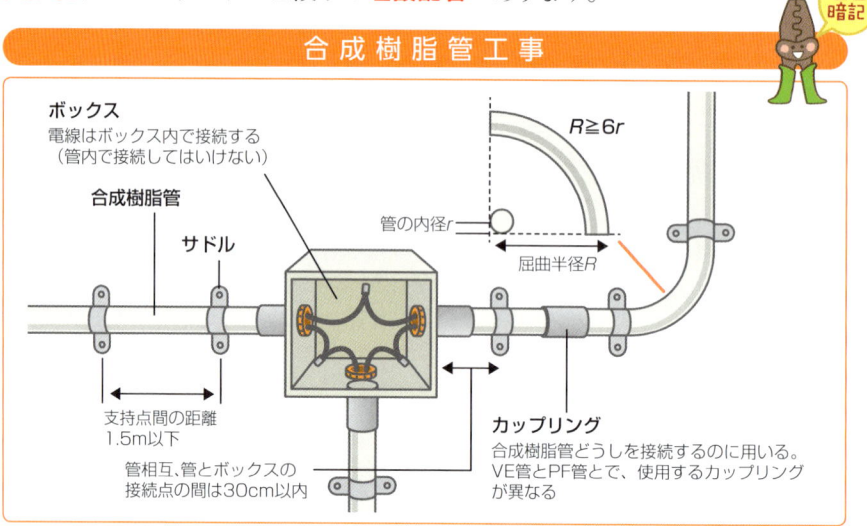

ボックス
電線はボックス内で接続する（管内で接続してはいけない）

合成樹脂管

サドル

管の内径 r

屈曲半径 R

$R \geq 6r$

支持点間の距離 1.5m以下

管相互、管とボックスの接続点の間は30cm以内

カップリング
合成樹脂管どうしを接続するのに用いる。VE管とPF管とで、使用するカップリングが異なる

よく出る過去問 ➡ P188 問題6 問題8

◆ 合成樹脂管工事の施工

使用電線、屈曲半径などは金属管工事と同様の規定になっています。

合成樹脂管工事の施工方法

管の厚み	硬質塩化ビニル電線管（VE管）の厚さは 2 mm以上 必要。
使用電線	OW線（屋外用ビニル絶縁電線）以外の絶縁電線。原則としてより線を使用。ただし、直径が3.2mm以下の電線の場合は単線もＯＫ。
電線の接続	ボックス内で接続する。管内に接続点を設けてはならない。
合成樹脂管の屈曲	屈曲半径は管内径の 6 倍以上。
支持点間の距離	支持点の間隔は1.5m以下。管とボックスとの接続箇所や管どうしの接続箇所の近く（30cm以内）には支持点を設ける必要がある。
VE管どうしの接続	①直接接続 　差込深さは外径の1.2倍以上 　（接着剤使用の場合は0.8倍以上） 　1.2D以上　管　　　0.8D以上　管 　　　　　　　D:外径 　接着剤なし　カップリング　接着剤あり ②TSカップリングによる差込接続
PF管どうしの接続	PF管用カップリングによる差込接続 （PF管どうしの直接接続不可）
接地工事	管それ自体では不要。ただし、金属製ボックスに接続して使用する場合には、ボックスに対して接地工事を行う。 収納電線の電圧が300V以下　➡　D種接地工事 収納電線の電圧が300V超　➡　C種接地工事 ただし、乾燥した場所に施設する場合や、対地電圧150V以下で人が容易に触れるおそれのない場合は接地工事を省略できる。

171

7 金属線ぴ工事

ココが出る!

- □ 金属線ぴ工事 ➡ 展開している乾燥した場所と点検可能な隠ぺい場所のみ施工可能。
- □ 使用可能電線 ➡ OW線以外の絶縁電線。
- □ 金属線ぴどうし、金属線ぴとボックスの接続 ➡ 堅ろうでかつ電気的に完全に接続。
- □ D種接地工事が省略可能 ➡ ①金属線ぴの長さ4m以下。②対地電圧150V以下で線ぴが8m以下で簡易接触防護措置または乾燥した場所。

◆ 金属線ぴ工事とは?

線ぴとは、電線を収めるとい状の収納材で幅が5cm以下のものをいいます（線ぴの「ぴ」とは「とい」のこと）。線ぴを壁や天井をはわせて電線を収めて配線工事を行うのが線ぴ工事です。

金属製の線ぴには、壁面露出で電線を配線するための**メタルモール（1種金属線ぴ）**と、天井から吊り下げて使用する**レースウェイ（2種金属線ぴ）**とがあります。

●線ぴ

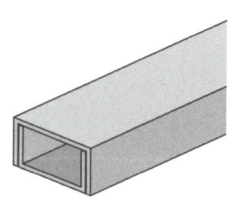

とい状の収納材で上にカバーがある。

金属線ぴの種類と特徴

1種金属線ぴ (メタルモール)	2種金属線ぴ (レースウェイ)
幅4cm未満	幅4cm以上5cm以下
壁面露出で電線を配線する。	天井から吊り下げて使用する。
幅4cm未満	コンセントボックス／蛍光灯

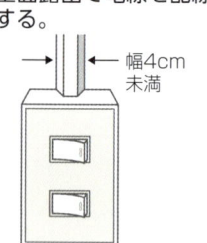

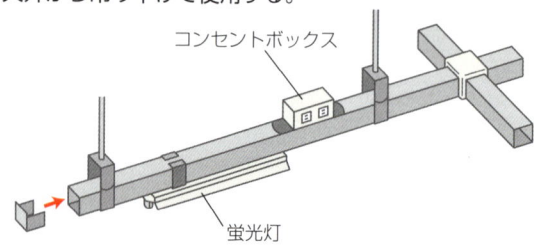

◆ 金属線ぴ工事の施工

　金属線ぴ工事は、屋内の乾燥している場所でしか施工ができません。また、使用電圧が300V以下という制限もあります。それらの点が金属管工事とは異なるので、注意しましょう。

金属線ぴ工事の施工方法

使用できる線ぴ	幅が5cm以下。これを超えたものはダクト（⇒P174）として扱われる。
使用できる電線	OW線（屋外用ビニル絶縁電線）以外の絶縁電線。
使用電圧	300V以下。
施設場所の制限	次の①と②の場所のみ施設可能。 ①展開している乾燥した場所 ②点検可能な隠ぺい場所で乾燥した場所 また、木造屋側電線路での工事は禁止されている。
電線の接続	ボックス内で接続する。線ぴ内に接続点を設けてはならない。ただし、2種金属線ぴを使用し、電線を分岐する場合で接続点を容易に点検できるように施設し、D種接地工事を施す場合は線ぴ内での接続可。
線ぴ、ボックスの接続	金属線ぴどうし、金属線ぴとボックスは堅ろうに接続し、電気的に完全に接続する（金属線ぴとボックスを確実に接地するため）。

◆ 金属線ぴに必要な接地工事

　金属線ぴは金属製の収納具なので、漏電などによる感電を防止するために接地工事が必要です。使用電圧が300V以下のため、**D種接地工事**を行います。

　ただし、次の場合はD種接地工事を省略できます（この条件は金属管工事と同じです）。

金属線ぴの接地工事を省略できる場合

①金属線ぴの長さ（2本以上の線ぴを接続して使用する場合はその全長）が4m以下のものを乾燥した場所に施設する場合。
②対地電圧が150V以下で、その電線を収める線ぴの長さが8m以下のものを簡易接触防護措置（⇒P163）を施す、または乾燥した場所に施設する場合。

8 ダクト工事

> **ココが出る!**
>
> ☐ 金属ダクト ➡ 支持点間隔3m以下。収める電線の断面積はダクト内断面積の20%以下。使用電圧300V以下ならD種接地工事。
> ☐ フロアダクト ➡ 使用電圧300V以下でD種接地工事（省略不可）。ダクトの終端部はダクトエンド。
> ☐ ライティングダクト ➡ 支持点間隔2m以下。電路には漏電遮断器を施設（簡易接触防護措置を施せば省略可）。

◆ダクトとは何か？

ダクトとは、管状のもののことで、空調、換気、排煙などの目的にも使用されます。ダクトを配線用として工夫したものが電気工事の分野でも用いられています。

なお、幅が**5cm**を超えるものを**ダクト**と呼び、それより小さいものは**線ぴ**として扱われます。工事の種類としては、**金属ダクト工事、フロアダクト工事、ライティングダクト工事**などがあります。

◆ダクト工事を施工できる場所

ダクト工事を施工できる場所をダクト工事に類似している線ぴ工事、平形保護層工事（➡P180）も含めてまとめました。いずれも湿気場所には施工できないことを覚えておきましょう。

ダクト工事、平形保護層配線工事、線ぴ工事が施工できる場所

	展開した場所		点検できる隠ぺい場所		点検できない隠ぺい場所	
	乾燥場所	湿気場所	乾燥場所	湿気場所	乾燥場所	湿気場所
金属ダクト工事	○		○			
ライティングダクト工事	○		○			
金属線ぴ工事	○		○			
フロアダクト工事*					○	
平形保護層工事			○			

（使用電圧300V以下）（○：工事可能） ＊コンクリート床内に限り施設可能。

攻略のコツ ダクト工事は「湿気場所と点検できない場所に施設できない」と覚えよう。

◆ 金属ダクト工事の施工

金属ダクトは、工場やビルなどで太い電線をたくさん集中させて配線するときに用います。ダクトは金属製ですが、密閉性や強度において金属管などよりも劣るため、点検できない場所、湿気のある場所には施設できません。

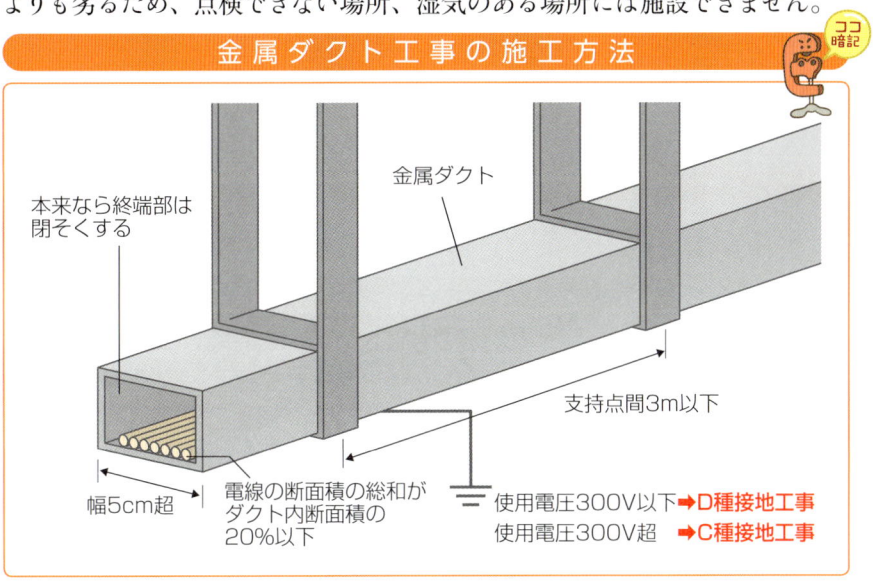

金属ダクト工事の施工方法

図中の記載：
- 本来なら終端部は閉そくする
- 金属ダクト
- 幅5cm超
- 電線の断面積の総和がダクト内断面積の20%以下
- 支持点間3m以下
- 使用電圧300V以下 ➡ D種接地工事
- 使用電圧300V超 ➡ C種接地工事

工事に使える材質	厚さ1.2mm以上の鉄板またはそれと同等以上の強さの金属。
使用できる電線	OW線（屋外用ビニル絶縁電線）以外の絶縁電線。
電線の接続	ダクト内に接続点を設けてはならない。 ただし、電線を分岐する場合で接続点を容易に点検できるように施設する場合はダクト内での接続可。
支持点間の間隔	3 m以下。 ただし、取扱者以外が出入りできないような場所に垂直に取り付ける場合は6 m以下。
電線の収納制限	収納する電線の断面積*はダクト内断面積の20%以下（ただし、制御回路などは50%以下）。 *被覆を含んだ断面積（導体の断面積ではない）。
金属ダクトどうしの接続	金属ダクトどうしは堅ろうに接続し、電気的に完全に接続する（金属ダクトを確実に接地するため）。
終端の処理	ダクトの終端部は閉そくする。
接地工事	①使用電圧300V以下➡D種接地工事 ②使用電圧300V超　➡C種接地工事 ただし、300V超でも接触防護措置（➡P163）を施す場合はD種接地工事に緩和できる。

◆フロアダクト工事の施工

フロアダクトとは、ビルなどのコンクリート建造物の床下から電源をとるために、コンクリートフロアに埋め込む金属製ダクトです。床は、壁や天井などと比較して、人が触れやすく、水気がたまりやすいことから、屋内の乾燥したコンクリート床の埋込配線のみが認められており、それ以外の場所では施工できません。また、接地工事を省略することはできません。

フロアダクト工事の施工方法

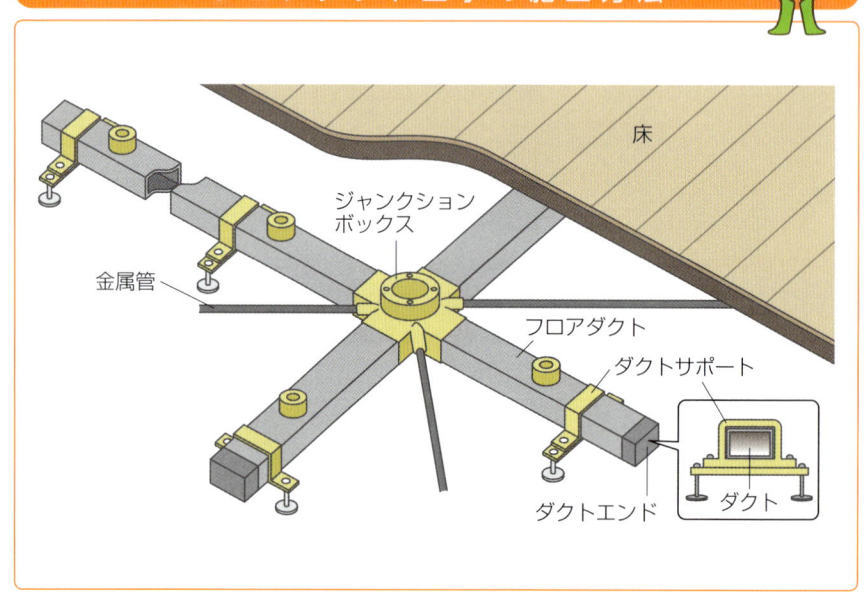

使用できる電線	OW線（屋外用ビニル絶縁電線）以外の絶縁電線。
使用電圧の制限	300V以下。
電線の接続	ジャンクションボックス内で接続する。フロアダクト内に接続点を設けてはならない。
フロアダクト、ボックスの接続	フロアダクトどうし、フロアダクトとボックスは堅ろうに接続し、電気的に完全に接続する（ダクトを確実に接地するため）。
終端の処理	ダクトの終端部は閉そくする。
接地工事	D種接地工事で接地。省略することはできない。

◆ライティングダクト工事の施工

　ライティングダクト（一般的には**ライティングレール**）とは、店舗などの照明の配線に使うダクトのことです。ダクト内のレールにそわせて一組の**線状導体**が設けられており、レールに装着された照明器具が移動しても任意の位置で線状導体から照明器具のプラグ電極へ通電が可能になっています。これにより、レールに沿った任意の位置で照明を灯すことができます。照明器具には専用の取付プラグが必要になりますが、器具の交換や追加などが容易にできるようになっています。

ライティングダクト工事の施工方法

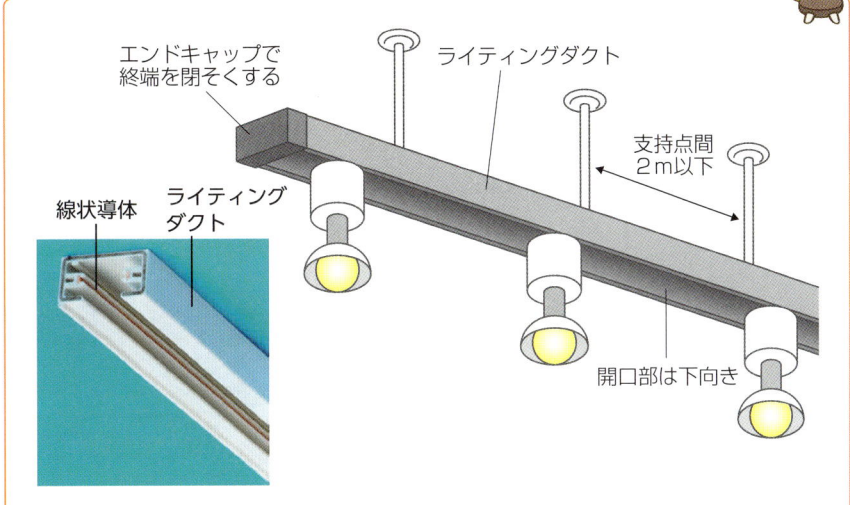

使用電圧の制限	300V以下。
支持点間の距離	2 m以下。支持箇所は1本ごとに2か所以上。
施工方法	・開口部を下向きにする（充電部にほこりなどがたまらないように）。 ・造営材を貫通してはならない。
終端の処理	ダクトの終端部は閉そくする（**エンドキャップ**を使用）。
漏電遮断器	電路には漏電遮断器を施設する。 ただし、簡易接触防護措置（→P163）を施せば省略可能。
接地工事	D種接地工事で接地。 ただし、対地電圧150V以下でダクトの長さが4 m以下の場合は省略可能。

⑨ ネオン放電灯工事

ココが出る!

- ☐ 電線の支持点間 ➡ 1m以下。
- ☐ コードを支える ➡ コードサポート。
- ☐ ネオン放電灯を支える ➡ チューブサポート。
- ☐ D種接地工事 ➡ ネオン変圧器の金属製外箱に必要。

◆ ネオン放電灯工事とは？

ネオン放電灯工事とは、看板などに用いられる**ネオン放電灯（ネオン管）**を取りつける工事です。ネオン放電灯ならではの器具・材料を使うことが求められるほか、配線は**がいし引き工事**で行わなければなりません。ネオン変圧器を使うのは、ネオンの点灯には高電圧が必要なためです。

電源側には20A配線用遮断器、あるいは15A過電流遮断器（ヒューズ）を設ける必要があります（電灯回路との併用も可）。さらに、次の図のような決まりがあります。

ココ暗記

ネオン放電灯工事の施工方法

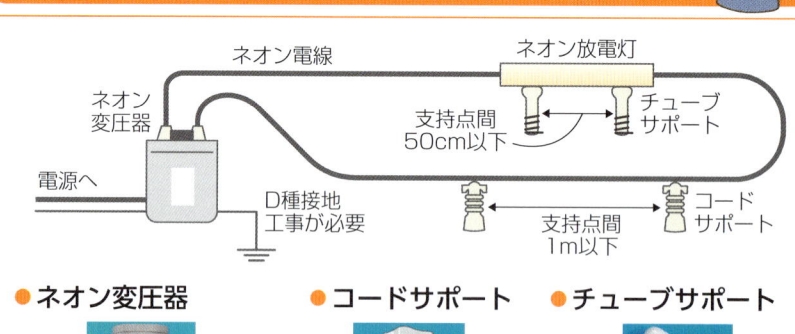

（図：ネオン変圧器から電源へ、D種接地工事が必要。ネオン電線でネオン放電灯に接続。支持点間50cm以下、チューブサポート、コードサポート、支持点間1m以下）

● **ネオン変圧器**
別名ネオントランス。ネオン放電灯用の高電圧を発生させる変圧器。外箱にD種接地工事が必要。 

● **コードサポート** 
ネオン電線を支持するためのがいし。

● **チューブサポート** 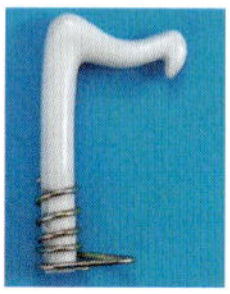
ネオン放電灯を支持するためのがいし。取り付け用のスプリング金具がついているのが特徴。

攻略のコツ ネオンはがいし引き工事＝むき出し配線。したがって、点検できない隠ぺい場所には施設できない。

10 ショウウインドウ内配線工事

ココが出る!

- ショウウインドウ内配線工事 ➡ 乾燥した場所で外部から見えやすい箇所に限ってコードの使用可能。造営材に固定も可能。
- 低圧屋内配線とは差込接続器で接続する。

◆ ショウウインドウ内配線工事とは？

電源から電気機器に電気を送る**コード**や**キャブタイヤケーブル**は造営材に固定することは禁じられていますが、ショウウインドウやショウケース内では、美観上、**差込接続器**からの配線が条件付きで認められています。

ショウウインドウ内配線工事の施工方法

ココ暗記

- コード接続器（コードコネクタ）
- コードどうしはコード接続器で接続
- 取付間隔 1 m以下
- 屋内配線工事で施工
- 差込接続器（コンセントと差込プラグの組合せによる接続器）
- コード

施設場所の条件	外部から見えやすい乾燥した場所で、かつ内部が乾燥した状態で使用することが条件。
使用電圧	300V以下。
使用できる電線	電線の断面積0.75mm^{2}以上のコードかキャブタイヤケーブルを使用。
電線の取付点の間隔	1 m以下。
低圧屋内配線との接続	差込接続器で行う。（差込接続器とは、コンセントと差込プラグとの組合せによる接続器のこと）
コードどうしの接続	コード接続器を使用。

よく出る過去問 ➡ P190 問題10

11 その他の工事

ココが出る!

- □ 平形保護層工事 ➡ 点検できる隠ぺい場所でかつ乾燥した場所のみ施設可能。
- □ 小勢力回路 ➡ 小型変圧器で60V以下に変圧した電源を使用し、電線は直径0.8mm以上でOK。
- □ 木造メタルラス壁の貫通処理 ➡ ①金属壁部分を十分に切り開き、②貫通部分を耐久性のある絶縁管または絶縁テープで絶縁。

◆ 平形保護層工事とは？

　フラット（平形）な合成樹脂絶縁電線（アンダーカーペットケーブル）を用いて、カーペットやタイルの下に配線する方式です。ビルの室内配線で用いることができる施工方法ですが、住宅などでは施設できません。

ココ暗記

平形保護層工事の施工方法

平形導体合成樹脂絶縁電線

施設できる場所	点検できる隠ぺい場所でかつ乾燥した場所のみ施設可能。
接地工事	D種接地工事によって接地する。

◆ 小勢力回路とは？

　小勢力回路とは、玄関のチャイムなどの電力をあまり必要としない回路のことで、**小型変圧器で60V以下**に下げた電源を使用する回路のことをいいます。変圧器の2次側が小勢力回路となります。小勢力回路で使用する電線は通常よりも細くできます（直径**0.8mm以上**）。

● チャイム用小型変圧器

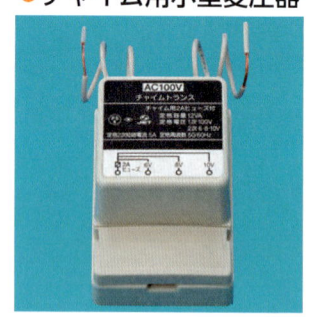

◆木造メタルラス壁の貫通処理

　木造住宅の外壁にモルタルを塗って仕上げるときに、モルタルがはがれ落ちないように金属製の網を壁の下地に貼りつけますが、この網のことを**メタルラス**といいます。このような壁を貫通させてケーブルや金属管を通す際、メタルラスとケーブルや金属管が接触していると漏電したときに木造壁から火災が発生するおそれがあります。

　このような事故を防止するために、メタルラス壁を貫通して配線する際には次のような決まりがあります。

木造メタルラス壁の貫通処理

- メタルラス
- 金属管やケーブルなど
- 金属壁部分を十分な大きさに切り開く
- 耐久性のある絶縁管または絶縁テープで絶縁する

貫通処理の方法	①金属壁部分を十分な大きさに切り開く。 ②貫通部分のケーブルや金属管は耐久性のある絶縁管または絶縁テープで絶縁する。

　絶縁管は、**防護管**ともいい、合成樹脂管を短く切断したものが用いられます。管がずれないようバインド線でしっかり固定します。

　なお、この貫通処理の工事は、金属管やケーブル工事以外にも、金属可とう電線管工事や金属ダクト工事でも同様に行うことが定められています。

防護管とバインド線

- バインド線
- ケーブル
- 防護管
- メタルラス壁

● メタルラスの図記号
- メタルラス壁
- ケーブル

攻略のコツ　防護管の取付工事は技能試験に出題されることがある（➡P367）。配線図記号を覚えておこう。

第5章 電気工事の施工方法

12 接地工事

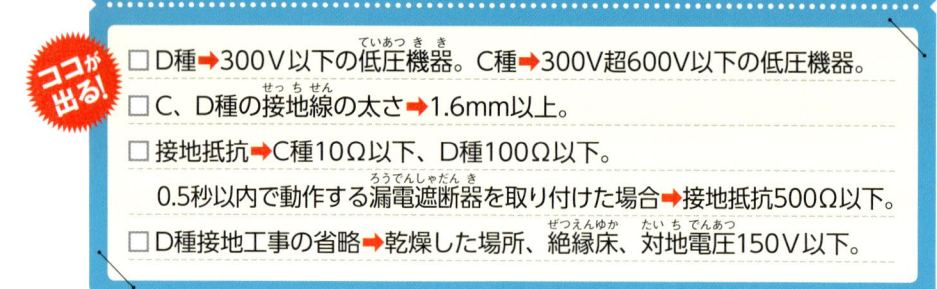

ココが出る！

- □ D種 ➡ 300V以下の低圧機器。C種 ➡ 300V超600V以下の低圧機器。
- □ C、D種の接地線の太さ ➡ 1.6mm以上。
- □ 接地抵抗 ➡ C種10Ω以下、D種100Ω以下。
   0.5秒以内で動作する漏電遮断器を取り付けた場合 ➡ 接地抵抗500Ω以下。
- □ D種接地工事の省略 ➡ 乾燥した場所、絶縁床、対地電圧150V以下。

◆ 接地とは？

　大地に電線で接続する（電線につながれた電極を土中に埋め込む）ことを**接地**といいます。大地は水分などを含んでいることもあって電気的には導体としてふるまいます。

　接地の目的は、**漏電**による**感電**や火災を未然に防ぐことです。**漏電**とは、回路の外へ電流が流れてしまうことで、**感電**というのは人体に電圧がかかったり、電流が流れてしまったりすることです。

　下の図を見てください。非接地側電線がモーターの絶縁不良のために洗濯機の外箱に接触し、その外箱に触れた人体に対地電圧がかかって電流が流れ感電しています。

漏電による感電

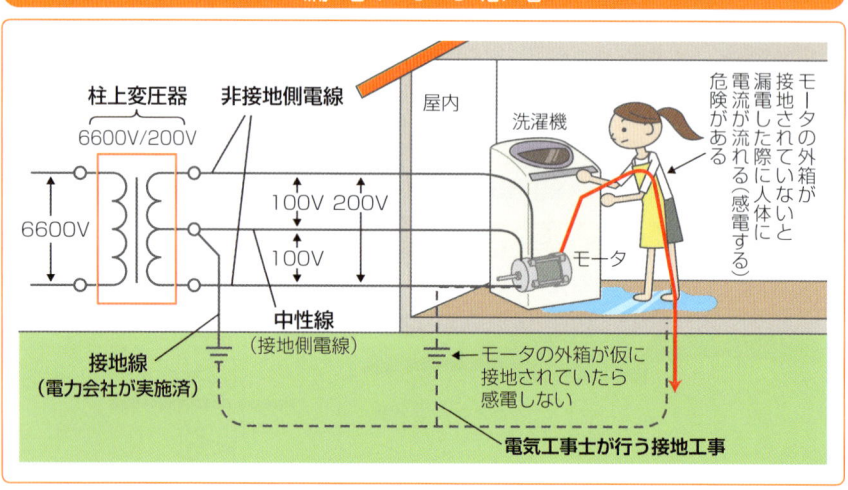

柱上変圧器 6600V/200V	非接地側電線	屋内 洗濯機
6600V	100V 200V 100V	モータ
	中性線（接地側電線）	モータの外箱が仮に接地されていたら感電しない
接地線（電力会社が実施済）		電気工事士が行う接地工事

モータの外箱が接地されていないと漏電した際に人体に電流が流れる（感電する）危険がある

家屋は、コンクリート内部の鉄筋やタイルなどの表面の結露、雨水の浸入などによって絶縁性が低下することがあり、その結果、大地と電気的につながってしまうということがありえるのです。

仮にモータの外箱が大地に接地されていれば（非接地側電線に触れている外箱が大地と**短絡**（ショート）されていれば）、電流は大地に抜けてしまい、人体は安全です。このときに瞬時に作動するのが**漏電遮断器**（→P115）です。大地に抜ける電流（**地絡電流**）を検出して漏電を検知します。

接地線と接地極

◆ 接地工事の種類

接地工事には、A種、B種、C種、D種の4種類があります。このうち、試験に出題されるのは**C種**と**D種**接地工事です。

接地工事の種別

A種接地工事	高圧（600V超7000V以下）または特別高圧（7000V超）用機器の金属架台および金属外箱の接地。	
B種接地工事	柱上トランスの二次側の中性線の接地（トランスの混触事故の防止）。	
C種接地工事	低圧（300V超600V以下）用機器の金属架台および金属外箱の接地。	第二種電気工事士の試験に出題される範囲
D種接地工事	低圧（300V以下）用機器の金属架台および金属外箱の接地。	

◆ 接地抵抗と接地線の制限

接地電極と大地間の抵抗を**接地抵抗**といいます。接地抵抗値は接地電極を埋め込む土壌によって大きく左右されます。接地抵抗が大きいと電流を逃がしにくくなり、漏電の危険が高まります。そのため、接地抵抗の値と接地線の太さが接地工事の種類に応じて定められています。

攻略のコツ 接地からの出題は「D種接地工事が省略できるものは？」「漏電遮断器を省略できるものは？（できないものは？）」と問われる問題がほとんど。

接地抵抗と接地線の太さ

	接地抵抗	接地線の太さ(直径)
C種接地工事	10Ω以下*	1.6mm以上の軟銅線**
D種接地工事	100Ω以下*	

*C種、D種ともに、電路に**0.5秒以内**に**電路を遮断する漏電遮断器**を設ける場合は接地抵抗値が**500Ω以下**でよい。
**移動して使用する電気機器の接地は次の電線を接地線として利用する。
・**断面積0.75mm²**以上の多心コードまたは多心キャブタイヤケーブルの1心
・**断面積1.25mm²**以上の可とう性を有する軟銅より線

◆接地工事を省略できる場合

次の条件に当てはまる場合、D種接地工事を省略することができます。

D種接地工事を省略できる場合

- 対地電圧150V以下用の機械器具を乾燥した場所に施設する場合。
- 低圧(600V以下)用機器を木製床、絶縁台などの絶縁性のものの上で取り扱う場合(コンクリート床上は省略不可)。
- 電気用品安全法の適用を受ける二重絶縁構造を有する電気機器の場合。
- 乾燥した場所(水気のある場所以外の場所)で、定格感度電流が15mA以下、動作時間が0.1秒以下の漏電遮断器を施設した電気機器の場合。

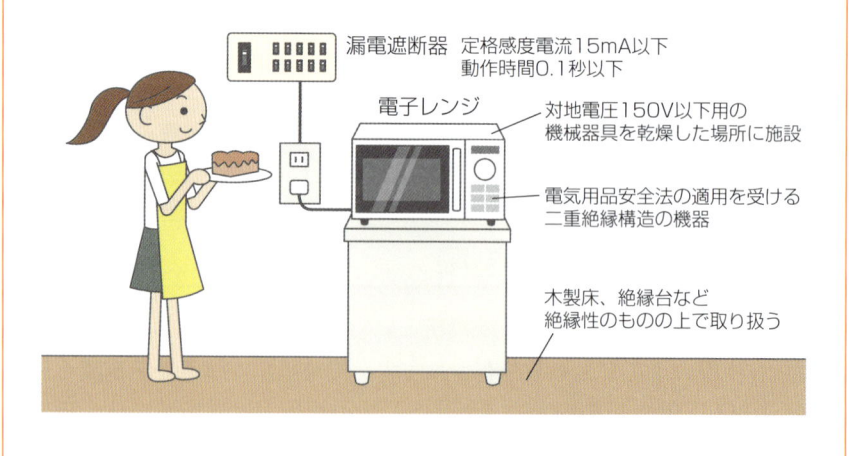

13 漏電遮断器の施設と省略

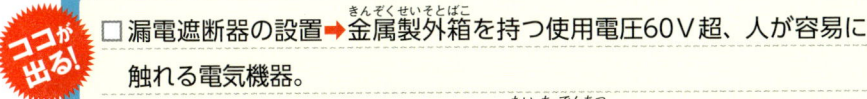

> **ココが出る!**
> - ☐ 漏電遮断器の設置 ➡ 金属製外箱を持つ使用電圧60V超、人が容易に触れる電気機器。
> - ☐ 漏電遮断機の省略 ➡ 乾燥した場所、対地電圧150V以下で水気のない場所に施設、二重絶縁構造の電気機器。

◆ 漏電遮断器の施設と省略の条件

漏電遮断器は、感電や電気火災などの災害を防止するために、電気機器から漏れ出た**地絡電流**を検出して電路を遮断する機器です。**金属製外箱**を有する使用電圧が**60V**を超える電気機器で、**人が容易に触れるもの**には漏電遮断器を設置しなくてはなりません。ただし、漏電遮断器を省略できる場合があります。

漏電災害を防ぐ装置

● 過負荷保護付漏電遮断器

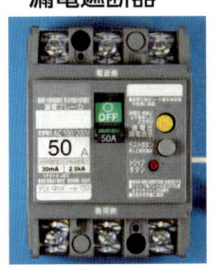

接地と漏電遮断器はセットで漏電災害を防いでいる。

漏電遮断器を省略できる条件

- ● 電気機器を**乾燥した場所**に施設する場合。
- ● **対地電圧150V以下**の電気器具を**水気のない場所**に施設する場合。
- ● 電気用品安全法の適用を受ける**二重絶縁構造**の電気機器を施設する場合。
- ● 電気機器に施工された接地工事の接地抵抗値が 3 Ω以下の場合。

よく出る過去問

問題 1

単相100Vの屋内配線工事における絶縁電線相互の接続で、不適切なものは。

イ. 絶縁電線の絶縁物と同等以上の絶縁効力のあるもので十分被覆した。
ロ. 電線の引張り強さが15％減少した。
ハ. 終端部分を圧着接続するのにリングスリーブE形を使用した。
ニ. 電線の電気抵抗が10％増加した。

問題 2

使用電圧100Vの屋内配線の施設場所による工事の種類として、適切なものは。

イ. 点検できない隠ぺい場所であって、乾燥した場所の金属線ぴ工事
ロ. 点検できる隠ぺい場所であって、湿気の多い場所の平形保護層工事
ハ. 点検できる隠ぺい場所であって、湿気の多い場所の金属ダクト工事
ニ. 点検できる隠ぺい場所であって、乾燥した場所のライティングダクト工事

問題 3

湿気の多い展開した場所の単相3線式100/200V屋内配線工事として、不適切なものは。

イ. 合成樹脂管工事
ロ. 金属ダクト工事
ハ. 金属管工事
ニ. ケーブル工事

問題 4

特殊場所とその場所に施工する低圧屋内配線工事の組み合わせで、不適切なものは。

イ. プロパンガスを他の小さな容器に小分けする場所…合成樹脂管工事
ロ. 小麦粉をふるい分けする粉じんのある場所…厚鋼電線管を使用した金属管工事
ハ. 石油を貯蔵する場所…厚鋼電線管で保護した600Vビニル絶縁ビニルシースケーブルを用いたケーブル工事
ニ. 自動車修理工場の吹き付け塗装作業を行う場所…厚鋼電線管を使用した金属管工事

解説

電線の電気抵抗が10%増加したことが不適切です。絶縁電線相互を接続する際に次のような条件が定められています。
①電線の電気抵抗を増加させない。
②電線の引張り強度を20％以上減少させない。
③接続部分には、接続器具を用いるか、ろう付けをする。
④接続部分を絶縁電線の絶縁物と同等以上の絶縁効果のあるもので十分被覆する（絶縁効力のある接続器を使用する場合を除く）。

ココを復習 P97　答え 二

解説

点検できる隠ぺい場所であって、乾燥した場所のライティングダクト工事が適切です。選択肢にある金属線ぴ工事、平形保護層工事、金属ダクト工事、ライティングダクト工事はいずれも点検できる隠ぺい場所で乾燥した場所でしか工事することができません。

ココを復習 P161　答え 二

解説

金属ダクト工事が不適切な屋内配線工事です。金属ダクト工事は点検できる隠ぺい場所や展開した場所で、乾燥した場所に施設できるとされており、湿気の多い場所で工事を行うことはできません。

ココを復習 P161　答え ロ

解説

プロパンガスは可燃性ガスに含まれるので、低圧屋内配線は金属管工事またはケーブル工事によって行わなければなりません。

ココを復習 P161　答え イ

よく出る過去問

問題 5

ケーブル工事による低圧屋内配線で、ケーブルがガス管と接近する場合の工事方法として「電気設備の技術基準の解釈」にはどのように記述されているか。

イ．ガス管と接触しないように施設すること。
ロ．ガス管と接触してもよい。
ハ．ガス管との離隔距離を10cm以上とすること。
ニ．ガス管との離隔距離を30cm以上とすること。

問題 6

単相3線式100/200V屋内配線工事で、不適切な工事方法は。ただし、使用する電線は600Vビニル絶縁電線、直径1.6mmとする。

イ．同じ径の硬質塩化ビニル電線管（VE）2本をTSカップリングで接続した。
ロ．合成樹脂可とう電線管（PF管）内に、電線の接続点を設けた。
ハ．合成樹脂可とう電線管（CD管）を直接コンクリートに埋め込んで施設した。
ニ．金属管を点検できない隠ぺい場所で使用した。

問題 7

低圧屋内配線の金属可とう電線管（2種金属製可とう電線管）工事で、不適切なものは。

イ．管とボックスとの接続にストレートボックスコネクタを使用した。
ロ．管の内側の曲げ半径を管の内径の6倍以上とした。
ハ．管内に屋外用ビニル絶縁電線（OW）を収めた。
ニ．管と金属管（鋼製電線管）との接続にコンビネーションカップリングを使用した。

問題 8

硬質塩化ビニル電線管による合成樹脂管工事として、不適切なものは。

イ．管相互及びボックスとの接続で、接着剤を使用したので、管の差込深さを外径の0.5倍とした。
ロ．管の直線部分はサドルを使用し、管を1m間隔で支持した。
ハ．湿気の多い場所に施設した管とボックスとの接続箇所に、防湿装置を施した。
ニ．三相200V配線で、簡易接触防護措置を施した管と接続する金属製プルボックスに、D種接地工事を施した。

解説
ガス管とケーブルは接触して施設してはならないことになっています。また、水道管や弱電流線などにも接触して施設してはいけません。

ココを復習 P164

答え **イ**

解説
合成樹脂可とう電線管（PF管）内に、電線の接続点を設けてはいけません。PF管以外でも合成樹脂管、金属管内で電線を接続してはならず、接続はボックス内で行わなければなりません。

ココを復習 P166〜171

答え **ロ**

解説
金属可とう電線管内に屋外用ビニル絶縁電線（OW）を収めて使用することは禁止されています。OW線は他にも金属管工事、合成樹脂管工事、金属線ぴ工事、各ダクト工事での使用が禁止されています。

ココを復習 P169

答え **ハ**

解説
硬質塩化ビニル電線管相互を接続する場合には、管の差込深さを管の外径の0.8倍以上とすることが定められています。また、接着剤を使用しない場合は1.2倍以上が必要となります。

ココを復習 P170・171

答え **イ**

筆記編 第5章 電気工事の施工方法

よく出る過去問

問題9

低圧の地中配線を直接埋設式により施設する場合に使用できるものは。

イ．屋外用ビニル絶縁電線（OW）
ロ．600Vビニル絶縁電線（IV）
ハ．引込用ビニル絶縁電線（DV）
ニ．600V架橋ポリエチレン絶縁ビニルシースケーブル（CV）

① ② ③

問題10

100Vの低圧屋内配線に、ビニル平形コード（断面積0.75mm^2）を絶縁性のある造営材に適当な留め具で取り付けて施設することができる場所又は箇所は。

イ．乾燥した場所に施設し、かつ、内部を乾燥状態で使用するショウウィンドウ内の外部から見えやすい個所
ロ．木造住宅の接触防護措置を施した点検できる押入れの壁面
ハ．木造住宅の接触防護措置を施した点検できる天井裏
ニ．乾燥状態で使用する台所の床下収納庫

① ② ③

問題11

簡易接触防護措置を施した（人が容易に触れるおそれがない）乾燥した場所に施設する低圧屋内配線工事で、D種接地工事を省略できないものは。

イ．三相3線式200Vの合成樹脂管工事に使用する金属製ボックス
ロ．単相100Vの埋込形蛍光灯器具の金属部分
ハ．単相100Vの電動機の鉄台
ニ．三相3線式200Vの金属管工事で、電線を収める管の全長が10mの金属管

① ② ③

問題12

単相3線式100/200Vの屋内配線工事で漏電遮断器を省略できないものは。

イ．簡易接触防護措置を施していない場所に施設するライティングダクトの電路
ロ．小勢力回路の電路
ハ．乾燥した場所の天井に取り付ける照明器具に電気を供給する電路
ニ．乾燥した場所に施設した、金属製外箱を有する使用電圧200Vの電動機に電気を供給する電路

① ② ③

解説

地中配線に使用できる電線はケーブルに限られています。OW線、IV線、DV線などは使用できません。

ココを復習 P165　答え ニ

解説

コードを造営材に触れるような状態で使用することは安全上望ましくありませんが、ショウウィンドウなどの場合は美観を保つことが必要になるため、例外的に乾燥した状態で外部から見やすいという条件のもとで使用が認められています。

ココを復習 P179　答え イ

解説

三相3線式200Vの金属管工事の場合、対地電圧が150Vを超えるので、管の長さが4m超の場合はD種接地工事を省略できません。
人が容易に触れるおそれのない場合なので、イとロとハはD種接地工事を省略できます。
「接地工事の省略ができないものは？」という問題は、P184のD種接地工事を省略できる場合、そして、P168の金属管の接地工事を省略できる場合を覚えておけば、ほぼ対応可能です。

ココを復習 P168・171・184　答え ニ

解説

ライティングダクトに簡易接触防護措置を施していない場合は、ダクトの導体に電気を供給する電路に漏電遮断器を施設することが義務づけられています。

ココを復習 P177　答え イ

おさらい一問一答

試験直前 10点UP!

▶ 次の問いに答えなさい。また [　] に入る語句を答えなさい。

Q 01 展開した場所、点検できる隠ぺい場所、点検できない隠ぺい場所、いずれでも工事ができるのは？	**A 01** 合成樹脂管工事（CD管以外） 金属管工事　ケーブル工事 2種金属可とう電線管（プリカチューブ）工事
Q 02 がいし引き工事では、電線と造営材との距離は［A］cm以上、支持点間の距離は［B］m以下。	**A 02** A……2.5 B……2
Q 03 ケーブル工事の支持点間の距離は［A］m以下が原則。接触防護措置を施した垂直配線では［B］m以下。	**A 03** A……2 B……6
Q 04 金属管工事で、金属管の長さが［A］m以下のものを［B］に施設する場合、接地工事を省略できる。	**A 04** A……4 B……乾燥した場所
Q 05 硬質塩化ビニル電線管の略称は［A］管。露出配管用合成樹脂製可とう電線管の略称は［B］管。	**A 05** A……VE B……PF
Q 06 金属線ぴ工事ができる場所は展開した［A］している場所と［B］できる隠ぺい場所。	**A 06** A……乾燥 B……点検
Q 07 金属ダクトの支持点間隔は［A］m以下。ライティングダクトの支持点間隔は［B］m以下。	**A 07** A……3 B……2
Q 08 D種接地工事は、［A］V以下の電気機器の金属架台や外箱の接地のことで、接地抵抗は［B］Ω以下。	**A 08** A……300 B……100

第6章 電気工作物の検査

1 電気設備竣工検査の流れ

- □ 竣工検査の流れ
  ①目視点検 ➡ ②絶縁抵抗測定 ➡ ③接地抵抗測定 ➡ ④導通試験。
- □ 竣工検査に用いる計器
  絶縁抵抗測定 ➡ 絶縁抵抗計（メガー）
  接地抵抗測定 ➡ 接地抵抗計（アーステスタ）
  導通試験 ➡ 回路計（テスタ）

ココが出る！

◆ 竣工検査とその手順

　電気工作物が新設された場合や変更された場合には**検査**が行われます。なかでも新たに設置された場合については、**竣工検査**が行われます。これは実際に電気工作物を作動させる前に、漏電による火災や感電などの危険がないか確認するためのものです。

　竣工検査は4つの手順を経て行われます。ただし、❷絶縁抵抗の測定と❸接地抵抗の測定の順序は逆でもかまいません。

ココ暗記

竣工検査の手順

1 目視による設備の点検
目視や触れてみるなどして、法にのっとって適切に工事されているかを確認する。

2 絶縁抵抗の測定
電路の絶縁が保持されているかを調べるため、絶縁抵抗計（メガー）によって電気工作物の絶縁抵抗を測定する。

3 接地抵抗の測定
接地の状態を調べるため、接地抵抗計（アーステスタ）によって電気工作物の接地抵抗を測定する。

4 導通試験
回路計（テスタ）などを使用して、配線が正しくつながっているかを調べる。

よく出る過去問 ➡ P206 問題1 問題2

2 絶縁抵抗の測定

ココが出る！
- ☐ 電路と大地の絶縁抵抗 ➡ 負荷をつないで計測。
- ☐ 電線間の絶縁抵抗 ➡ 負荷を取り外して計測。
- ☐ 使用電圧300V以下 ➡ 0.1MΩか0.2MΩ以上　300V超 ➡ 0.4MΩ以上

◆ 電路と大地の間の絶縁抵抗

　絶縁抵抗とは、電路と大地との間の絶縁性、また電路での各電線間の絶縁性を表す、つまり、「**電路から電流が漏れない性能**」の指標です。絶縁抵抗が低いと電路から電流が漏れ（漏電）、感電や火災などの原因となります。絶縁抵抗の値は**電気設備技術基準**（➡P219）によって定められており、試験では低圧電路での絶縁抵抗値が問われます。

　絶縁抵抗は**絶縁抵抗計**（**メガー**）で測定します。絶縁具合を測定する電路に**直流電圧**を与え、その電圧の値と漏洩した電流として検出される電流の値から**絶縁抵抗値**（単位[**MΩ**]）を求めます。

● **絶縁抵抗計（メガー）**

単位MΩが記されている

　屋内配線の電路と大地の間の絶縁抵抗は、分岐開閉器をオフにしてスイッチ類をすべてオン、負荷を使用している状態にして、メガーから電路に直流電圧をかけることで測定することができます。

電路と大地の間の絶縁抵抗の測定

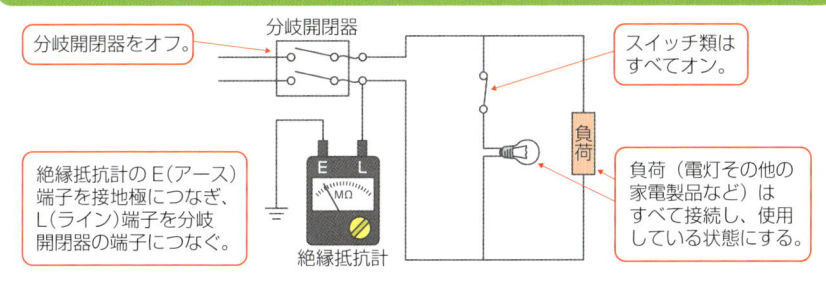

- 分岐開閉器をオフ。
- 分岐開閉器
- スイッチ類はすべてオン。
- 絶縁抵抗計のE（アース）端子を接地極につなぎ、L（ライン）端子を分岐開閉器の端子につなぐ。
- 絶縁抵抗計
- 負荷（電灯その他の家電製品など）はすべて接続し、使用している状態にする。

よく出る過去問 ➡ P208 問題5

◆ 電路の各電線間の絶縁抵抗

屋内配線の電路の各電線間の絶縁抵抗は、分岐開閉器をオフにしてスイッチ類をすべてオン、負荷を取り外して、メガーから電路に直流電圧をかけることで測定することができます。

電線間の絶縁抵抗の測定

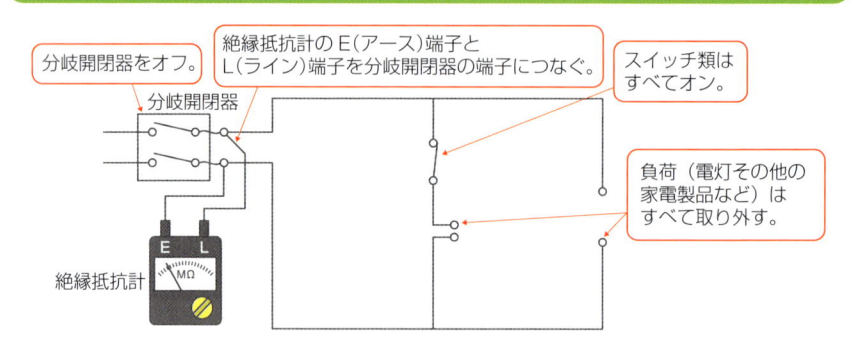

- 分岐開閉器をオフ。
- 絶縁抵抗計のE（アース）端子とL（ライン）端子を分岐開閉器の端子につなぐ。
- スイッチ類はすべてオン。
- 負荷（電灯その他の家電製品など）はすべて取り外す。
- 絶縁抵抗計

◆ 低圧電路の絶縁抵抗の下限値

低圧電路の絶縁抵抗の下限値は次の表のように定められています。

単相2線式100V配線と単相3線式100/200V配線（➡P59）の対地電圧は150V以下なので、絶縁抵抗値は0.1MΩ以上必要ということになります。三相3線式200V配線（➡P59）は対地電圧200Vで150Vを超えているので、絶縁抵抗値は0.2MΩ以上必要ということになります。

コレも覚える！

● 分岐開閉器をオフにすることができない場合は？

分岐回路を停電させることができない場合は、絶縁抵抗計による絶縁抵抗の測定はできない。この場合、低圧電路の漏えい電流を1mA以下に保つように定められているのでクランプメータなどで測定する（➡P202）。

低圧電路の絶縁抵抗の下限値

電路の使用電圧の区分		絶縁抵抗値
300V以下	対地電圧150V以下	0.1MΩ以上
	対地電圧150V超	0.2MΩ以上
300V超		0.4MΩ以上

ココ暗記

3 接地抵抗の測定

ココが出る!
- □ 300V超600V以下のC種接地工事 ➡ 接地抵抗10Ω以下。
- □ 300V以下のD種接地工事 ➡ 接地抵抗100Ω以下。
- □ 0.5秒以内に自動的に電路を遮断する装置付 ➡ 500Ω以下。

◆ 接地抵抗とその測定方法

　電気機器などと大地をつなぐことで、漏電が起きたときに電気を大地に逃がし、感電や火災などを防止するのが**接地**の役割です。しかし、大地と埋め込む接地電極の間にも多少の抵抗があり、これを**接地抵抗**といいます。有効に大地へ電気を逃がすために、この接地抵抗の値はなるべく小さくすることになっています。

　接地抵抗は**接地抵抗計（アーステスタ）**で測定します。

接地抵抗値の上限と測定方法

接地工事の種類	接地抵抗の上限	例外
C種接地工事（300V超、600V以下）	10Ω以下	地絡したときに0.5秒以内に自動的に電路を遮断する装置付の場合500Ω以下
D種接地工事（300V以下）	100Ω以下	

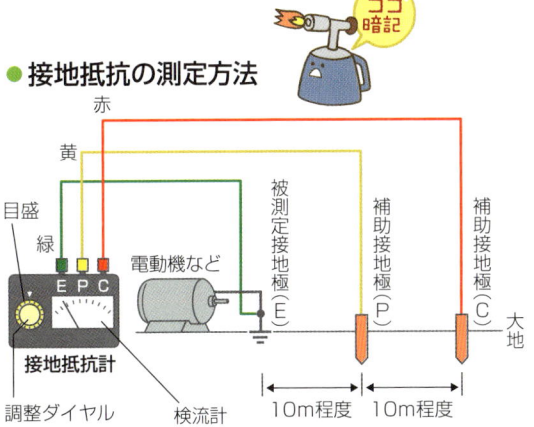

● 接地抵抗の測定方法

● 接地抵抗計（アーステスタ）

接地抵抗計　緑（E）黄（P）赤（C）

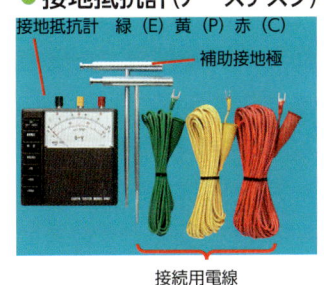

接続用電線
- 緑（E）…被測定接地極につなぐ
- 黄（P）…補助接地極につなぐ
- 赤（C）…補助接地極につなぐ

①スイッチを押してダイヤルを回す。
②検流計の針が中心を指したときのダイヤル目盛値を読む。
この値が小さいほど接地抵抗が小さく、効果的に大地に電気を流し、接地の役割を十分に果たしていることがわかる。

よく出る過去問 ➡ P208　問題6

4 電流・電圧・電力の測定

ココが出る!

- □ 負荷に対して　電流計➡直列に接続、電圧計➡並列に接続。
- □ 電流計の測定範囲を広げる分流器➡電流計に並列に接続。
- □ 電圧計の測定範囲を広げる倍率器➡電圧計に直列に接続。
- □ 変流器（CT）➡二次側を短絡させてから電流計を外す。
- □ 電力計の電流コイル➡負荷に直列、電圧コイル➡負荷に並列。
- □ 力率の測定➡電力計、電流計、電圧計の3つ。

◆ 電流計と電圧計

　負荷に流れる電流の測定に用いられるのが**電流計**で、記号はⒶです。電流計は負荷に**直列**に接続しますが、これは負荷に流れる電流と電流計に流れる電流を等しくして測定するためです。電流を測定する場合、負荷に流れる電流にできるだけ影響を与えないことが必要です。そのために、電流計の内部抵抗は通常の負荷に比べて十分に小さくなっています。

　負荷にかかる電圧の測定に用いられるのが**電圧計**で、記号はⓋです。電圧計は負荷に**並列**に接続し、負荷にかかる電圧と電圧計にかかる電圧を等しくして測定します。負荷に流れる電流にできるだけ影響を与えないことが必要なため、電圧計にできるだけ電流が流れないように、電圧計の内部抵抗は通常の負荷に比べて十分に大きくとってあります。

電流計と接続のしかた

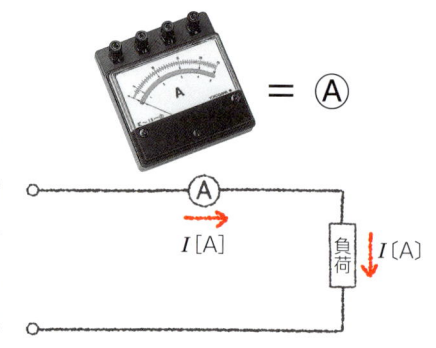

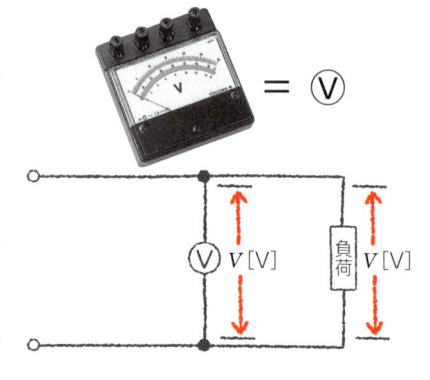

電圧計と接続のしかた

電流計や電圧計に抵抗を接続することで測定範囲を大きくすることができます。この抵抗のことを**抵抗器**といいます。抵抗器には、電流計につなぐ**分流器**と電圧計につなぐ**倍率器**があります。それぞれどのようなしくみで測定範囲が大きくなるのかをみていきましょう。

◆ 電流計につなぐ分流器

電流計と並列に接続して測定範囲を大きくする抵抗器が**分流器**です。回路全体の電流Iが抵抗の並列回路において分流するときは、分流先の各抵抗の逆比で分流します（➡P22）。

分流器と電流計のつなぎ方

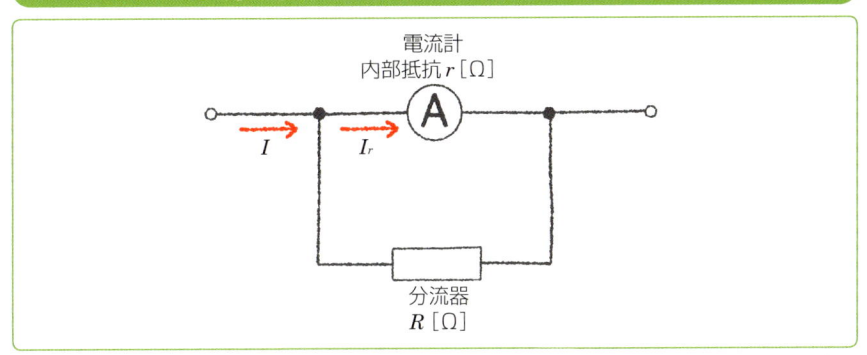

上図において電流計の内部抵抗をr、分流器の抵抗をRとすると、電流計を流れる電流I_rは

$$I_r = I \frac{R}{R+r}$$

となります。この式を変形すると次の式を導くことができます。これは電流計に流れるI_r（電流計の表示する電流値）を$1+\frac{r}{R}$倍することで回路を流れる電流Iの値を知ることができることを表しています。

● 分流器を接続して電流Iを求める

$$I = I_r \frac{R+r}{R} = I_r \left(1 + \frac{r}{R}\right)$$

I：回路を流れる電流 [A]
I_r：電流計に流れる電流 [A]
r：電流計の内部抵抗 [Ω]
R：分流器の抵抗 [Ω]

$1+\frac{r}{R}$ のことを**分流器の倍率**という。

◆ 電圧計につなぐ倍率器

電圧計と直列に接続して測定範囲を大きくする抵抗器が**倍率器**です。回路全体の電圧Vが抵抗の直列回路において分圧されるときは、各抵抗の比で分圧されます（➡P23）。

倍率器と電圧計のつなぎ方

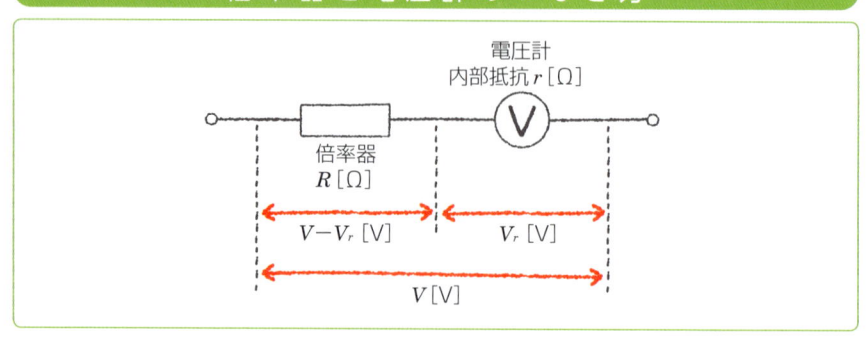

上図において電圧計の内部抵抗をr、倍率器の抵抗をRとすると、電圧計にかかる電圧V_rは

$$V_r = V \frac{r}{R+r}$$

となります。この式を変形すると次の式を導くことができます。これは電圧計にかかる電圧V_r（電圧計の表示する電圧値）を$1+\frac{R}{r}$倍することで回路全体の電圧Vの値を知ることができることを表しています。

> ●倍率器を接続して電圧Vを求める
>
> $$V = V_r \frac{R+r}{r} = V_r \left(1 + \frac{R}{r}\right)$$
>
> $\begin{pmatrix} V：回路全体の電圧 [V] \\ V_r：電圧計にかかる電圧 [V] \\ r：電圧計の内部抵抗 [Ω] \\ R：倍率器の抵抗 [Ω] \end{pmatrix}$
>
> 上式の$1+\frac{R}{r}$のことを**倍率器の倍率**という。

ココ暗記

◆ 変流器とは？

変流器（CT）は、変流のしくみを利用して、**大きな交流電流の測定**をするためのものです。次のページの図のように、変流器は鉄心に一次コイルと二次コイルを巻き付けた構造をしており、一次側の電流量に比例

した小電流を二次側に発生させます。この比率のことを**変流比**といい、二次側の電流計で測定した電流に変流比を掛けることで、一次側の電流値を求めることができます。

変流器と電流計のつなぎ方と外し方

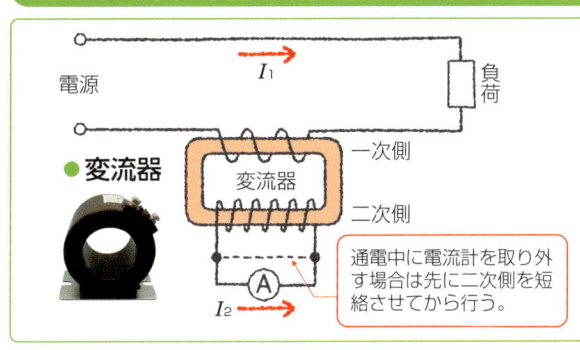

変流器は、使用中、つまり一次側に通電している最中に二次側を開放すると高電圧が発生して危険な状態になる。したがって、通電中に電流計を取り外すのは厳禁。必ず先に変流器の二次側を短絡（ショート）させてから電流計を取り外す。

通電中に電流計を取り外す場合は先に二次側を短絡させてから行う。

◆ 電力の測定

直流回路の電力は「電力＝電圧×電流」で求められます。したがって、電圧計と電流計を用いて電力を測定することができます。

交流回路の場合は、単相交流と三相交流によって測定器が異なります。試験によく出るのは単相交流を測定する**単相電力計**です。単相電力計は**電流コイル**（固定コイル）と**電圧コイル**（可動コイル）で構成されており、下図のように接続します。

● **交流電力の力率を測定するには？**

力率は次の式で求められる（→P40）。

$$力率 \cos\theta = \frac{P}{VI}$$

よって、**電力計**、**電圧計**、**電流計**での測定値によって力率を計算できる。

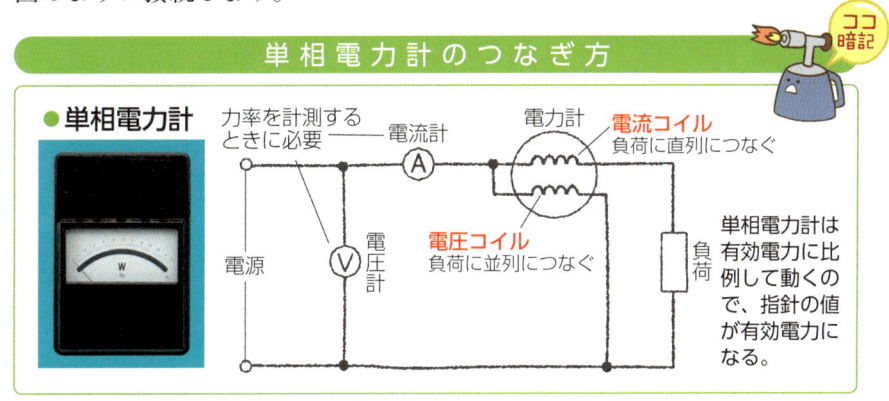

単相電力計のつなぎ方

- 力率を計測するときに必要 — 電流計
- **電流コイル** 負荷に直列につなぐ
- **電圧コイル** 負荷に並列につなぐ
- 単相電力計は有効電力に比例して動くので、指針の値が有効電力になる。

第6章 電気工作物の検査

5 回路計・クランプメータ・検電器

ココが出る!
- □ 回路計（テスタ）➡ 電路の通電状態の検査。
- □ クランプメータ➡ 負荷電流や漏れ電流の測定。負荷電流は1本をクランプ、漏れ電流はすべての線をクランプ。
- □ 検電器➡ 電路の充電状態の検査。電路の充電の有無はすべての相について確認。

◆ 回路計（テスタ）

回路計は、主に電路の通電状態などを調べるときに使用する測定器で、**テスタ**とも呼ばれます。直流の電流や電圧、交流の電圧や抵抗などを測定できます。

● 回路計（テスタ）

◆ クランプメータ（クランプ形漏れ電流計）

クランプメータ（**クランプ形漏れ電流計**）は、屋内配線の点検で**負荷電流**を測定するほか、電路以外に流れる**漏れ（漏えい）電流**を測定するのにも使用されます。

通常の電流計が電路をいったん開放して計器を接続するのに対し、クランプメータは電路の通電を保ったままで電流を測定できます。したがって、電路を停電して屋内配線の絶縁抵抗の測定を行うのが困難な場合、クランプメータでの漏えい電流の測定で絶縁性能を確認できます（➡P196）。

● クランプメータ

負荷電流の測定方法

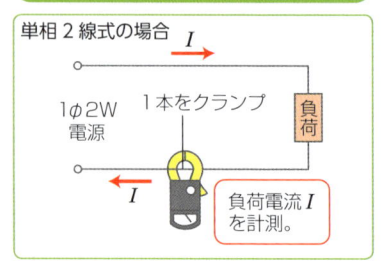

単相2線式の場合

1φ2W電源　1本をクランプ　負荷
負荷電流 I を計測。

よく出る過去問 ➡ P210 問題9

漏れ電流の測定方法

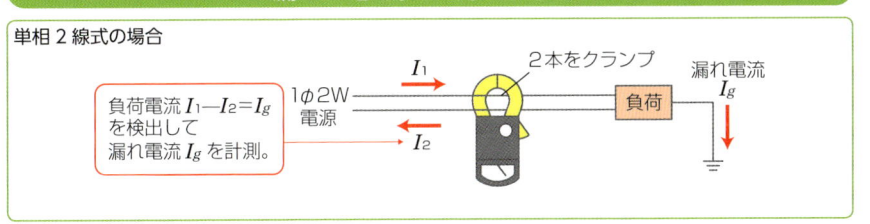

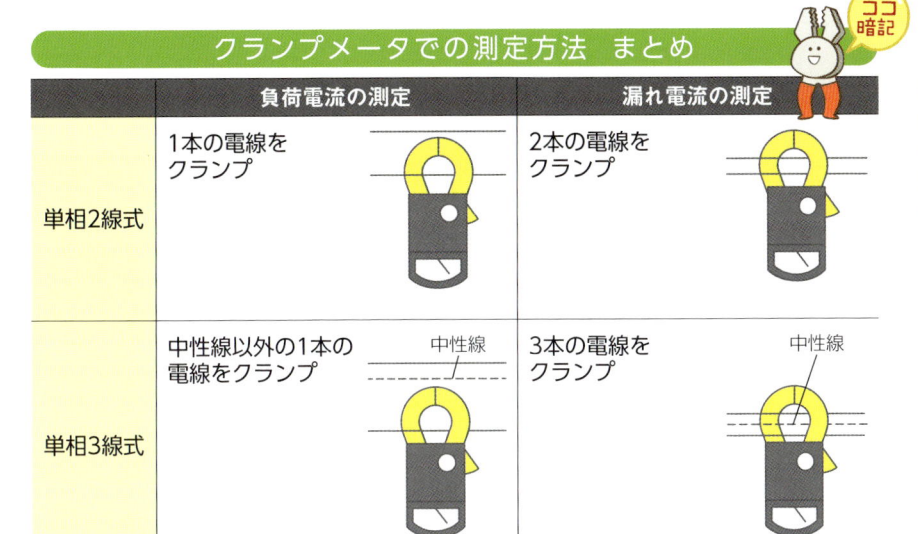

単相2線式の場合

負荷電流 $I_1 - I_2 = I_g$ を検出して漏れ電流 I_g を計測。

1φ2W電源 → 2本をクランプ → 負荷 → 漏れ電流 I_g

クランプメータでの測定方法 まとめ

	負荷電流の測定	漏れ電流の測定
単相2線式	1本の電線をクランプ	2本の電線をクランプ
単相3線式	中性線以外の1本の電線をクランプ	3本の電線をクランプ

ココ暗記

◆ 検電器

検電器は、電路の充電状態（電気が来ているかどうか）を調べたり、通電テストを行うために使用する計器です。検電器の先端を調べたいところに接触させて、ランプが点灯したり、音が出たりした場合は検電器が電圧を検知したことになります。

また、電路の充電の有無を検電器で確認するときは、**すべての相の電線を確認**する必要があります（1相だけでは充電の確認ができないため）。

● 検電器

ネオン式
充電部位に接触させるとネオンランプが発光するタイプ。

音響発光式
充電部位に接触させるとランプが発光し、ブザーが鳴るタイプ。

よく出る過去問 → P210 問題10 問題12

第6章 電気工作物の検査（筆記編）

6 各種計器の分類と記号

- □ 計器の記号
- === 直流
- ∼ 交流
- ⊥ 鉛直
- ⊓ 水平
- ⋒ 可動コイル形（直流用）
- ⊥ 可動鉄片形（交流用）
- ▷| 整流形（交流用）
- ⊙ 誘導形（交流用）

◆ 測定器の目盛

　ここでは実際の測定器の目盛の読み方をみていきます。下の図は電圧計の目盛です。測定する目盛のほかにさまざまな記号が入っていることがわかります。

電圧計の目盛の例

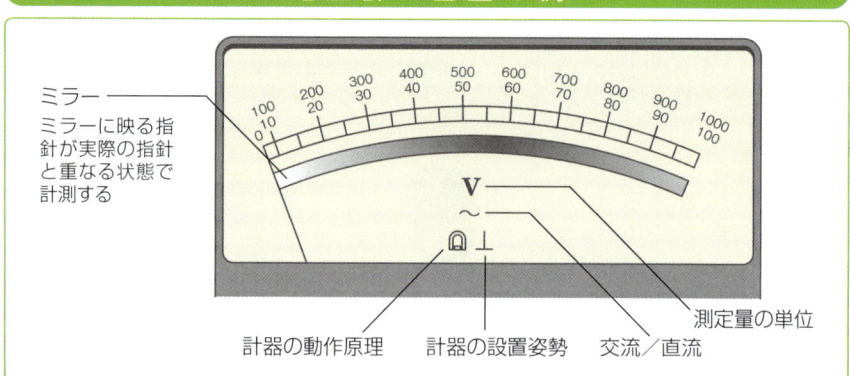

- ミラー：ミラーに映る指針が実際の指針と重なる状態で計測する
- 計器の動作原理
- 計器の設置姿勢
- 交流／直流
- 測定量の単位

この計器が直流用なのか交流用なのかは記号で表される。図の目盛にある「∼」は交流を表す。また、測定量の記号は単位の記号になっている。

交流／直流の記号

直流／交流	記号
直流	===
交流	∼
直流・交流両用	≈

測定量の記号

測定量	記号	測定量	記号
電流	A	周波数	Hz
電圧	V	抵抗	Ω
電力	W	照度	lx

左ページの目盛にもあるとおり、測定器にはそれを設置する姿勢を指示してあるものがあります。正しい数値を導き出すためのものなので、設置姿勢の記号も覚えておきましょう。

設置姿勢

設置姿勢	記号
鉛直	⊥
水平	⊓
傾斜（60°の例）	∠60°

◆ 動作原理による分類と記号

さまざまな計器類は動作原理によって用途や使える回路が決まっています。測定器にはその記号も表記されています。

動作原理による分類と使用回路
（赤文字の記号は試験によく出題される）

動作原理	記号	使用回路	特徴
可動コイル形	(馬蹄形記号)	直流用	直流回路の電流・電圧の測定に広く使われる。
可動鉄片形	(ジグザグ記号)	交流用	交流回路の電流・電圧の測定に広く使われる。
電流力計形	(コイル記号)	直交両用	交流・直流兼用で精度が高い。
整流形	(ダイオード記号)	交流用	ダイオードで交流を整流して（直流にして）、可動コイル形の計器で指示する。
熱電形	(熱電対記号)	直交両用	直流から高周波までの電圧計、電流計に用いられる。
静電形	(コンデンサ記号)	直交両用	高電圧・高周波の電圧計に用いられる。
誘導形	(円形記号)	交流用	交流電力量計としてよく用いられる。

よく出る過去問 → P208 問題7

よく出る過去問

問題 1

一般用電気工作物の低圧屋内配線工事が完了したときの検査で、一般に行われていないものは。

イ．絶縁耐力試験
ロ．接地抵抗の測定
ハ．絶縁抵抗の測定
ニ．目視点検

問題 2

導通試験の目的として、誤っているものは。

イ．充電の有無を確認する。
ロ．器具の結線の未接続を発見する。
ハ．回路の接続の正誤を判別する。
ニ．電線の断線を発見する。

問題 3

単相3線式100/200Vの屋内配線において、開閉器又は過電流遮断器で区切ることができる電路ごとの絶縁抵抗の最小値として、「電気設備に関する技術基準を定める省令」に規定されている値［MΩ］の組合せで、正しいものは。

イ．電路と大地間　0.2　　電線相互間　0.4
ロ．電路と大地間　0.2　　電線相互間　0.2
ハ．電路と大地間　0.1　　電線相互間　0.2
ニ．電路と大地間　0.1　　電線相互間　0.1

問題 4

低圧屋内配線の絶縁抵抗測定を行いたいが、その電路を停電して測定することが困難なため、漏えい電流により絶縁性能を確認した。［電気設備の技術基準の解釈］に定める絶縁性能を有していると判断できる漏えい電流の最大値［mA］は。

イ．0.1　　ロ．0.2　　ハ．0.4　　ニ．1.0

解説

低圧屋内配線工事が完了したとき、絶縁耐力試験は行いません。一般用電気工作物の低圧屋内配線では、①目視点検、②絶縁抵抗測定、③接地抵抗測定、④導通試験が行われます（②と③の順は逆でもよい）。

ココを復習 P194　答え イ

解説

充電の有無を確認するのは導通試験の目的ではありません。導通試験は回路計を用いて回路の接続が正しく行われているか、未接続はないか、電線が切れていないかなどを確かめるための試験です。

ココを復習 P194　答え イ

解説

単相3線式100/200Vの屋内配線では、使用電圧は表記のとおり100/200Vですから300V以下に該当します。また、対地電圧は100Vになるので150V以下に該当します。したがって、電路と大地の間も、電線相互の間も絶縁抵抗値は0.1MΩ以上となります。

ココを復習 P196　答え ニ

解説

停電して絶縁抵抗値の測定を行うことが困難なときは使用電圧が加わった状況での漏えい電流が1.0mA以下であればよいとされています。

ココを復習 P196　答え ニ

よく出る過去問

問題 5
絶縁抵抗計（電池内蔵）に関する記述として、誤っているものは。
イ．絶縁抵抗計には、ディジタル形と指針形（アナログ形）がある。
ロ．絶縁抵抗計の定格測定電圧（出力電圧）は、交流電圧である。
ハ．絶縁抵抗測定の前には、絶縁抵抗計の電池容量が正常であることを確認する。
ニ．電子機器が接続された回路の絶縁測定を行う場合は、機器等を損傷させない適正な定格測定電圧を選定する。

問題 6
直読式接地抵抗計を用いて、接地抵抗を測定する場合、被測定接地極Eに対する、2つの補助接地極P（電圧用）及びC（電流用）の配置として、最も適切なものは。

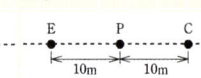

イ．　　　　ロ．　　　　　　ハ．　　　　　　　ニ．
（図）

問題 7
計器の目盛板に図のような表示記号があった。この計器の動作原理を示す種類と測定できる回路で、正しいものは。

イ．誘導形で交流回路に用いる。
ロ．電流力計形で交流回路に用いる。
ハ．整流形で直流回路に用いる。
ニ．熱電形で直流回路に用いる。

問題 8
交流回路で単相負荷の力率を求める場合、必要な測定器の組合せとして、正しいのは。

イ．電圧計　　回路計　　周波数計
ロ．電圧計　　周波数計　漏れ電流計
ハ．電圧計　　電流計　　電力計
ニ．周波数計　電流計　　回路計

解説

絶縁抵抗計は、絶縁具合を測定する電路に直流電圧を与えて、その電圧の値と漏えいした電流として検出される電流の値から絶縁抵抗値を求める測定器です。したがって、ロにある絶縁抵抗計の定格測定電圧（出力電圧）は、交流電圧であるという記述は誤りで、定格測定電圧は直流電圧です。

ココを復習 P195　　答え　ロ

解説

直読式接地抵抗計を用いて測定する際は、被測定接地極Eに対して10mほど離して補助接地極P（電圧用）を設置し、そこからまた10mほど離してC（電流用）を直線上に設置します。

ココを復習 P197　　答え　ニ

解説

この図記号は誘導形を表しています。交流電力量計としてよく用いられます。

ココを復習 P205　　答え　イ

解説

力率$\cos\theta$は電圧、電流、消費電力がわかれば$\cos\theta = \dfrac{P}{VI}$から求められます。したがって、電圧計、電流計、電力計が必要となります。

ココを復習 P201　　答え　ハ

よく出る過去問

問題 9

一般に使用される回路計（テスタ）によって測定できないものは。

イ．交流電圧
ロ．回路抵抗
ハ．漏れ電流
ニ．直流電圧

問題 10

単相3線式回路の漏れ電流の有無を、クランプ形漏れ電流計を用いて測定する場合の測定方法として、正しいものは。
ただし、▱は中性線を示す。

イ． ロ． ハ． ニ．

問題 11

変流器（CT）の用途として、正しいものは。

イ．交流を直流に変換する。
ロ．交流の周波数を変える。
ハ．交流電圧計の測定範囲を拡大する。
ニ．交流電流計の測定範囲を拡大する。

問題 12

低圧電路で使用する測定器とその用途の組合せとして、正しいものは。

イ．検電器　と　電路の充電の有無の確認
ロ．検相器　と　電動機の回転速度の測定
ハ．回路計　と　絶縁抵抗の測定
ニ．回転計　と　三相回路の相順（相回転）の確認

解説

テスタは電路の通電状態を調べるときに使用する測定器で、交流電圧、直流電圧、回路抵抗、直流電流を調べることができますが、漏れ電流は一般に使用される回路計では測定できません。漏れ電流はクランプメータで計測します。

ココを復習 P202　答え ハ

解説

クランプ形漏れ電流計で単相3線式の漏れ電流を測定するにはニのように3本の電線をクランプに入れるようにします。ちなみに、負荷電流の測定をする際はイのように中性線以外の1本の電線を入れるようにします。

ココを復習 P203　答え ニ

解説

変流器（CT）は、交流電流計に接続して、変流のしくみを利用し、一次側の電流を二次側で小さくして大きな交流電流の測定を可能にする機器です。

ココを復習 P200・201　答え ニ

解説

検電器は、電路の充電状態を調べたり、簡単な通電テストを行うために使用する計器です。
検相器は三相回路の相順（相回転）を確かめるためのものです（⇒P123）。回路計（テスタ）は電圧や抵抗、交流電流などを調べるもの、回転計は電動機の回転速度をはかるものです。

ココを復習 P202・203　答え イ

試験直前 10点UP! おさらい一問一答

▶ 次の問いに答えなさい。また [ ] に入る語句を答えなさい。

Q01
竣工検査の手順
① [A] 点検→② [B] 測定→
③ [C] 測定→④ [D] 試験。

A01
A……目視　B……絶縁抵抗
C……接地抵抗　D……導通
（BとCは逆でもOK）

Q02
絶縁抵抗の測定では、電路と大地間の絶縁抵抗は負荷を [A] 計測する。電路と電路の間の測定は負荷を [B] 計測する。

A02
A……つないで
B……取り外して

Q03
使用電圧300V以下の低圧電路の絶縁抵抗の下限値
対地電圧150V以下の場合 [A] MΩ以上
対地電圧150V超の場合　 [B] MΩ以上

A03
A……0.1
B……0.2

Q04
接地抵抗の上限値は、C種接地工事 [A] Ω以下、D種接地工事 [B] Ω以下。ただし、地絡時、0.5秒以内に自動的に電路を遮断する装置付きの場合は [C] Ω以下

A04
A……10
B……100
C……500

Q05
電流計の測定範囲を広げる [A] は電流計に [B] に接続する。電圧計の測定範囲を広げる [C] は電圧計に [D] に接続する。

A05
A……分流器　B……並列
C……倍率器　D……直列

Q06
単相電力計の電流コイルは回路の負荷に対して [A] に接続し、電圧コイルは負荷に対して [B] に接続する。

A06
A……直列
B……並列

Q07
クランプメータで単相2線式の電路の負荷電流を測定するには [A] 本の電線をクランプし、漏れ電流を測定するには [B] 本の電線をクランプする。

A07
A……1
B……2

Q08
測定器にあった次の記号の意味は？

A08
左から
「交流回路で使用」
「鉛直姿勢での設置」
「動作原理は可動鉄片形」

第7章 一般用電気工作物の保安に関する法令

1 電気工事に関わる法律

ココが出る!
- 電気保安4法➡電気事業法、電気工事士法、電気用品安全法、電気工事業法。
- 試験に出題される「電気設備技術基準」は電気事業法に基づく省令。

◆ 電気保安4法とは?

　電気工事に関わる法律で覚えておくべきものは**電気事業法、電気工事士法、電気用品安全法、電気工事業法**の4つです。これらをまとめて**電気保安4法**といいます。この4つの法律が「どのような段階」で「どんな内容を対象にするのか」を下の図にまとめました。

電気保安4法が規制すること

段階	適用される法律	規制する対象
①製造段階 (部品材料の製造・輸入・販売)	電気用品安全法	●電線や配線器具など電気用品の製造や販売を規制 ●製造業者や輸入業者に対する規制
②工事段階	電気工事士法 電気工事業法	●竣工検査に係る ●電気工事従業者や電気工事業者に対する規制
③維持・運用段階	電気事業法 (「電気設備技術基準」(➡P219) はこの法律に基づく省令)	●定期検査に係る ●一般家庭、電気事業者(電力会社) などに対する規制

2 電気事業法

ココが出る!
- 一般用電気工作物 ➡ 600V以下の低圧受電設備、小出力発電設備。
- 小出力発電設備の出力条件 ➡ 太陽光50kW未満、風力・水力20kW未満、内燃力・燃料電池10kW未満、合計出力50kW未満。
- 自家用電気工作物 ➡ 600V超高圧受電設備で、小出力以外の発電設備。

◆ 電気事業法と電気工作物の区分

電気事業法は、電気事業の許認可・保安に関するほか、電気工作物の区分について規定しています。**電気工作物**とは、電気事業者と一般家庭が使用する電気設備や電気機器、器具などのことです。発電所や変電所、工場など大規模なものから屋内配線、家庭内の電気使用設備などまで多くの種類があります。ここでは試験の範囲にあたる**一般用電気工作物**と**自家用電気工作物**の区分を覚えておきましょう。

電気工作物の区分

電気工作物

- **一般用電気工作物**
  - ①**600V以下の低圧で受電**する一般家庭や小規模なビルや工場などの電気設備
  - ②上の電気工作物と同じ構内にある**小出力発電設備**

設備	出力
太陽電池発電設備	50kW未満
風力発電設備	20kW未満
水力発電設備（ダムは除く）	
内燃力発電設備	10kW未満
燃料電池発電設備	
以上の設備を複数設置	合計50kW未満

- **事業用電気工作物**
  - **自家用電気工作物**
    - ①**600V超の高圧で受電**するビルや工場などの電気設備
    - ②**小出力発電設備以外**の発電設備
    - ③構外の施設にわたる電線路を有する電気設備
  - **電気事業用の電気工作物**
    - 発電所、変電所、送電施設など

ココ暗記

よく出る過去問 ➡ P224 問題1 問題2

3 電気工事士法

- □ 電気工事士法の目的 ➡ 電気工事の欠陥による災害の発生の防止。規定する2つの事項。①電気工事士の義務、②電気工事士ができる工事の種類。
- □ 電気工事士の義務 ➡ 「電気設備技術基準」に適合した作業を行う。「電気用品安全法」に適合した電気用品を使用する。
- □ 法律に違反したら ➡ 電気工事士免状の返納。命じるのは都道府県知事。

◆ 電気工事士法とは？

電気工事士法は、電気工事の作業に従事する者（電気工事士）の資格と義務を定めており、**電気工事の欠陥による災害の発生の防止**を目的としています。

電気工事士には**第一種電気工事士**と**第二種電気工事士**があり、行うことができる工事などに違いがあります。

電気工事士の行うことのできる工事の範囲

必要な資格の種類	一般用電気工作物の工事	500kW未満の自家用電気工作物の工事	
		特殊電気工事	簡易電気工事
第一種電気工事士	○	○	×	○
第二種電気工事士	○	×	×	×
特種電気工事資格者*	×	×	○	×
認定電気工事従業者**	×	×	×	○

*特種電気工事資格者は、500kW未満の自家用電気工作物の工事の中で、ネオン工事と非常用予備発電装置の工事が行える資格のこと。
**認定電気工事従業者は、自家用電気工作物のうち、簡易電気工事（低圧部分＝600V以下）の工事を行える資格のこと。

◆ 電気工事士の義務

電気工事士法には、次のような電気工事士の義務が定められています。

電気工事士の義務

- 電気工事の作業は、電気設備技術基準に適合するように作業する。
- 電気工事の作業を行うときは、電気工事士免状を携帯する。
- 電気用品安全法に適合した電気用品を使用する。

◆ 電気工事士でなければできない作業

電気工事士法の下位法である**電気工事士法施行規則**には、電気工事士でないとできない作業が規定されています。ただし、電気工事士の作業を補助する場合は電気工事士の資格は不要です。

電気工事士でなければできない作業

――― : 過去に出題された内容

① 電線相互を接続する作業。
② がいしに電線を取り付ける（取り外す）作業。
③ 造営材などに直接電線を取り付ける（取り外す）作業。
④ 電線管、線ぴ、ダクトなどに電線を収める作業。
⑤ 造営材などに配線器具を取り付ける（取り外す）作業、またはこれに電線を接続する作業。
⑥ 電線管の曲げ、ねじ切り、電線管相互の接続、電線管とボックスを接続する作業。
⑦ 金属製のボックスを造営材などに取り付ける（取り外す）作業。
⑧ 電線、電線管、線ぴ、ダクトなどが造営材を貫通する部分に金属製の防護装置を取り付ける（取り外す）作業。
⑨ 金属製の電線管、線ぴ、ダクトなどを建造物のメタルラス張り、ワイヤラス張り、金属板張りの部分に取り付ける（取り外す）作業。
⑩ 配電盤を造営材に取り付ける（取り外す）作業。
⑪ 接地線を自家用電気工作物（600V以下で使用する電気機器を除く）に取り付け（取り外し）、接地線相互もしくは接地線と接地極とを接続、または接地極を地面に埋設する作業。
⑫ 使用電圧600V超の電気機器に電線を接続する作業。

よく出る過去問 → P224 問題4 P226 問題5

◆ 電気工事士でなくても可能な軽微な作業

電気工事士法施行規則には、電気工事士の資格がなくてもできる軽微(けいび)な作業が規定されています。

電気工事士でなくても可能な軽微な作業

――――：過去に出題された内容

① 使用電圧600V以下の接続器、開閉器(かいへいき)にコードやキャブタイヤケーブルを接続する作業。
② 使用電圧600V以下の電気機器や蓄電池(ちくでんち)の端子への電線のねじ止め作業。
③ 使用電圧600V以下の電力量計、電流制限器(アンペアブレーカ)、ヒューズを取り付ける(取り外す)作業。
④ 電鈴(ベル)、インターホン、火災報知器、豆電球などに使う小型変圧器の二次側(36V以下)への配線作業。
⑤ 電線を支持する柱、腕木(うでぎ)などを設置する作業。
⑥ 地中電線用の暗きょや管を設置する作業。

◆ 電気工事士免状の交付と返納

電気工事士免状の交付や返納については、次のような規定があります。

電気工事士の免状に関する規定

ココ暗記

- **免状の交付** → 都道府県知事に交付を申請する。
- **免状の再交付** → 紛失(ふんしつ)・汚損(おそん)したときは再交付を申請する。
- **免状の書換え** → 免状の記載事項に変更があった場合は書換えを申請する。
  ＊住所の変更は書換えを必要としない。
- **免状の返納(へんのう)** → 都道府県知事は電気工事士が法令に違反した場合、返納を命じることができる。

- ○○○第○○○○○号 ── 交付番号
- 第○種電気工事士免状
  - 氏　名　○○　○○
  - 生年月日　平成○年○月○日
  - 平成○年○月○日交付
  - ○○○知事
  - ○○県知事印 ── 交付した都道府県知事の印

攻略のコツ　電気工事士でなければできない作業、電気工事士でなくてもできる作業はこの項にある内容を覚えるより、過去問題を解いて覚えたほうが手っ取り早い。

4 電気設備技術基準・解釈

ココが出る!

- ☐ 交流電圧の区分 ➡ 低圧600V以下、高圧600V超7000V以下。
- ☐ 直流電圧の区分 ➡ 低圧750V以下、高圧750V超7000V以下。
- ☐ 住宅屋内電路の対地電圧 ➡ 150V以下が原則。
- ☐ 定格消費電力2kW以上の電気機械器具で対地電圧を300V以下にできる条件 ➡ 使用電圧300V以下、簡易接触防護措置の施設、専用の開閉器・過電流遮断器の施設、漏電遮断器の施設。

◆ 電気設備技術基準とは?

電気設備の保安を確保・維持するために省令に定められた技術基準が**電気設備技術基準**です。また、この基準に適合させるための具体的な数値などを定めた基準に**電気設備の技術基準の解釈**があります。

電気工事士はこれらの基準に適合させて電気工事を実施しなければなりません。

◆ 電圧の区分

電気設備技術基準では、電圧を**低圧**、**高圧**、**特別高圧**の3種類に区分しています。

電圧の区分

電圧の種別	交流	直流
低圧	600V以下	750V以下
高圧	600V超　7000V以下	750V超　7000V以下
特別高圧	7000V超	

よく出る過去問 ➡ P226 問題6

◆ 住宅の屋内電路の対地電圧の制限

　屋内に施設する電気設備は人と密接な関係にあり、感電や火災などの危険が多いので、その施設については特に厳重に規制する必要があります。

　そういった考えから電気設備技術基準では、住宅の屋内電路の対地電圧（電線と大地との間の電圧）について制限しています。原則として、住宅の屋内電路の対地電圧は**150V以下**にしなければなりません。単相2線式100V、単相3線式100/200V配線がこの制限に該当します。

　ただし、定格消費電力が**2kW以上**の電気機械器具を接続する場合は、例外的に対地電圧を**300V以下**にすることができます。この場合、次の条件を満たしている必要があります。

定格消費電力2kW以上の電気機械器具で対地電圧を300V以下にできる条件

―――：過去に出題された内容

①電気機械器具の使用電圧は300V以下であること。
②電気機械器具に簡易接触防護措置を施すこと。
③電気機械器具は屋内配線と直接接続し、その電気機械器具のみに電気を供給するものであること。（コンセントの使用は不可）
④電気機械器具に電気を供給する電路に専用の開閉器と過電流遮断器を施設すること。
⑤漏電遮断器を施設すること。

　たとえば、三相200V電路は対地電圧150V以下の規定を超えていますが、定格消費電力2kW以上の大型冷暖房機器、温水器などは、上記の条件を満たせば、使用することができます。

● 電気設備技術基準とその解釈

「電気設備技術基準」（略して**電技基準**）は、正確には「電気設備に関する技術基準を定める省令」といい、電気事業法に基づいた電気工作物の技術基準を定める通商産業省（現・経済産業省）令です。

　また、電気設備技術基準の解釈（略して**電技解釈**）とは、電技基準の技術的な内容をできるだけ具体的に示したものです。

　本書での電気工事に関する基準は、電技基準や電技解釈に基づいたものがいくつもあります。これらは時々改訂されるため、そのたびに新たに出題される内容、また出題されなくなる内容が出てくる場合があります。

5 電気用品安全法

ココが出る！

- ☐ 特定電気用品の適合表示マーク ➡ ◇PS/E◇ あるいは 〈PS〉E
- ☐ 特定電気用品以外の適合表示マーク ➡ (PS/E) あるいは (PS) E

◆ 電気用品安全法と適合表示マーク

　電気用品安全法は、電線や配線器具など電気用品の製造や販売について規制して、電気用品による危険を防止するための法律です。これらの製造や販売、輸入などは**経済産業大臣**への届出が必要です。

　なお、電気用品のうち、特に危険または障害の発生するおそれがあるものを**特定電気用品**といい、検査機関による適合検査を受けなければなりません。そして、合格した場合は下の表にある**適合表示マーク**が付けられます。なお、承認された電気用品には、このマーク以外に、**届出事業者名、登録検査機関名、定格電圧・定格電流**を表示します。

適合マーク

	種類	内容
特定電気用品 適合表示マーク ◇PS/E◇ または 〈PS〉E	電線 (定格電圧 100〜600V)	●絶縁電線：公称断面積100mm²以下 ●ケーブル：公称断面積22mm²以下、心線7本以下 ●コード類 ●キャブタイヤケーブル：公称断面積100mm²以下、芯線7本以下
	配線器具 (定格電圧 100〜300V)	●ヒューズ：定格電流1〜200A ●スイッチ：定格電流30A以下 ●開閉器、配線用遮断器、漏電遮断器：定格電流100A以下 ●接続器：定格電流50A以下 ●小型単相変圧器：定格容量500VA以下　など ●蛍光灯用安定器：定格消費電力500W以下
特定電気用品以外の電気用品 適合表示マーク (PS/E) または (PS) E	電線・配線器具	●蛍光ランプ ●電線管（金属製電線管、可とう電線管など） ●換気扇 ●ケーブル配線用スイッチボックス など

ココ暗記

よく出る過去問 ➡ P228 問題9 問題10

6 電気工事業法

ココが出る!
- □ 1つの都道府県に営業所あり ➡ 都道府県知事に登録申請。
- □ 2つ以上の都道府県に営業所あり ➡ 経済産業大臣に登録申請。
- □ 主任電気工事士になれる人 ➡ 第一種電気工事士か実務経験3年以上の第二種電気工事士。
- □ 帳簿 ➡ 営業所ごとに設置し、5年間保存。

◆ 電気工事業者の登録と通知

電気工事業法は、正式には、「電気工事業の業務の適正化に関する法律」といいます。電気工事業を営む者の登録や業務の規制を行うことで、適切な業務の実施、電気工作物の保安の確保を目的とした法律です。

電気工事業を行うには**登録電気工事業者**として、定められた役所に登録しなければなりません。この工事業者は電気工事会社を経営する者であって、必ずしも電気工事士である必要はありません。

ココ暗記

電気工事業者の登録申請

登録の申請先		登録の有効期間	登録の廃止や変更
2つ以上の都道府県に営業所がある場合	経済産業大臣の登録を受ける	5年 (満了後に更新の登録を受ける必要あり)	30日以内に登録申請先に届け出る
1つの都道府県に営業所がある場合	都道府県知事の登録を受ける		

◆ 電気工事業者の義務

電気工事業者には次のような義務が定められています。

● **義務1** 主任電気工事士を営業所ごとに置く

電気工事業者は営業所ごとに資格のある**主任電気工事士**を置かなければなりません。主任電気工事士は、一般用電気工事による危険や障害が発生しないように、工事作業の管理を行うことになっています。

よく出る過去問 ➡ P228 問題11

主任電気工事士になれる者

- 第一種電気工事士
- 第二種電気工事士で3年以上の実務経験がある者

● **義務 2** 測定器具の常備義務

一般用電気工事を行う電気工事業者は、営業所ごとに絶縁抵抗計、接地抵抗計、回路計を備えなければなりません。

● **義務 3** 標識を掲示する

電気工事業者は、営業所および電気工事の施工場所ごとに、その見やすい場所に下の事項が記載された**標識**を掲示しなければなりません。

標識の記載事項

- 氏名または名称
- 登録番号
- その他経済産業省令で定める事項

登録電気工事業者登録票	
登 録 先	県知事登録第　　号
登録の年月日	平成　年　月　日
氏 名 又 は 名 称	
代 表 者 の 氏 名	
営 業 所 の 名 称	
電気工事の種類	一般用電気工作物・自家用電気工作物
主任電気工事士等の氏名	

● **義務 4** 帳簿の記載、保存義務

電気工事業者は、その**営業所ごとに帳簿を備え、保存**する義務があります。帳簿は、簡単にいえば、電気工事の工事内容をまとめたものです。帳簿は**5年間**保存する必要があります。

帳簿の記載事項

- 注文者の氏名と住所
- 電気工事の種類と施工場所
- 施工年月日
- 主任電気工事士および作業者の氏名
- 配線図
- 検査結果

よく出る過去問

問題1 一般用電気工作物に関する記述として、正しいものは。

イ. 低圧で受電するものは、出力25kWの非常用内燃力発電装置を同一構内に施設しても一般用電気工作物となる。
ロ. 低圧で受電するものは、小出力発電設備を同一構内に施設しても、一般用電気工作物となる。
ハ. 高圧で受電するものであっても、需要場所の業種によっては、一般用電気工作物になる場合がある。
ニ. 高圧で受電するものは、受電電力の容量、需要場所の業種に関わらず、すべて一般用電気工作物となる。

問題2 一般用電気工作物の適用を受けるものは。
ただし、発電設備は電圧600V以下で、1構内に設置するものとする。

イ. 低圧受電で、受電電力30kW、出力15kWの太陽電池発電施設を備えた幼稚園
ロ. 低圧受電で、受電電力30kW、出力20kWの非常用内燃力発電設備を備えた映画館
ハ. 低圧受電で、受電電力30kW、出力40kWの太陽電池発電設備と電気的に接続した出力15kWの風力発電設備を備えた農園
ニ. 高圧受電で、受電電力50kWの機械工場

問題3 電気工事士法において、第二種電気工事士免状の交付を受けている者であってもできない工事は。

イ. 一般用電気工作物の接地工事
ロ. 一般用電気工作物のネオン工事
ハ. 自家用電気工作物（500kW未満の需要設備）の非常用予備発電設備
ニ. 自家用電気工作物（500kW未満の需要設備）の地中電線用の管の設置工事

問題4 電気工事士法において、一般用電気工作物の作業で、電気工事士でなければ従事できない作業は。

イ. インターホーンの施設に使用する小型変圧器（二次電圧36V以下）の二次側配線工事の作業。
ロ. 電線を支持する柱、腕木を設置する作業。
ハ. 電線管をねじ切りし、電線管とボックスを接続する作業。
ニ. 電力量計の取り付け作業。

解説

低圧で受電するものは、小出力発電設備を同一構内に施設しても、一般用電気工作物になります。

ココを復習 P215　答え　ロ

解説

600V以下で受電（低受電）する設備で出力50kW未満の太陽電池発電設備を備えた施設は一般用電気工作物の適用を受けるので、イが正解になります。内燃力発電設備の場合は10kW未満に限って一般用電気工作物の適用を受けるので、ロは誤り。また、発電施設を複数施設する場合はその合計出力が50kW未満と定められているので、ハも誤りになります。

ココを復習 P215　答え　イ

解説

電気工事士法の定めにより、電気工事士が工事できるのは一般用電気工作物に限定されています。自家用電気工作物（500kW未満の需要設備）の非常用予備発電装置の工事ができるのは特殊電気工事資格者なので、ハが正解になります。ただし、同じ自家用電気工作物でも地中電線用の管の設置工事は軽微な工事に該当し、電気工事士でなくても行うことができます。

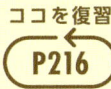

ココを復習 P216　答え　ハ

解説

電線管をねじ切りし、電線管とボックスを接続する作業は電気工事士でなければ従事できません。
小型変圧器（二次電圧36V以下）の二次側配線工事、電線を支持する柱、腕木を設置する作業、電力計の取り付け作業は軽微な工事に該当し、電気工事士が従事する必要はありません。

ココを復習 P217・218　答え　ハ

よく出る過去問

問題 5

電気工事士の義務又は制限に関する記述として、誤っているものは。

イ．電気工事の作業に特定電気用品を使用するときは、電気用品安全法に定められた適正な表示がされたものでなければ使用してはならない。
ロ．一般用電気工作物の電気工事の作業に従事するときは、電気工事士免状を携帯していなければならない。
ハ．一般用電気工作物に係わる電気工事の作業に従事するときは、「電気設備に関する技術基準を定める省令」に適合するようにその作業をしなければならない。
ニ．住所を変更したときは、免状を交付した都道府県知事に申請して免状の書換えをしてもらわなければならない。

① ② ③

問題 6

「電気設備に関する技術基準を定める省令」における電圧の低圧区分の組合せで、正しいものは。

イ．直流にあっては600V以下、交流にあっては600V以下のもの
ロ．直流にあっては600V以下、交流にあっては750V以下のもの
ハ．直流にあっては750V以下、交流にあっては600V以下のもの
ニ．直流にあっては750V以下、交流にあっては750V以下のもの

① ② ③

問題 7

特別な場合を除き、住宅の屋内電路に使用できる対地電圧の最大値[V]は。

イ．100
ロ．150
ハ．200
ニ．250

① ② ③

問題 8

店舗付き住宅に三相200V、定格消費電力2.8kWのルームエアコンを施設する屋内配線工事の方法として、不適切なものは。

イ．電線には簡易接触防護措置を施す。
ロ．電路には専用の配線用遮断器を施設する。
ハ．電路には漏電遮断器を施設する。
ニ．ルームエアコンは屋内配線とコンセントで接続する。

① ② ③

解説

免状の記載事項に変更があった場合は免状を交付した都道府県知事に申請して免状の書換えを行わなければなりません。免状の記載事項は、①免状の種類、②免状の交付番号及び交付年月日、③氏名及び生年月日の3つなので、住所を変更しても書換えの必要はありません。

ココを復習 P217　答え ニ

解説

「電気設備に関する技術基準を定める省令」に定められた技術基準のことを「電気設備の技術基準」といいます。「電気設備の技術基準」において電圧は低圧、高圧、特別高圧の3種類に分類され、低圧の区分は、直流では750V以下、交流では600V以下となっています。

ココを復習 P219　答え ハ

解説

原則として住宅の屋内電路の対地電圧は150V以下と定められています。屋内に施設する電気設備は人と密接な関係にあり、感電や火災等の危険が多いので、特に厳重に規制する必要があるためです。

ココを復習 P220　答え ロ

解説

問題7で「住宅の屋内電路の対地電圧は原則150V以下」と説明しましたが、定格消費電力2kW以上の電気機械器具を接続する場合は例外的に対地電圧を300V以下にすることができます。その場合、「屋内配線がその電気機械器具に直接接続されるものであること」が条件の1つになります。つまり、コンセントの使用はできないので、ニが正解になります。

ココを復習 P220　答え ニ

よく出る過去問

問題 9

電気用品安全法の適用を受ける電気用品に関する記述として、誤っているものは。

イ．電気工事士は、電気用品安全法に定められた所定の表示が付されているものでなければ、電気用品を電気工作物の設置又は変更の工事に使用してはならない。

ロ．〈PS E〉の記号は電気用品のうち特定電気用品を示す。

ハ．(PS E)の記号は電気用品のうち特定電気用品以外の電気用品を示す。

ニ．(PS) Eの記号は、輸入した特定電気用品を示す。

① □
② □
③ □

問題 10

電気用品安全法において、特定電気用品の適用を受けるものは。

イ．外径25mmの金属製電線管
ロ．公称断面積150mm²の合成樹脂絶縁電線
ハ．ケーブル配線用スイッチボックス
ニ．定格電流60Aの配線用遮断器

① □
② □
③ □

問題 11

電気工事業の業務の適正化に関する法律に適合していないものは。

イ．一般用電気工事の業務を行う登録電気工事業者は、第一種電気工事士又は第二種電気工事士免状の取得後電気工事に関し3年以上の実務経験を有する第二種電気工事士を、その業務を行う営業所ごとに、主任電気工事士として置かなければならない。

ロ．電気工事業者は、営業所ごとに帳簿を備え、経済産業省令で定める事項を記載し、5年間保存しなければならない。

ハ．登録電気工事業者の登録の有効期限は7年であり、有効期間の満了後引き続き電気工事業を営もうとする者は、更新の登録を受けなければならない。

ニ．一般用電気工事の業務を行う電気工事業者は、営業所ごとに、絶縁抵抗計、接地抵抗計並びに抵抗及び交流電圧を測定することができる回路計を備えなければならない。

① □
② □
③ □

解 説

〈PS〉Eの記号は ⟨PSE⟩ と同様に特定電気用品以外の電気用品を示しています。ちなみに〈PS〉Eの記号は ⟨PSE⟩ と同様に特定電気用品を示しています。

ココを復習 **P221**　答え **ニ**

解 説

定格電流100A以下の配線用遮断器は特定電気用品の適用を受けますから、正解はニになります。
金属製電線管やケーブル配線用スイッチボックスは特定電気用品以外の電気用品。
合成樹脂絶縁電線は100mm²以下のものが特定電気用品の適用を受けます。

ココを復習 **P221**　答え **ニ**

解 説

登録電気工事業者の登録の有効期限は5年ですから、ハが正解になります。登録電気工事業者は5年満了後に更新の登録を受ける必要があります。
登録電気工事業者の義務として、
①主任電気工事士を営業所ごとに置く
②営業所ごと絶縁抵抗計、接地抵抗計、回路計を備える
③登録電気工事業者名登録票の掲示
④電気工事の内容等をまとめた帳簿の5年間保存
を覚えておきましょう。

ココを復習 **P222・223**　答え **ハ**

おさらい一問一答

試験直前 10点UP!

▶ 次の問いに答えなさい。また [ ] に入る語句を答えなさい。

Q01	A01
一般用電気工作物は、[A] V以下の低圧で受電する一般家庭などの電気設備、およびこれらと同じ構内にある [B]。	A……600 B……小出力発電設備

Q02	A02
一般用電気工作物に分類される小出力発電設備の出力 太陽電池発電設備 [A] kW未満 風力・水力発電設備 [B] kW未満 内燃力・燃料電池発電設備 [C] kW未満	A……50 B……20 C……10

Q03	A03
電気工事士法の目的は、 電気工事の [A] による [B] の発生の防止。	A……欠陥 B……災害

Q04	A04
電気工事士の3つの義務。電気工事の作業では、① [A] に適合するようにし、② [B] を携帯し、③ [C] に適合した電気用品を使用する。	A……電気設備技術基準 B……電気工事士免状 C……電気用品安全法

Q05
電気設備技術基準にある電圧の区分

電圧の種別	交流	直流
低圧	[A] V以下	[C] V以下
高圧	[A] V超 [B] V以下	[C] V超 [D] V以下

A05
A……600
B……7000
C……750
D……7000

Q06	A06
原則として、住宅の屋内電路に使用できる対地電圧の最大値は？	150V

Q07	A07
次の記号の意味は？ A 〈PSE菱形〉 　 B 〈PSE丸〉	A……特定電気用品 B……特定電気用品以外の電気用品

Q08	A08
電気工事業者の登録申請は、2つ以上の都道府県に営業所がある場合は [A] に、1つの都道府県に営業所がある場合は [B] に。	A……経済産業大臣 B……都道府県知事

第8章 配線図―単線図と複線図

1 単線図と複線図の基礎知識

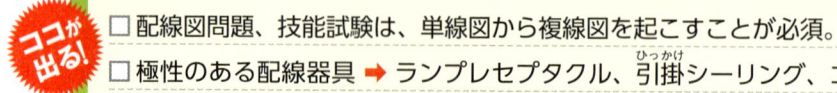

> **ココが出る!**
> ☐ 配線図問題、技能試験は、単線図から複線図を起こすことが必須。
> ☐ 極性のある配線器具 ➡ ランプレセプタクル、引掛シーリング、コンセントなど。接地側には白線を接続。

◆ 単線図とは？　複線図とは？

　電気は行きと帰りで2本の電線があるのが鉄則ですが、実際の配線図にはいちいち2本の線を描くことはなく、配線すべき電気機器や設備の間を1本の線で結んだ**単線図**で描かれます。

　単線図では、実際に行われる結線は描かれていないので、配線工事にあたってはどこの箇所でどう結線すればいいのかを明らかにする必要があります。そういう視点で描かれた配線図を**複線図**といいます。

単線図と複線図

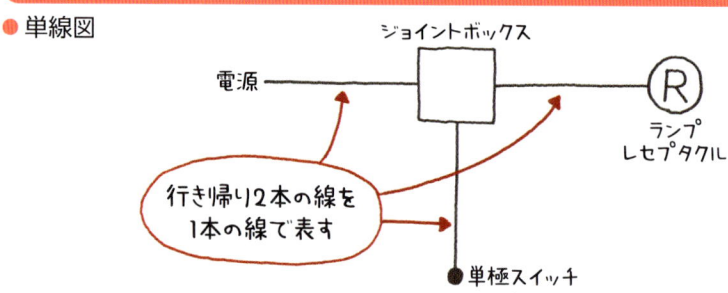

● 単線図

電源　ジョイントボックス　Ⓡ　ランプレセプタクル

行き帰り2本の線を1本の線で表す

単極スイッチ

● 複線図

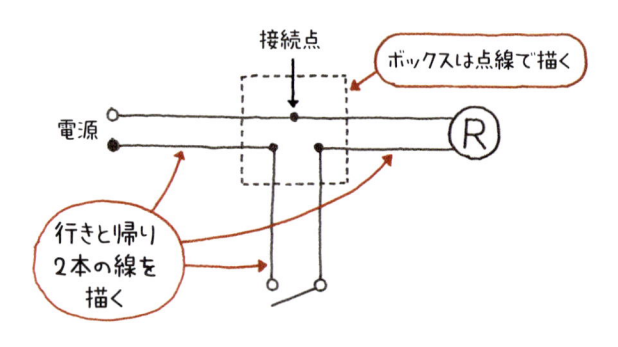

接続点　ボックスは点線で描く

電源　Ⓡ

行きと帰り2本の線を描く

筆記試験の配線図は単線図で提示されますが、複線図を描かなければ答えるのが難しい問題が出題されます。単線図から複線図を描くことを**「複線図を起こす」**といいます。技能試験でも提示されるのは単線図で、実際に自分で複線図を起こしてから作業をしたほうがずっと確実です。

◆ 配線器具の極性

　単線図から複線図を起こす方法を解説する前に、接地端子と非接地端子が区別されている配線器具について説明します。

　タンブラスイッチのように電路の途中に設ける回路部品には極性はありませんが、ランプレセプタクル、引掛シーリングなどの照明器具、コンセントなどのように電路の一部が露出した（触れるおそれがある）配線器具には極性があり、**触れるおそれのあるほうを接地側**にします。ランプレセプタクル、引掛シーリング、コンセントの場合は下図のようになります。技能試験など、このような器具に実際に接続するときには、必ずその器具の接地側に電路の**接地側（接地側白線）**をつなぎます。

　なお、接地側と非接地側とを区別していない極性のない器具の場合は、電路の接地側をどちらに接続してもかまいませんが、それを接続したときから器具（負荷）の接地側と非接地側が決定されます。

極性のある配線器具

- **ランプレセプタクル** — 接地側／非接地側
- **引掛シーリング** — 非接地側／接地側（Ｗと印した側）
- **露出形コンセント** — 接地側（Ｗと印した側）／非接地側
- **埋込形コンセント** — 非接地側／接地側（Ｗと印した側）

第8章　配線図──単線図と複線図

2 単線図→複線図① 電気配線の基本ルール

ココが出る！

- 複線図の基本ルール　①電源の白線（接地側）を負荷とコンセントにつなぐ → ②電源の黒線（非接地側）をスイッチとコンセントにつなぐ → ③負荷とスイッチをつなぐ
- 最後に線の色を記して配線ミスを防ぐ。

◆ 基本ルールで複線図を起こす

　電灯とコンセントとスイッチを電源につないだ下の複線図を見てください。このルール①→②→③の順に描いていけば、単線図から複線図を起こすのは簡単です。さらに複線図を描き終えたら、それぞれの線の色も記しておくと、技能試験ではスムーズに作業が進みます。

電気配線の基本ルール

ルール① 電源の接地側電線（白線）を負荷とコンセントにつなぐ。
注 接地側白線をスイッチにつないではいけない！

ルール② 電源の非接地側電線（黒線）をスイッチとコンセントにつなぐ。
注 非接地側電線を負荷につないではいけない！

ルール③ 最後に負荷とスイッチをつなぐ。

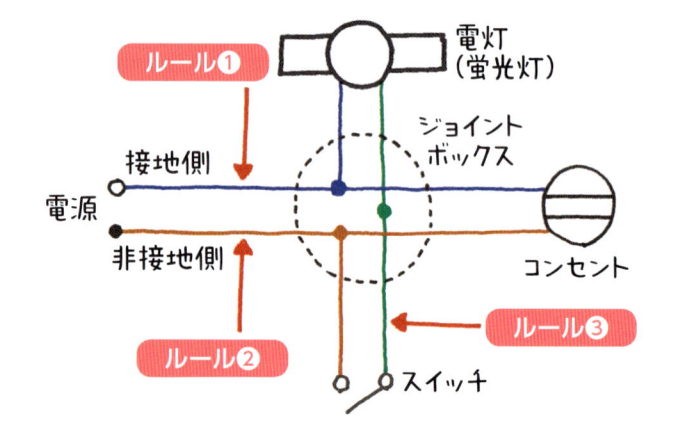

よく出る過去問 → P248　問題1　問題2

◆ 単線図から複線図を起こす

　左ページで紹介した基本回路を単線図で表すと次のようになります。この単線図からルールに従って複線図を起こしてみます。

● 単線図

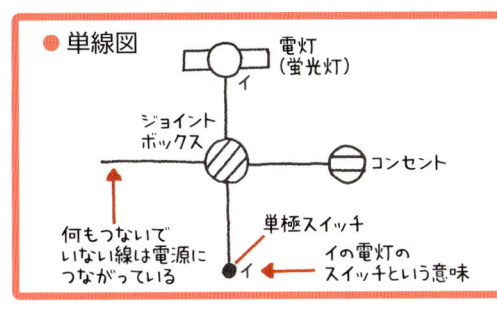

電灯（蛍光灯）／イ
ジョイントボックス
コンセント
単極スイッチ
イの電灯のスイッチという意味
何もつないでいない線は電源につながっている

スイッチは単極スイッチ。「イ」という傍記は、このスイッチでイの電灯をオン／オフできるという意味。
先に何もつながっていない線は電源に向かう。

① まず、単線図のとおりに器具類を配置。スイッチは図のような記号に直す。電源の接地側白線は○、非接地側黒線は●にする。真ん中にジョイントボックスの円を描く。

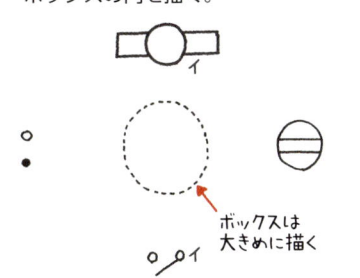

ボックスは大きめに描く

② ルール❶で線を描く。必ずジョイントボックスを経由させ、各々の線が、この中でつながるときには、接続点を●にする。

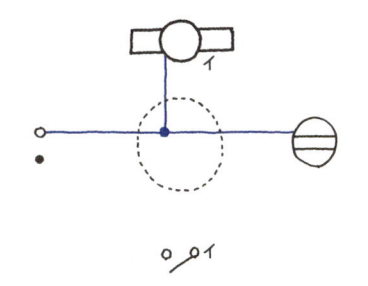

③ ルール❷で線を描く。スイッチには可動極の端子および固定極の端子があり、単極スイッチの場合は、電源の非接地側黒線は固定極につなぐ*。

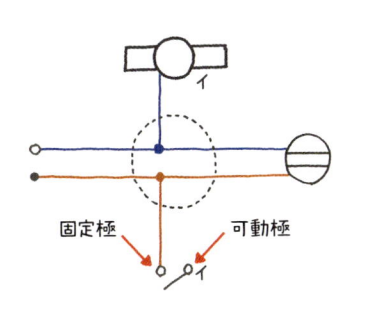

固定極　可動極

④ ルール❸で線を描く。電灯の非接地側黒線とスイッチの可動極の端子から出る線を接続。電灯はスイッチを経由して電源の非接地側黒線につながる。

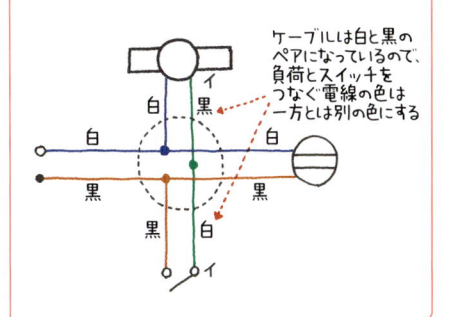

ケーブルには白と黒のペアになっているので、負荷とスイッチをつなぐ電線の色は一方とは別の色にする

＊タンブラスイッチには本来極性はないが、単極スイッチについては一種の伝統原則となっている。

第8章　配線図──単線図と複線図

3 単線図→複線図② 連用器具の配線

ココが出る!

- □ 連用器具の配線 ➡ P234のルールどおりに描くのと、スイッチにわたり線をつなぐのがポイント。
- □ スイッチとコンセントの連用でもルールどおりの手順で描ける。

◆ 2連スイッチの単線図を複線図にする

スイッチを同じ取付枠に2つ以上連用したり、スイッチとコンセントを連用したりする場合の配線を描いてみましょう。連用器具の配線でポイントになるのは**わたり線**です。わたり線は連結器具どうしを結ぶ配線のことです。

2連スイッチとは、同じ取付枠に単極スイッチが2個連用されていて、各々のスイッチで別々の電灯をオン/オフするものです。

● 単線図

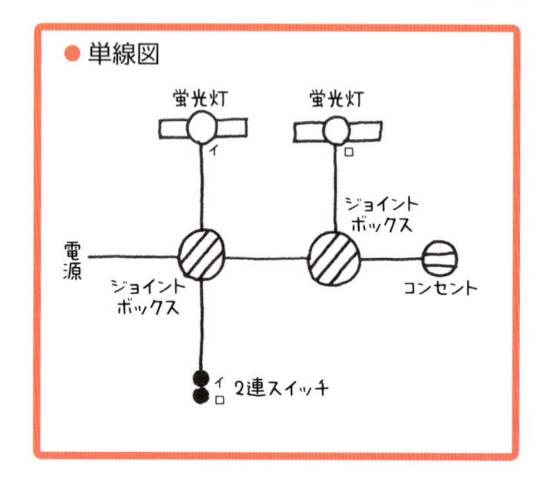

（蛍光灯 イ、蛍光灯 ロ、ジョイントボックス、電源、ジョイントボックス、コンセント、2連スイッチ イ・ロ）

① 単線図どおりに器具類を配置する。

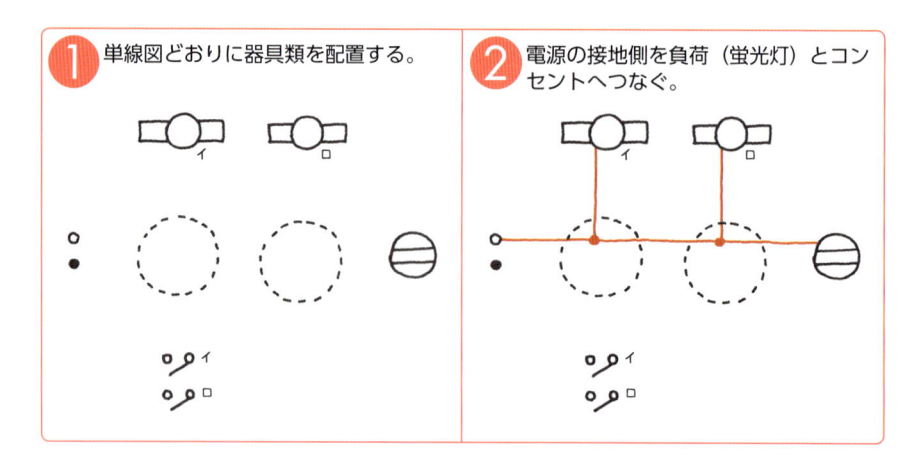

② 電源の接地側を負荷（蛍光灯）とコンセントへつなぐ。

③ 電源の非接地側をスイッチとコンセントにつなぐ。

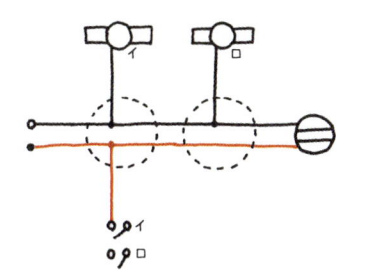

④ スイッチにわたり線をつなぐ。このわたり線をつなぐことで、ロのスイッチの非接地側電線の接続を連用するイのスイッチから分岐して接続できる。

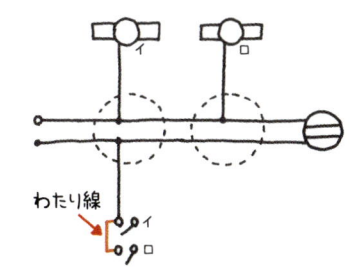

⑤ 蛍光灯とスイッチをつなぐ。最後に電線の色を記す。電源および負荷から出る接地側電線は白、非接地側電線は黒、わたり線は黒。3本の電線の部分は赤・白・黒の3心ケーブルを想定して赤に。

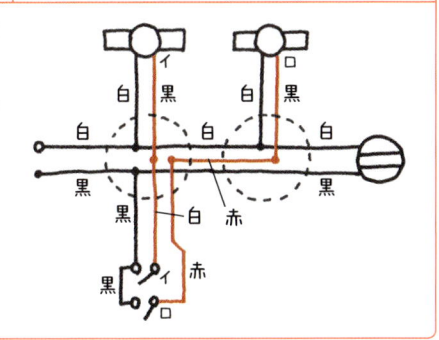

◆スイッチとコンセント連用の単線図を複線図にする

　同じ取付枠にスイッチとコンセントが連用されている場合もわたり線を使うことで非接地側電線を分岐できます。

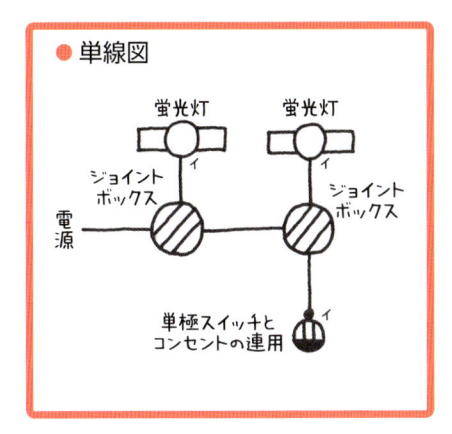

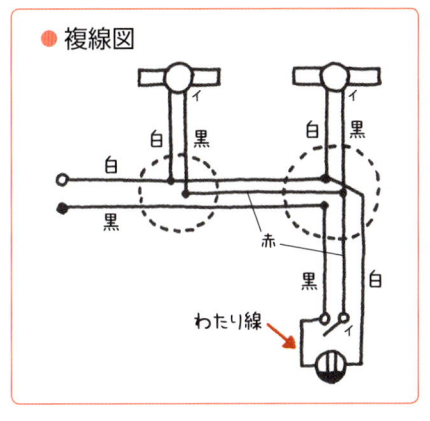

● 単線図

● 複線図

237

4 単線図→複線図③ 3路スイッチの配線

ココが出る!

- □ 3路スイッチ➡最初に3路スイッチどうしを配線するのがポイント。その後に基本ルールにしたがって複線図を起こす。
- □ スイッチの数字➡可動極の端子を0、他の2極の端子を1、3。
- □ 電源の非接地側黒線をスイッチの可動極に接続。

◆3路スイッチの単線図を複線図にする

　住宅の階段の電灯は1階のスイッチでも2階のスイッチでもオン／オフできます。このような配線に用いられるのが**3路スイッチ**です(➡P105)。

3路スイッチのしくみ

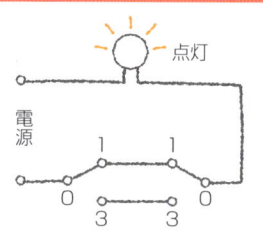

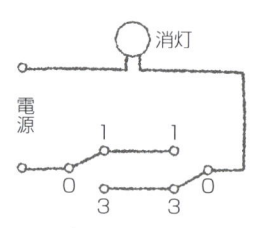

両方のスイッチが0－1または0－3のとき電灯は点灯。一方がスイッチを切り替えると電灯は消える。もう一方がスイッチを切り替えると再び点灯する。

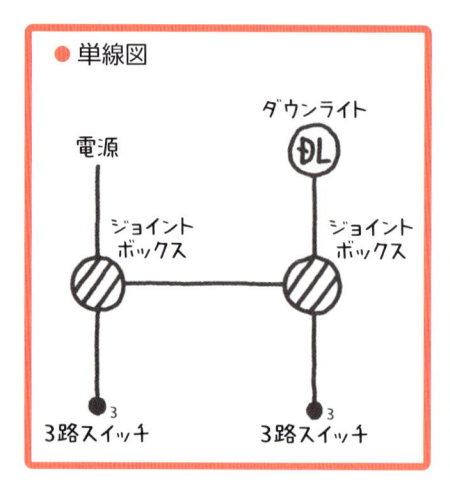

●単線図

① 単線図どおりに器具を配置。3路スイッチは可動極の端子を0、他の2極の端子をそれぞれ1、3とする*。

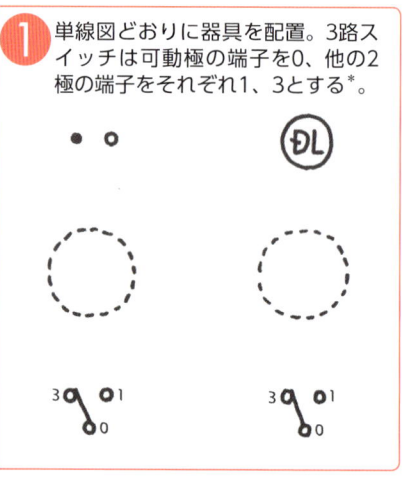

＊実際のスイッチにも端子にこの数字が記載されている。

よく出る過去問 ➡ P248 問題3

② まず、スイッチどうしの配線を行うことが複線図を描く際のポイント。1と3の数字どうしをボックス経由で接続する*。

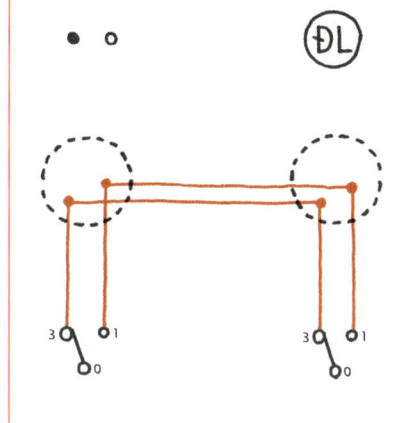

③ スイッチの配線を済ませたら、基本ルールにしたがった順番で描く。接地側電線をダウンライトに接続する。

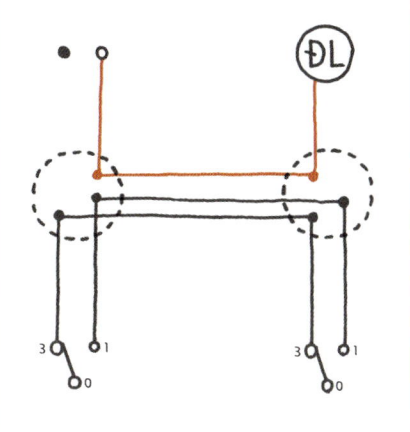

＊これは同じ番号どうしでなくてもOK。両スイッチの各固定極の端子どうしをつなげばよい。

④ 非接地側電線を電源に近いほうの3路スイッチに接続する*。

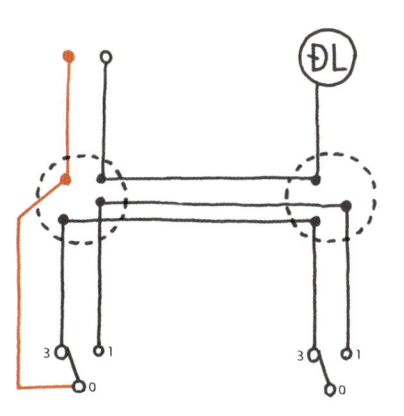

⑤ ダウンライトに近い3路スイッチとダウンライトを接続する。最後に電線の色を記す*。

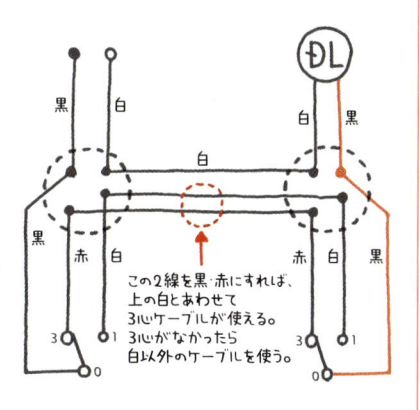

この2線を黒・赤にすれば、上の白とあわせて3心ケーブルが使える。3心がなかったら白以外のケーブルを使う。

＊3路／4路スイッチでは、電源の非接地側黒線はスイッチの可動極から出る線と接続する。3路／4路スイッチではこうしないと回路が目的どおりに働かない。電源の非接地側黒線を固定極につなぐのは単極スイッチの場合。

＊電源および負荷から出る接地側電線は白、非接地側電線は黒。非接地側黒線は3路スイッチの可動極につながっているので、スイッチの固定極から出る線は黒線以外の白線か赤線を使う。

筆記編

第8章 配線図 — 単線図と複線図

5 単線図➡複線図④ 3路／4路スイッチの配線

ココが出る!

- □ 3路／4路スイッチ ➡ スイッチどうしを最初に配線するのがポイント。その後に基本ルールにしたがって複線図を起こす。
- □ 電源の非接地側黒線をスイッチの可動極に接続。

◆ 3路／4路スイッチの単線図を複線図にする

3か所以上の場所に同一の電気機器を操作するスイッチを設置したい場合は、3路スイッチと4路スイッチを組み合わせて配線します（➡P106）。4路スイッチとは、下図のように、オン／オフで平行接続になったり、たすきがけ接続になったりするスイッチのことです。

3路／4路スイッチのしくみ

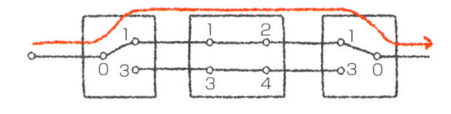

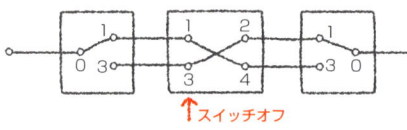

①図の回路では電流は流れる（4路スイッチは平行接続）。

②4路スイッチをオフにする（たすきがけ接続に切り換える）と、電流は流れなくなる。

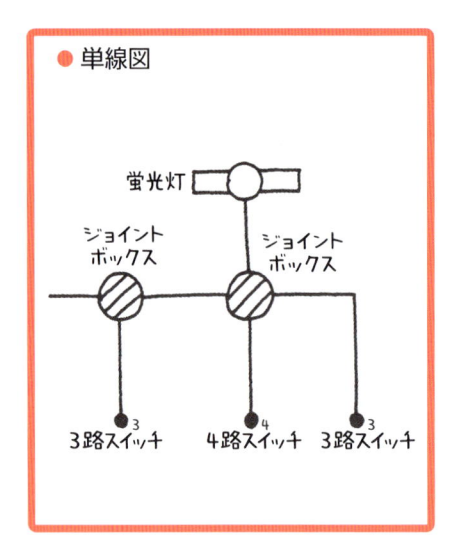

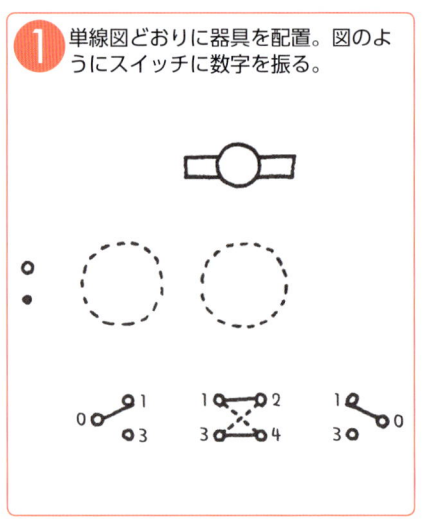

● 単線図

蛍光灯　ジョイントボックス　ジョイントボックス　3路スイッチ　4路スイッチ　3路スイッチ

1 単線図どおりに器具を配置。図のようにスイッチに数字を振る。

240

❷ まず、スイッチどうしの配線を行う。3路スイッチと4路スイッチをボックス経由で接続する。同じ番号どうしを接続する必要はない。

❸ スイッチの配線を済ませたら、基本ルールにしたがって順番に描く。接地側電線を蛍光灯に接続する。

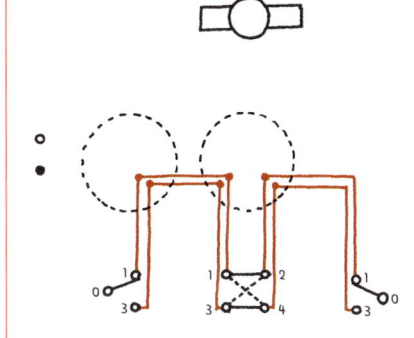

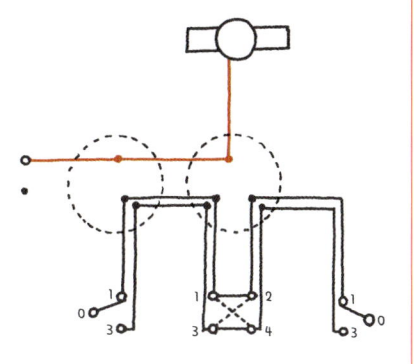

❹ 非接地側電線を電源に近いほうの3路スイッチに接続する。

❺ 蛍光灯に近い3路スイッチと蛍光灯を接続する。最後に電線の色を記す*。

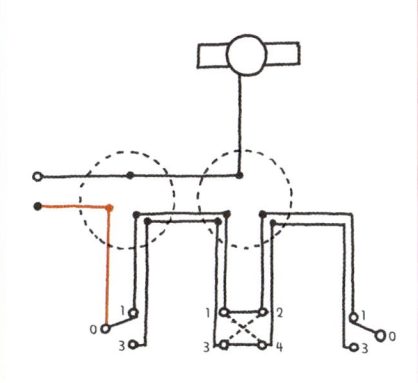

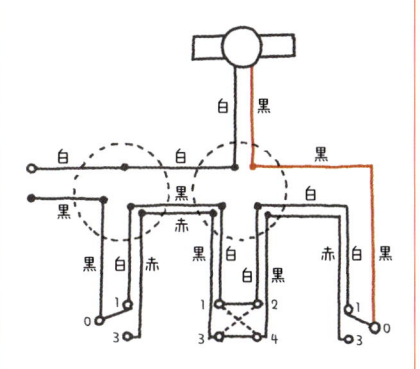

＊電源および負荷から出る接地側電線は白、非接地側電線は黒。非接地側黒線は3路スイッチの可動極につながっているので、スイッチの固定極から出る線は黒線以外の白線か赤線を使う。

筆記編 第8章 配線図 — 単線図と複線図

241

6 単線図➡複線図⑤ タイムスイッチや自動点滅器の配線

ココが出る!

- □ タイムスイッチ端子への接続 ➡ 給電端子S_1は電源黒線、給電端子S_2は電源白線、負荷端子Lは電灯黒線。
- □ 自動点滅器端子への接続 ➡ 給電端子1は電源黒線、給電端子2は電源白線、負荷端子3は電灯黒線。

◆ タイムスイッチや自動点滅器のある単線図を複線図にする

　下の図は**タイムスイッチ**（➡P104）と**自動点滅器**（➡P104）の内部回路図ですが、どちらも似ていることがわかるでしょう。これらが組み込まれた回路はどちらも同じように複線図を起こせます。

タイムスイッチの内部回路図

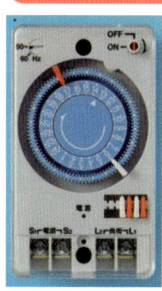

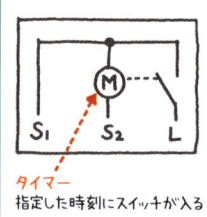

タイマー
指定した時刻にスイッチが入る

S_1、S_2はタイマーを動作させるための給電端子。S_1－L間に単極スイッチが入っている。S_1はスイッチの固定極とタイマーにつながっている。S_1は給電端子なので電源線が接続されるが、その極性は、S_1が単極スイッチの固定極にもつながっているということから非接地側ということになる。よって次のように接続する。

給電端子S_1……電源の非接地側黒線を接続
給電端子S_2……電源の接地側白線を接続
負荷への接続端子L……電灯の非接地側黒線を接続

自動点滅器の内部回路図

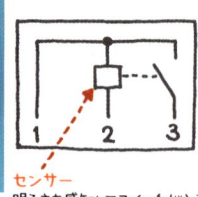

センサー
明るさを感知してスイッチが入る

1と2はセンサーを動作させるための給電端子。2－3間に単極スイッチが入っている。1はスイッチの固定極とセンサーにつながっている。1は給電端子なので電源線が接続されるが、その極性は、1が単極スイッチの固定極にもつながっているということから非接地側ということになる。よって次のように接続する。

給電端子1……電源の非接地側黒線を接続
給電端子2……電源の接地側白線を接続
負荷への接続端子3……電灯の非接地側黒線を接続

● 単線図

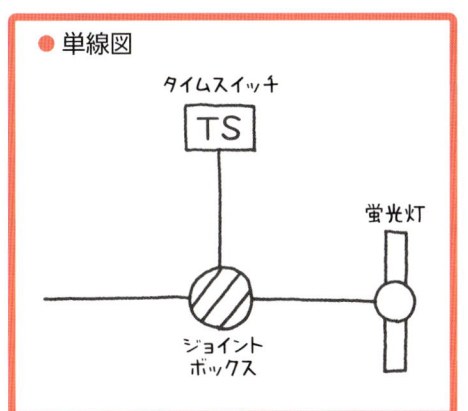

タイムスイッチ
TS
蛍光灯
ジョイントボックス

コレも覚える!

● 見たことのない内部回路図の場合は？

問題によっては、タイムスイッチや自動点滅器の内部回路図が前ページのものとは異なる場合がある。「単極スイッチの固定極」に非接地側電線をつなぐことだけを覚えておけば、他の端子へはどの電線をつなげばいいかすぐにわかるはず。なお、実際の技能試験では、スイッチの現物ではなく、その代用物として端子台（→P321）が渡される。

筆記編 第8章 配線図——単線図と複線図

① 単線図どおりに器具を配置する。タイムスイッチは前ページの内部回路図のように描く。

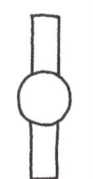

② 基本ルールにしたがって、接地側電線をタイムスイッチに接続する（接地側はS_2端子）。

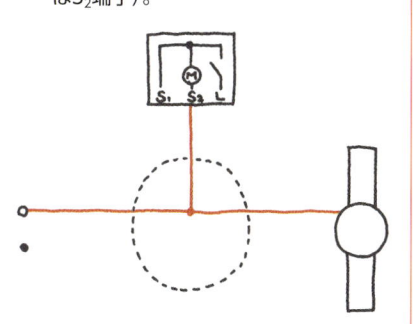

③ 非接地側端子をタイムスイッチに接続する（非接地側はS_1端子）。

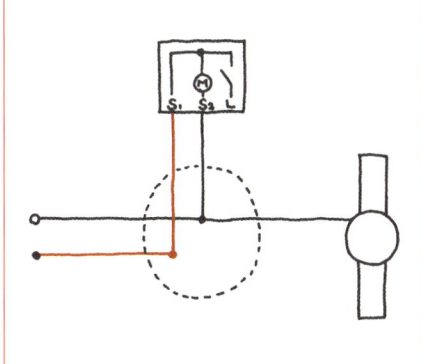

④ タイムスイッチの負荷接続側スイッチを蛍光灯に接続する。最後に電線の色を記す。

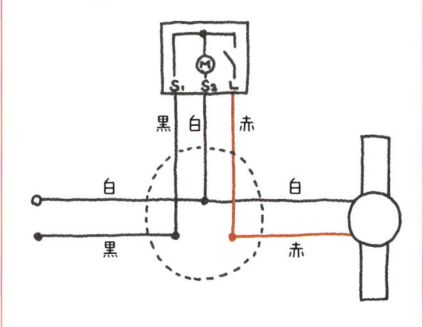

黒　白　赤
白　　　白
黒　　　赤

243

7 単線図➡複線図⑥ リモコン回路

ココが出る!

- □ リモコン回路の複線図 ➡ ①リレー回路分だけスイッチを設置し、②基本ルールの順で起こす。
- □ 技能試験では、リモコンスイッチ部分の回路分だけスイッチを描く。

◆ リモコン回路の単線図を複線図にする

リモコン回路は、電気機器のオン／オフを遠隔で行うための**リモコンスイッチ**がある回路です（➡P104）。リモコンスイッチを押すごとにスイッチ内部の接点のオン／オフが入れ替わり、その信号を**リモコンリレー**が受けて電灯などの負荷につながる100V回路のオン／オフを行います。**リモコントランス**はリモコン操作回路用に100Vを24Vに変圧する装置です。

リモコン回路は、リモコン操作の回路と負荷につながる主回路に分かれています。複線図を起こすときはまずこの2つを見分けます。

リモコン回路の単線図の例

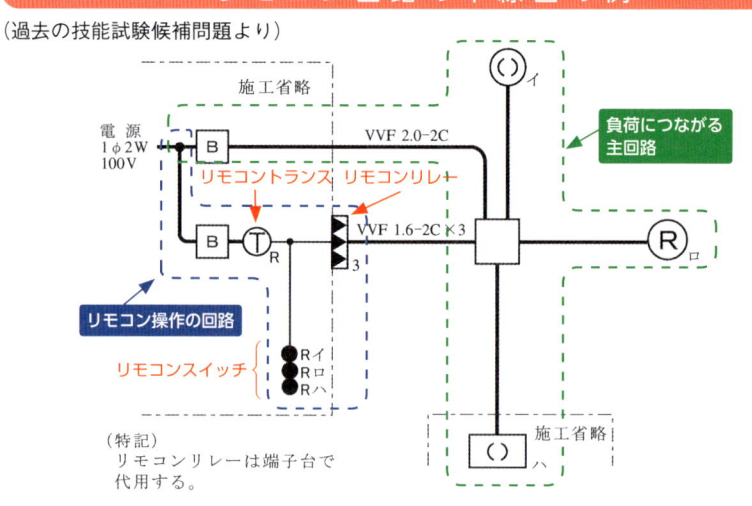

（過去の技能試験候補問題より）

電源 1φ2W 100V
VVF 2.0-2C
リモコントランス　リモコンリレー
VVF 1.6-2C×3
施工省略
リモコン操作の回路
リモコンスイッチ｛Rイ Rロ Rハ｝
負荷につながる主回路
施工省略

（特記）リモコンリレーは端子台で代用する。

3回路のリモコンリレー、3個のリモコンスイッチ、リモコン用小型変圧器（トランス）のあるリレー3回路。リレー3回路というのは、電源オン／オフスイッチが3個あるのと同じで、それぞれのスイッチ端子が3組で6端子ということ。リモコンスイッチは、個々のリレー回路をオン／オフするもので、これにより電源線が通っていないところからでも電源を間接的にオン／オフできる。

① 左ページの単線図を複線図にする。技能試験ではリモコン操作部の施工は省略されるため、主回路の複線図のみ描くことになるが、リモコンスイッチ部分は回路分だけスイッチを描く必要がある。

② 電源の接地側電線を各負荷につなぐ。

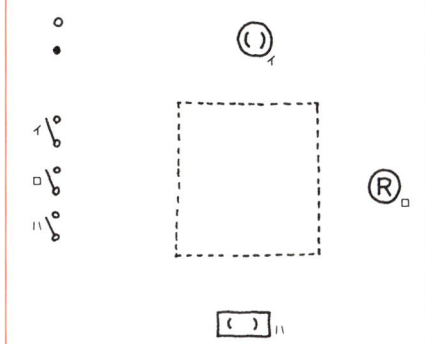

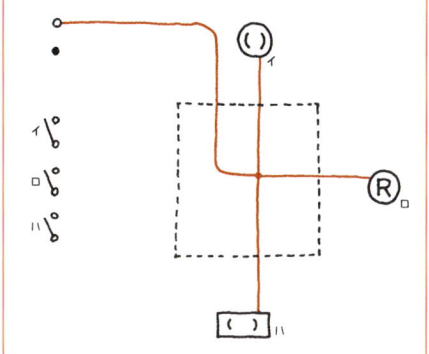

③ 電源の非接地側電線を各スイッチにつなぐ。

④ スイッチと負荷をつなぐ。最後に電線の色を書く。

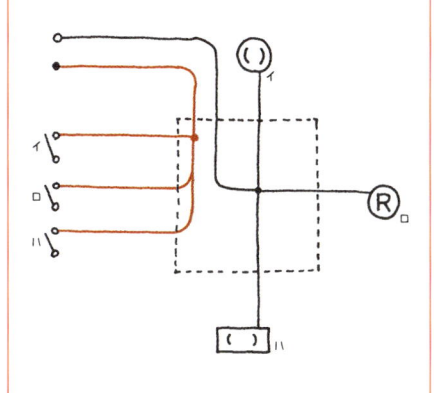

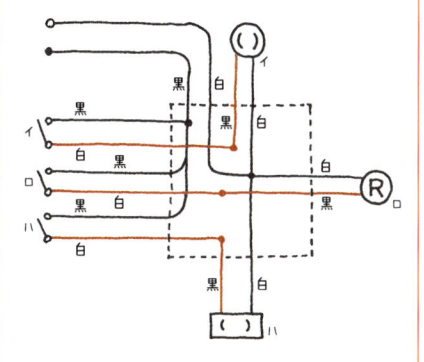

245

8 リングスリーブと差込形コネクタでの結線

ココが出る!

- 接続電線の断面積の合計値 8mm² 以下 ➡「小」、14mm² 未満 ➡「中」
  14mm² 以上 ➡「大」。
- 太さ1.6mmの電線 ➡ 断面積 2mm²
  太さ2.0mmの電線 ➡ 断面積 3.5mm²。

◆ リングスリーブの選択

　ボックス内での電線どうしの接続には、**リングスリーブ**や**差込形コネクタ**が用いられます。

　リングスリーブには、大・中・小のサイズがあり、接続する箇所の電線すべての断面積の合計値に合わせて、この3つを使い分ける必要があります。また、圧着ペンチ（➡P98）の刻印（圧着マーク）「○」「小」「中」「大」も規定されています。下の表で確認しましょう。

ココ暗記

電線の断面積の合計からリングスリーブの大きさを決める

電線の断面積の合計	最大使用電流		
8mm²以下	20A	➡	リングスリーブ 小
8mm²超14mm²未満	30A	➡	リングスリーブ 中
14mm²以上		➡	リングスリーブ 大

太さ1.6mmの電線の断面積＝2mm²　太さ2.0mmの電線の断面積＝3.5mm²

リングスリーブと接続できる電線の太さ・本数と圧着マーク

リングスリーブ	同じ太さの電線を使用する場合			異なる太さの電線を使用する場合	圧着マーク
	1.6mm	2.0mm	2.6mm		
小	2～4本	2本	—	2.0mm×1本 と 1.6mm×1～2本	○か小*
中	5～6本	3～4本	2本	2.0mm×1本 と 1.6mm×3～5本	中
				2.0mm×2本 と 1.6mm×1～3本	
				2.0mm×3本 と 1.6mm×1本	
				2.6mm×1本 と 1.6mm×1～3本	
大	7本	5本	3本	2.0mm×1本 と 1.6mm×6本	大
				2.0mm×2本 と 1.6mm×4本	

＊1.6mm×2本は「○」の刻印、それ以外は「小」の刻印、と覚える。

よく出る過去問 ➡ P250 問題4 ～ 問題6

◆ リングスリーブの大きさと数を問う問題

配線図問題では、接続するボックス内のリングスリーブの大きさと数を問う問題が出題されます。次の過去問で解き方を解説しましょう。

問題 下の配線図のジョイントボックス内において、接続をすべて圧着接続とする場合、使用するリングスリーブの種類と最少個数の組み合わせで適切なものはどれか。

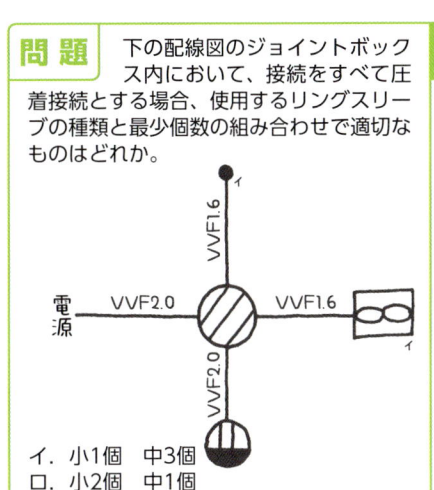

イ．小1個　中3個
ロ．小2個　中1個
ハ．小3個　中1個
ニ．小1個　中2個

解き方 単線図を複線図にしてから、各電線の太さを記入します。接続箇所ごとにリングスリーブの大きさを決めます。

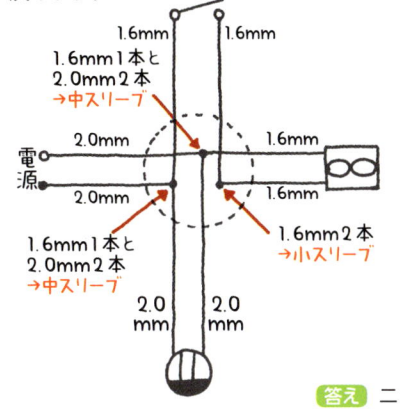

1.6mm1本と2.0mm2本 →中スリーブ
1.6mm1本と2.0mm2本 →中スリーブ
1.6mm2本 →小スリーブ

答え　ニ

◆ 差込形コネクタの種類と数を問う問題

差込形コネクタを使用してもリングスリーブと同様に接続点を結線できます。リングスリーブの場合は、結線後、絶縁テープを巻いてしっかり絶縁処理をする必要がありますが、差込形コネクタではその必要はありません。太さの異なる電線どうしでもコネクタに差し込むだけで結線できます。ただし、差し込める電線の数や太さはコネクタによって決まっています。

差込形コネクタの種類と数を問う問題

上の問題で接続点をすべて差込コネクタで接続する場合、次のようになる。つまり、3本用が2つと2本用が1つ必要になる。

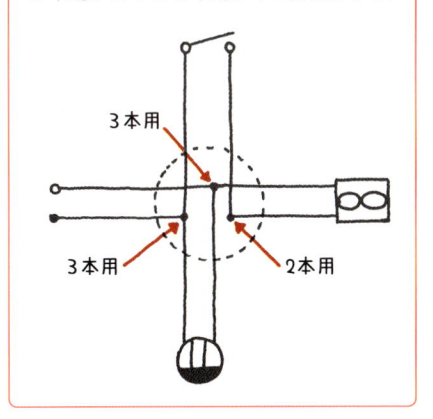

3本用
3本用
2本用

よく出る過去問 → P252 問題7 問題8

よく出る過去問

問題1

①で示す部分の最少電線本数（心線数）は。

イ. 2　ロ. 3　ハ. 4　ニ. 5

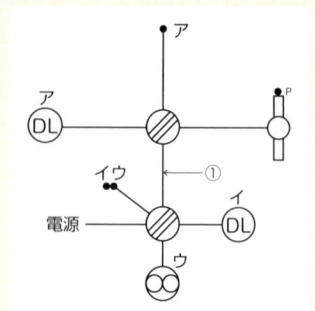

① □
② □
③ □

問題2

①の部分の最少電線本数（心線数）は。

イ. 2　ロ. 3　ハ. 4　ニ. 5

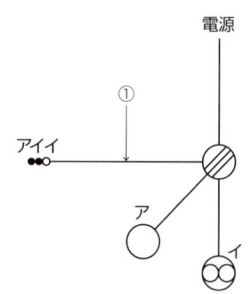

＊表示灯は確認表示灯とする。

① □
② □
③ □

問題3

①で示す部分に使用するケーブルで適切なものは。

【注意1】屋内配線工事は、特記のある場合を除き、600Vビニル絶縁ビニルシースケーブル平形（VVF）を用いたケーブル工事である。

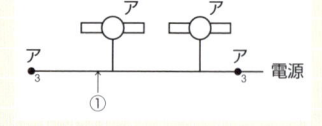

イ. 　ロ. 　ハ. 　ニ.

① □
② □
③ □

解 説

複雑な配線図に見えますが、①の部分はアのダウンライトとスイッチ、そしてプルスイッチ付蛍光灯を電源につなげる部分だとわかります。したがって、右の複線図のようにそれらがつながる複線図のみ描いて後は省略しても問題は解けます。

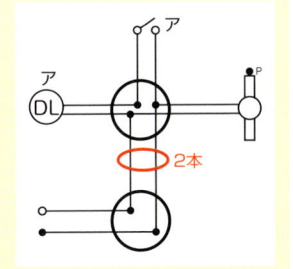

ココを復習 P234・235

答え イ

解 説

この回路を複線図で描くと次のようになります。

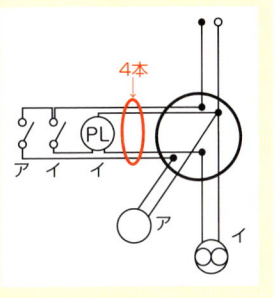

ココを復習 P234・235

答え ハ

解 説

①の部分は特記がないので、VVFケーブルを用います。また、3路スイッチの配線になるので、3心が必要なことがわかります。したがって、ニが正解になります。ロは3心ですがCVV3心ケーブルです。

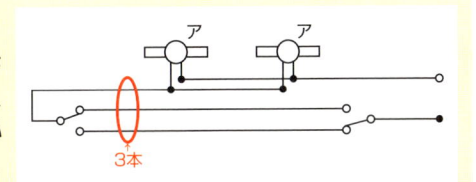

ココを復習 P238・239

答え ニ

筆記編 第8章 配線図 ― 単線図と複線図

よく出る過去問

問題 4

①で示すジョイントボックス内の接続をすべて圧着接続とする場合、使用するリングスリーブの種類と最少個数の組合せで、適切なものは。ただし、ジョイントボックスを経由する電線はすべて接続箇所を設けるものとする。

イ．小1個　中3個
ロ．小2個　中1個
ハ．小3個　中1個
ニ．小1個　中2個

① ☐
② ☐
③ ☐

問題 5

①で示すジョイントボックス内において、接続をすべて圧着接続とする場合、使用するリングスリーブの種類と最少個数の組合せで適切なものは。
ただし、使用する電線はVVF1.6-2Cとし、ジョイントボックスを経由する電線はすべて接続箇所を設けるものとする。

イ．小3個　中0個
ロ．小2個　中1個
ハ．小1個　中2個
ニ．小0個　中3個

① ☐
② ☐
③ ☐

問題 6

低圧屋内配線工事で、600Vビニル絶縁電線（軟銅線）をリングスリーブ用圧着工具とリングスリーブE形を用いて終端接続を行った。接続する電線に適合するリングスリーブの種類と圧着マーク（刻印）の組合せで、不適切なものは。

イ．直径1.6mm2本の接続に、小スリーブをして圧着マークを〇にした。
ロ．直径1.6mm1本と直径2.0mm1本の接続に小スリーブを使用して圧着マークを〇にした。
ハ．直径2.0mm4本の接続に、中スリーブを使用して圧着マークを中にした。
ニ．直径1.6mm1本と直径2.0mm2本の接続に、中スリーブを使用して圧着マークを中にした。

① ☐
② ☐
③ ☐

解説

この回路の複線図は右図のようになります。P246の表より、小スリーブ1個、中スリーブ2個が必要になります。

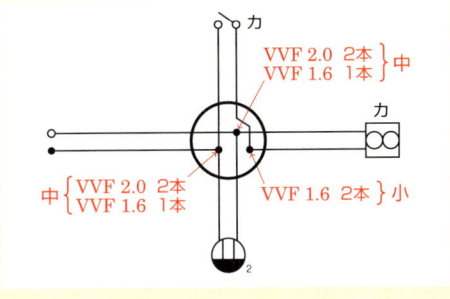

中 { VVF 2.0 2本 / VVF 1.6 1本
VVF 2.0 2本 / VVF 1.6 1本 } 中
VVF 1.6 2本 } 小

ココを復習 P246・247

答え 二

解説

この回路の複線図は右図のようになります。P246の表より、小スリーブ3個が必要になります。

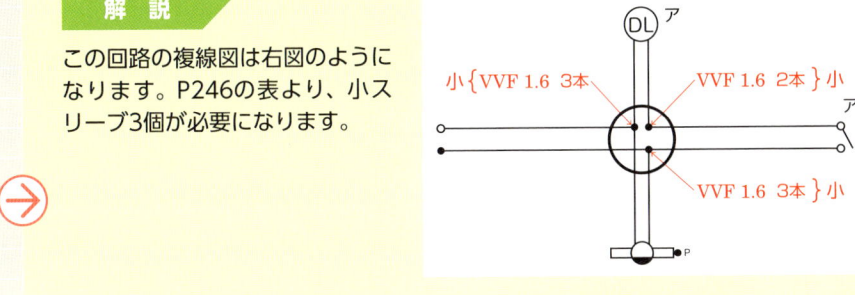

小 { VVF 1.6 3本
VVF 1.6 2本 } 小
VVF 1.6 3本 } 小

ココを復習 P246・247

答え イ

解説

直径1.6mm1本と直径2.0mm1本の接続に小スリーブを使用した場合は圧着マークを小にしなければなりません。

ココを復習 P246

答え ロ

251

筆記編 第8章 配線図—単線図と複線図

よく出る過去問

問題7

①で示す部分の天井内のジョイントボックス内において、接続をすべて差込形コネクタとする場合、使用する差込形コネクタの種類と最少個数の組合せで適切なものは。
ただし、使用する電線はすべてVVF1.6とする。

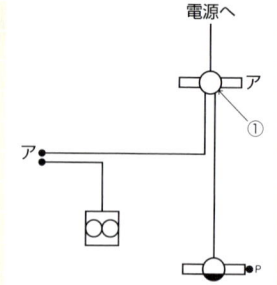

イ. 2本用2個　3本用1個　4本用1個
ロ. 2本用2個　3本用1個
ハ. 2本用1個　3本用2個
ニ. 2本用1個　3本用1個　4本用1個

① □
② □
③ □

問題8

①で示すプルボックス内の接続をすべて差込形コネクタとする場合、使用する差込形コネクタの種類と最少個数の組合せで適切なものは。
ただし、使用する電線はIV1.6とする。

イ. 2本用1個　3本用2個
ロ. 2本用3個　3本用1個
ハ. 2本用3個
ニ. 2本用4個

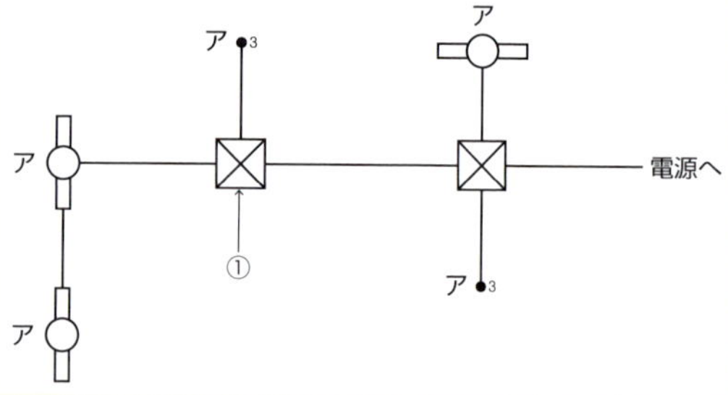

① □
② □
③ □

問題9

低圧屋内配線で、スイッチSの操作によって㎝が点灯すると確認表示灯○が点灯し、㎝が消灯すると確認表示灯○も消灯する回路は。

イ.　ロ.　ハ.　ニ.

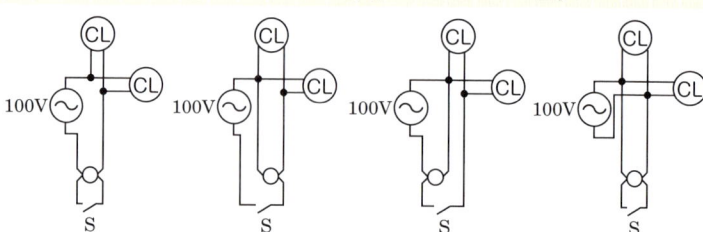

① □
② □
③ □

解説

この配線図の複線図は右図のとおりです。①のジョイントボックス内で使用する差込形コネクタの種類と個数は2本用1個、3本用1個、4本用1個です。

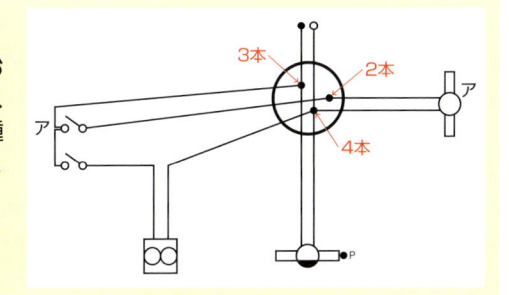

ココを復習 P247

答え ニ

解説

この配線図の複線図は右図のとおりです。①のジョイントボックス内で使用する差込形コネクタの種類と個数は2本用3個、3本用1個です。

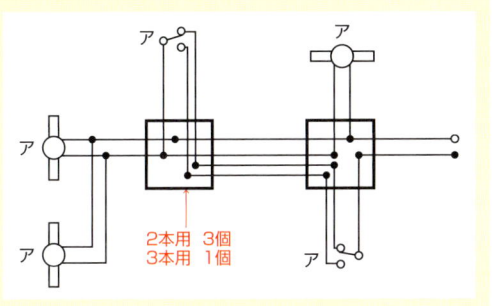

ココを復習 P247

答え ロ

解説

パイロットランプがシーリングライトと同時に点滅する回路は、同時点滅回路になります。したがって、パイロットランプを並列につなぐ回路なので、ロが正解になります。ニも並列につながれているように見えますが、電源からの非接地側電線が直接負荷につながっており、電源を短絡しています。イは異時点滅回路、ハは常時点灯回路です。

ココを復習 P107

答え ロ

試験直前 10点UP! おさらい一問一答

▶ 次の問いに答えなさい。

Q 01
次の単線図において

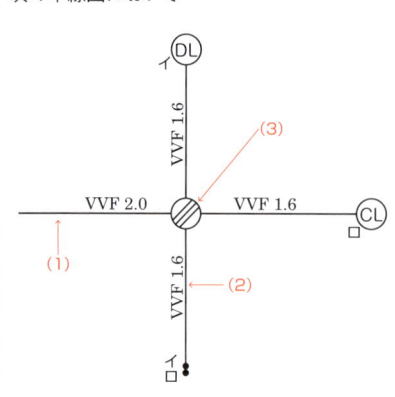

(1) の部分の最少電線本数は？
(2) の部分の最少電線本数は？
(3) のジョイントボックス内で使用するリングスリーブの圧着マークは？

A 01
複線図

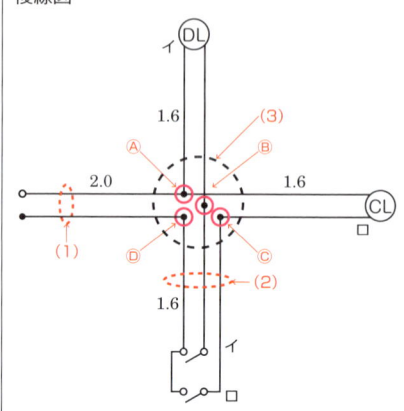

(1) 2本　(2) 3本
(3) A……小　B……○
　　C……○　D……小

Q 02
次の単線図において

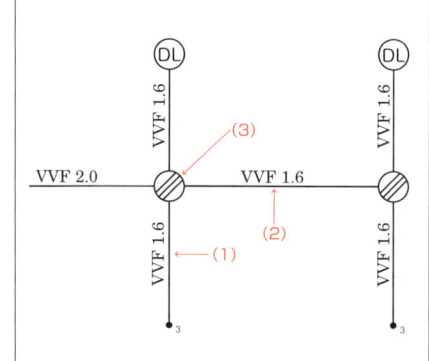

(1) の部分の最少電線本数は？
(2) の部分の最少電線本数は？
(3) のジョイントボックス内で使用するリングスリーブの圧着マークは？

A 02
複線図

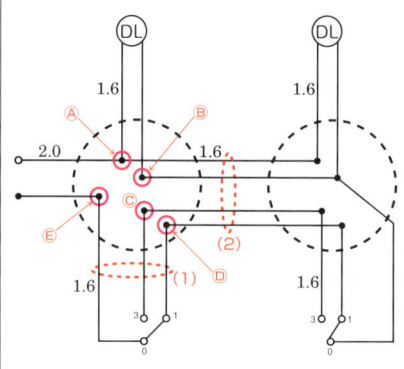

(1) 3本　(2) 4本
(3) A……小　B……○　C……○
　　D……○　E……小

第9章 模擬問題

第1回 筆記試験 模擬問題

問題1　一般問題（問題数は30　配点は1問当たり2点）

【注】本問題の計算で$\sqrt{2}$、$\sqrt{3}$及び円周率πを使用する場合の数値は次によること。
$\sqrt{2} = 1.41$, $\sqrt{3} = 1.73$, $\pi = 3.14$

> 次の各問いには4通りの答え（イ、ロ、ハ、ニ）が書いてある。
> それぞれの問いに対して答えを1つ選びなさい。

問1 図のような直流回路で、a－b間の電圧[V]は。

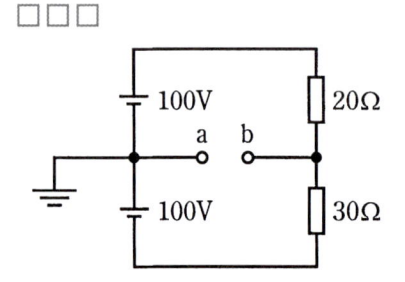

イ. 10　ロ. 20　ハ. 30　ニ. 40

問2 図のような回路で、端子a－b間の合成抵抗[Ω]は。

イ. 1　ロ. 2　ハ. 3　ニ. 4

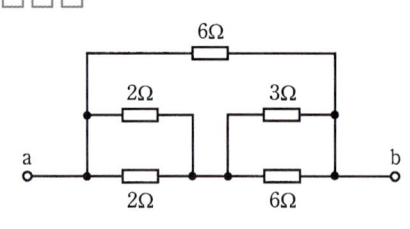

問3 抵抗率ρ[Ω・m]、直径D[mm]、長さL[m]の導線の電気抵抗[Ω]を表す式は。

イ. $\dfrac{4\rho L}{\pi D} \times 10^3$　ロ. $\dfrac{4\rho L^2}{\pi D} \times 10^3$　ハ. $\dfrac{4\rho L}{\pi D^2} \times 10^6$　ニ. $\dfrac{\rho L^2}{\pi D^2} \times 10^6$

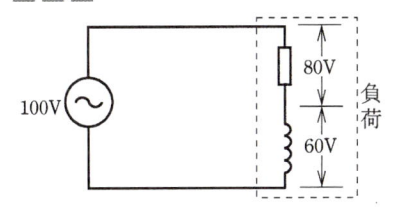

問 4 図のような交流回路で、負荷に対してコンデンサCを設置して、力率を100％に改善した。このときの電流計の指示値は。

イ. 零になる。
ロ. コンデンサ設置前と比べて増加する。
ハ. コンデンサ設置前と比べて減少する。
ニ. コンデンサ設置前と比べて変化しない。

問 5 図のような電源電圧E[V]の三相3線式回路で、×印点で断線すると、断線後のa−b間の抵抗R[Ω]に流れる電流I[A]は。

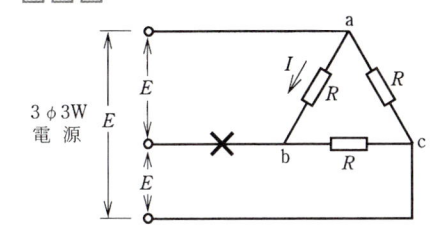

イ. $\dfrac{E}{2R}$　　ロ. $\dfrac{E}{\sqrt{3}R}$　　ハ. $\dfrac{E}{R}$　　ニ. $\dfrac{3E}{2R}$

問 6 図のような単相2線式回路において、c−c′間の電圧が100Vのとき、a−a′間の電圧[V]は。
ただし、rは電線の電気抵抗[Ω]とする。

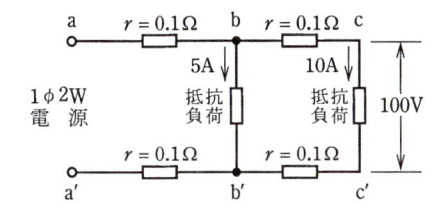

イ. 102　　ロ. 103　　ハ. 104　　ニ. 105

問7 図のような単相3線式回路で電流計Ⓐの指示値が最も小さいものは。
ただし、Ⓗは定格電圧100Vの電熱器である。

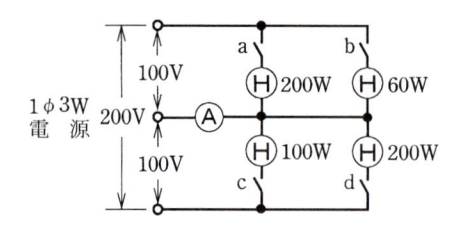

イ．スイッチa、bを閉じた場合。
ロ．スイッチc、dを閉じた場合。
ハ．スイッチa、dを閉じた場合。
ニ．スイッチa、b、dを閉じた場合。

問8 定格電流12Aの電動機5台が接続された単相2線式の低圧屋内幹線がある。この幹線の太さを決定するための根拠となる電流の最小値[A]は。
ただし、需要率は80％とする。

イ．48   ロ．60   ハ．66   ニ．75

問9 図のように定格電流60Aの過電流遮断器で保護された低圧屋内幹線から分岐して、10mの位置に過電流遮断器を施設するとき、a−b間の電線の許容電流の最小値[A]は。

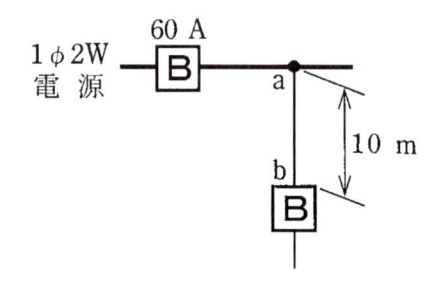

イ．15   ロ．21   ハ．27   ニ．33

問⑩ 低圧屋内配線の分岐回路において、配線用遮断器、分岐回路の電線の太さ及びコンセントの組合せとして、適切なものは。ただし、分岐点から配線用遮断器までは3m、配線用遮断器からコンセントまでは8mとし、電線の数値は分岐回路の電線（軟銅線）の太さを示す。

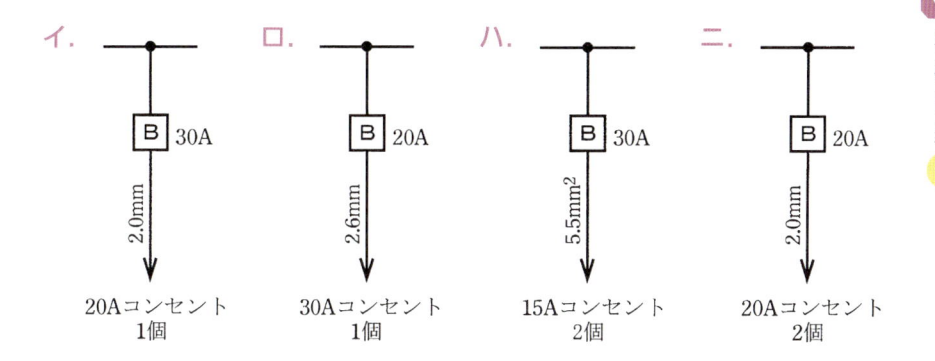

イ．Ⓑ 30A　2.0mm　20Aコンセント1個

ロ．Ⓑ 20A　2.6mm　30Aコンセント1個

ハ．Ⓑ 30A　5.5mm²　15Aコンセント2個

ニ．Ⓑ 20A　2.0mm　20Aコンセント2個

問⑪ 住宅で使用する電気食器洗い機用のコンセントとして、最も適しているものは。

イ．接地端子付コンセント
ロ．抜け止め形コンセント
ハ．接地極付接地端子付コンセント
ニ．引掛形コンセント

問⑫ 電気工事の作業と、その作業で使用する工具の組合せとして、誤っているものは。

イ．金属製キャビネットに穴をあける作業とノックアウトパンチャ
ロ．薄鋼電線管を切断する作業とプリカナイフ
ハ．木造天井板に電線管を通す穴をあける作業と羽根ぎり
ニ．電線、メッセンジャワイヤ等のたるみを取る作業と張線器

問13 鋼製電線管の切断及び曲げ作業に使用する工具の組合せとして、適切なものは。

イ. やすり
　　パイプレンチ
　　パイプベンダ

ロ. リーマ
　　パイプレンチ
　　トーチランプ

ハ. リーマ
　　金切りのこ
　　トーチランプ

ニ. やすり
　　金切りのこ
　　パイプベンダ

問14 三相誘導電動機を逆回転させるための方法は。

イ. 三相電源の3本の結線を3本とも入れ替える。
ロ. 三相電源の3本の結線のうち、いずれか2本を入れ替える。
ハ. コンデンサを取り付ける。
ニ. スターデルタ始動器を取り付ける。

問15 写真に示す測定器の用途は。

イ. 接地抵抗の測定に用いる。
ロ. 絶縁抵抗の測定に用いる。
ハ. 電気回路の電圧の測定に用いる。
ニ. 周波数の測定に用いる。

問16 写真に示す機器の名称は。

イ. 低圧進相コンデンサ
ロ. 変流器
ハ. ネオン変圧器
ニ. 水銀灯用安定器

問 17　写真に示す器具の用途は。

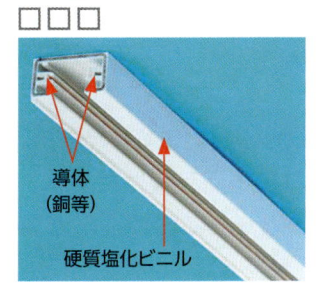

導体（銅等）
硬質塩化ビニル

イ. 床下等湿気の多い場所の配線器具として用いる。
ロ. 店舗などで照明器具等を任意の位置で使用する場合に用いる。
ハ. フロアダクトと分電盤の接続器具に用いる。
ニ. 容量の大きな幹線用配線材料として用いる。

問 18　写真に示す器具の用途は。

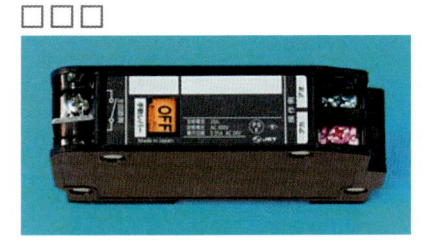

イ. リモコン配線のリレーとして用いる。
ロ. リモコン配線の操作電源変圧器として用いる。
ハ. リモコンリレー操作用のセレクタスイッチとして用いる。
ニ. リモコン用調光スイッチとして用いる。

問 19　低圧屋内配線工事で、600Vビニル絶縁電線（軟銅線）をリングスリーブ用圧着工具とリングスリーブE形を用いて終端接続を行った。接続する電線に適合するリングスリーブの種類と圧着マーク（刻印）の組合せで、適切なものは。

イ. 直径2.0mm2本の接続に、小スリーブを使用して圧着マークを○にした。
ロ. 直径1.6mm1本と直径2.0mm1本の接続に、小スリーブを使用して圧着マークを小にした。
ハ. 直径1.6mm4本の接続に、中スリーブを使用して圧着マークを中にした。
ニ. 直径1.6mm2本と直径2.0mm1本の接続に、中スリーブを使用して圧着マークを中にした。

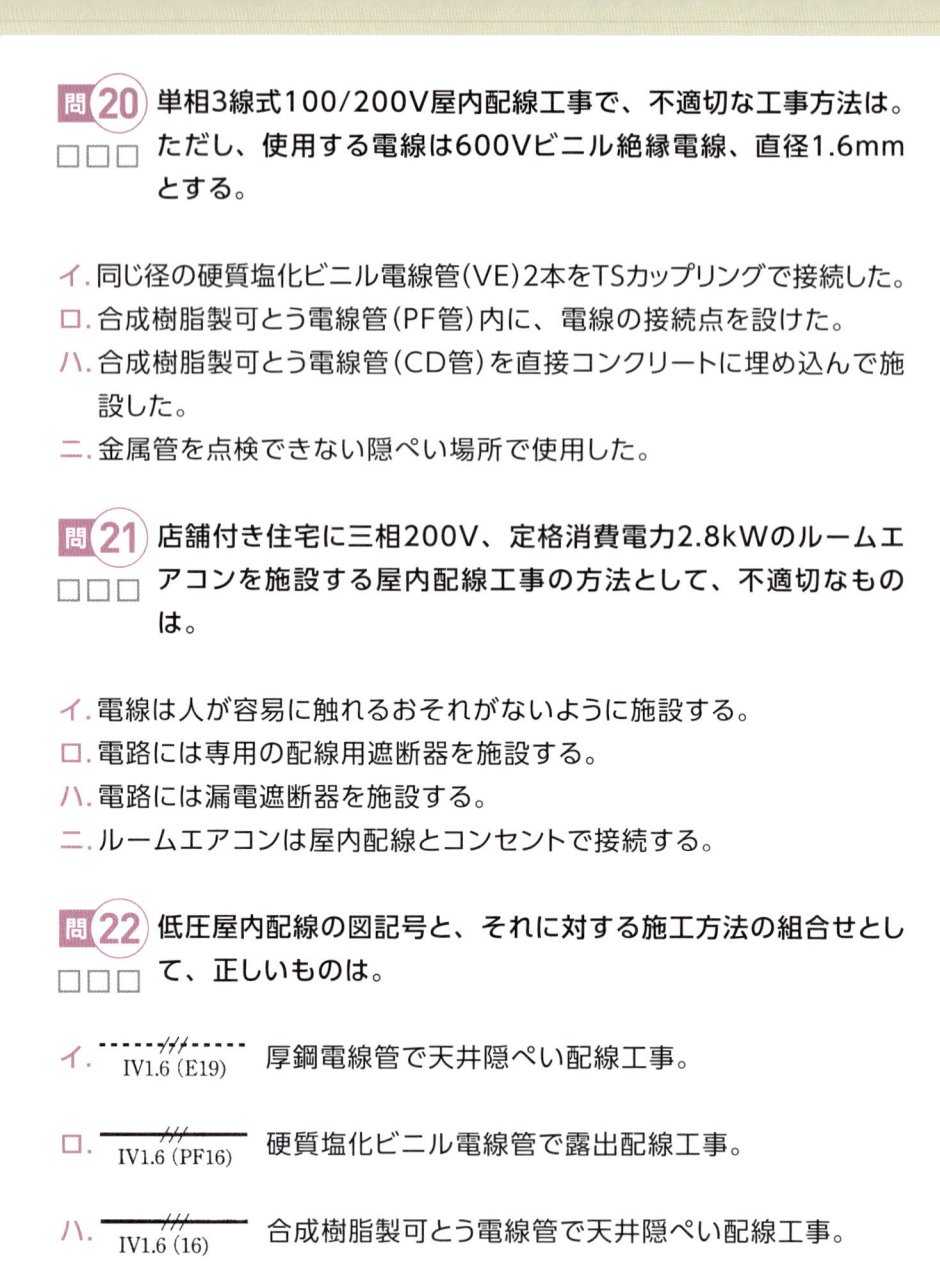

問20 単相3線式100/200V屋内配線工事で、不適切な工事方法は。ただし、使用する電線は600Vビニル絶縁電線、直径1.6mmとする。

イ.同じ径の硬質塩化ビニル電線管(VE)2本をTSカップリングで接続した。
ロ.合成樹脂製可とう電線管(PF管)内に、電線の接続点を設けた。
ハ.合成樹脂製可とう電線管(CD管)を直接コンクリートに埋め込んで施設した。
ニ.金属管を点検できない隠ぺい場所で使用した。

問21 店舗付き住宅に三相200V、定格消費電力2.8kWのルームエアコンを施設する屋内配線工事の方法として、不適切なものは。

イ.電線は人が容易に触れるおそれがないように施設する。
ロ.電路には専用の配線用遮断器を施設する。
ハ.電路には漏電遮断器を施設する。
ニ.ルームエアコンは屋内配線とコンセントで接続する。

問22 低圧屋内配線の図記号と、それに対する施工方法の組合せとして、正しいものは。

イ. ーーー///ーーー　IV1.6 (E19)　厚鋼電線管で天井隠ぺい配線工事。

ロ. ーーー///ーーー　IV1.6 (PF16)　硬質塩化ビニル電線管で露出配線工事。

ハ. ーーー///ーーー　IV1.6 (16)　合成樹脂製可とう電線管で天井隠ぺい配線工事。

ニ. ーーー///ーーー　IV1.6 (F2 17)　2種金属製可とう電線管で露出配線工事。

問23 図に示す一般的な低圧屋内配線の工事で、スイッチボックス部分の回路は。ただし、ⓐは電源からの非接地側電線（黒色）、ⓑは電源からの接地側電線（白色）を示し、負荷には電源からの接地側電線が直接に結線されているものとする。なお、パイロットランプは100V用を使用する。

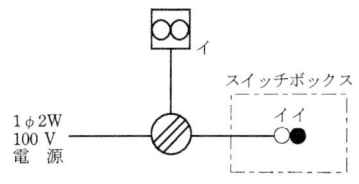

1φ2W 100V 電源

○は確認表示灯（パイロットランプ）を示す。

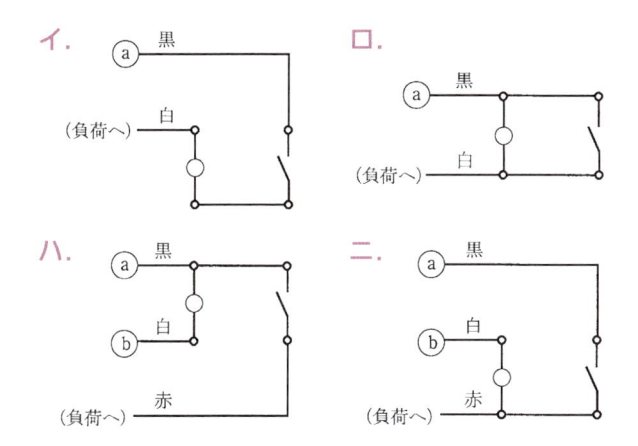

イ．
ロ．
ハ．
ニ．

問24 単相交流電源から負荷に至る回路において、電圧計、電流計、電力計の結線方法として、正しいものは。

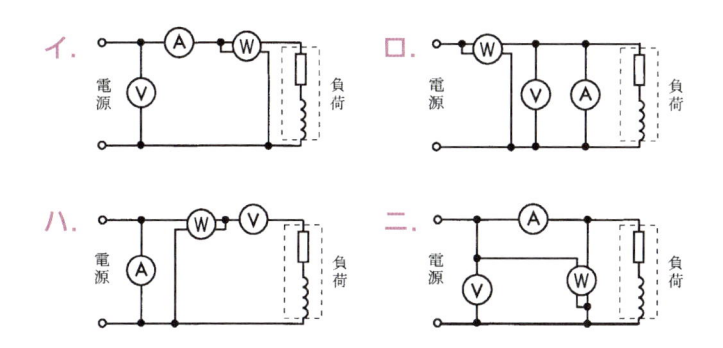

イ．
ロ．
ハ．
ニ．

263

問25 単相3線式100/200Vの屋内配線において、開閉器又は過電流遮断器で区切ることができる電路ごとの絶縁抵抗の最小値として、「電気設備に関する技術基準を定める省令」に規定されている値[MΩ]の組合せで、正しいものは。

イ. 電路と大地間　0.1　　ロ. 電路と大地間　0.1
　　電線相互間　　0.1　　　　電線相互間　　0.2
ハ. 電路と大地間　0.2　　ニ. 電路と大地間　0.2
　　電線相互間　　0.2　　　　電線相互間　　0.4

問26 絶縁抵抗計を用いて、低圧三相誘導電動機と大地間の絶縁抵抗を測定する方法として、適切なものは。
ただし、絶縁抵抗計のLは線路端子(ライン)、Eは接地端子(アース)を示す。

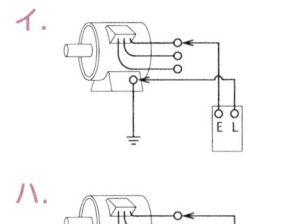

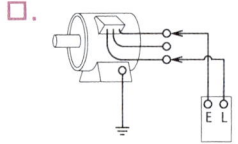

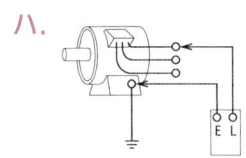

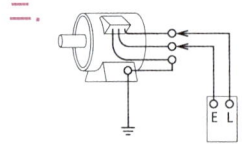

イ．　　　　　　　　　　　ロ．

ハ．　　　　　　　　　　　ニ．

問27 絶縁抵抗計(電池内蔵)に関する記述として、誤っているものは。

イ. 絶縁抵抗計には、ディジタル形と指針形(アナログ形)がある。
ロ. 絶縁抵抗計の定格測定電圧(出力電圧)は、交流電圧である。
ハ. 絶縁抵抗測定の前には、絶縁抵抗計の電池容量が正常であることを確認する。
ニ. 電子機器が接続された回路の絶縁測定を行う場合は、機器等を損傷させない適正な定格測定電圧を選定する。

問28 電気工事士の義務又は制限に関する記述として、誤っているものは。

イ.電気工事士は、電気工事士法で定められた電気工事の作業に従事するときは、電気工事士免状を携帯していなければならない。

ロ.電気工事士は、電気工事の作業に電気用品安全法に定められた電気用品を使用する場合は、同法に定める適正な表示が付されたものを使用しなければならない。

ハ.電気工事士は、氏名を変更したときは、経済産業大臣に申請して免状の書換えをしてもらわなければならない。

ニ.電気工事士は、電気工事士法で定められた電気工事の作業に従事するときは、電気設備に関する技術基準を定める省令に適合するようにその作業をしなければならない。

問29 特別な場合を除き、住宅の屋内電路に使用できる対地電圧の最大値[V]は。

イ.100　　ロ.150　　ハ.200　　ニ.250

問30 一般用電気工作物に関する記述として、正しいものは。
ただし、発電設備は電圧600V以下とする。

イ.低圧で受電するものは、小出力発電設備を同一構内に施設しても、一般用電気工作物となる。

ロ.低圧で受電するものは、出力55kWの太陽電池発電設備を同一構内に施設しても、一般用電気工作物となる。

ハ.高圧で受電するものは、受電電力の容量、需要場所の業種にかかわらず、すべて一般用電気工作物となる。

ニ.高圧で受電するものであっても、需要場所の業種によっては、一般用電気工作物になる場合がある。

問題2　配線図 （問題数20　配点は1問当たり2点）

図は鉄骨軽量コンクリート造店舗平屋建の配線図である。この図に関する次の各問いには4通りの答え（イ、ロ、ハ、ニ）が書いてある。それぞれの問いに対して、答えを1つ選びなさい。

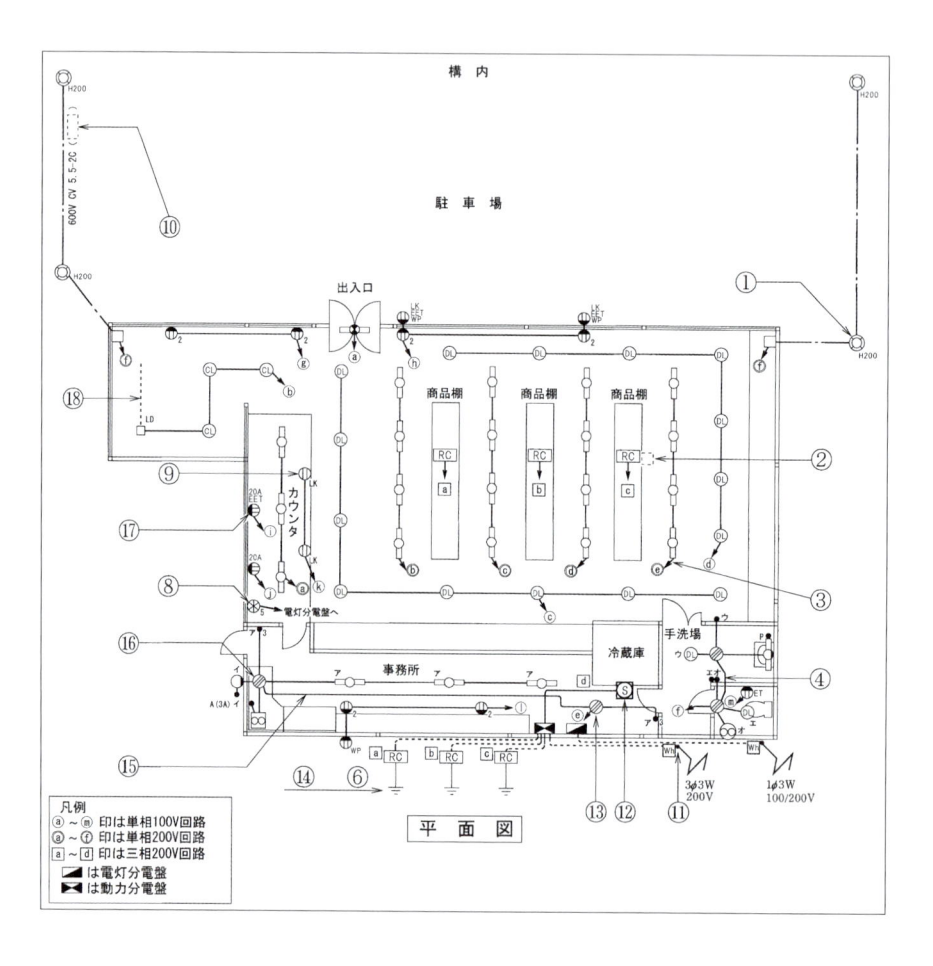

【注意】1. 屋内配線の工事は、特記のある場合を除き600Vビニル絶縁ビニルシースケーブル平形（VVF）を用いたケーブル工事である。
2. 屋内配線等の電線の本数、電線の太さ、その他、問いに直接関係のない部分等は省略又は簡略化してある。
3. 漏電遮断器は、定格感度電流30mA、動作時間0.1秒以内のものを使用している。
4. 選択肢（答え）の写真にあるコンセント及び点滅器は、「JIS C 0303:2000 構内電気設備の配線用図記号」で示す「一般形」である。
5. ジョイントボックスを経由する電線は、すべて接続箇所を設けている。
6. 3路スイッチの記号「0」の端子には、電源側又は負荷側の電線を結線する。

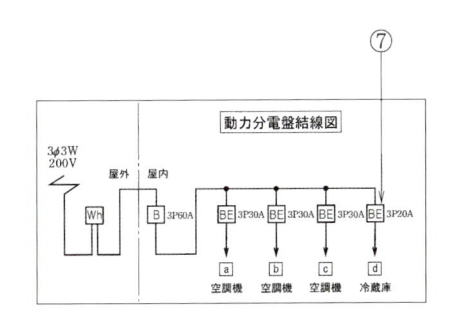

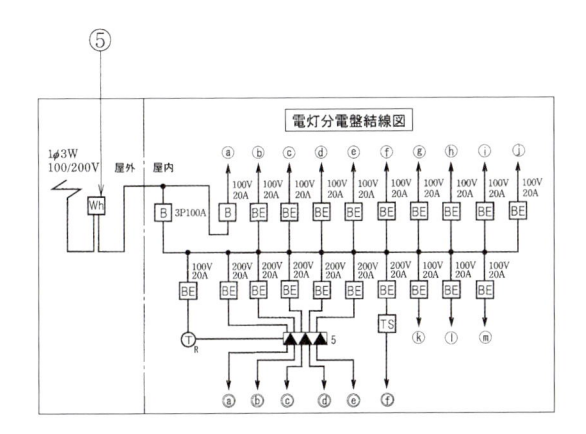

問31 ①で示す屋外灯の種類は。
☐☐☐

イ. 蛍光灯　　ロ. 水銀灯　　ハ. ナトリウム灯　　ニ. メタルハライド灯

問32 ②で示す部分はルームエアコンの屋内ユニットである。その図
☐☐☐　記号の傍記表示として、正しいものは。

イ. B　　　　ロ. O　　　　ハ. I　　　　ニ. R

問33 ③で示す部分の電路と大地間の絶縁抵抗として、許容される
☐☐☐　最小値[MΩ]は。

イ. 0.1　　　ロ. 0.2　　　ハ. 0.4　　　ニ. 0.6

問34 ④で示す部分の最少電線本数(心線数)は。
☐☐☐

イ. 2　　　　ロ. 3　　　　ハ. 4　　　　ニ. 5

問35 ⑤で示す図記号の計器の使用目的は。
☐☐☐

イ. 負荷率を測定する。　　ロ. 電力を測定する。
ハ. 電力量を測定する。　　ニ. 最大電力を測定する。

問36 ⑥で示す部分の接地工事の種類及びその接地抵抗の許容され
☐☐☐　る最大値[Ω]の組合せとして、正しいものは。

イ. C種接地工事　　10Ω　　　ロ. C種接地工事　　50Ω
ハ. D種接地工事　　100Ω　　ニ. D種接地工事　　500Ω

問37 ⑦で示す図記号の名称は。
□□□

イ. 配線用遮断器　　ロ. カットアウトスイッチ
ハ. モータブレーカ　ニ. 漏電遮断器（過負荷保護付）

問38 ⑧で示す図記号の名称は。
□□□

イ. 火災表示灯　　　　　　ロ. 漏電警報器
ハ. リモコンセレクタスイッチ　ニ. 表示スイッチ

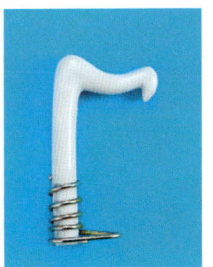

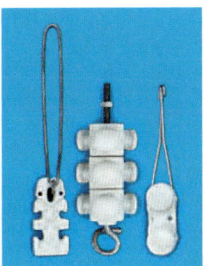

問39 ⑨で示す図記号の器具の取り付け場所は。
□□□

イ. 二重床面　　ロ. 壁面　　ハ. 床面　　ニ. 天井面

問40 ⑩で示す配線工事で耐衝撃性硬質塩化ビニル電線管を使用した。その傍記表示は。
□□□

イ. FEP　　ロ. HIVE　　ハ. VE　　ニ. CD

問41 ⑪で示す部分でDV線を引き留める場合に使用するものは。
□□□

イ.　　　ロ.　　　ハ.　　　ニ.

問42 ⑫で示す図記号の器具は。

イ．　　　ロ．　　　ハ．　　　ニ．

問43 ⑬で示すボックス内の接続をすべて圧着接続とする場合、使用するリングスリーブの種類と最少個数の組合せで、適切なものは。ただし、使用する電線はVVF1.6とし、ボックスを経由する電線は、すべて接続箇所を設けるものとする。

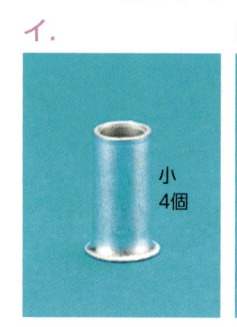

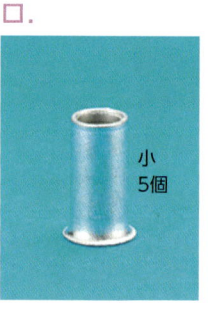

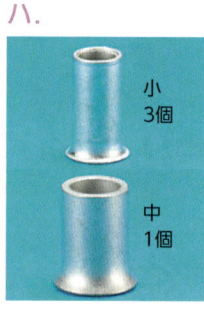

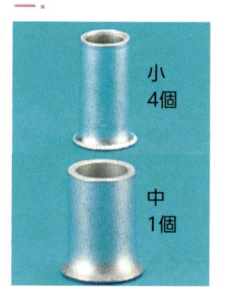

イ．　　　　　　　ロ．　　　　　　　ハ．　　　　　　　ニ．
小　　　　　　　 小　　　　　　　 小　　　　　　　 小
4個　　　　　　 5個　　　　　　 3個　　　　　　 4個
　　　　　　　　　　　　　　　　中　　　　　　　 中
　　　　　　　　　　　　　　　　1個　　　　　　 1個

問44 ⑭で示す屋外部分の接地工事を施すとき、一般的に使用されることのないものは。

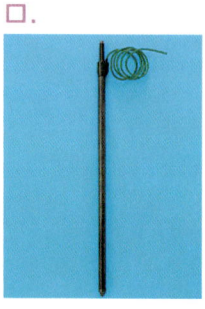

イ．　　　ロ．　　　ハ．　　　ニ．

問45 ⑮で示す部分の配線工事に必要なケーブルは。
ただし、使用するケーブルの心線数は最少とする。

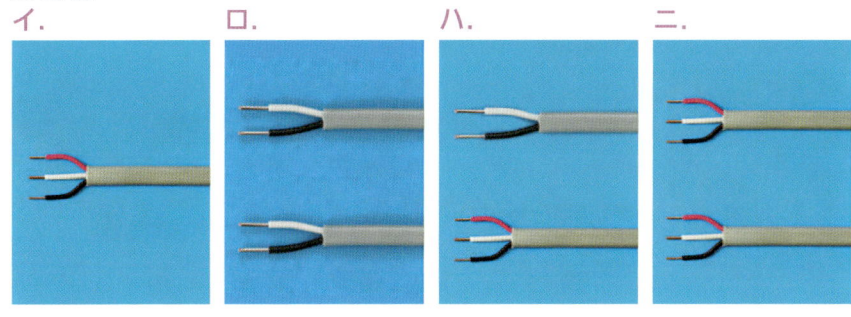

イ． ロ． ハ． ニ．

問46 ⑯で示すボックス内の接続をすべて差込形コネクタとする場合、使用する差込形コネクタの種類と最少個数の組合せで、適切なものは。
ただし、使用する電線はVVF1.6とし、ボックスを経由する電線は、すべて接続箇所を設けるものとする。

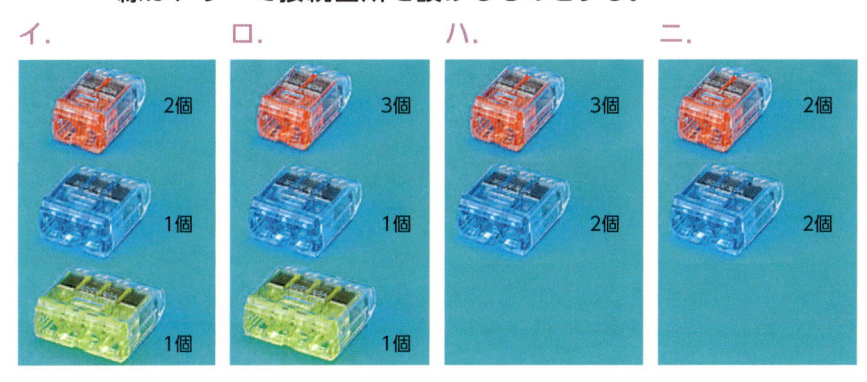

イ． ロ． ハ． ニ．

- イ．2個／1個／1個
- ロ．3個／1個／1個
- ハ．3個／2個
- ニ．2個／2個

問47 ⑰で示す図記号の器具は。

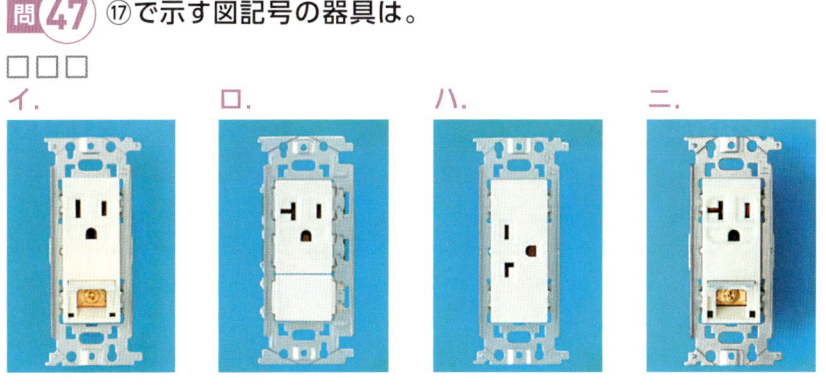

イ． ロ． ハ． ニ．

問48 ⑱で示す図記号のものは。

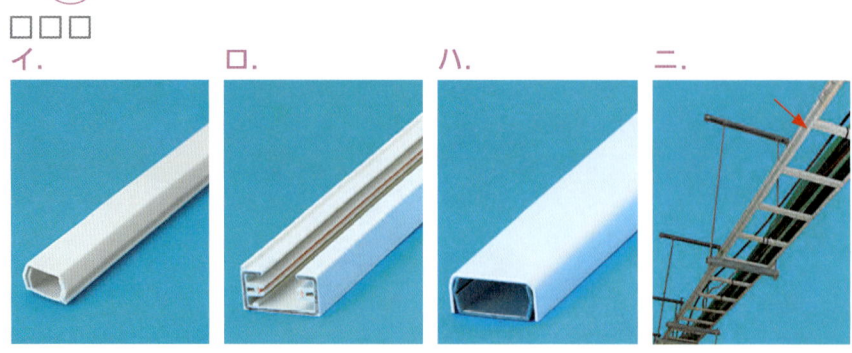

イ． ロ． ハ． ニ．

問49 この配線図の施工で、使用されていないものは。
ただし、写真下の図は、接点の構成を示す。

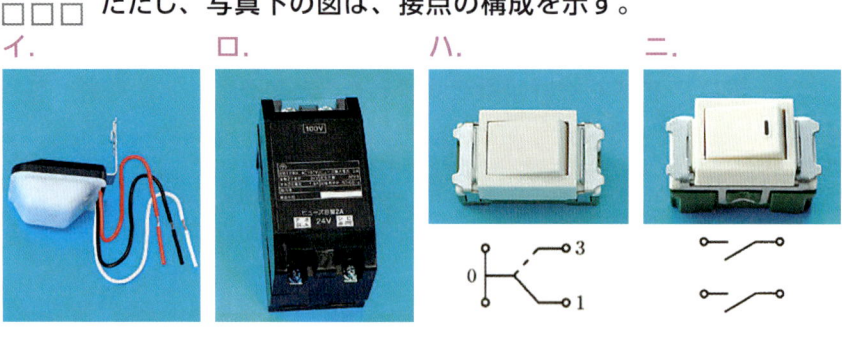

イ． ロ． ハ． ニ．

問50 この配線図で、使用されているコンセントは。

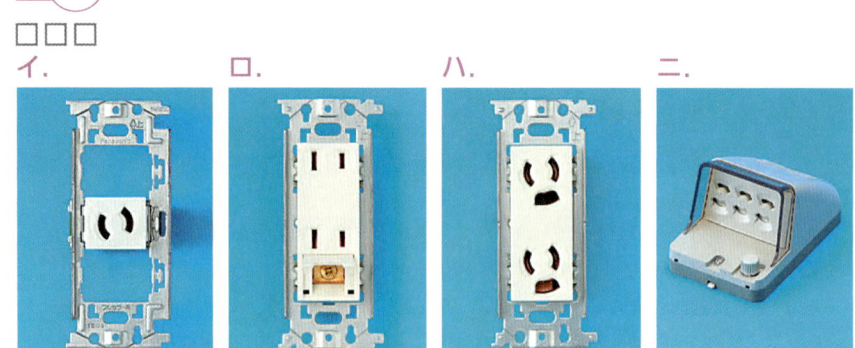

イ． ロ． ハ． ニ．

第1回 筆記試験模擬問題　解答と解説

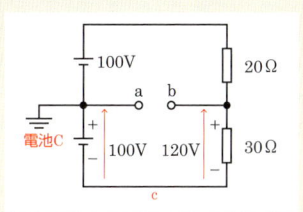

問1　答え ロ

2つの抵抗には200Vがそれぞれの抵抗の比に応じて分圧されます。つまり、20Ωには200V×$\frac{20}{50}$＝80Vが、30Ωには200V×$\frac{30}{50}$＝120Vがかかります（もちろん後者の電圧は、200V／50Ω＝4Aとして回路を流れる電流を求め、それに30Ωを乗じて（4A×30Ω＝120V）と求めてもよい）。

b－c間の電圧は抵抗30Ωの両端電圧120Vであり、抵抗の上側(b点)の極性は＋、下側は－です（上側が電位が高い）。また、a－c間には電池Cの電圧100Vがかかっています。a、bともに極性が＋なので、a－b間には120－100＝20Vだけの電圧がかかり、100V分の電圧は＋同士（同極同士）の反発力によって相殺されてしまいます。

問2　答え ロ

2Ωと2Ωの並列合成抵抗は、和分の積より$\frac{2×2}{2+2}$＝1Ω。同様に3Ωと6Ωのそれは$\frac{3×6}{3+6}$＝2Ω。これらの抵抗で問題の回路を書き換えると下図のようになります。

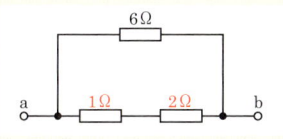

結局、6Ωと3Ωの並列回路となります。よって回路全体の合成抵抗は$\frac{6×3}{6+3}$＝2Ωとなります。

問3　答え ハ

オームの法則のもととなった電気抵抗の式を問う問題です。その式とは以下のとおりです。

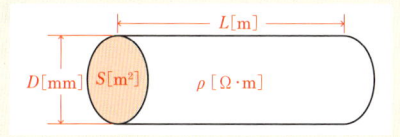

上記導体において、断面積を$S[m^2]$、長さを$L[m]$とすると、この導体の抵抗$R[\Omega]$は以下の式で表されます。

$$R=\rho\frac{L}{S}[\Omega]$$

上式のSの値が直径$D[mm]$とπによって表されている式が4つ挙げられ、どれが正しいかを問う問題です。Sの単位は$[m^2]$ですから、$D[mm]$を10^{-3}乗して$D×10^{-3}[m]$として単位を揃える必要があります。この値を使ってSを求めると以下のようになります。

$$S=\pi\left(\frac{D×10^{-3}}{2}\right)^2=\frac{\pi D^2×10^{-6}}{4}[m^2]$$

よってRは

$$R=\frac{\rho L}{\frac{\pi D^2×10^{-6}}{4}}=\frac{4\rho L}{\pi D^2×10^{-6}}=\frac{4\rho L}{\pi D^2}×10^6[\Omega]$$

問4　答え ハ

コンデンサをつなぐ前の負荷だけを流れる電流と、つないだ後の負荷とコンデンサ

の並列回路を流れる合成電流とのどちらが大きい（小さい）のかを問う問題です。

まず、コンデンサをつなぐ前の負荷だけを流れる電流のベクトル図を以下に示します。

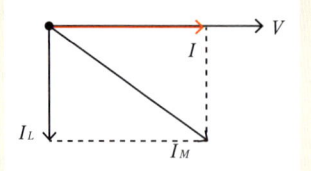

Vは電源電圧、I_Mは負荷を流れる電流。この電流は、負荷（電動機）で消費される有効電力の電流成分Iと、負荷の無効電力成分の電流I_L（コイルの影響でVより90°位相が遅れた電流）とのベクトル和です。電流計が指し示すのはこの電流の値です。

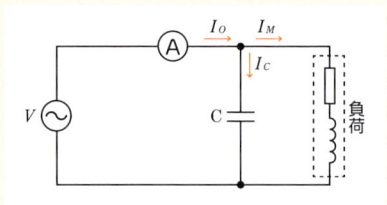

さて、ここで上図のように負荷に並列にコンデンサをつなぎます。負荷にかかる電圧Vは変わらないので、負荷側の電流・電圧のベクトル図は前図と同様です。コンデンサにはVより90°位相が進んだ電流I_Cが流れます。コンデンサの設置により「力率が100%に改善」とあるので、Vとコンデンサ設置後の回路全体を流れる電流I_Oとの位相差はゼロとなります。この状態をベクトル図にすると以下のようになります。

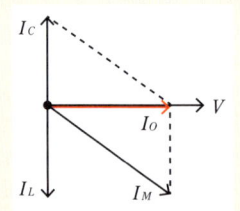

I_Oはもちろん、I_MとI_Cの和です。このベクトル図を見ると、I_Oというのが、先の負荷だけを流れる電流のベクトル図のIに等しいことがわかります。つまり$I_O = I$です。問題はコンデンサ設置前と変わることのない電流I_MとI_Oの大小を問うものですから、上のベクトル図から明らかなように、I_Oはコンデンサ設置前の電流I_Mより減少します。

問 5　答え イ

断線後の回路は以下のようになります。

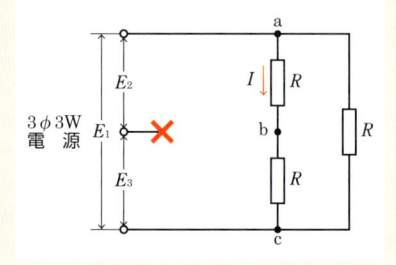

上図で$E_1 = E_2 = E_3 = E$です。添え字の数字は説明の都合上便宜的に付けたものです。この問題のポイントは、a-c間の一方が抵抗R 2つの直列になることと、a-c間の電圧がE_1（$=E$）だということです。a-c間の電圧は見方によっては$E_2 + E_3$だともいえますが、ここが三相交流の悩ましいところです。下図は電源側（三相トランスの2次側）のΔ結線図を見たところです。この図のE_1、E_2、E_3は上の図の各電圧に対応しています。

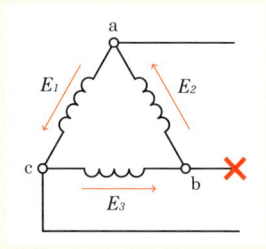

E_1の方向からE_2、E_3を見ると逆向きです。よって、a−c間の電圧はE_1であり、かつ$(-E_2)+(-E_3)$でもあります。E_1も、そして$(-E_2)+(-E_3)$ももちろんベクトルなので、ベクトル図は以下のようになります。

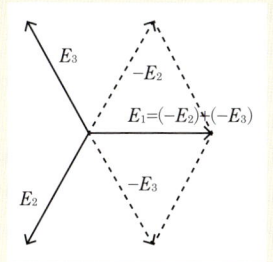

つまり、先に述べたa−c間の電圧は見方によってはE_2+E_3だというのは、上のベクトル図からも明らかなように正確には$(-E_2)+(-E_3)=-(E_2+E_3)$であり、それはE_1と等しくなります。よってa−c間の電圧はE_1($=E$)でよく、よってa−b間を流れる電流($=$a−c間を流れる電流)Iは$\dfrac{E}{2R}$となります。

問 6   答え ニ

下図から明らかなように、a−b、a'−b'間を流れる電流は5A+10A=15Aです。

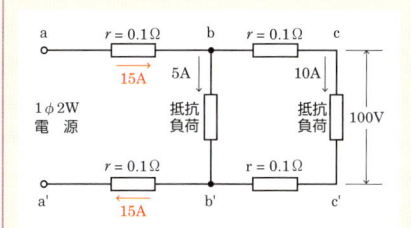

a−a'間の電圧はc−c'間の電圧(100V)に、a−c間の電圧降下(0.1Ω×15A+0.1Ω×10A=2.5V)とa'−c'間の電圧降下($=$a−c間の電圧降下)を加えたものなので、a−a'間の電圧=100V+2.5V×2=105V。

問 7   答え ハ

電流計は中性線に設置されています。下図のように、この中性線にはI_1とI_2の差の電流が流れます。

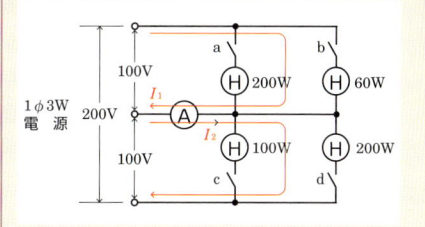

回路には、200W×2、100W×1、60W×1という4つの電熱器が接続されています。200Wには2A、100Wには1A、60Wには0.6Aの電流が流れます。

 イ．スイッチa、bを閉じた場合は、
　　$I_1=2.6A$、$I_2=0A$。$I_1-I_2=2.6A$。
 ロ．スイッチc、dを閉じた場合は、
　　$I_2=3A$、$I_1=0A$。$I_1-I_2=-3A$。
 ハ．スイッチa、dを閉じた場合は、
　　$I_1=2A$、$I_2=2A$。$I_1-I_2=0A$。
 ニ．スイッチa、b、dを閉じた場合は、
　　$I_1=2.6A$、$I_2=2A$。$I_1-I_2=0.6A$。

以上から電流計の指示値が最も小さい場合(I_1-I_2が最も小さい場合)はハです。

問 8   答え ロ

この低圧屋内幹線には定格電流合計60Aの電動機負荷のみが接続されています。この場合、許容電流の最小値は以下の式で求められます。
許容電流の最小値＝(定格電流×需要率)×割増率(1.1か1.25)

定格電流×需要率≦50Aの場合は割増率1.25、>50Aのときは1.1。今の場合、定格電流×需要率=48Aなので割増

率は1.25。よって許容電流の最小値＝60Aです。

問9　答え ニ

低圧屋内幹線からの分岐回路における電線の許容電流を問う問題です。幹線からの長さが8mを超えていれば、その許容電流は幹線の過電流遮断器の定格電流×55%以上とされています。よって60A×0.55＝33Aが正解です。

問10　答え ニ

分岐回路に接続されるさまざまな負荷に応じて、その回路に使用される配線用遮断器（あるいはヒューズ）の定格電流が決まります。また、その定格電流に応じて電線の太さやコンセントの定格電流が決まっています。

イの場合は配線用遮断器の定格が30Aなので、コンセントの定格はOKですが、電線の太さ（2.0mm）がNG（2.6mm以上）。

ロの場合は配線用遮断器が20Aなので、電線の太さ（2.6mm）はOKですがコンセントの定格（30A）がNG（20A以下）。

ハの場合は配線用遮断器が30Aなので電線の太さはOKですが、コンセントの定格（15A）がNG（20A～30A）。本問題の場合、15Aコンセントが2個ということで30Aコンセントと同等と思われがちですが、コンセント1個にだけしか負荷がつながれないときでも30Aまで使えるよう、1個1個が20～30Aの定格を満たすよう決められています。

ニの場合は配線用遮断器が20Aなので電線の太さはOK。さらに、コンセントの定格もOKなのでこれが正解です。

問11　答え ハ

内線規定により、電気食器洗い機用コンセントには接地極付コンセントを使用することとされているのでハが正解。同コンセントには接地端子付のものが推奨されています。

問12　答え ロ

プリカナイフは、薄鋼電線管ではなく、2種金属製可とう電線管（プリカチューブ）を切断するのに使います。

問13　答え ニ

イは鋼製電線管を切断する工具がありません。ロも同様。ハは鋼製電線管を曲げる工具がありません。ニは切断用（金切りのこ）、曲げ用（パイプベンダ）ともにあるのでこれが正解。

問14　答え ロ

三相誘導電動機は、3本の結線のうち、いずれか2本を入れ替えれば逆回転します。

問15　答え イ

接地抵抗の測定に用いる接地抵抗計です。2本の接地棒と測定コードが目印です。

問16　答え イ

写真のラベルに50μFと記載されていることから、これはコンデンサだとわかります。低圧用とうたっていますが、4つの選択肢にコンデンサはこれ1つしかないのでその言葉に惑わされる必要はありません。

問17　答え ロ

　写真はライティングダクトです。照明器具装着用のプラグを写真の導体レールに沿って移動できます。

問18　答え イ

　リモコンリレーとは、照明器具などを遠隔操作でオン／オフできるスイッチのことです。生電源を実際に入り切りする制御部分の配線をリモコンリレーで切り替えて電源のオン／オフを代行させます。

問19　答え ロ

　リングスリーブでは、電線の太さが同じものどうしの場合はそれほどまごつきませんが、異なるものどうしの場合はどうするか？ その場合は1.6mm線は1本、2.0mm線は1.6本、2.6mm線は3本と換算して、その合計本数が4本以下の場合はリングスリーブ小、7本以下の場合はリングスリーブ中、7本より大きい場合はリングスリーブ大を使用します。この問題の場合、イは2.0mmどうし2本なのでスリーブは小ですが、圧着マークがNG（○は1.6mm×2本）。ロは上記換算で2.6本なのでスリーブは小、圧着マークも小でOK。これが正解。ハは4本だからスリーブは小でよいのに、中としてありますからこれはNG。ニは上記換算で3.6本だからスリーブは小でよいのに、中としてありますからこれもNG。

問20　答え ロ

　合成樹脂管内では電線の接続点を設けてはならない、と規定されています。

問21　答え ニ

　屋内配線電路の対地電圧は150V以下であることとされています。ただし定格消費電力が2kW以上の電気機械器具を接続する場合、所定の条件をクリアすればこの三相200V電路（対地電圧200V）にもつなげられます。
　イ、ロ、ハは所定の条件どおりなのでOK。ニは2kW以上の電気機械器具は屋内配線と直接接続して施設するという条件にマッチしてないのでこれが答え。

問22　答え ニ

　イの電線管（E19）はねじなし電線管、ロのそれ（PF16）は合成樹脂製とう電線管、ハのそれ（16）は厚鋼電線管（奇数表示は薄鋼電線管）であり、それぞれの設問記載の電線管とは異なるのでNG。ニのそれ（F2 17）は2種金属製可とう電線管であり、配線図記号も露出配線のそれになっているので、設問の記載内容と合っています。よって、これが正解。

問23　答え ニ

　イはスイッチオンでパイロットランプは点灯するようになってはいますが、球切れ等でランプが非導通になると負荷にも電気がいかなくなるのでNG。ロとハはスイッチオフでもランプは点いたままなのでNG。パイロットランプとは機器（負荷）の作動状況などを示す表示灯とされているのでこれでは役に立ちません。ニはスイッチオンで負荷が作動し、ランプも点灯、オフで負荷とランプが非導通になってランプが消えるのでこれはOK。

問24 答え イ

電流計Ⓐは負荷と直列に、電圧計Ⓥは負荷と並列に接続。電力計Ⓦは電流・電圧ともに計らなければならないので、計器の電流計要素は負荷と直列に、電圧計要素は負荷に並列に接続されるように電力計をつなぐ必要があります。よってイが正解です。

問25 答え イ

単相3線式100／200Vの屋内配線の場合、使用電圧は300V以下に該当、よって対地電圧は150V以下であり、電路と大地間、電線相互間の絶縁抵抗はそれぞれ0.1MΩ以上とされているので正解はイとなります。

問26 答え ハ

絶縁抵抗計とは、屋内配線や電気機器の電路と大地間、電線相互間が絶縁されているかどうか調べる計器。問題を見ると三相誘導電動機の三相電路と大地との絶縁抵抗を計っているらしいことがわかります。したがって、計器のLの線路端子(ライン)は三相電路のいずれかに、またEの接地端子(アース)は大地に接地されている電動機の鉄台に接続される必要があるので、ハが正解となります。

問27 答え ロ

なぜ交流ではなく直流なのかというと、交流だと絶縁物(誘電体)がコンデンサの働きをかいま見せるため、ごくわずかとはいえ交流電流が流れるおそれがあり、正確な絶縁抵抗測定ができないからです。

問28 答え ハ

法令により、免状の記載事項に変更があった場合は、当該免状にそれを証明する書類を添えて、当該免状を交付した都道府県知事にその書換えを申請しなければならない、とされています。申請先はハの記載内容にあるように経済産業大臣ではなく(都道府県知事が正解)、また書換え自体を申請先にしてもらうわけでもありません。

問29 答え ロ

電技解釈第143条(電路の対地電圧の制限)により、住宅の屋内電路の対地電圧は原則として150V以下に制限されています。

問30 答え イ

600V以下で受電する屋内配線設備等と同じ構内にある小出力発電設備は一般用電気工作物に該当します。

問31 答え ロ

◎は屋外灯の図記号です。—・—・—は地中埋設配線ですから、そこからも推測できます。また、記号の傍記が「H200」となっているので、200V水銀灯ということがわかります。

問32 答え ハ

エアコン記号の屋内ユニット・屋外ユニットは、エアコン記号にI(屋内)、O(屋外)を傍記してあることで見分けがつきます。

RC I　　RC O

問33　答え　イ

ⓔは電灯分電盤の100Vの配線用遮断器に接続されていますが、同分電盤の下段には200Vの配線用遮断器もあるので単相三線式100/200V配線であることがわかります。単相3線式100/200Vの屋内配線の場合、使用電圧は300V以下に該当、よって対地電圧は150V以下であり、電路と大地間、電線相互間の絶縁抵抗はそれぞれ0.1MΩ以上とされているので正解はイとなります。なお、同屋内には三相200V回路もありますが、こちらの場合は対地電圧が200Vなので絶縁抵抗は0.2MΩ以上が必要です。

問34　答え　イ

ウのダウンライト(DL)とプルスイッチ付蛍光灯への電源供給だけでいいので、電源ライン2本(接地側電線と非接地側電線)のみでOK。よって2本となります。

問35　答え　ハ

Wのみだと電力計。それに電力使用時間を表すhがついて電力量計となります。

問36　答え　ニ

ルームエアコンがつながっている動力分電盤ⓐの回路は三相200V。三相200Vのルームエアコンの屋外ユニットの場合はD種接地工事を省略することができません。また、注意書き3に、「漏電遮断器は定格電流30mA、動作時間0.1秒以内のものを使用」とあるので、接地抵抗値の最大値は緩和されて500Ωとなります。

問37　答え　ニ

BEは過負荷保護付漏電遮断器。漏電遮断器だけだとE。

問38　答え　ハ

⊕₆はリモコンセレクタスイッチ。傍記の数字6は点滅回路数を表しています。

問39　答え　ニ

Ⓓは天井取り付け形コンセント。

問40　答え　ロ

耐衝撃性硬質塩化ビニル電線管の記号はHIVE。VEは硬質塩化ビニル電線管で、HI＝High-Impactは「耐衝撃性」という意味です。HIVPというのもあって、これは耐衝撃性硬質塩化ビニル管のことで、水道管などに用いられます。

問41　答え　ハ

DV線とは引込用ビニル絶縁電線のことです。ハがいし(碍子)の一種で、DV線を引き込むための引留具として使用されます。

問42　答え　ロ

⑫の図記号は、四角い箱にスイッチ(開閉器)Sが入っているから箱開閉器です。電流計も付いているロが正解です。

問43　答え　イ

⑮を通る電線を中心に見た⑬と⑯の

VVF用ジョイントボックス内の複線図を以下に示します。

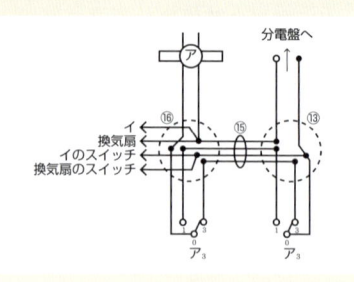

いま問われているのは、⑬のジョイントボックス内でのリングスリーブによる結線です。圧着か所は4か所で、すべて1.6mm線2〜3本だけなので小スリーブでよいということになります。

問44 答え ハ

エアコン屋外ユニットの接地工事。接地電極としてロの接地棒、電線の皮むきにイの電工ナイフ、エアコンと電線の接続にニの圧着端子を用います。ハのリーマは無関係です。

問45 答え ロ

問43の複線図を見ればわかるように、⑮を通る配線は、⑬から来る電灯分電盤からの接地側・非接地側の2線、それと3路スイッチどうしをつなぐ2線なので、ロが正解となります。

問46 答え ロ

問43の⑯のジョイントボックス内での差込形コネクタによる結線です。複線図から明らかなように、2本用が3個、3本用が1個、4本用が1個です。

問47 答え ニ

コンセントの傍記が20A EETとなっており、電灯分電盤の単相100Vの①につながっています。つまり単相100V/20Aということなので刃受けの形状はT型に該当。EETとは接地極・接地端子付ということなので答えはニとなります。

問48 答え ロ

傍記のLDとはライティングダクトの略です。照明器具装着用のプラグを写真ロのカーテンレール状の導体レールに沿って自在に移動できます。

問49 答え ニ

イは自動点滅器で、配線図中イのスイッチ記号がそれに該当します。Aという傍記が目印。3Aというのは電流容量。自動点滅器は、それの上にあるイのブラケットランプを周囲の明るさに応じて自動的に点滅します。ロはリモコントランス。電灯分電盤内の(T)という図記号がそれです。ハは3路スイッチで、配線図中アのスイッチ記号がそれに該当します。ニは単極スイッチ。これは使われていないのでこれが正解です。

問50 答え イ

イは抜止形コンセントで、電灯分電盤⑯に接続される記号LKのコンセント(回路図中の⑨)がそれに該当します。ちなみに引掛形の記号はT。ロは接地端子付ダブルコンセント(2ET)、ハは接地極付抜止形ダブルコンセント(2LKE)、ニは防雨形コンセントで、ロ、ハ、ニが使われている箇所はありません。

第2回 筆記試験 模擬問題

問題1　一般問題 （問題数は30　配点は1問当たり2点）

【注】本問題の計算で$\sqrt{2}$、$\sqrt{3}$及び円周率πを使用する場合の数値は次によること。
　　　$\sqrt{2}$＝1.41、$\sqrt{3}$＝1.73、π＝3.14

次の各問いには4通りの答え（イ、ロ、ハ、ニ）が書いてある。
それぞれの問いに対して答えを1つ選びなさい。

問1 図のような回路で、端子a−b間の合成抵抗[Ω]は。

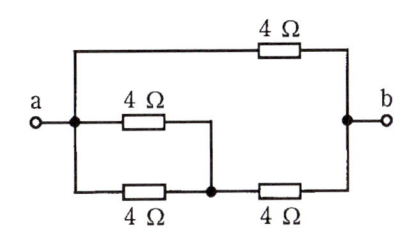

イ. 1.5　　　ロ. 1.8　　　ハ. 2.4　　　ニ. 3.0

問2 コイルに100V、50Hzの交流電圧を加えたら6Aの電流が流れた。このコイルに100V、60Hzの交流電圧を加えたときに流れる電流[A]は。
ただし、コイルの抵抗は無視できるものとする。

イ. 4　　　ロ. 5　　　ハ. 6　　　ニ. 7

問3 照度の単位は。

イ. F　　　ロ. lm　　　ハ. H　　　ニ. lx

問 4 □□□ 図のような三相負荷に三相交流電圧を加えたとき、各線に20Aの電流が流れた。線間電圧E[V]は。

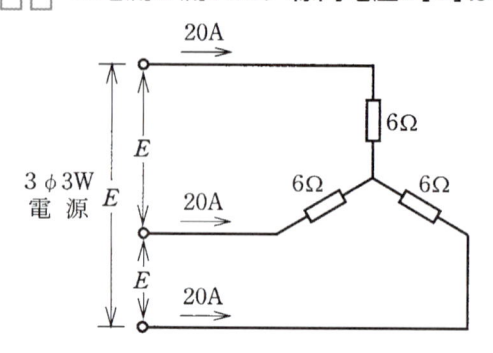

3φ3W電源

イ. 120　　ロ. 173　　ハ. 208　　ニ. 240

問 5 □□□ 電熱器により、60kgの水の温度を20K上昇させるのに必要な電力量[kW・h]は。
ただし、水の比熱は4.2kJ／(kg・K)とし、熱効率は100％とする。

イ. 1.0　　ロ. 1.2　　ハ. 1.4　　ニ. 1.6

問 6 □□□ 図のような単相3線式回路で電流計Ⓐの指示値が最も小さいものは。

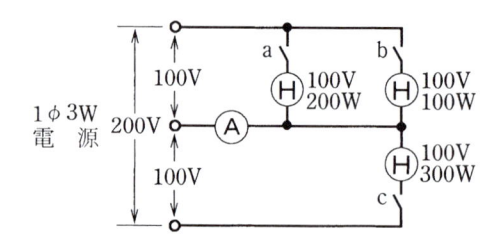

1φ3W電源

イ. スイッチa、bを閉じた場合。
ロ. スイッチa、cを閉じた場合。
ハ. スイッチb、cを閉じた場合。
ニ. スイッチa、b、cを閉じた場合。

問 7 金属管による低圧屋内配線工事で、管内に断面積5.5mm²の600Vビニル絶縁電線（軟銅線）3本を収めて施設した場合、電線1本当たりの許容電流［A］は。
ただし、周囲温度は30℃以下、電流減少係数は0.70とする。

イ. 19　　ロ. 24　　ハ. 34　　ニ. 49

問 8 図のような単相3線式回路において、電線1線当たりの抵抗が0.1Ω、抵抗負荷に流れる電流がともに10Aのとき、この電線路の電力損失［W］は。

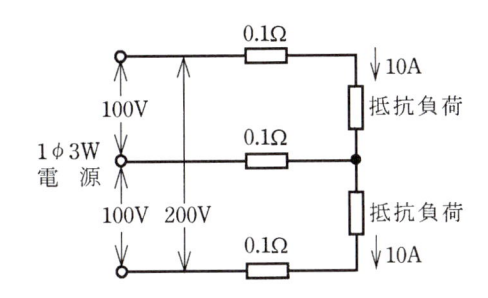

イ. 10　　ロ. 20　　ハ. 30　　ニ. 40

問 9 図のように、三相電動機と三相電熱器が低圧屋内幹線に接続されている場合、幹線の太さを決める根拠となる電流の最小値［A］は。
ただし、需要率は100%とする。

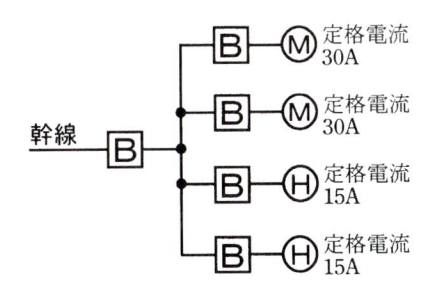

イ. 90　　ロ. 96　　ハ. 105　　ニ. 112

問10 低圧屋内配線の分岐回路の設計で、配線用遮断器、分岐回路の電線の太さ及びコンセントの組合せとして、適切なものは。
ただし、分岐点から配線用遮断器までは3m、配線用遮断器からコンセントまでは8mとし、電線の数値は分岐回路の電線（軟銅線）の太さを示す。
また、コンセントは兼用コンセントではないものとする。

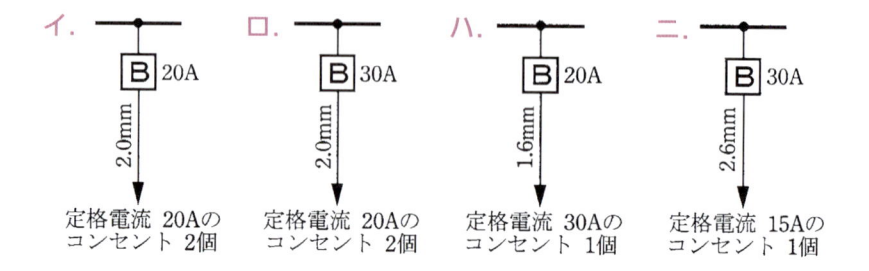

イ． B 20A　2.0mm　定格電流 20Aのコンセント 2個
ロ． B 30A　2.0mm　定格電流 20Aのコンセント 2個
ハ． B 20A　1.6mm　定格電流 30Aのコンセント 1個
ニ． B 30A　2.6mm　定格電流 15Aのコンセント 1個

問11 プルボックスの主な使用目的は。

イ．多数の金属管が集合する場所等で、電線の引き入れを容易にするために用いる。
ロ．多数の開閉器類を集合して設置するために用いる。
ハ．埋込みの金属管工事で、スイッチやコンセントを取り付けるために用いる。
ニ．天井に比較的重い照明器具を取り付けるために用いる。

問12 蛍光灯を、同じ消費電力の白熱電灯と比べた場合、正しいものは。

イ．発光効率が高い。
ロ．雑音（電磁雑音）が少ない。
ハ．寿命が短い。
ニ．力率が良い。

問13 定格周波数60Hz、極数4の低圧三相かご形誘導電動機における回転磁界の同期速度 [min^{-1}] は。

イ. 1200   ロ. 1500   ハ. 1800   ニ. 3000

問14 金属管工事において、絶縁ブッシングを使用する主な目的は。

イ. 金属管を造営材に固定するため。
ロ. 金属管相互を接続するため。
ハ. 電線の被覆を損傷させないため。
ニ. 電線の接続を容易にするため。

問15 力率の最も良い電気機械器具は。

イ. 電気トースター
ロ. 電気洗濯機
ハ. 電気冷蔵庫
ニ. 電球形LEDランプ（制御装置内蔵形）

問16 写真に示す器具の名称は。

イ. キーソケット
ロ. ランプレセプタクル
ハ. プルソケット
ニ. 線付防水ソケット

問17 写真に示す物の用途は。
□□□

イ．アウトレットボックス（金属製）と、そのノックアウトの径より外径の小さい金属管とを接続するために用いる。
ロ．電線やメッセンジャワイヤのたるみを取るのに用いる。
ハ．電線管に電線を通線するのに用いる。
ニ．金属管やボックスコネクタの端に取り付けて、電線の絶縁被覆を保護するために用いる。

問18 写真の矢印で示す材料の名称は。
□□□

イ．ケーブルラック
ロ．金属ダクト
ハ．セルラダクト
ニ．フロアダクト

問19 簡易接触防護措置を施した（人が容易に触れるおそれがない）乾燥した場所に施設する低圧屋内配線工事で、D種接地工事を省略できないものは。
□□□

イ．三相3線式200Vの合成樹脂管工事に使用する金属製ボックス
ロ．単相100Vの埋込形蛍光灯器具の金属部分
ハ．単相100Vの電動機の鉄台
ニ．三相3線式200Vの金属管工事で、電線を収める管の全長が10mの金属管

問20 屋内の管灯回路の使用電圧が1000Vを超えるネオン放電灯の工事として、不適切なものは。
ただし簡易接触防護措置が施してあるもの（人が容易に触れるおそれがないもの）とする。

イ．ネオン変圧器への100V電源回路は、専用回路とし、20A配線用遮断器を設置した。
ロ．ネオン変圧器の二次側（管灯回路）の配線を、点検できない隠ぺい場所に施設した。
ハ．ネオン変圧器の金属製外箱にD種接地工事を施した。
ニ．ネオン変圧器の二次側（管灯回路）の配線を、ネオン電線を使用し、がいし引き工事により施設し、電線の支持点間の距離を1mとした。

問21 特殊場所とその場所に施工する低圧屋内配線工事の組合せで、不適切なものは。

イ．プロパンガスを他の小さな容器に小分けする可燃性ガスのある場所
厚鋼電線管で保護した600Vビニル絶縁ビニルシースケーブルを用いたケーブル工事
ロ．小麦粉をふるい分けする可燃性粉じんのある場所
硬質塩化ビニル電線管VE28を使用した合成樹脂管工事
ハ．石油を貯蔵する危険物の存在する場所
金属線ぴ工事
ニ．自動車修理工場の吹き付け塗装作業を行う可燃性ガスのある場所
厚鋼電線管を使用した金属管工事

問22 使用電圧100Vの屋内配線の施設場所における工事の種類で、不適切なものは。

イ．点検できない隠ぺい場所であって、乾燥した場所の金属管工事
ロ．点検できない隠ぺい場所であって、湿気の多い場所の合成樹脂管工事（CD管を除く）
ハ．展開した場所であって、水気のある場所のケーブル工事
ニ．展開した場所であって、水気のある場所のライティングダクト工事

問23 硬質塩化ビニル電線管を切断し、その切断箇所にTSカップリングを使用して管相互を接続する場合、工具及び材料の使用順序として、最も適切なものは。

イ．金切りのこ→ウエス（布）→接着剤→TSカップリング（挿入）
ロ．金切りのこ→接着剤→TSカップリング（挿入）→ウエス（布）
ハ．金切りのこ→面取器→TSカップリング（挿入）→接着剤→ウエス（布）
ニ．金切りのこ→面取器→ウエス（布）→接着剤→TSカップリング（挿入）

問24 図の交流回路は、負荷の電圧、電流、電力を測定する回路である。図中にa、b、cで示す計器の組合せとして、正しいものは。

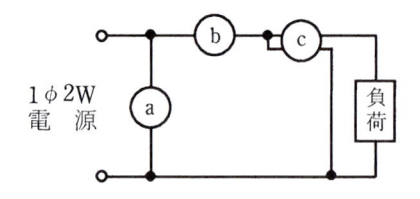

イ．a電流計　ロ．a電力計　ハ．a電力計　ニ．a電圧計
　b電圧計　　b電流計　　b電圧計　　b電流計
　c電力計　　c電圧計　　c電流計　　c電力計

問25 工場の三相200V三相誘導電動機の鉄台に施設した接地工事の接地抵抗値を測定し、接地線（軟銅線）の太さを検査した。「電気設備の技術基準の解釈」に適合する接地抵抗値[Ω]と接地線の太さ（直径[mm]）の組合せで、適切なものは。
ただし、電路に施設された漏電遮断器の動作時間は、0.1秒とする。

イ. 100Ω　1.0mm
ロ. 200Ω　1.2mm
ハ. 300Ω　1.6mm
ニ. 600Ω　2.0mm

問26 使用電圧100Vの低圧電路に、地絡が生じた場合0.1秒で自動的に電路を遮断する装置が施してある。この電路の屋外にD種接地工事が必要な自動販売機がある。その接地抵抗値a[Ω]と電路の絶縁抵抗値b[MΩ]の組合せとして、「電気設備に関する技術基準を定める省令」及び「電気設備の技術基準の解釈」に適合していないものは。

イ. a　100　b　0.1
ロ. a　200　b　0.3
ハ. a　500　b　0.5
ニ. a　600　b　1.0

問27 使用電圧が低圧の電路において、絶縁抵抗測定が困難であったため、使用電圧が加わった状態で漏えい電流により絶縁性能を確認した。「電気設備の技術基準の解釈」に定める絶縁性能を有していると判断できる漏えい電流の最大値[mA]は。

イ. 0.1　　ロ. 0.2　　ハ. 1　　ニ. 2

問28 電気工事士法において、一般用電気工作物の工事又は作業で電気工事士でなければ従事できないものは。

イ. 開閉器にコードを接続する工事
ロ. 配電盤を造営材に取り付ける作業
ハ. 地中電線用の暗きょを設置する工事
ニ. 火災感知器に使用する小型変圧器(二次電圧が36V以下)二次側の配線工事

問29 電気用品安全法における特定電気用品に関する記述として、誤っているものは。

イ. 電気用品の製造の事業を行う者は、一定の要件を満たせば製造した特定電気用品に ⟨PSE⟩ の表示を付すことが出来る。
ロ. 電気用品の輸入の事業を行う者は、一定の要件を満たせば輸入した特定電気用品に (PSE) の表示を付すことができる。
ハ. 電気用品の販売の事業を行う者は、経済産業大臣の承認を受けた場合等を除き、法令に定める表示のない特定電気用品を販売してはならない。
ニ. 電気工事士は、経済産業大臣の承認を受けた場合等を除き、法令に定める表示のない特定電気用品を電気工事に使用してはならない。

問30 「電気設備に関する技術基準を定める省令」で定められている交流の電圧区分で、正しいものは。

イ. 低圧は600V以下、高圧は600Vを超え10000V以下
ロ. 低圧は600V以下、高圧は600Vを超え7000V以下
ハ. 低圧は750V以下、高圧は750Vを超え10000V以下
ニ. 低圧は750V以下、高圧は750Vを超え7000V以下

問題2　配線図 （問題数20，配点は1問当たり2点）

図は、木造2階建住宅の配線図である。この図に関する次の各問いには4通りの答え（イ、ロ、ハ、ニ）が書いてある。それぞれの問いに対して、答えを1つ選びなさい。

【注意】
1. 屋内配線の工事は、特記のある場合を除き600Vビニル絶縁ビニルシースケーブル平形（VVF）を用いたケーブル工事である。
2. 屋内配線等の電線の本数、電線の太さ、その他、問いに直接関係のない部分等は省略又は簡略化してある。
3. 漏電遮断器は、定格感度電流30mA、動作時間は0.1秒以内のものを使用している。
4. 選択肢（答え）の写真にあるコンセント及び点滅器は、「JIS C 0303：2000 構内電気設備の配線用図記号」で示す「一般形」である。

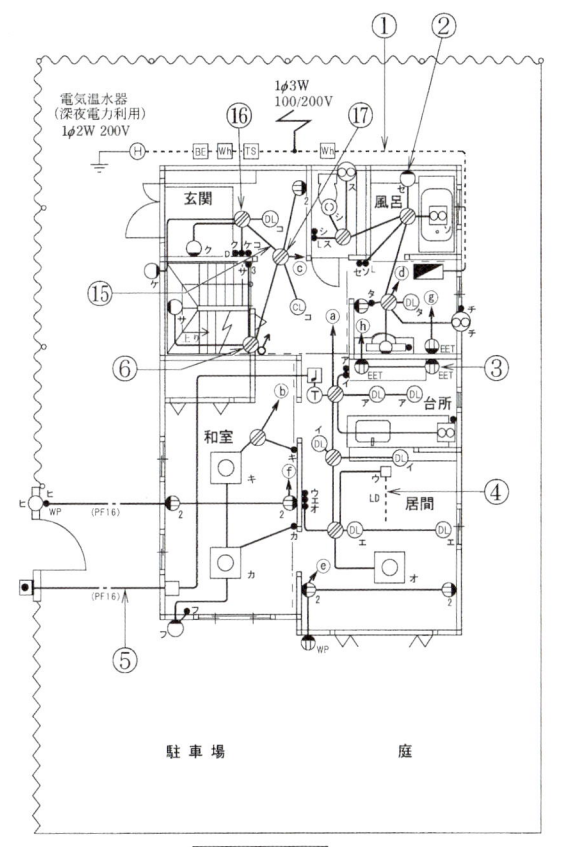

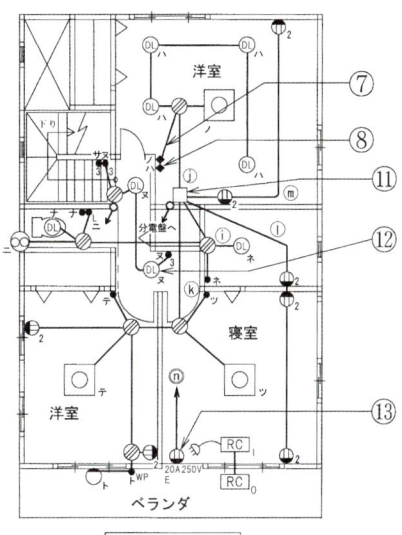

1階平面図

2階平面図

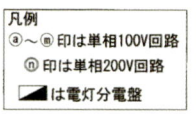

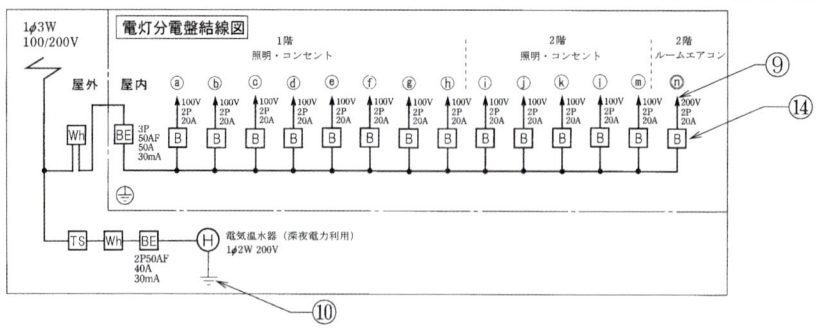

凡例
ⓐ～ⓜ印は単相100V回路
ⓝ印は単相200V回路
▰ は電灯分電盤

電灯分電盤結線図

問31 ①で示す部分の工事方法として、適切なものは。

イ. 金属管工事
ロ. 金属可とう電線管工事
ハ. 金属線ぴ工事
ニ. 600Vビニル絶縁ビニルシースケーブル丸形を使用したケーブル工事

問32 ②で示す図記号の器具の取り付け位置は。

イ. 天井付　ロ. 壁付　ハ. 床付　ニ. 天井埋込

問33 ③で示す図記号の器具の種類は。

イ. 接地端子付コンセント
ロ. 接地極付接地端子付コンセント
ハ. 接地極付コンセント
ニ. 漏電遮断器付コンセント

問34 ④で示す図記号の名称は。
☐☐☐

イ. 金属線ぴ　　　　　　ロ. フロアダクト
ハ. ライティングダクト　ニ. 合成樹脂線ぴ

問35 ⑤で示す部分の小勢力回路で使用できる電圧の最大値[V]は。
☐☐☐

イ. 24　　ロ. 30　　ハ. 40　　ニ. 60

問36 ⑥で示す図記号の名称は。
☐☐☐

イ. ジョイントボックス　　ロ. VVF用ジョイントボックス
ハ. プルボックス　　　　　ニ. ジャンクションボックス

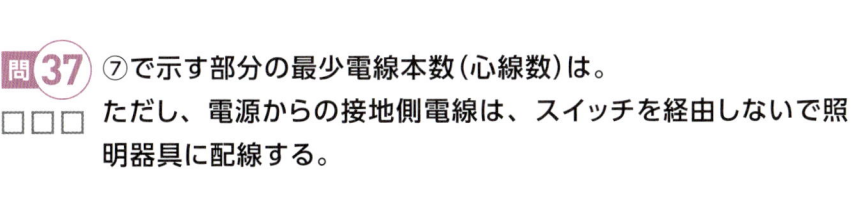

問37 ⑦で示す部分の最少電線本数（心線数）は。
☐☐☐ ただし、電源からの接地側電線は、スイッチを経由しないで照明器具に配線する。

イ. 2　　ロ. 3　　ハ. 4　　ニ. 5

問38 ⑧で示す図記号（◆）の名称は。
☐☐☐

イ. 一般形点滅器　　　　　　ロ. 一般形調光器
ハ. ワイドハンドル形点滅器　ニ. ワイド形調光器

問39 ⑨で示す部分の電路と大地間の絶縁抵抗として、許容される最小値[MΩ]は。

イ. 0.1　　　ロ. 0.2　　　ハ. 0.3　　　ニ. 0.4

問40 ⑩で示す部分の接地工事の種類は。

イ. A種接地工事　　ロ. B種接地工事
ハ. C種接地工事　　ニ. D種接地工事

問41 ⑪で示す図記号のものは。

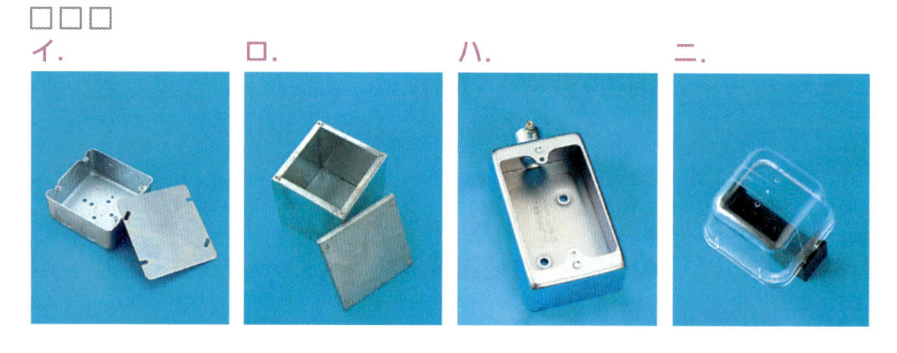

イ.　　　ロ.　　　ハ.　　　ニ.

問42 ⑫で示す図記号の器具は。

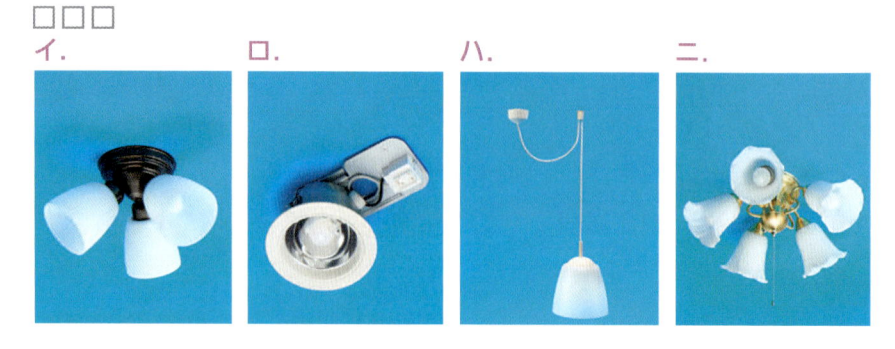

イ.　　　ロ.　　　ハ.　　　ニ.

問㊸ ⑬で示す図記号の器具は。

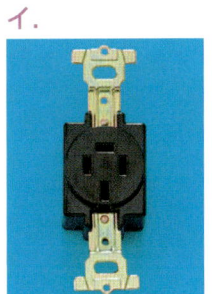

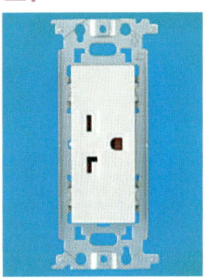

イ. 　　　　ロ. 　　　　ハ. 　　　　ニ.

問㊹ ⑭で示す図記号の器具は。

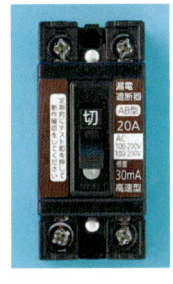

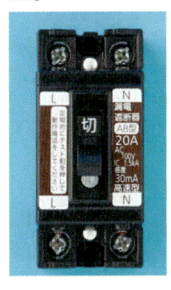

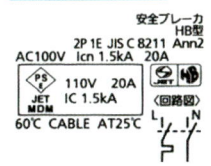

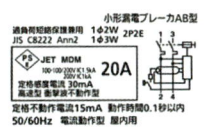

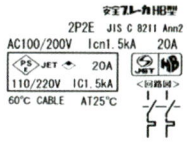

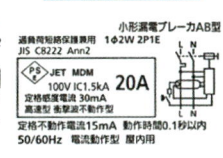

イ. 　　　　ロ. 　　　　ハ. 　　　　ニ.

問㊺ ⑮で示す部分の配線工事に必要なケーブルは。
ただし、使用するケーブルの心線数は最少とする。

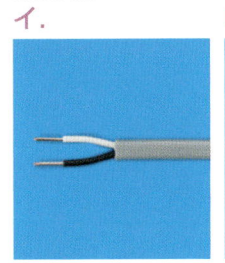

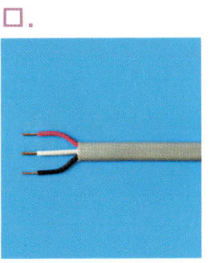

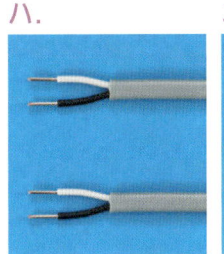

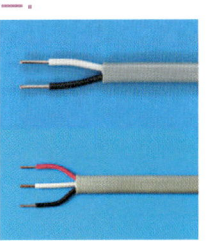

イ. 　　　　ロ. 　　　　ハ. 　　　　ニ.

問46 ⑯で示すボックス内の接続をすべて差込形コネクタとする場合、使用する差込形コネクタの種類と最少個数の組合せで、適切なものは。
ただし、使用する電線はVVF1.6とし、ボックスを経由する電線は、すべて接続箇所を設けるものとする。

イ．
3個
1個
1個

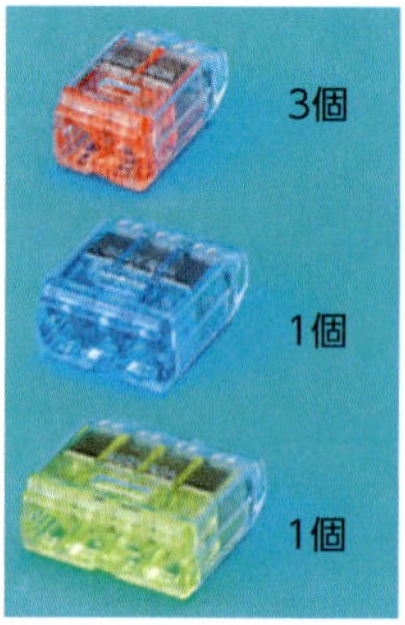

ロ．
2個
1個
1個

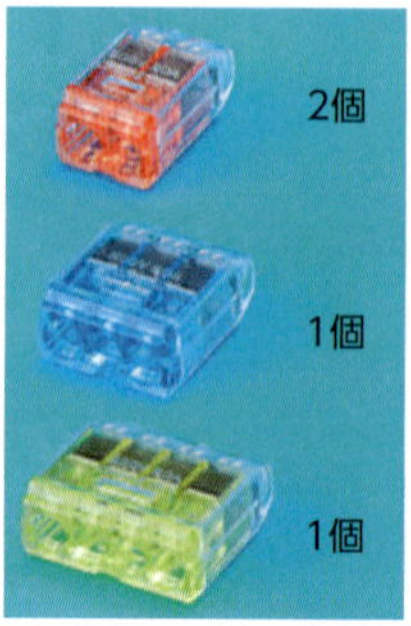

ハ．
2個
3個

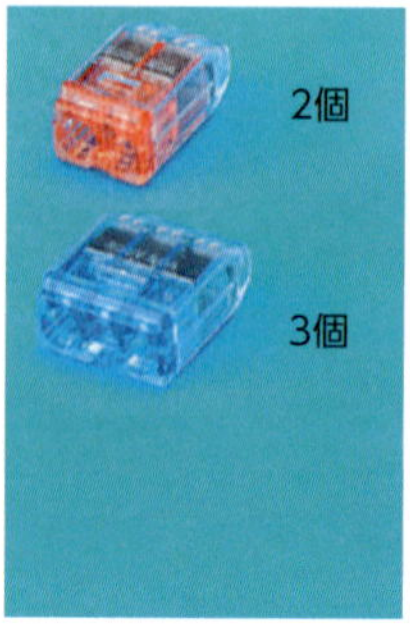

ニ．
3個
1個

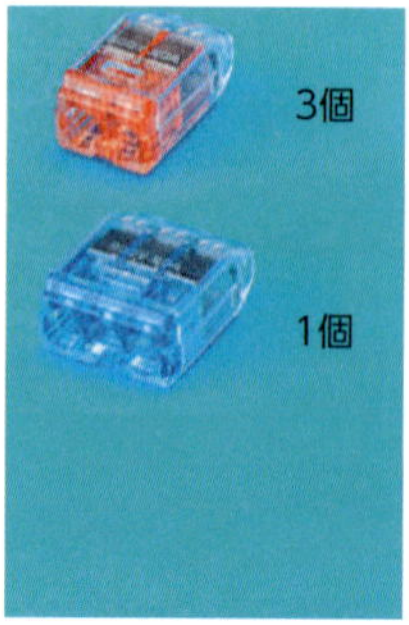

問47 ⑰で示すボックス内の接続をすべて圧着接続とする場合、使用するリングスリーブの種類と最少個数の組合せで、適切なものは。
ただし、使用する電線はVVF1.6とし、ボックスを経由する電線は、すべて接続箇所を設けるものとする。

イ．
小 3個

ロ．
小 4個

ハ．
小 2個
中 1個

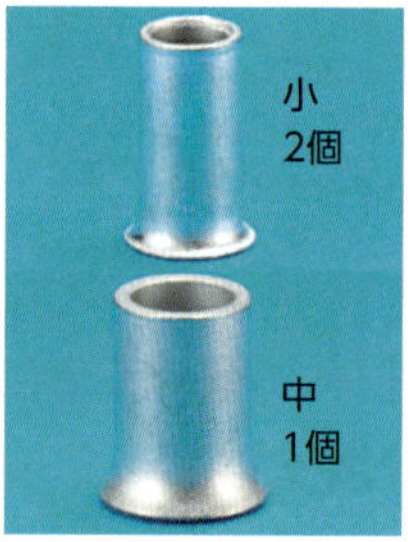

ニ．
小 2個
中 2個

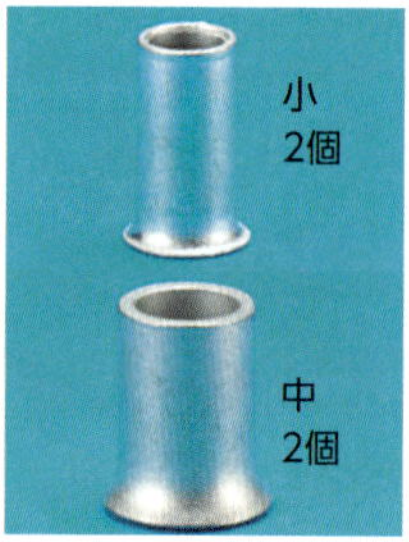

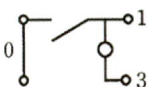

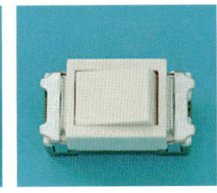

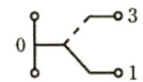

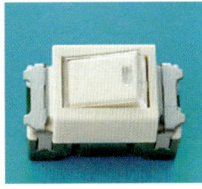

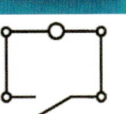

問48 この配線図で、使用されていないスイッチは。
ただし、写真下の図は、接点の構成を示す。

イ．　　　　ロ．　　　　ハ．　　　　ニ．

問49 この配線図の2階部分の施工で、一般的に使用されることのないものは。

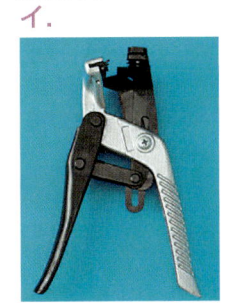

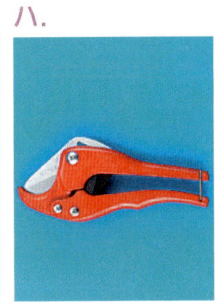

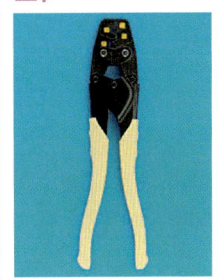

イ．　　　　ロ．　　　　ハ．　　　　ニ．

問50 この配線図の施工で、一般的に使用されることのないものは。

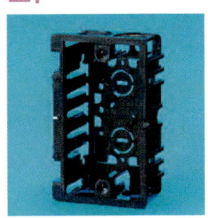

イ．　　　　ロ．　　　　ハ．　　　　ニ．

第2回 筆記試験模擬問題 解答と解説

問1 答え ハ

①左下の4Ω並列回路の合成抵抗を「和分の積で」求めます。$\left(\dfrac{4\times4}{4+4}=2Ω\right)$

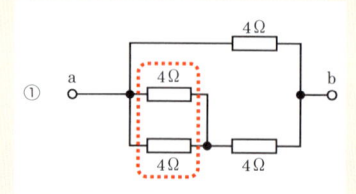

②①で求めた抵抗と直列4Ωとの合成抵抗を求めます（2+4=6Ω）

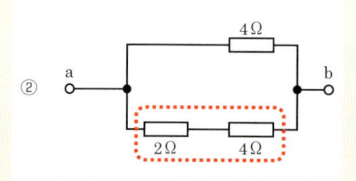

③②で求めた抵抗と4Ωの並列抵抗との合成抵抗を求めます。
$\left(\dfrac{6\times4}{6+4}=2.4Ω\right)$

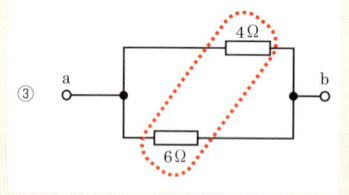

このように回路中にある複数の抵抗の合成抵抗を求めるには、このようにまとまりごとに順に合成していきます。

問2 答え ロ

コイルのリアクタンスは周波数に比例します。よって周波数が50Hzから60Hzに増大すればリアクタンスも$\dfrac{60}{50}=1.2$倍に増えます。電流はリアクタンスに反比例するので電流＝$\dfrac{6}{1.2}$＝5Aとなります。

問3 答え ニ

ニのlx(ルクス)が正解です。イのF(ファラド)は静電容量、ロのlm(ルーメン)は光束(単位時間当たりに通過する光量)、ハのH(ヘンリー)はインダクタンスの単位です。

問4 答え ハ

相電圧は20A×6Ω＝120V。Y結線の場合、線間電圧Eは相電圧の$\sqrt{3}$倍ですから、E＝120×$\sqrt{3}$≒208Vとなります。

問5 答え ハ

温度の単位K(ケルビン)は国際単位系における温度の単位、いわゆる絶対温度です。絶対温度というのは、セ氏の温度スケールを−273℃＝0K、0℃＝273Kとし、さらに無限大にまで拡張したものです。したがって、セ氏の1単位(1℃)と絶対温度の1単位(1K)とは1対1で対応します。

比熱4.2kJ/kg・Kとは、1kgの水を1K(1℃)上げるのに必要な熱量が4.2kJだという意味。よって、60kgの水を20K上昇させるためには4.2×60×20＝5040kJという熱量が必要。1秒間に消費される電力が1Wであるときの発生熱量が1Jとされているので、1kWhの電力量で発生させられる熱量は1kWh＝1kW×3600秒＝3600kJ。

よって5040kJの熱量を発生させるのに必要な電力量は
$\frac{5040kJ}{3600kJ}$ =1.4KWhとなります。

問6　答え ニ

電流計は中性線に設置されています。下図のように、この中性線にはI_1とI_2の差の電流が流れます。

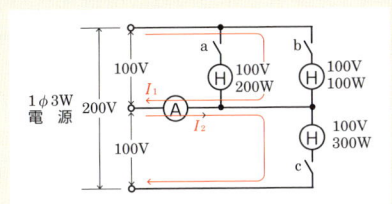

回路には、100W、200W、300Wという3つの電熱器が接続されています。100Wには1A(=100W／100V)、200Wには2A(=200W／100V)、300Wには3A(=300W／100V)の電流が流れます。

　イ．スイッチa、bを閉じた場合は、
　　　I_1=3A、I_2=0A。I_1-I_2=3A。
　ロ．スイッチa、cを閉じた場合は、
　　　I_1=2A、I_2=3A。I_1-I_2=−1A。
　ハ．スイッチb、cを閉じた場合は、
　　　I_1=1A、I_2=3A。I_1-I_2=−2A。
　ニ．スイッチa、b、cを閉じた場合は、
　　　I_1=3A、I_2=3A。I_1-I_2=0A。

以上から電流計の指示値が最も小さい場合(I_1-I_2が最も小さい場合)はニです。

問7　答え ハ

常温・低圧での電線の許容電流は電技解釈146条に規定されています。本問のように断面積5.5mm²(断面積表示はより線の場合)の電線の場合、その値は49Aです。この電線を3本金属管に収納する場合の電流減少係数は0.7なので、結局答えは49×0.7＝34.3≒34A(小数点以下1位を七捨八入)となります。

問8　答え ロ

ここで問われているのは電線抵抗による電力損失です。だから抵抗負荷での消費電力は対象にならないことに注意しましょう。単相3線の上半分を流れる電流と下半分を流れる電流がともに10Aで同じ。これが同じでなければ、中性線にはその差の電流が流れるのですが、今は等しいから流れません。よって中性線での電力損失はゼロ。残りの2線の電力損失はI^2R×2から(10²×0.1)×2＝20Wとなります。

問9　答え ロ

電動機の定格電流の合計I_Mは60A、電熱器のそれI_Hは30A。電動機負荷のつながれた幹線の許容電流は、割増率を見込んで見積もる必要があります。今の場合は$I_M>I_H$であり、かつ$I_M>$50Aであるので割増率は1.1です。よって、幹線の許容電流は1.1I_M+I_H＝96A以上でなければなりません。

問10　答え イ

分岐回路に接続されるさまざまな負荷に応じて、その回路に使用される配線用遮断器(あるいはヒューズ)の定格電流が決まります。また、その定格電流に応じて電線の太さやコンセントの定格電流が決まっています。

イの場合は配線用遮断器の定格が20A

なので、コンセントの定格はOK。さらに電線の太さもOKなので、これが正解になります。本問題の場合、コンセントの数が2個となっていますが、コンセントの数には関係なくコンセント1個1個が定格をクリアしている必要があります。

ロの場合は配線用遮断器が30Aなので、コンセントの定格はOKですが電線の太さ（2.0mm）がNG（2.6mm以上）。

ハの場合は配線用遮断器が20Aなので電線の太さはOKですが、コンセントの定格（30A）がNG（20A以下）。

ニの場合は配線用遮断器が30Aなので電線の太さはOKですが、コンセントの定格（15A）がNG（20～30A）。

問11 答え イ

プルボックスとは、アウトレットボックスでは対応できない、多数の金属管が集合する場所等で電線の引き入れを容易にするために用いられます。

問12 答え イ

蛍光灯やLEDは白熱電灯に比べ、発光効率は5倍程度、寿命は10～40倍ですが、価格も数倍から十数倍です。

問13 答え ハ

三相誘導電動機の回転磁界の同期速度（N_s）を求める式は

$$N_s = \frac{120 \times 周波数}{極数} [\text{min}^{-1}]$$

周波数60Hz、極数4なので

$$N_s = \frac{120 \times 60}{4} = 1800 \text{min}^{-1}$$

が正解となります。

問14 答え ハ

絶縁ブッシングは、金属管に電線を引き込む際、電線の絶縁被覆を引き込み口との接触から保護するために管端やボックスコネクタの端に取り付けます。

問15 答え イ

コイルやコンデンサがある交流回路では、電流と電圧に位相差が発生し、有効電力は皮相電力よりも小さくなる、すなわち力率が悪くなります。選択肢の電気機械器具のうち、イの電気トースターは負荷が抵抗だけなので、力率は100%になります。ロの電気洗濯機やハの電気冷蔵庫は電動機を使用しているため、力率は電気トースターよりも悪くなります。ニのLEDランプに内蔵された制御装置はLEDを安定的に点灯させるための装置でコンデンサを使用しているため、電気トースターよりも力率は悪くなります。

問16 答え ニ

臨時配線用の線付防水ソケットです。盆踊りの提灯や工事現場の仮設照明などに使います。

問17 答え ハ

呼び線送入器。通線器ともいいます。

問18 答え イ

電力幹線や通信幹線、各種ケーブル類

を整理して積み込み、支持・固定するための部材で、配管工事などと比べて施工性がよく、大量のケーブルを施設するのに適しています。

問 19 答え ニ

三相3線式200Vは対地電圧が150Vを超える(200V)ので、管の長さが4mを超えるときにはD種接地工事を省略できません。

問 20 答え ロ

使用電圧が1000Vを超える管灯回路の場合の回路の配線は、展開した場所または点検できる隠ぺい場所にて施設しなければなりません。

問 21 答え ハ

火災や爆発を引き起こしやすい危険な物質がある場所や、絶縁不良の原因となりやすい粉じんの多い場所などの特殊な場所での電気工法には一定の制限がかけられています。危険物などのある場所における低圧屋内配線の工事は、合成樹脂管工事(CD管を除く)、金属管工事、ケーブル工事だけに限定されているので、金属線ぴ工事は不適切です。

問 22 答え ニ

水気のある場所での工事が可能なのは、金属管工事、合成樹脂管工事、2種金属可とう電線管工事、ケーブル工事、バスダクト工事(展開した場所以外は不可)、がいし引き工事(展開した場所と点検できる場所以外は不可)だけです。したがって、ライティングダクト工事は施工できません。

問 23 答え ニ

TSカップリングによって電線管相互を接続する手順は次のようになります。
金切りのこで電線管を切断→面取器で切断部の角を削りとる→ウエス(布)で接続か所をよく拭きとる→TSカップリングの内側と接続する電線管の外側に接着剤を塗る→カップリング(管を差し込む)。

問 24 答え ニ

電圧計は負荷に並列に接続するので、aが電圧計にあたります。電流計は負荷に直列に接続するので、bが電流計にあたります。電力計は電圧・電流とともに測らなければならないので、計器の電圧計要素は負荷に並列に、電流計要素は負荷と直列に接続されているcが電力計にあたります。よってニが正解となります。

問 25 答え ハ

使用電圧が300V以下ですからD種接地が必要です。接地線の太さは1.6mm。接地抵抗値は100Ω以下ですが、0.5秒以内に作動する漏電遮断器が施設されているので500Ω以下に緩和されます。よって接地線の太さと接地抵抗値が条件を満たすハが正解となります。

問 26 答え ニ

使用電圧300V以下なのでD種接地であり、0.5秒以内に作動する漏電遮断器が施設されているので接地抵抗は500Ω以下

でOK。あわせて使用電圧が100Vなので対地電圧は150V以下。よって電路の絶縁抵抗は0.1Ω以上あればよいことになります。a＝500Ω以下あるいはb＝0.1Ω以上の条件に合わないのはニです（aが600Ω）。

問27　答え ハ

絶縁抵抗の測定が困難な場合の対処法として、使用電圧を加えた状態で漏えい電流を測定し、その値が1mA以下であることを確認するやり方があります。よって正解はハとなります。

問28　答え ロ

イ、ハ、ニは電気工事士の資格がなくても従事できる軽微な工事です。

問29　答え ロ

特定電気用品には〈PS/E〉の表示をする。(PS/E)は特定電気用品以外の電気用品の表示。

問30　答え ロ

電気設備技術基準は、「交流での低圧は600V以下。高圧は600Vを超え7000V以下。特別高圧は7000V超」と定めています。

問31　答え ニ

屋外の電気温水器㋕への給電線であり、屋内の分電盤に引込配線しています。木造住宅の場合、引込配線には金属製のものは使用不可なのでケーブル工事が適切です。

問32　答え ロ

○の記号はブラケットランプ（壁付照明）なので壁付となります。

問33　答え ロ

○EETの記号の傍記EETは接地極付接地端子付コンセントを表します。

問34　答え ハ

□......LDの記号の傍記LDはライティングダクトを表します。

問35　答え ニ

⑤は門の押しボタンスイッチ（呼び鈴）からの小勢力回路。使用可能電圧の最大値は60V。

問36　答え ロ

◎はVVF用ジョイントボックスの記号です。

問37　答え ロ

2つの負荷ノ（大型蛍光灯）とハ（ダウンライト）からの4本の電線のうち非接地側電線2本を短絡した1本が、ノとハのスイッチのいずれかの固定極（ノとハのスイッチの固定極（非接地極）どうしは短絡されている）へ、残りの接地側電線2本がそれぞれノとハの可動極（接地極）へ向かいます。よって3本が正解です。

問38 答え ハ

◆はスイッチ操作面を大きくして軽く押すだけで点滅ができるワイドハンドル形点滅器です。

問39 答え イ

⑨で示す電路は単相3線式200V回路なので、使用電圧300V以下で対地電圧150V以下です。よって絶縁抵抗は0.1MΩ以下となります。

問40 答え ニ

単相3線式200V回路に接続された電気温水器の接地工事は、使用電圧300V以下なのでD種接地工事です。

問41 答え イ

☐の記号はアウトレットボックスでイが正解です。簡単に打ち抜くことができるようになっている穴が設けられているものもあります。

問42 答え ロ

(DL)は埋込器具(ダウンライト=DL)でロが正解です。

問43 答え ニ

⑬はコンセントで電灯分電盤⒩の回路(単相200V20A)につながっています。コンセントの記号も20A250V Eとなっています(Eは接地極付です)。結局、刃受けの形が単相200V用20A250Vで、接地極付である写真ニが正解。

問44 答え ハ

分電盤の200V 2P 20A分岐回路に施設されているので配線用遮断器(安全ブレーカ)です。写真ロとニは漏電遮断器(記号:BE)なので圏外。イは写真下にAC100と記載されており、ハはAC100／200Vと記載されているのでハが正解です。配線図も載っており、イのそれを見るとL側1極だけに素子を表す凸部があり、これは1極(1P)を表します。ハは2極とも凸部があってこれは2極(2P)を表すので、これも正解への手がかりとなります。

問45 答え ロ

⑯と⑰のVVF用ジョイントボックス内の結線の複線図を以下に示します。

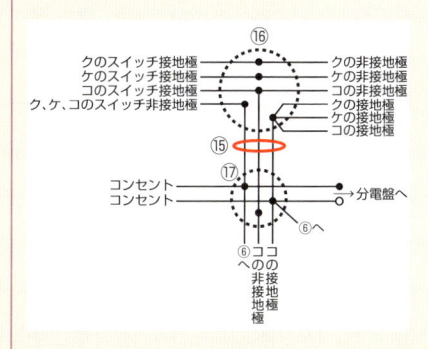

⑮を通る最小線数は3本。よって正解はロ。⑯内においてク、ケ、コの非接地極からの線がク、ケ、コのスイッチの接地極に向かっていますが、これは電池の直列接続と同じでマイナスとプラスをつなぐように非接地極と接地極をつなぎます。

問 46　答え　イ

問45の複線図からもわかるようにイが正解です。

問 47　答え　ハ

問45の複線図での⑰のVVF用ジョイントボックス内においては、2本接続、4本接続、5本接続が1か所ずつ。2本接続、4本接続で小が2個、5本接続で中が1個なのでハが正解。

問 48　答え　ニ

イは確認表示灯内蔵スイッチで、風呂場のスイッチであるソに使用されています。ロは遅れ消灯スイッチ（遅延スイッチ）でクに使用されており、スイッチOFF後何秒か経って消灯します。クの傍記DはDelay（遅延）の略。ハは3路スイッチでサとヌに使用されています。ニは位置表示灯内蔵スイッチで傍記はHですが、これは使われていません。

問 49　答え　ハ

イはケーブルストリッパー、ロは電工ナイフ、ハは塩ビカッター、ニは圧着ペンチで、これらは電気工事で常用されます。ハは合成樹脂管工事で使用されますが、2階部分ではこの工事はまず行われないのでこれが正解です。

問 50　答え　ロ

イはステープル（電線などを取り付けるのに使用）、ロは金属管用のカップリング、ハはPF管用カップリング、ニは埋込タイプのスイッチボックス。ロは金属管工事用であって一般住宅ではふつう使われません。

技能試験 編

技能試験の内容と対策

技能試験の内容

　技能試験は、受験者が持参した作業用工具を用いて、出題された配線図にしたがって一定時間内に実際に電気配線を完成させる形式で行われます。実際の問題とその解き方は本書の第11章を参照してください。

実際の技能試験の手順

　技能試験は次の流れで行われます。なお、試験時間は**40分**です。

❶受験番号札に受験番号と氏名を記入

▼

❷試験材料の確認

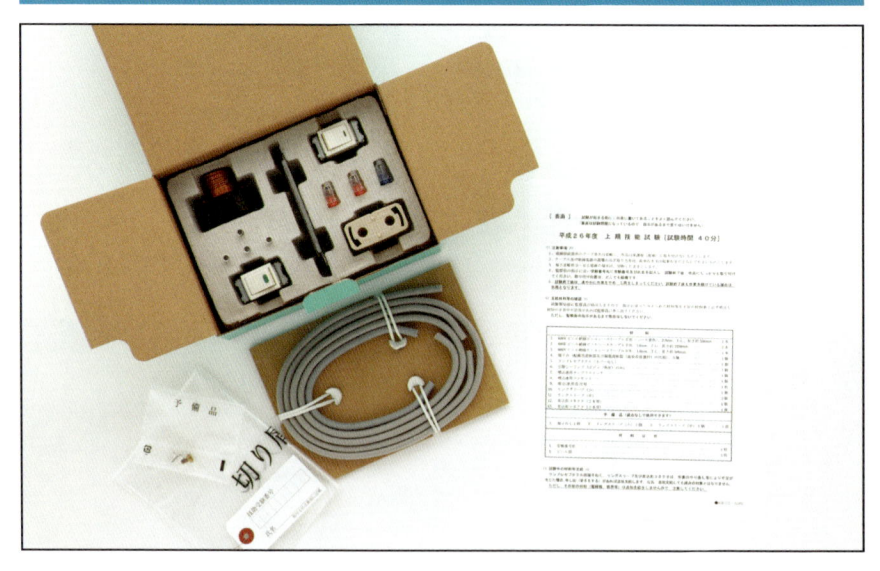

　試験開始前に監督員が指示します。指示があるまでは確認をしてはいけません。材料の確認は監督員の指示に従って与えられた材料と材料表を照合します。この際に不良や不足などがあれば監督員に申し出てください。

▼

❸試験開始〜試験中

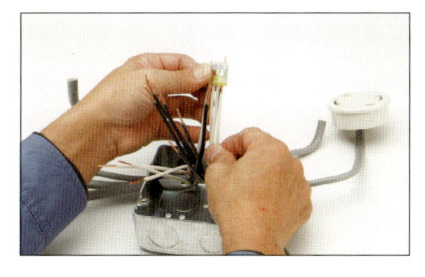

監督員の合図によって試験が開始されます。ここで初めて試験問題を見ることができます。

試験終了後は速やかに作業をやめて工具をしまいます。試験終了後も作業を続けると失格になります。

❹試験終了後

試験が終了したら、受験番号と氏名を記入した受験番号札を施工物にしっかりと取り付けて、作業は終了となります。

試験当日の持ち物

❶ 受験票および受験申込書兼写真票（指定の写真を貼り付けたもの）

❷ 作業用工具
技能試験には、配線工事ができる工具が必要です（電動工具は不可）。特に試験センターが指定する7つの工具（指定工具）のみで工事ができるようになっています（➡P312〜）。試験中の工具の貸し借りは禁止されています。

❸ 筆記用具
単線図から複線図を起こしたり、切断電線の寸法を計算するときなどに用います。

❹ 時計（電卓機能、通信機能のある時計は使用不可）

技能試験候補問題と試験問題

技能試験候補問題とは、その年度の試験が行われる前に公表される、出題候補となる13の配線図のことです。実際の試験は、この13配線図のうち、いずれか1問が出題されます。13問すべてを練習して手順をマスターしておけば、試験対策は万全でしょう。ただし、候補問題には、寸法、結線方法などが記載されていません。受験者はそれを念頭に練習する必要があります。

合格基準

技能試験は、完成した施工物を判定員が審査し、欠陥のないものが合格となります。欠陥の判定は「技能試験における欠陥の判断基準」（➡P308）に基づいて行われます。

＊かつて欠陥は、その重大度に応じて「重大欠陥」「軽欠陥」があり、「重大欠陥がなく、かつ、軽欠陥が2つ以下」が合格の条件でしたが、その基準はなくなりました。

技能試験における欠陥の判断基準 （電気技術者試験センターHPより）

1. 未完成のもの

2. 配置、寸法、接続方法等の相違
2-1. 配線、器具の配置が配線図と相違したもの
2-2. 寸法（器具にあっては中心からの寸法）が、配線図に示された寸法の50％以下のもの
2-3. 電線の種類が配線図と相違したもの
2-4. 接続方法が施工条件に相違したもの

3. 誤接続、誤結線のもの

4. 電線の色別、配線器具の極性が施工条件に相違したもの

5. 電線の損傷
5-1. ケーブル外装を損傷したもの
　イ. ケーブルを折り曲げたときに絶縁被覆が露出するもの
　ロ. 外装縦われが20mm以上のもの
　ハ. VVR、CVVの介在物が抜けたもの
5-2. 絶縁被覆の損傷で、電線を折り曲げたときに心線が露出するもの
　ただし、リングスリーブの下端から10mm以内の絶縁被覆の傷は欠陥としない
5-3. 心線を折り曲げたときに心線が折れる程度の傷があるもの
5-4. より線を減線したもの

6. リングスリーブ（E形）による圧着接続部分
6-1. リングスリーブ用圧着工具の使用方法等が適切でないもの
　イ. リングスリーブの選択を誤ったもの（JIS C 2806 準拠）
　ロ. 圧着マークが不適正のもの（JIS C 2806 準拠）
　ハ. リングスリーブを破損したもの
　ニ. リングスリーブの先端または末端で、圧着マークの一部が欠けたもの
　ホ. 1つのリングスリーブに2つ以上の圧着マークがあるもの
　ヘ. 1箇所の接続に2個以上のリングスリーブを使用したもの
6-2. 心線の端末処理が適切でないもの
　イ. リングスリーブを上から目視して、接続する心線の先端が一本でも見えないもの
　ロ. リングスリーブの上端から心線が5mm以上露出したもの
　ハ. 絶縁被覆のむき過ぎで、リングスリーブの下端から心線が10mm以上露出したもの
　ニ. ケーブル外装のはぎ取り不足で、絶縁被覆が20mm以下のもの
　ホ. 絶縁被覆の上から圧着したもの
　ヘ. より線の素線の一部がリングスリーブに挿入されていないもの

7. 差込形コネクタによる差込接続部分
- 7-1. コネクタの先端部分を真横から目視して心線が見えないもの
- 7-2. コネクタの下端部分を真横から目視して心線が見えるもの

8. 器具への結線部分
①ねじ締め端子の器具への結線部分
(端子台、配線用遮断器、ランプレセプタクル、露出形コンセント等)
- 8-1. 心線をねじで締め付けていないもの
  - イ. 単線での結線にあっては、電線を引っ張って外れるもの
  - ロ. より線での結線にあっては、作品を持ち上げる程度で外れるもの
  - ハ. 巻き付けによる結線にあっては、心線をねじで締め付けていないもの
- 8-2. より線の素線の一部が端子に挿入されていないもの
- 8-3. 結線部分の絶縁被覆をむき過ぎたもの
  - イ. 端子台の高圧側の結線にあっては、端子台の端から心線が20mm以上露出したもの
  - ロ. 端子台の低圧側の結線にあっては、端子台の端から心線が5mm以上露出したもの
  - ハ. 配線用遮断器又は押しボタンスイッチ等の結線にあっては、器具の端から心線が5mm以上露出したもの
  - ニ. ランプレセプタクル又は露出形コンセントの結線にあっては、ねじの端から心線が5mm以上露出したもの
- 8-4. 絶縁被覆を締め付けたもの
- 8-5. ランプレセプタクル又は露出形コンセントへの結線で、ケーブルを台座のケーブル引込口を通さずに結線したもの
- 8-6. ランプレセプタクル又は露出形コンセントへの結線で、ケーブル外装が台座の中に入っていないもの
- 8-7. ランプレセプタクル又は露出形コンセント等の巻き付けによる結線部分の処理が適切でないもの
  - イ. 心線の巻き付けが不足(3/4周以下)、又は重ね巻きしたもの
  - ロ. 心線を左巻きにしたもの
  - ハ. 心線がねじの端から5mm以上はみ出したもの
  - ニ. カバーが締まらないもの

②ねじなし端子の器具への結線部分
{埋込連用タンブラスイッチ(片切、両切、3路、4路)、埋込連用コンセント、パイロットランプ、引掛シーリングローゼット等}
- 8-8. 電線を引っ張って外れるもの
- 8-9. 心線が差込口から2mm以上露出したもの
  ただし、引掛シーリングローゼットにあっては、1mm以上露出したもの
- 8-10. 引掛シーリングローゼットへの結線で、絶縁被覆が台座の下端から5mm以上露出したもの

9. 金属管工事部分
- 9-1. 構成部品(「金属管」、「ねじなしボックスコネクタ」、「ボックス」、「ロックナット」、「絶縁ブッシング」、「ねじなし絶縁ブッシング」)が正しい位置に使用されていないもの

9-2.構成部品間の接続が適切でないもの
 イ.「管」を引っ張って外れるもの
 ロ.「絶縁ブッシング」が外れているもの
 ハ.「管」と「ボックス」との接続部分を目視して隙間があるもの
9-3.「ねじなし絶縁ブッシング」又は「ねじなしボックスコネクタ」の止めねじをねじ切っていないもの
9-4.ボンド工事を行っていない又は施工条件に相違してボンド線以外の電線で結線したもの
9-5.ボンド線のボックスへの取り付けが適切でないもの
 イ.ボンド線を引っ張って外れるもの
 ロ.巻き付けによる結線部分で、ボンド線をねじで締め付けていないもの
 ハ.接地用取付ねじ穴以外に取り付けたもの
9-6.ボンド線のねじなしボックスコネクタの接地用端子への取り付けが適切でないもの
 イ.ボンド線をねじで締め付けていないもの
 ロ.ボンド線が他端から出ていないもの
 ハ.ボンド線を正しい位置以外に取り付けたもの 4

10. 合成樹脂製可とう電線管工事部分

10-1.構成部品(「合成樹脂製可とう電線管」、「コネクタ」、「ボックス」、「ロックナット」)が正しい位置に使用されていないもの
10-2.構成部品間の接続が適切でないもの
 イ.「管」を引っ張って外れるもの
 ロ.「管」と「ボックス」との接続部分を目視して隙間があるもの

11. 取付枠部分

11-1.取付枠を指定した箇所以外で使用したもの
11-2.取付枠を裏返しにして、配線器具を取り付けたもの
11-3.取付けがゆるく、配線器具を引っ張って外れるもの
11-4.取付枠に配線器具の位置を誤って取り付けたもの
 イ.配線器具が1個の場合に、中央以外に取り付けたもの
 ロ.配線器具が2個の場合に、中央に取り付けたもの
 ハ.配線器具が3個の場合に、中央に指定した器具以外を取り付けたもの

12. その他

12-1.支給品以外の材料を使用したもの
12-2.不要な工事、余分な工事又は用途外の工事を行ったもの
12-3.支給品(押しボタンスイッチ等)の既設配線を変更又は取り除いたもの
12-4.ゴムブッシングの使用が適切でないもの
 イ.ゴムブッシングを使用していないもの
 ロ.ボックスの穴の径とゴムブッシングの大きさが相違しているもの
12-5.器具を破損させたもの
 ただし、ランプレセプタクル、引掛シーリングローゼット又は露出形コンセントの台座の欠けについては欠陥としない

第10章
技能試験の実技

1 作業工具の知識と扱い方

DVD 10-01

技能試験では電動工具を除くどんな工具でも使用が認められており、特に試験センターが指定する7つの工具（指定工具）のみで配線できるようになっています。しかし、この指定工具だけで時間内に作業を完了させるのは慣れないと難しいかもしれません。作業を効率化させるために、ケーブルストリッパ（➡P315）も用意しましょう。

指定工具 1 電工ナイフ

電工ナイフは、ケーブル外装のはぎ取りや絶縁被覆のはぎ取りに使いますが、慣れないと作業に時間がかかるのと、ケガをすることもあります。したがって、試験ではケーブルストリッパの使用をおすすめします。実際の電気工事の現場でもケーブルストリッパはよく使われています。ただし、VVRケーブルの外装のはぎ取りはケーブルストリッパではできません。

電工ナイフは開いて使用し、たたんで保管する。

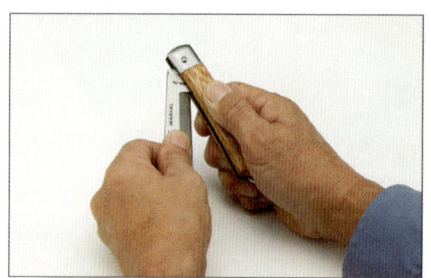

ナイフの上端を持って開閉する。

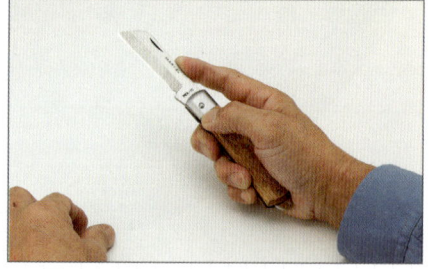

刃の背に人差し指を当てると操作しやすい。

指定工具 2 スケール

電線の長さ、材料の寸法を測るのに使います。試験では20〜30cm定規でも代用できますが、実際の工事ではスケールは欠かせません。ストッパ付きで2m前後のものを用意しましょう。

ストッパがあるとスケールを出したままにしておける。

指定工具 3　ペンチ

電線の切断、輪作り（➡P334）、導体の切断などに用います。ペンチには、さまざまなサイズがありますが、技能試験では170mm前後のものが扱いやすいでしょう。

この部分で線材をつかむ。

この部分で電線を切断。

ペンチは170mmサイズが使いやすい。

ペンチの裏の穴に心線の端をあわせると12mmの切断ができる。

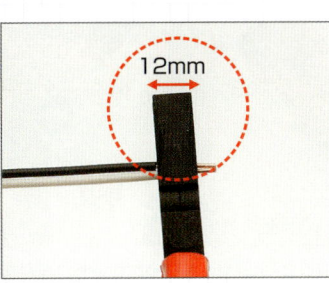

12mm

指定工具 4　圧着ペンチ

リングスリーブを圧着するペンチです。握りの部分が黄色で、圧着した際に「○、小、中、大」の圧着マークが明確に刻印されるJISの規格品*である必要があります。

(* JISの「屋内配線用電線接続工具・手動片手式工具・リングスリーブ用」[JIS C 9711:1982・1990・1997])

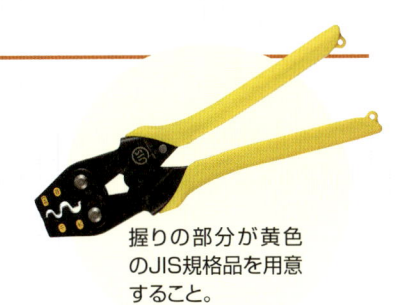

握りの部分が黄色のJIS規格品を用意すること。

ハンドルをギュッと握って離すとロックが解除される。

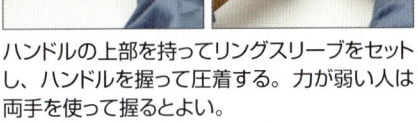

ハンドルの上部を持ってリングスリーブをセットし、ハンドルを握って圧着する。力が弱い人は両手を使って握るとよい。

指定工具 5　プラスドライバ

端子台などのねじを締めるのに用います。先端の大きさがNo.2のものを用意しましょう。

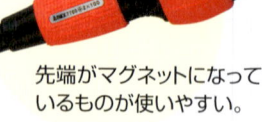

先端がマグネットになっているものが使いやすい。

拡大

ねじをねじ穴に入れるときはドライバの先端を持ち、ねじが穴に食い込んでいくに連れてドライバの端を持つようにすると回しやすい。

指定工具 6　マイナスドライバ

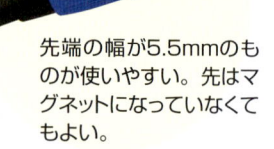

埋込連用器具（うめこみれんようきぐ）を埋込連用取付枠（うめこみれんようとりつけわく）に取り付けるときや、埋込連用器具や引掛シーリングから電線を取り外すときに使います。試験ではマイナスドライバを使ってねじを回すことはありません。

先端の幅が5.5mmのものが使いやすい。先はマグネットになっていなくてもよい。

マイナスドライバは埋込器具の取付け・取外し、引掛シーリングから電線を引き抜く際に使う。

指定工具 7 ウォーターポンププライヤ

ウォーターポンププライヤは、金属管工事でロックナットを締め付けたり、ねじなしボックスコネクタの止めねじを締めたりするときに使います。

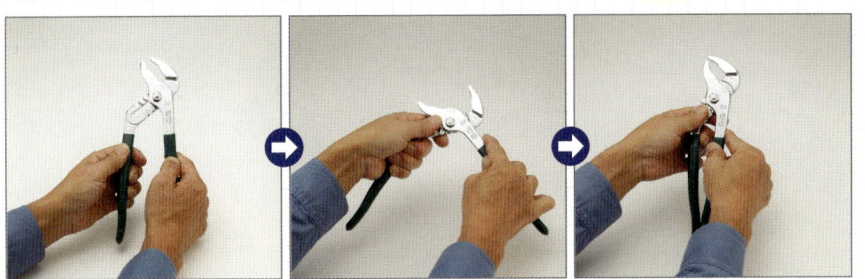

ハンドルをいっぱいに開いてジョイントをスライドさせることで、先端部の開き幅を変えることができる。

指定なし ケーブルストリッパ

ケーブルストリッパは、VVFケーブルの外装のはぎ取りと絶縁被覆のはぎ取りができる工具です。電工ナイフに比べて作業効率が高いのと、外装をはぎ取るときに絶縁被覆を傷つけたり、絶縁被覆をはぎ取るときに心線を傷つけたりといった欠陥を防ぐことができます。

ケーブルストリッパには、電気工事士試験用に開発された **「多機能型」** と実際の電気工事の現場で使われている外装や絶縁被覆のはぎ取り **「専用型」** があります。

●ケーブルストリッパ（多機能型）

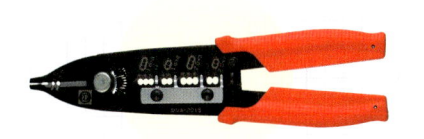

電気工事士試験用に開発された工具。外装や絶縁被覆のはぎ取りのほかに、ケーブルの採寸、ケーブルの切断、心線の曲げ（輪作り）作業などにも使える。

●ケーブルストリッパ（専用型）

実際の電気工事の現場で使われている工具。VVFとエコケーブルの外装はぎ取りと絶縁被覆のはぎ取りのみができる。構造がシンプルで手早く作業できる。

技能編　第10章　技能試験の実技

② 支給される材料の知識

ケーブルやコンセントなどの材料は、写真のように、箱に入った状態で受験者に配られます。端子ねじ、リングスリーブ、差込形コネクタは作業のやり直しなどで不足が生じたときのみ追加支給を要請することができますが、それ以外の材料の追加は一切できないので、慎重に扱いましょう。

支給材料 ① ケーブル類

材料の名前	図記号	特徴・作業上の注意
600Vビニル絶縁電線	IV 1.6	●ナイフなどで傷がつきやすい。 ●一般的に次のように使い分ける。 　白…接地側 　黒・赤…非接地側 　緑…接地線
600Vビニル絶縁ビニルシースケーブル平形 1.6mm、2心	VVF 1.6-2C	●VVFのFはFlat-type（平形）の意味。 ●シースの色は灰色と青色があるがどちらも性能は同じ（一般的には灰色が用いられる）。心線の数が同じで太さが異なるケーブルを複数使用する場合、区別をつけやすいように一方を青色にすることがある。
600Vビニル絶縁ビニルシースケーブル平形（シース青色）1.6mm、2心	VVF 1.6-2C	

材料の名前	図記号	特徴・作業上の注意
600Vビニル絶縁ビニルシースケーブル平形 1.6mm、3心	VVF 1.6－3C	シースの色は灰色と青色があるがどちらも性能は同じ（一般的には灰色が用いられる）。心線の数が同じで太さが異なるケーブルを複数使用する場合、区別をつけやすいように一方を青色にすることがある。
600Vビニル絶縁ビニルシースケーブル平形（シース青色）1.6mm、3心	VVF 1.6－3C	
600Vビニル絶縁ビニルシースケーブル平形 1.6mm、3心（黒・赤・緑）	VVF 1.6－3C	単相2線式（単相3線式）200V回路で用いられる（住宅用200V用コンセントは接地極付が義務づけられているため）。
600Vビニル絶縁ビニルシースケーブル丸形 2.0mm、2心	VVR 2.0－2C	● VVRのRはRound-type（丸形）の意味。 ● 丸形にするために外装の下に紙等の介在物があり（写真下）、これもはぎ取る必要がある。
600Vポリエチレン絶縁耐燃性ポリエチレンシースケーブル 平形 1.6mm 2心	EM－EEF 1.6－2C	● 通称エコケーブル。 ● 灰色の外装に「EM 600V EEF/F」と青色の文字で書いてある。

支給材料 2　電線の接続材料

材料の名前	図記号	特徴・作業上の注意
リングスリーブ	―	● 心線を穴に通して圧着ペンチで圧着して接続。 ● 試験では小スリーブ、中スリーブのどちらかしか使用しない。
差込形コネクタ	―	● 心線を差し込んで接続する。 ● 2本用、3本用、4本用がある。

支給材料 3 ボックスと電線管

材料の名前	図記号	特徴・作業上の注意
アウトレットボックス	□	電線管やケーブルなどが集まる箇所での電線の接続や分岐、引き入れ、引き出しなどに用いる。
ゴムブッシング	—	直径25mmと19mmのものがあり、穴の大きさにあったものを取り付ける。
ボンド線	—	金属管とアウトレットボックスを電気的に接続してアースするための裸銅線。
合成樹脂製可とう電線管用ボックスコネクタ（PF管用）（写真上） 合成樹脂製可とう電線管（PF管）（写真下）	(PF16)	PF管は電線をボックスに通すためのパイプ。コネクタを使ってPF管をボックスに接続・固定する。
絶縁ブッシング（写真左上） ねじなしボックスコネクタ（写真右上） ねじなし金属管（E19）（写真下）	(E19)	ねじなし金属管は電線をアウトレットボックスに通すためのパイプ。絶縁ブッシングを取り付けたコネクタでボックスに装着する。
防護管（写真上） バインド線（写真下）	—	木造モルタル壁の内部にある金属製のメタルラス網を貫通するときの絶縁管。

支給材料 ④ **スイッチ**

材料の名前	図記号	特徴・作業上の注意
埋込連用タンブラスイッチ	●	片切りスイッチ。
埋込連用タンブラスイッチ（3路）	●$_3$	3路用のスイッチ。
埋込連用タンブラスイッチ（4路）	●$_4$	4路用のスイッチ。
埋込連用位置表示灯内蔵形スイッチ	●$_H$	スイッチをオフにすると操作部の内蔵ランプが点灯する。
埋込連用パイロットランプ	○	照明器具などのオンとオフの状態を表示する。

第10章 技能試験の実技

319

支給材料 5 コンセント

材料の名前	図記号	特徴・作業上の注意
埋込連用コンセント	⊕	接地側極端子（W側）に接地側電線（白線）をつなぐ。
露出形コンセント	⊕	●接地側極端子（W側）に接地側電線（白線）をつなぐ。 ●試験ではカバーは除かれている。
埋込2口コンセント	⊕2	接地側極端子（W側）に接地側電線（白線）をつなぐ。
埋込接地極付接地端子付連用コンセント	⊕ EET	●接地側極端子（W側）に接地側電線（白線）をつなぐ。 ●接地端子には緑色のIV線を接続する。
埋込接地極付コンセント（20A250V）	⊕ 20A 250V E	接地側極端子（W側）に接地側電線（白線）をつなぐ。

支給材料 6 その他配線材料

材料の名前	図記号	特徴・作業上の注意
埋込連用取付枠	—	●埋込連用スイッチや埋込連用コンセント等を取り付ける金具。 ●表（写真右）と裏（写真左）を間違えると取り付けられないので注意。表には文字が書いてある。
配線用遮断器（2極1素子）	B	Nの表示のある端子に接地側電線（白線）をつなぐ。

材料の名前	図記号	特徴・作業上の注意
自動点滅器代用の端子台	●A	
タイムスイッチ代用の端子台	TS	
配線用遮断器・漏電遮断器・接地端子代用の端子台	B 配線用遮断器 E 漏電遮断器 ⏚ 接地端子	● 技能試験では実際の器具を使わず、「端子台で代用する」と指示される場合がある。 ● 端子台につけられた記号に注意して結線する。
リモコンリレー代用の端子台	▲▲▲3 リモコンリレー	

支給材料 7 照明器具

材料の名前	図記号	特徴・作業上の注意
ランプレセプタクル	Ⓡ	● 受け金ねじ部の端子に接地側電線（白線）をつなぐ。 ● 試験ではカバーは支給されない。
引掛シーリング（角形）	( )	接地側の表示（NまたはWまたは接地側）があるほうに接地側電線（白線）をつなぐ。
引掛シーリング（丸形）	◯	

技能編 第10章 技能試験の実技

321

3 電線の切断寸法の決め方

「電線を適切な寸法で切る」ことは技能試験の合否を分ける大きなポイントです。回路図に示される寸法は配線器具の中心から中心までの距離です。この距離に加えて、「電線相互の接続、電線を器具に結線する長さ」を加える必要があります。

◆ 電線どうしの接続、器具の結線に必要な長さ

「配線図の寸法の50％以下の寸法」で施工すると欠陥と判断されます。複線図を描いたら、その横に計算した切断する寸法も書いておくと確実です。切断寸法は、次の式で計算します。

● 切断寸法の計算式

切断寸法 ＝ **A** 問題に示された寸法 ＋ **B** 電線どうしの接続、器具の結線に必要な長さ

回路図に示される寸法は配線器具の中心から中心までの距離 **A**

電線どうしの接続、器具の結線に必要な長さ **B** を **A** に加えて切断する。

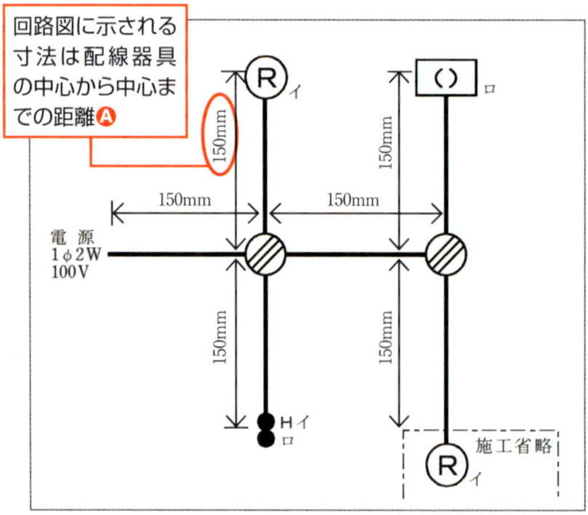

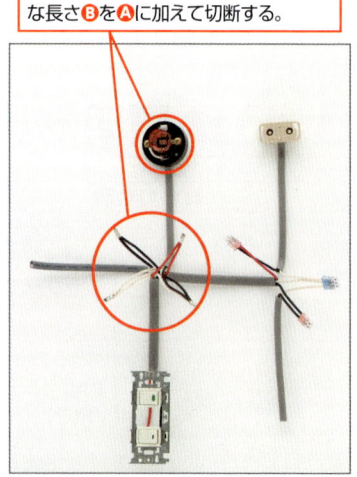

上の式にある「**B** 電線どうしの接続、器具の結線に必要な長さ」は次の器具の場合に必要です。これ以外の器具には加える必要はありません。

● 電線どうしの接続、器具の結線に必要な長さ B

配線する器具		加える長さ B
ジョイントボックス	VVF用ジョイントボックス アウトレットボックス	100mm
埋込形連用配線器具	スイッチ コンセント パイロットランプ	1箇所50mm
露出形配線器具	露出形コンセント ランプレセプタクル 引掛シーリング	
わたり線	1本	100mm
	黒線のわたり線2本	150mm

＊端子台がスイッチなどの代用になる場合は長さを加える必要はない。

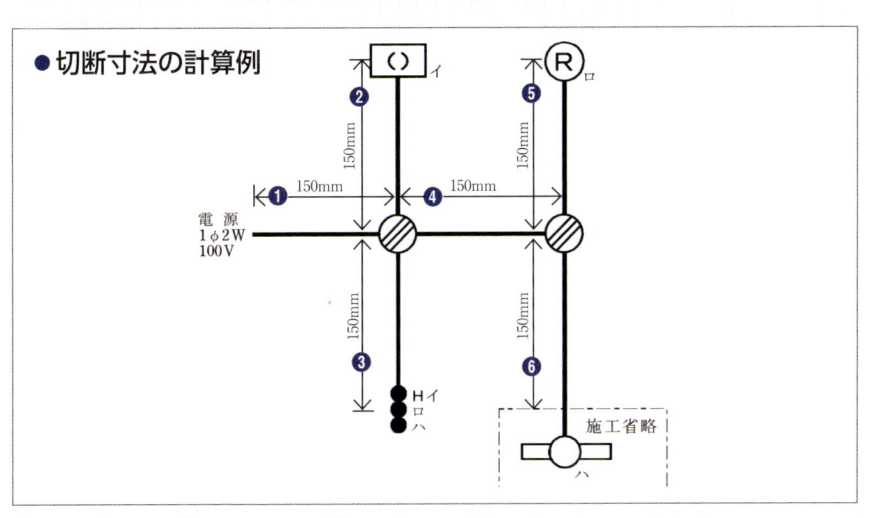

● 切断寸法の計算例

❶の切断寸法 ＝ Ⓐ 150mm ＋ Ⓑ 100mm ＝ **250mm**
　　　　　　　　　　　　　　　↑ ジョイントボックス内での結線に必要

❷の切断寸法 ＝ Ⓐ 150mm ＋ Ⓑ 50mm ＋ 100mm ＝ **300mm**
　　　　　　　　　　　　　　引掛シーリング分↑　↑ジョイントボックス分

❸の切断寸法 ＝ Ⓐ 150mm ＋ Ⓑ 100mm ＋ 150mm ＋ 50mm ＝ **450mm**
　　　　　　　　　　　　　　ジョイントボックス分↑　↑わたり線2本分　↑スイッチ分

❹の切断寸法 ＝ Ⓐ 150mm ＋ Ⓑ 100mm ＋ 100mm ＝ **350mm**
　　　　　　　　　　　　　　ジョイントボックス分↑　↑ジョイントボックス分

❺の切断寸法 ＝ Ⓐ 150mm ＋ Ⓑ 100mm ＋ 50mm ＝ **300mm**
　　　　　　　　　　　　　　ジョイントボックス分↑　↑ランプレセプタクル分

❻の切断寸法 ＝ Ⓐ 150mm ＋ Ⓑ 100mm ＝ **250mm**
　　　　　　　　　　　　　　　↑ ジョイントボックス分

④ 電線の長さの測り方

技能試験に出題される単線図には、施工寸法が記されています。その寸法どおりに施工するには、切断寸法を計算した後に、スケールなどで採寸をする必要があります。スケールを20〜30cmほど出して測りやすいところに置いておきましょう。

1 スケールを20〜30cmほど出します。

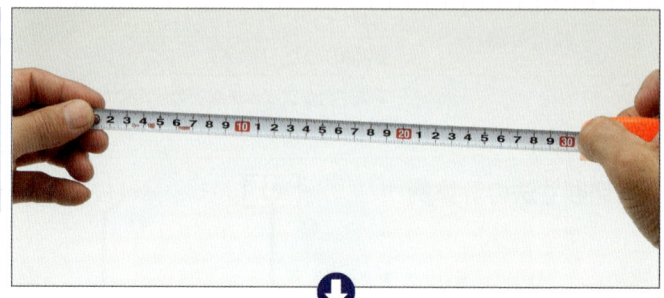

2 ストッパを押してスケールを出したまま机の上に置きます。

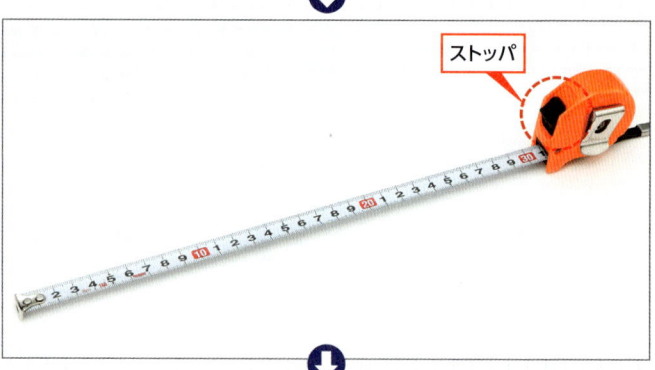

ストッパ

3 採寸のたびにこのスケールで測ります。

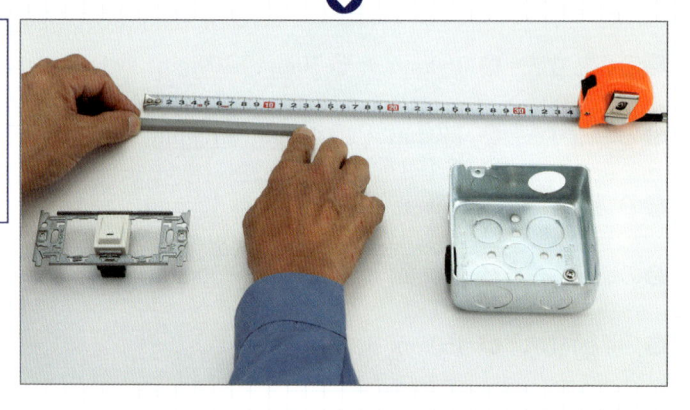

5 外装のはぎ取り

外装（シース）をはぎ取って中にある電線をむき出しにする作業です。次の2点がポイントです。
① はぎ取り寸法をきちんと測ってできるだけ正確にはぎ取ること。
② 絶縁被覆を傷つけないように適度な力で切れ目を入れる。

◆ ケーブルストリッパ（多機能型）を使う

DVD 10-03

ケーブルストリッパ（多機能型）は、心線の太さと数によってはがす位置が変わります。最初に、「太さの確認」を忘れないようにしましょう。

1

スケールではぎ取る長さを測り、親指と人差指で押さえます。

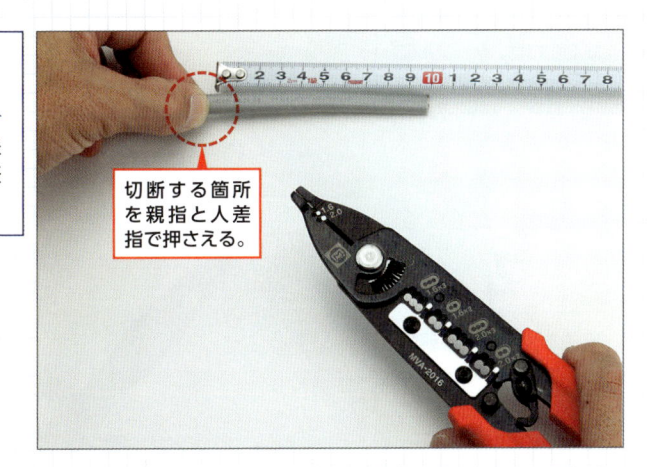

切断する箇所を親指と人差指で押さえる。

ケーブルストリッパについているスケールに当てて測ってもよいでしょう。

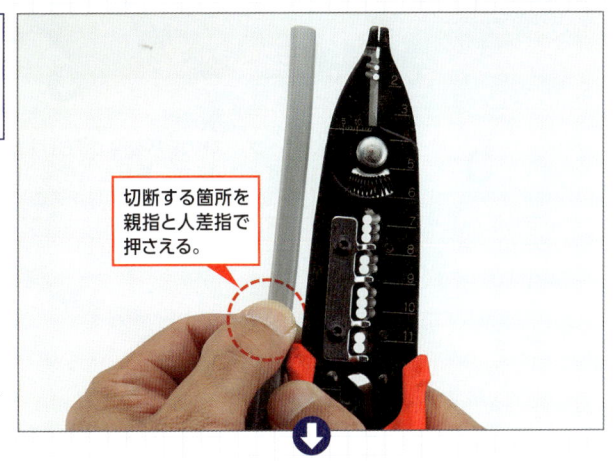

切断する箇所を親指と人差指で押さえる。

2
はぎ取る箇所を親指と人差し指ではさみます。

3
心線の太さに合わせてケーブルストリッパの位置を合わせ、ケーブルに切れ込みを入れます。

4
刃先を少し緩めて親指でケーブルストリッパを押し、少しだけ被覆をはがします。

親指で押す。

5
ケーブルストリッパからケーブルを外し、手で被覆をはがします。

ケーブルストリッパを横にずらしてはがす人がいるが、絶縁被覆を傷つけることがあるので、手ではがすこと。

多機能型で外装のはぎ取りに使う部位

多機能型は、「採寸→ケーブル切断→外装はぎ取り→絶縁被覆のはぎ取り」をこれ1本で連続して行うことが可能です。

多機能型は、心線の太さによってはがす位置が変わります。それを間違えてしまうと、電線を切断してしまうおそれがあるし、絶縁被覆に心線が見えるほど傷がつくこともあります。多機能型では「太さの確認」を忘れないようにしましょう。

- 絶縁被覆をはぎ取る部位
- ケーブルを切断する部位

外装をはぎ取る部位
- 1.6mm × 3心
- 1.6mm × 2心
- 2.0mm × 3心
- 2.0mm × 2心

☑ この技もチェック！

3心のケーブルの外装をはぎ取るときも作業方法は2心と同じです。ケーブルの種類に合わせた刃の部位にセットし、切断した後に親指でストリッパを押して外装をはぎ取ります。

◆ケーブルストリッパ（専用型）を使う

DVD 10-04

専用型は、多機能型とは異なり、心線の太さに関係なく、外装をはがすことができます。ただし、外装をはがす位置と絶縁被覆をはがす位置が異なります。その位置を間違えないように注意しましょう。

1
ケーブルの寸法を測ります。

2
はぎ取る箇所を親指と人差し指で押さえ、ケーブルストリッパの外装をはがす位置にケーブルを入れます。

3
刃がケーブルを軽くかんだら、一気に力を込めてグリップを握ります（じわーっと力を入れるとうまく外装が切断されず、切断面が汚くなります）。「バチッ」という音とともに外装が数センチはがれます。

4
ケーブルストリッパからケーブルを外し、手で被覆をはがします。ケーブルストリッパを横にずらしてはがす人もいますが、絶縁被覆を傷つけることもあるので、手ではがしたほうがよいでしょう。

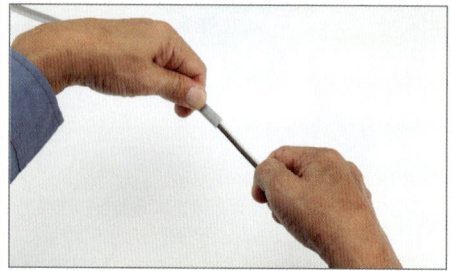

> 専用型で外装のはぎ取りに使う部位

専用型は、外装のはぎ取りと絶縁被覆のはぎ取り専用で、外装のはぎ取りはケーブルの種類に関係なく、1か所で済みます。ハンドルを握る際に一気に力を入れると、うまく外装に切れ目が入ってきれいにむけます。握力の弱い人は両手を使うとよいでしょう。

絶縁被覆をはがす部位

外装をはがす部位

◆VVRの外装を電工ナイフではぎ取る

DVD 10-05

ケーブルストリッパで外装がはぎ取れるのは、VVFやEEFなど平形ケーブルだけです。したがって、VVRのような丸形ケーブルは電工ナイフを使って外装をはがします。

1
VVRケーブルははぎ取る際に心線が抜けることがあるので、あらかじめケーブルの端をペンチで90度に折り曲げておきます。

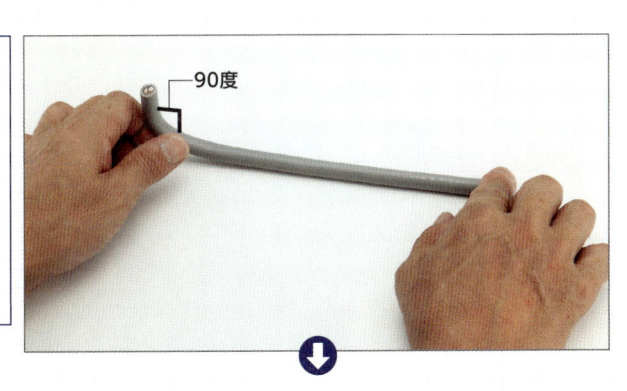

90度

329

技能編 第10章 技能試験の実技

2
はぎ取る位置に電工ナイフを当て、ケーブルを回して外周に切り込みを入れます。

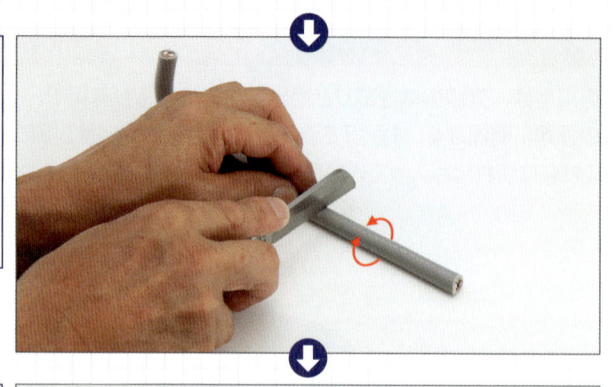

3
切り込み箇所にナイフの先端を入れ、ケーブルの端に向かって外装を切ります。

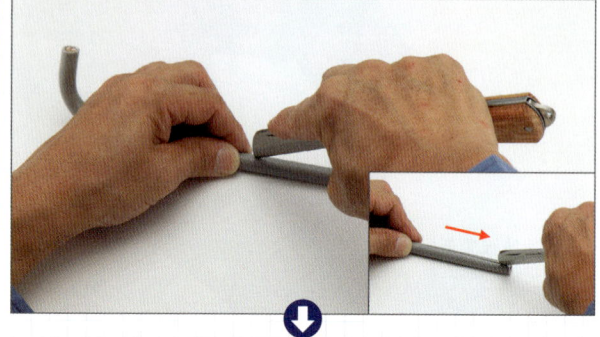

4
外装を手ではぎ取ります。根元が取れにくかったら、ペンチを使ってはがします。

VVRは心線被覆が紙とフィルムで覆われている。

5
外側のフィルムをむいて、根元をペンチで切ります。

6
紙を心線の根元まではがします。

7
紙をペンチで切ります。電工ナイフで切ると絶縁被覆を傷つけることがあります。

8
完成です。紙やフィルムは根元から少し出ていても欠陥にはなりません。

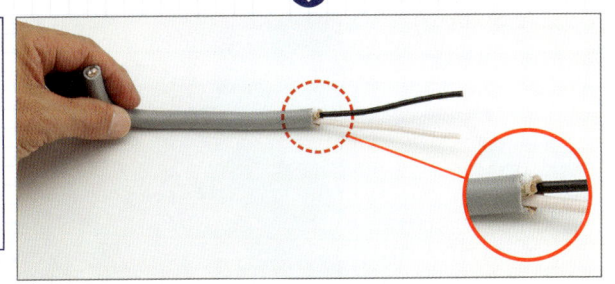

欠陥！

心線の傷つき

心線が見えるほど絶縁被覆が傷ついていると欠陥となります。
電工ナイフを使う際は食い込みすぎないように注意しましょう。

絶縁被覆のむき過ぎ

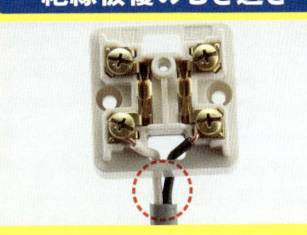

外装をはぎ取り過ぎて絶縁被覆が造営物に触れるおそれがあると欠陥となります（台座の下端から5mm以上）。

技能編 第10章 技能試験の実技

6 心線の絶縁被覆のはぎ取り

絶縁被覆のはぎ取りは、ケーブルストリッパを使うと効率的に作業を行うことができ、仕上がりもきれいです。多機能型でも専用型でもケーブルをセットする位置を間違えないようにしましょう。

◆ケーブルストリッパ(多機能型)を使う　DVD 10-06

ケーブルストリッパ（多機能型）は、絶縁被覆をはがす部分が先端にあります。「1.6」「2.0」と太さが書かれているので、心線の太さに合った位置にケーブルをセットします。

1
はぎ取る長さ20mmをスケールやケーブルストリッパで測ります。

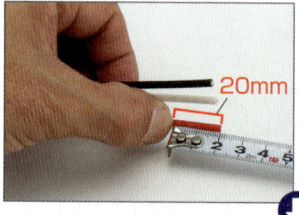

2
はぎ取る位置にケーブルストリッパを合わせます。徐々に力を入れながら、被覆に切り込みが入るまでグリップを握り、切り込みが入ったら親指でストリッパを押して被覆をはぎ取ります。

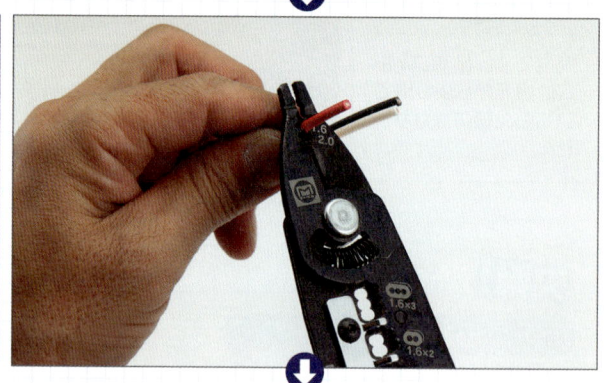

3
他の線も同様に被覆をはぎ取ります。切り込みが入ったら、グリップを握る力を抜いて親指で押すのがうまくはがすコツです。

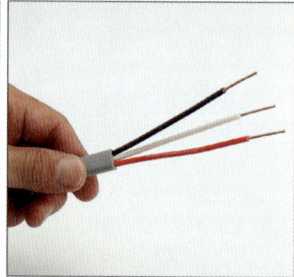

◆ケーブルストリッパ（専用型）を使う

専用型は、多機能型とは異なり、心線の太さに関係なく、被覆をはがすことができます。また、複数本を同時にはがすこともできます。ただし、絶縁被覆をはがす位置と外装をはがす位置とが異なるので注意しましょう。

1 はぎ取る長さ20mmをスケールで測ります。

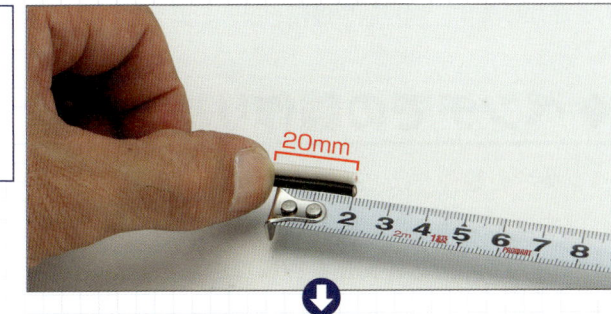

2 はぎ取る位置にケーブルストリッパを合わせます。

3 グリップを握ると被覆がはがれます。専用型は複数本を同時にはがすことができます。

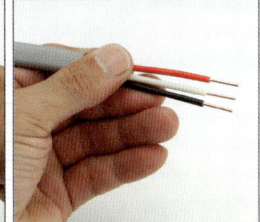

欠陥！
電線の心線を著しく傷つけてしまった

使い方を間違えなければ、ケーブルストリッパで心線を傷つけることはほとんどありません。ただ、多機能型で必要以上に力を入れたり、ねじったりして被覆を切り込むと心線が傷つくことがあるので注意しましょう。

7 露出形器具の結線に必要な「輪作り」

ランプレセプタクル、露出形コンセントの結線には心線の「輪作り」が必要です。これは心線の先端を丸く加工する作業で、この輪にねじを通して器具と結線します。輪作りは細かな技能を必要とし、時間がかかります。繰り返し練習しましょう。

DVD 10-08

◆ ペンチでの輪作り

ペンチでの輪作りは、ペンチの寸法に合わせて折り曲げができるので、慣れればすばやく作ることができます。ペンチで心線の先をねじって輪を作る動きをDVDで確認し、何度も練習してコツをつかんでください。

1
外装を約50mmはぎ取り、電線の端から30mm絶縁被覆をむきます。

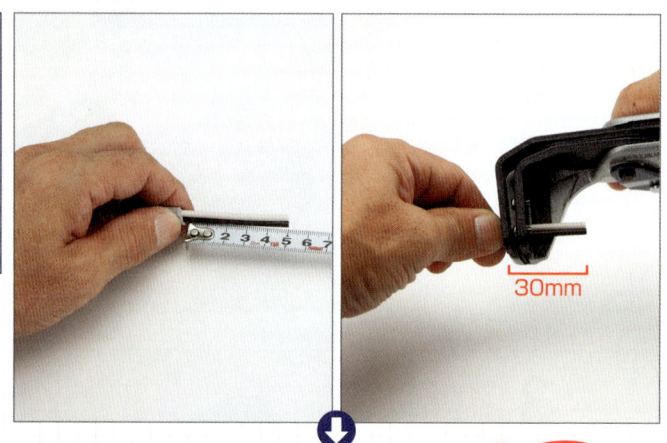

30mm

2
被覆の端から約2mm空けてペンチではさみます。

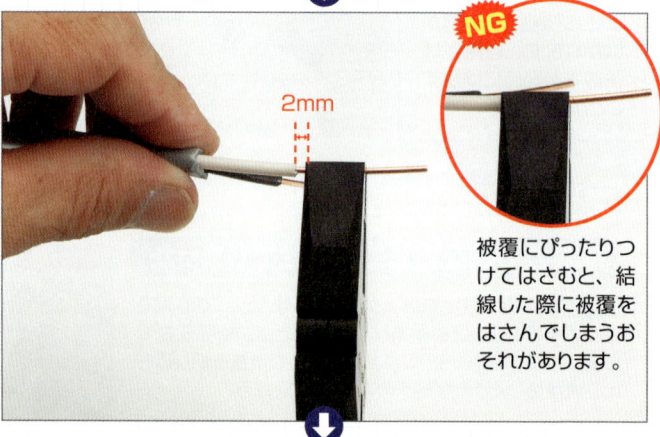

2mm

NG
被覆にぴったりつけてはさむと、結線した際に被覆をはさんでしまうおそれがあります。

3

ペンチで心線をはさんだまま、心線の根元と先を指で90度に折り曲げてカギ形にします。

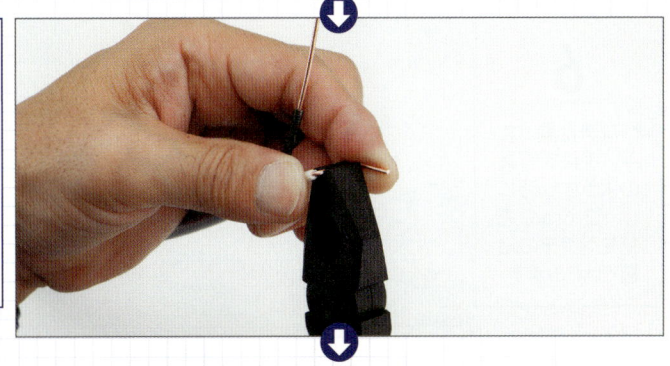

4

もう1つの線も同様にペンチでカギ形を作ります。慣れると、2本とも同時にカギ形が作れるようになります。

5

先端を2mm残してペンチで切ります。

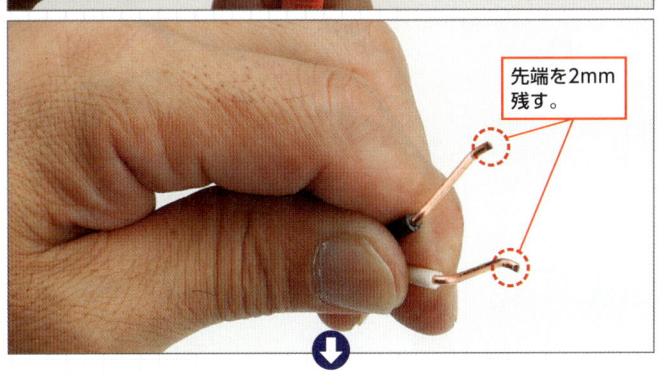

先端を2mm残す。

335

6

ペンチと握った手、手首を写真のような状態にし、2mmの先端をペンチの上端ではさみます。

NG
この状態でつかんでしまうと、うまく輪が作れません。

7

心線の先が円を描くように手を甲側に返します。

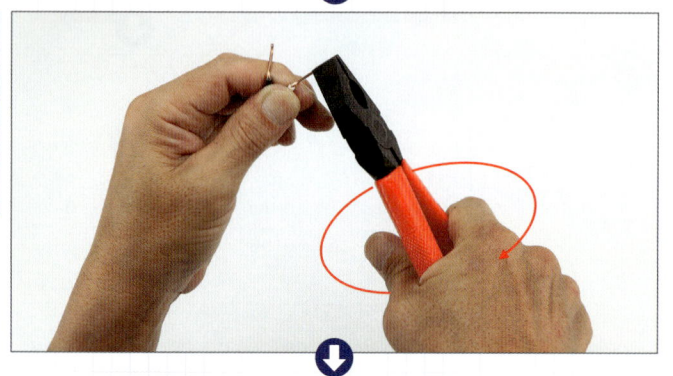

8

心線の端が円を描いて絶縁被覆に近づいてきたら、ケーブルのほうも動かしてペンチの動きの邪魔にならないようにします。

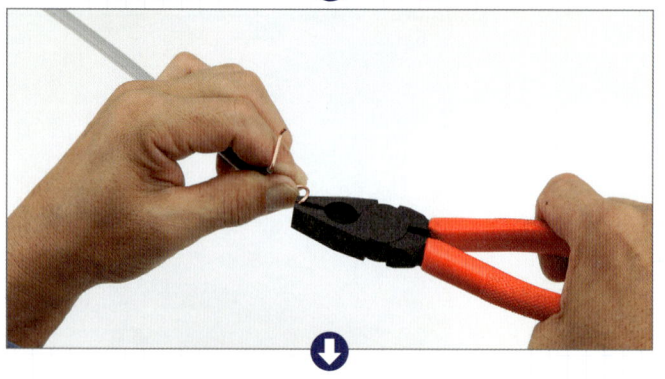

9
輪がきれいな円になるように整えます。

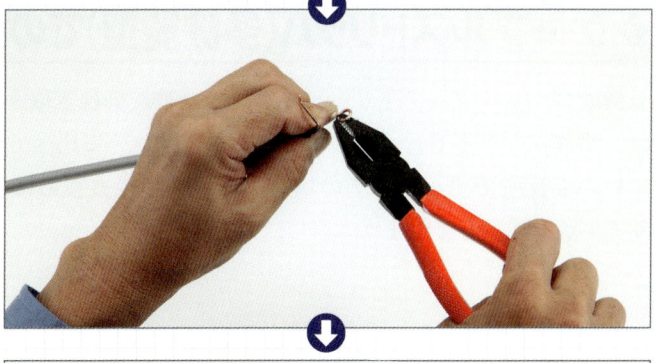

10
1つの輪が完成。

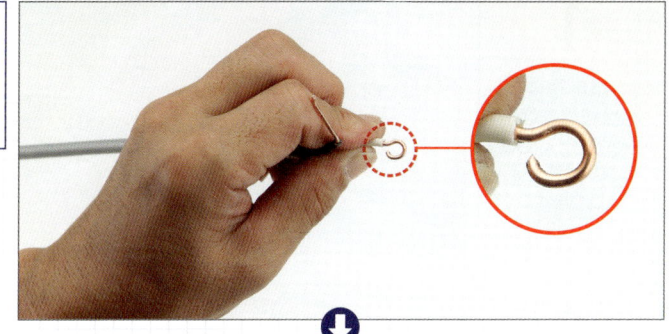

11
もう1本の電線も同様に輪を作ります。

12
輪は結線する際にねじの締まる向き、つまり、右回り（時計回り）になっている必要があります。逆回りになっていたら輪をペンチでつかんでねじり、右回りに直します。

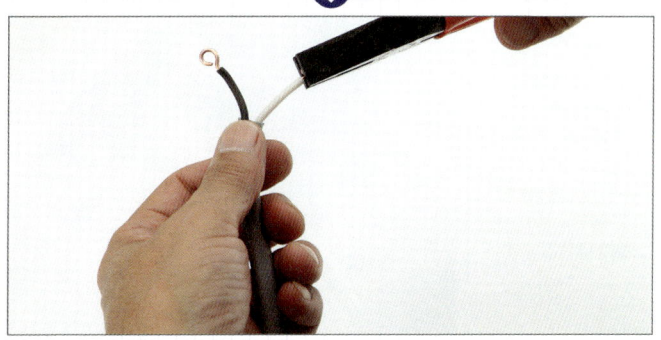

技能編

第10章 技能試験の実技

◆ケーブルストリッパ(多機能型)での輪作り

多機能型のケーブルストリッパなら、絶縁被覆のはぎ取りも、心線の折り曲げ、輪作りも1本で行うことができます。ペンチに比べて細身で操作がしやすいのも長所です。ペンチの場合とでは、絶縁被覆のはぎ取り寸法が異なりますから注意しましょう。

1
30mm程度、絶縁被覆をはぎ取ってから、20mmの寸法で心線を切ります。

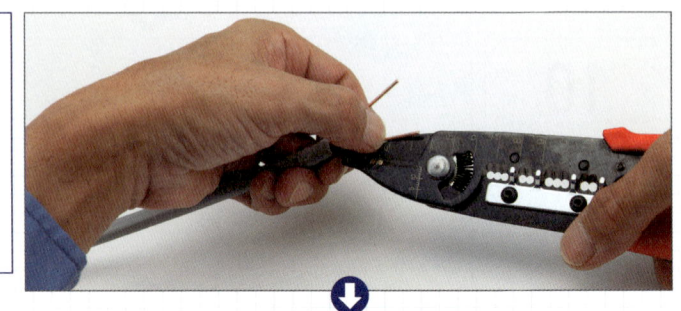

2
被覆の端から約2mm空けてストリッパの先端ではさみます。ストリッパの先端で心線をはさんだまま、90度折り曲げます。

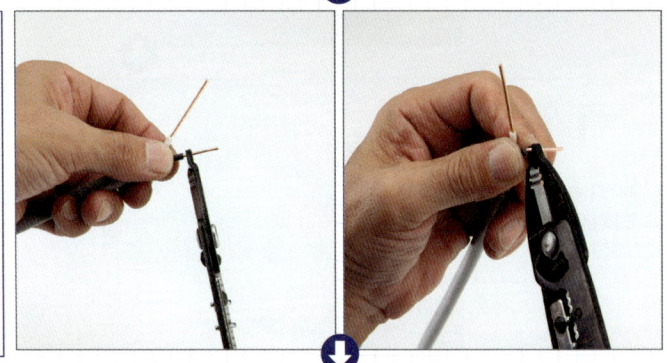

3
手のひらを自分の身体側、手の甲が向こう側に向くようにしてストリッパを持ち、先端で心線の先端をはさみます。

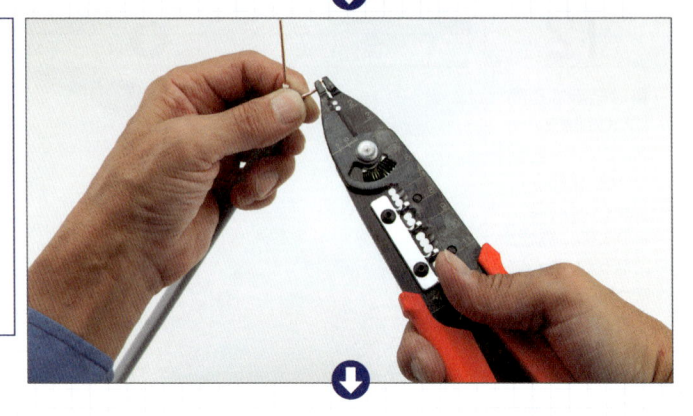

4
手の甲を自分の身体側に向くように手首を返すと、心線が輪の形になります。

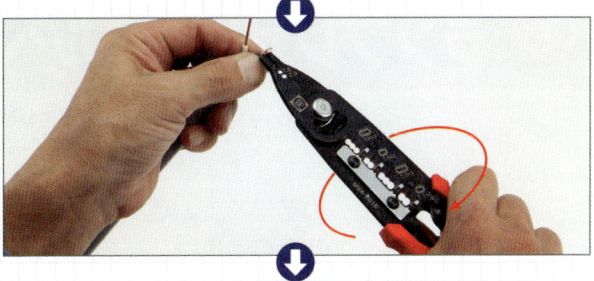

5
輪の形を整えます。

6
輪が1つ完成。もう1本も同様に作ります。

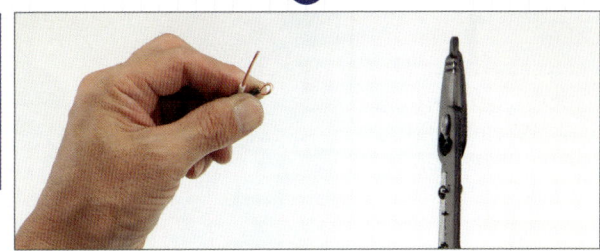

欠陥！

- ねじ止め箇所で心線が5mm以上むき出し（❶）
- ねじ止め箇所で絶縁被覆をかんでいる（❷）
- 輪が左巻きになっている（❸）
- 輪が1周4分の3以上巻き付いていない（❹）
- 輪が巻きすぎていて心線が重なっている（❺）

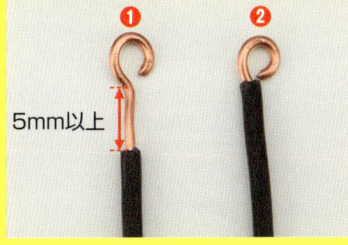

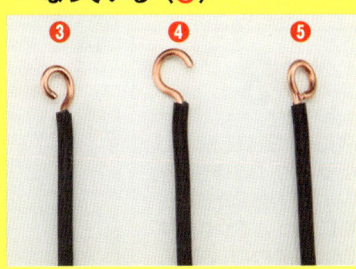

❶ ❷

5mm以上

❸ ❹ ❺

絶縁被覆のはぎ取り寸法、カギ形に折る際の2mmの空きをきちんとまもるようにすれば防げる欠陥です。

作業の最後にペンチなどで形を整えれば防げる欠陥です。

技能編 第10章 技能試験の実技

⑧ ランプレセプタクルへの結線　DVD 10-10

輪作りした心線を露出形器具に取り付ける手順を説明します。まずはランプレセプタクルへの結線です。結線のポイントは、次の3つです。

❶ **外装のはぎ取り寸法をランプレセプタクルの直径5cmに合わせること。**
❷ **欠陥がないように輪作りをする。**
❸ **極性を間違えない。**

受け金ねじ部（ランプを取り付ける金属のねじ部分）に接地 ➡ 白線をつなぐ。
受け金ねじ部
受け金ねじ部の穴の空いているほうに非接地 ➡ 黒線をつなぐ。

1
ランプレセプタクルの直径（約5cm）に合わせてケーブルを親指と人差し指でつかみます。

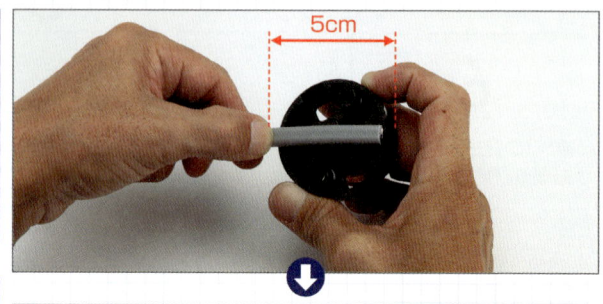

5cm

2
つかんだ指の箇所にケーブルストリッパをセットし、ケーブルの外装をはぎ取ります。

3
P334〜339で解説した要領で「輪作り」をします。結線した後に欠陥に気づいてやり直すのは時間のロスです。作業の最後に必ずチェックをします。

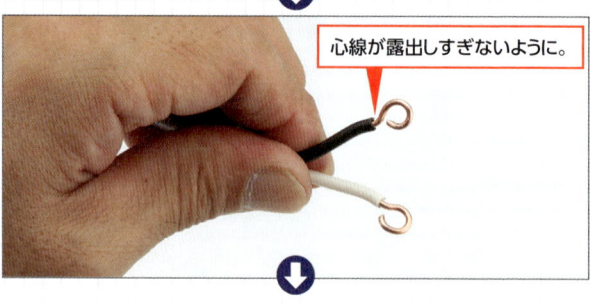

心線が露出しすぎないように。

4

ランプレセプタクルの下部からケーブルを通し、極性に合わせて白線と黒線を振り分けます。

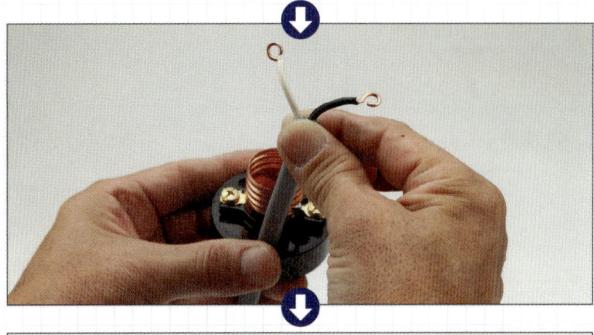

5

非接地側の黒のほうから結線します。まず結線部のねじを外します。

受け金ねじ部の穴の空いているほうに黒線をつなげる。

6

輪が右巻きになっていることを確認し、ねじ穴に輪を合わせます。左巻きになっていた場合はペンチで輪をつかんで右巻きになるようにねじります（➡P337）。

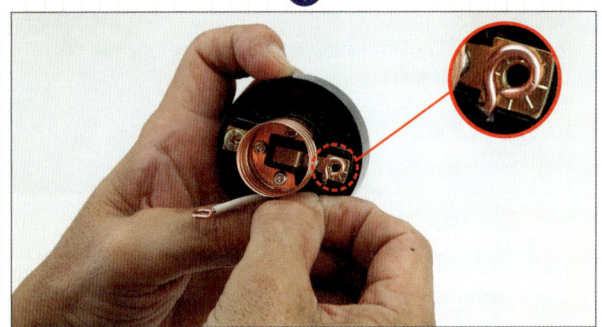

✓ この技もチェック！

ねじが外れる少し手前でドライバーの先端で回すようにし、外れる直前で人差し指でねじを押さえると、ねじを落とさないですみます。

ねじをつけるときも人差し指でねじを押さえながら、ねじ穴に入れると確実に入れられます。

技能編 第10章 技能試験の実技

7
ねじを締めます。

8
次に白線を結線します。輪が右回りになるようにねじ穴に合わせ、ねじを締めます。

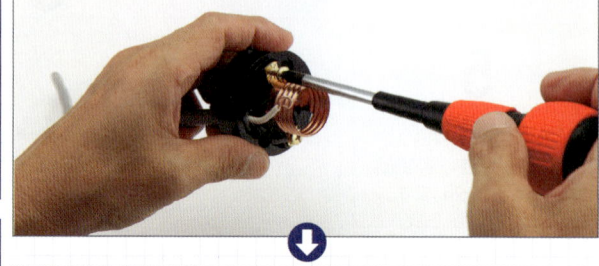

9
「極性を間違えていないか」「輪が右巻きになっているか」「絶縁被覆が長すぎないか（短すぎないか）」などもう一度確認して完成。

欠陥!

極性が間違っている
「穴の空いているほうに黒」と覚えて、先に黒から結線するとミスが防げます。

絶縁被覆をねじがかんでいる
輪作りで心線を90度に曲げるときの遊びが少なすぎたために起こります。

外装のむき過ぎ
絶縁被覆が造営材に触れるおそれがあります。電線を外してもう一度輪作りをして結線をします。

ケーブルが長すぎ
ケーブルが長すぎるとカバーが閉まりません。電線を外してやり直します。

9 露出形コンセントへの結線　DVD 10-11

露出形コンセントへの結線でも輪作りが必要です。ポイントは、次の3つです。
❶ **外装のはぎ取り寸法を露出形コンセントの1辺の長さ5cmにあわせること。**
❷ **欠陥がないように輪作りをする。**
❸ **極性を間違えない。**

「W」（=White）の文字があるほうに白線を接続する。こちらが接地側になる。

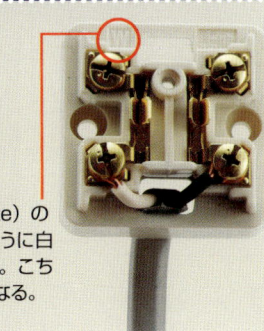

1
露出形コンセントの1辺の長さ5cmに合わせてケーブルの寸法を測ります。

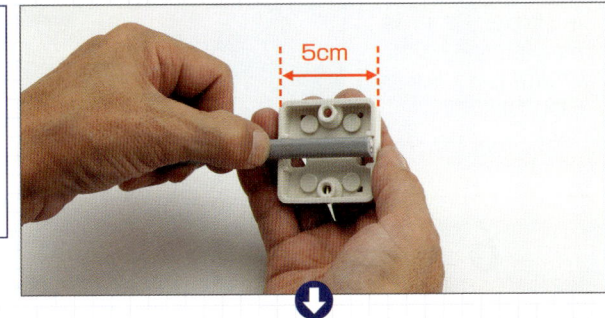

2
ケーブルの外装をはぎ取ります。

3
P334〜339で解説した要領で「輪作り」をします。絶縁被覆の長さが1cm以下になるようにします。

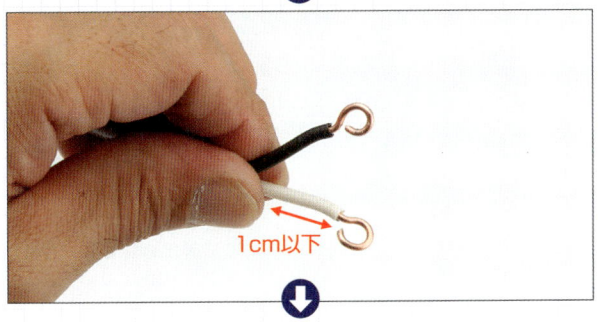

1cm以下

第10章 技能試験の実技　技能編

4
ケーブルを露出形コンセントに通します。

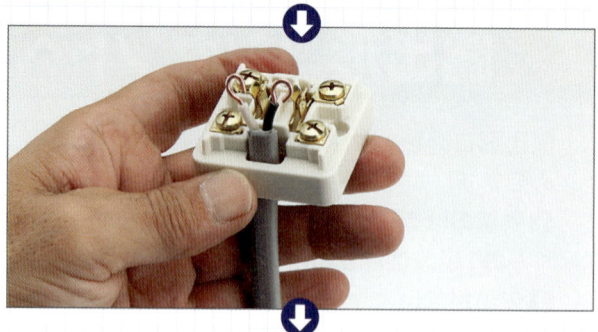

5
極性に注意してケーブルを振り分けます。輪が右回りになるようにねじ穴に合わせて黒線からねじで止めます。

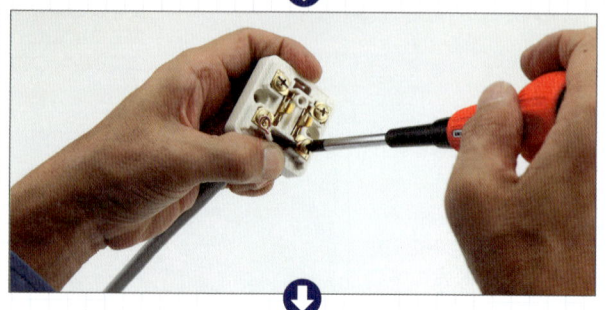

6
輪が右回りになるように、ねじ穴に合わせて白線をねじで止めます。

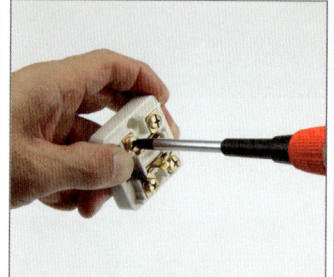

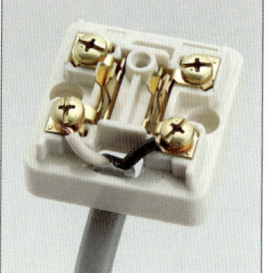

欠陥!

極性を間違えている

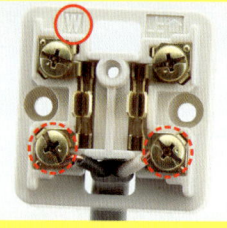

「Whiteは白」と覚えてケーブルを振り分けましょう。

外装のむき過ぎ

絶縁被覆が造営材に触れるおそれがあります。電線を外してもう一度寸法をあわせて輪作りをして結線します。

絶縁被覆が長すぎ

これではカバーが閉まりません。絶縁被覆を10mm以下残して輪作りをしましょう。

10 引掛シーリングへの結線

DVD 10-12

引掛シーリングは、天井などにつけられている照明器具の電源ソケットのことで、照明の配線として試験によく出てくる器具です。角形、丸形があり、どちらも輪作りはいらず、心線を差し込むだけで結線できます。どちらのタイプも工程はほとんど同じで、ポイントは次の2つです。

❶ シーリングに合わせて外装のはぎ取り寸法を決める。
❷ 極性を間違えない。

角形シーリング

表

ケーブルを外すとき、マイナスドライバを差し込む「はずし穴」。

裏

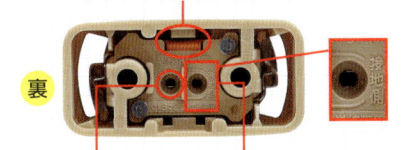

何も書いていないほうが非接地側 ➡ 黒線を接続。

「接地側」「W（＝ホワイト）」「N（＝ニュートラル）」と書いてあるほうが接地側 ➡ 白線を接続。

丸形シーリング

表

何も書いていないほうが非接地側 ➡ 黒線を接続。

裏

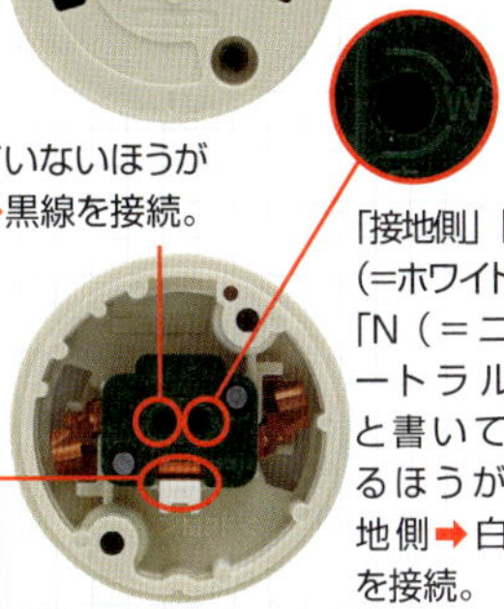

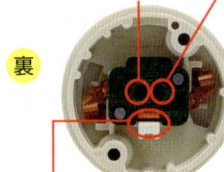

「接地側」「W（＝ホワイト）」「N（＝ニュートラル）」と書いてあるほうが接地側 ➡ 白線を接続。

ケーブルを外すとき、マイナスドライバを差し込む「はずし穴」。

◆ 角形シーリングへの結線

1 シーリングの幅や高さ（約2cm）に合わせて外装をはぎ取ります。

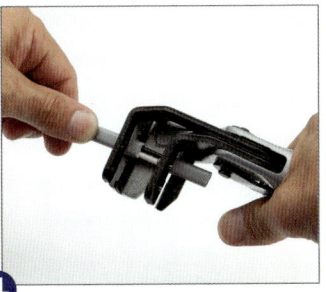

技能編 第10章 技能試験の実技

345

2

シーリングの横に心線の寸法が刻まれています。細いほうが心線の寸法で、太いほうが残す絶縁被覆の寸法です。

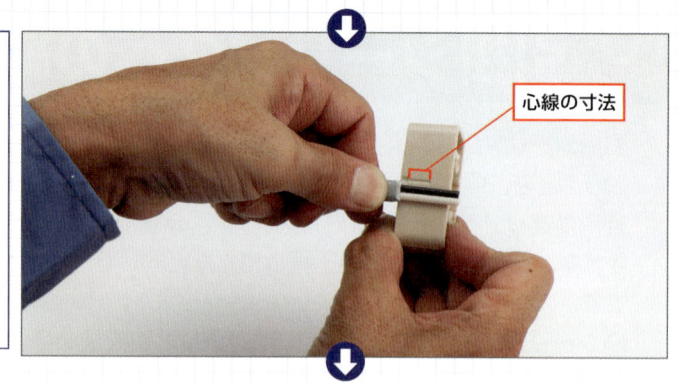

心線の寸法

3

残す絶縁被覆の部分の先をはぎ取ります。

4

余分な心線を切断するためにサイズを測ります。横のゲージのところにケーブルを当てて切断する箇所に親指を当てます。

5
余分な心線をペンチで切断します。

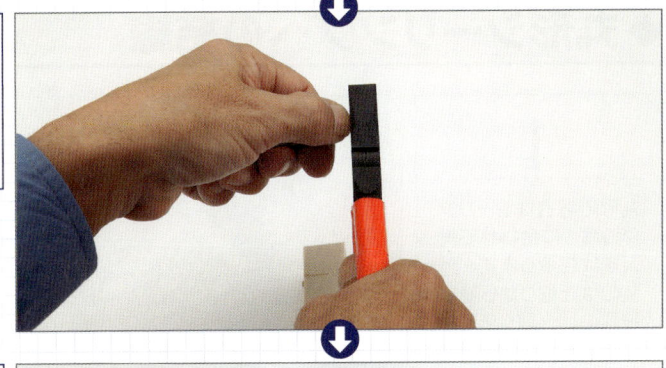

6
ゲージにある寸法どおりに心線が切断されているかどうかを確かめます。短すぎた場合はもう一度外装を向く作業からやり直します。

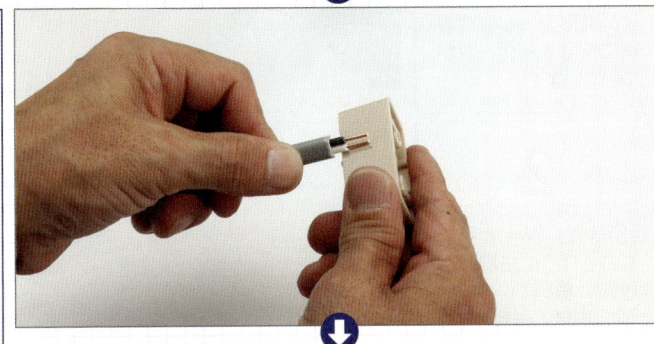

7
「接地側」「W」と書いてあるほうに白線（接地側）、書いていないほうに黒線（非接地側）を差し込みます。

8
ケーブルを90度に曲げて完成です。

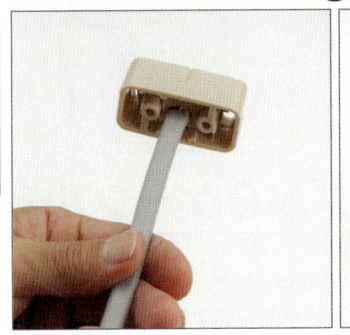

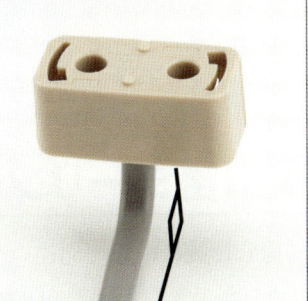

技能編

第10章 技能試験の実技

◆丸形シーリングへの結線

1

丸形の場合はシーリングの高さに合わせて外装をはぎ取ります。外装のはぎ取りから絶縁被覆のはぎ取りまでは「角形」の手順と同様です。丸形シーリングの横に採寸するゲージがついています。

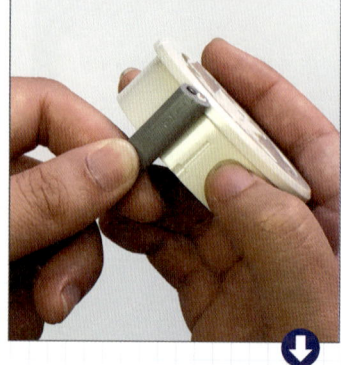

2

「接地側」「W」と書いてあるほうに白線（接地側）、書いていないほうに黒線（非接地側）を差し込みます。

3

結線が完成したら、ケーブルを90度に曲げておきます。

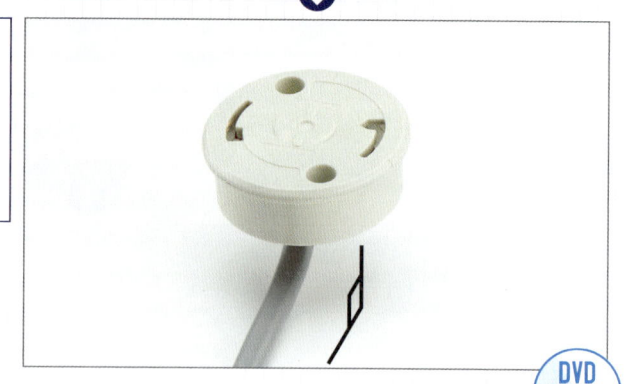

◆引掛シーリングからケーブルを外す

DVD 10-13

結線した後に極性の間違いや心線の長さのミスに気づいたとき、速やかにやり直しができるように、心線をシーリングから外す要領を覚えておきましょう。

角形シーリングの外し方

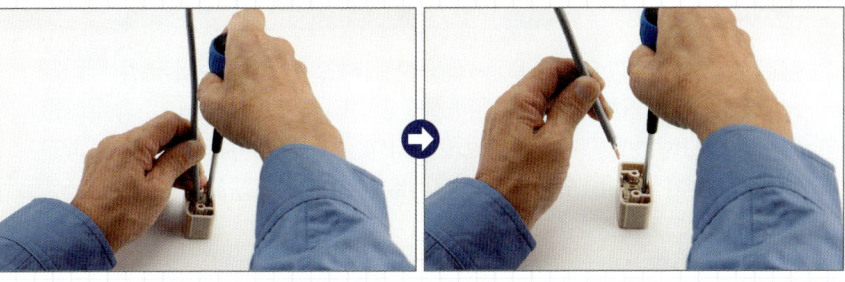

「はずし穴」にマイナスドライバを差し、押し込みながらケーブルを引き抜きます。試験で使用するドライバで外せるかどうか、事前に確認しておきましょう。

丸形シーリングの外し方

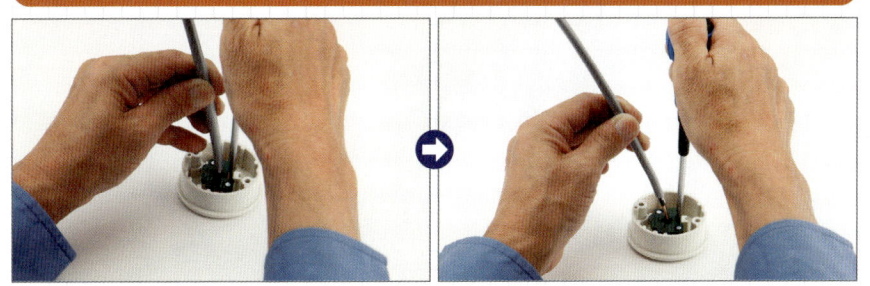

丸形も角形と同じです。「はずし穴」にマイナスドライバを差し、押し込みながらケーブルを引き抜きます。

欠陥！

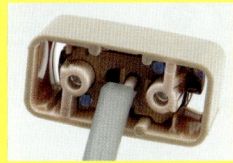

極性の間違い
完成後にもう一度確認しましょう。

絶縁部分のはみ出し
はみ出し

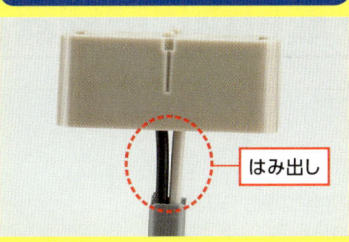

絶縁部分が大きくはみ出していると欠陥になります。これは外装のむき過ぎが原因です。ケーブルを外してやり直しましょう。

心線の端子からはみ出し
ケーブルの押し込み不足、または被覆のむき過ぎが原因です（心線が1mm以上の露出で欠陥）。むき過ぎだったらケーブルを外して心線を切断し直しましょう。

技能編 第10章 技能試験の実技

11 埋込連用取付枠への配線器具の取り付け方

壁などに埋め込むタイプのスイッチやコンセントを「埋込形連用配線器具」、略して「埋込器具」「連用器具」といいます。これらは、専用の取付枠に取り付けて壁などに埋め込みます。その取付枠のことを「埋込連用取付枠」といいます。埋込連用取付枠へ配線器具を取り付けるポイントは次の2つです。
❶ 取付枠の表と裏、上と下を確認すること。
❷ 埋込器具が1つ、2つ、3つの場合で取り付け位置を間違えないようにする。

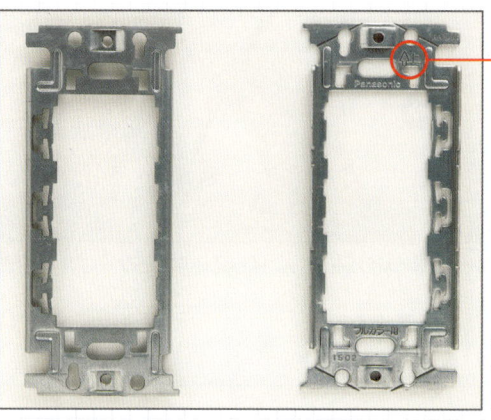

「↑上」とあるほうを上に。

埋込連用取付枠。文字が書いてあるほうが表。表と裏、上と下を間違えると配線器具が取り付けられません。

DVD 10-14

◆取付枠に配線器具を取り付ける

1
取付枠の裏から器具をはめ込みます。配線器具が1つの場合は真ん中に取り付けます。3対ある出っ張りがはめ込む位置です。

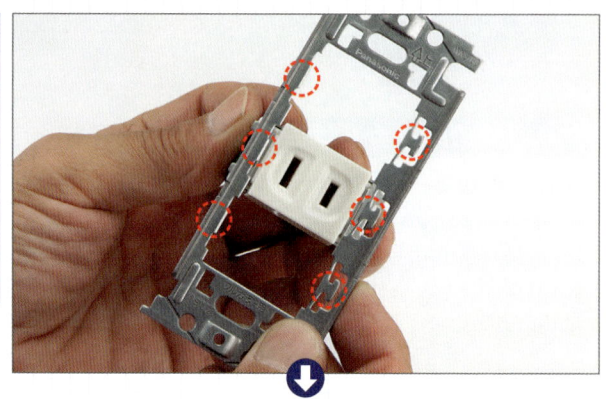

2

まず、配線器具の左側にある金具穴に取付枠の出っ張りを入れます。配線器具の右側を取付枠に押し付けます。

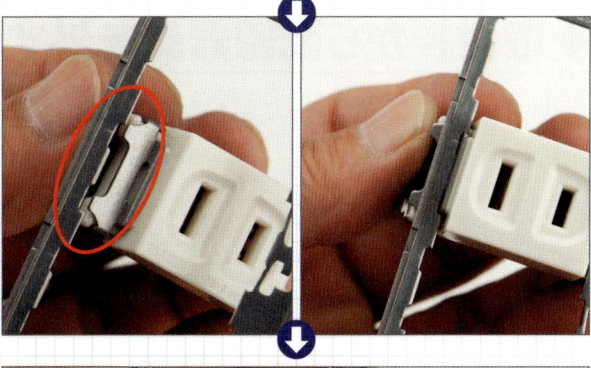

3

マイナスドライバを写真のように差し込み、左右に少し回すと出っ張りが配線器具の金具穴にはまっていきます。

4

これで出っ張りが金具穴にはまって外れなくなります。

5

最後にきちんとはまっているかを確認して完成です。

技能編

第10章 技能試験の実技

◆取付枠から配線器具を外す

DVD 10-15

取り付けの間違いに気づいたらすぐにやり直しができるように、取り外し方も覚えておきます。

1
写真の位置にマイナスドライバを差し込みます。

2
ドライバを差し込んだまま、右に少し回転させると取付枠の出っ張りが金具穴から抜けます。

3
取付枠から配線器具が外れます。

欠陥!

配線器具が取付枠から外れた
(配線器具を取付枠に取り付けるのを忘れた)

指で少し押したときに外れしまうようではしっかり取り付けたとはいえません。

取付位置の間違い

○ 2つの配線器具を取り付ける場合の正しい位置

× 2つの配線器具は左写真のように取り付ける。

× 1つの配線器具は真ん中に取り付ける。

352

12 1つの埋込器具へ結線する

埋込器具1つを右の図のとおりに結線してみます。1つの埋込器具へ結線する際のポイントは次のとおりです。
❶ **正しい極性で結線する。**
❷ **心線が端子穴から露出しないようにする。**
極性間違い、心線の露出はどちらも欠陥になるので注意しましょう。

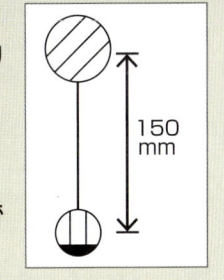

150mm

DVD 10-16

◆1つの埋込器具への結線

1
切断するケーブルの寸法を測ります。ジョイントボックスとコンセント間をつなぐので、右下の計算式になります（➡P322）。

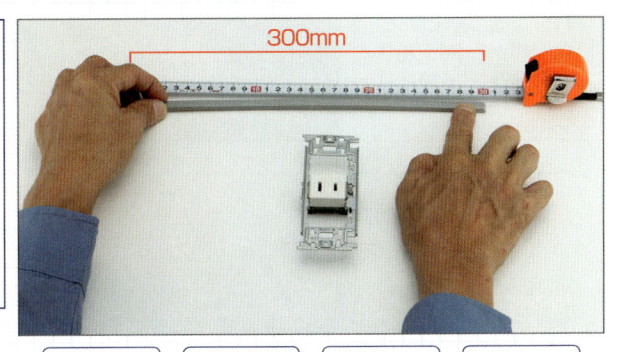

300mm

| 指定された寸法 150mm | + | ジョイントボックス 100mm | + | 埋込連用コンセント 50mm | = | 合計 300mm |

2
ケーブルを切断したら、まずジョイントボックス内の配線を先に進めます。外装のはぎ取り寸法100mmを測ってはぎ取ります。

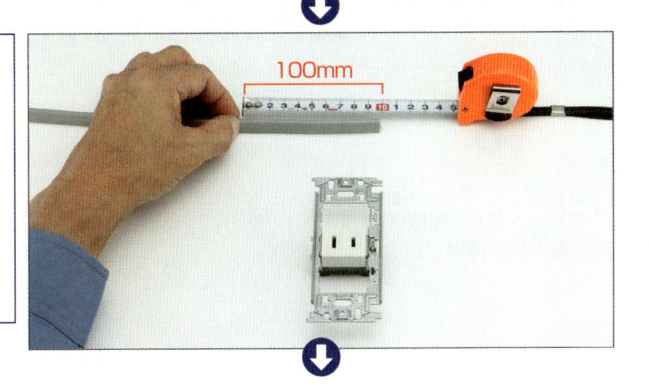

100mm

3

ケーブルの外装をはぎ取ったら、絶縁被覆のはぎ取り寸法20mmを測ってはぎ取ります。

4

ケーブルの端を90度に折り曲げます。これでジョイントボックス内での配線は完了です（実際はジョイントボックス内にケーブルを入れますが、技能試験ではジョイントボックスは支給されず、取付は省略されます）

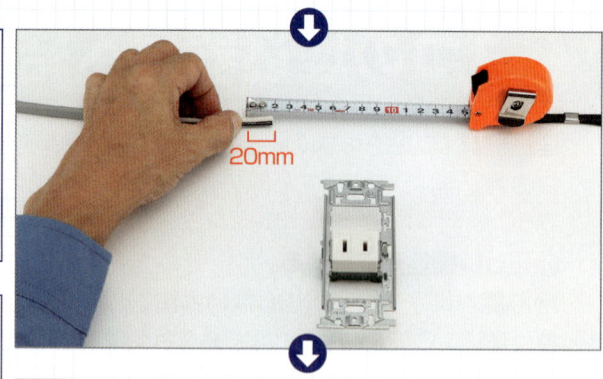

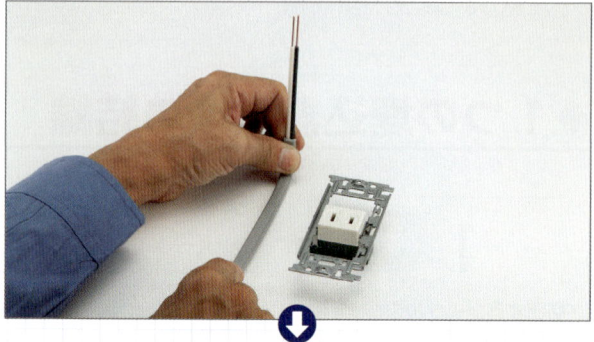

5

次に埋込形コンセントの接続をします。まず、外装のはぎ取り寸法を測ります。埋込形器具1つにつき50mm＋心線20mm＝合計70mmを測って、外装をはぎ取ります。

6

むき出しにする心線20mmを測って絶縁被覆をはぎ取ります。

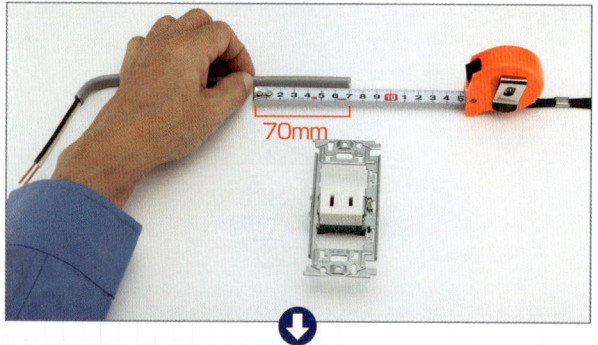

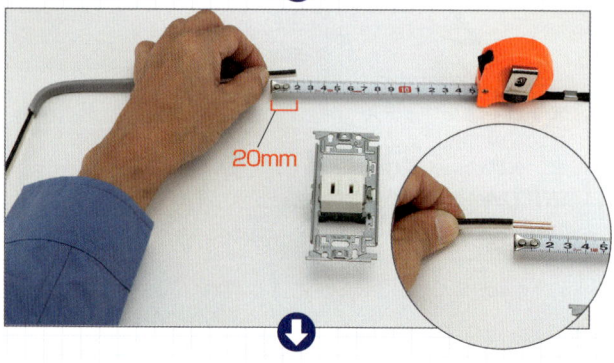

7

埋込配線器具の裏に差し込む心線の寸法（10mm）ゲージがついています。そこに心線を当てて10mmの位置に親指のツメを当てます。

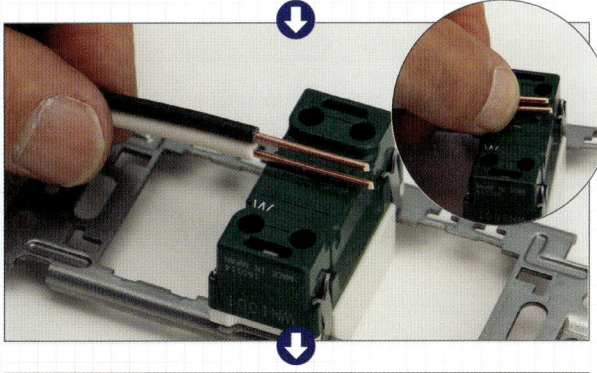

8

心線を切断します。

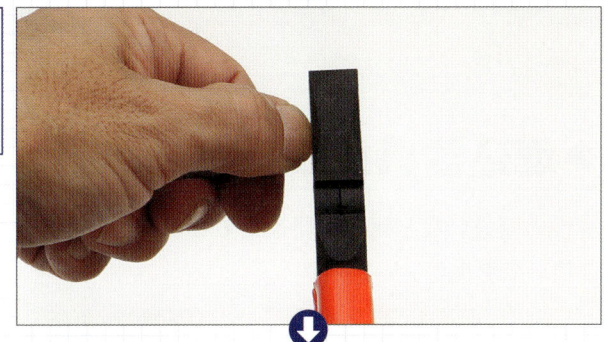

9

極性を確認して「接地側」「W」とあるほうに白線を、ないほうに黒線を差し込みます。

10

最後にジョイントボックスに入る部分と配線器具との寸法が150mmになっているかを確認します。

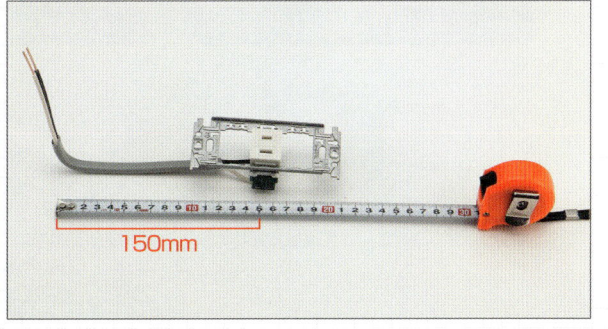

150mm

技能編

第10章 技能試験の実技

埋込配線器具の極性

埋込配線器具には極性のあるものとないものがあります。極性があるものは「接地極あり」「W」とあるほうに白線を、ないほうに黒線を差し込みます。

極性のないもの	片切りスイッチ パイロットランプ 接地端子	
極性のあるもの	コンセント	

◆埋込器具から心線を外す

DVD 10-17

極性の間違いなど配線を間違えてしまった場合は、配線器具から心線を引き抜いてやり直しします。

「はずし穴」にマイナスドライバを差し込み、ドライバを押し込みながらケーブルを引き抜きます。片側が外れたら、もう一方も同じ要領で外します。

欠陥！

極性の間違い
取り付け後に極性は必ず確認しましょう。

心線の端子からの露出
心線が2mm以上の露出で欠陥となります。心線を外してゲージの寸法で切り直し、結線し直します。

13 複数の埋込器具へ結線する

複数の埋込器具を結線する場合、「わたり線」で埋込器具どうしをつなぐ必要があります。わたり線とは、複数の埋込器具間をつなぐ線のことで、1つできた配線を分岐させるために用いられるものです。ケーブルを切断する際に、わたり線の分を考えて切断する必要があります。施工条件に「電源から点滅器およびコンセントまでの非接地側電線はすべて黒色」との指定がある場合は、わたり線は黒線にしなければなりません。

◆スイッチとコンセントへの結線

技能試験では、複数の埋込器具を接続するパターンとして、次の4つがあります。このうち極性があるのはコンセントだけですから、右の配線図で❹の方法を解説します。

- ❹スイッチとコンセント
- ❺スイッチとスイッチ
- ❻スイッチとパイロットランプ（常時点灯）
- ❼スイッチとパイロットランプ（同時点滅）

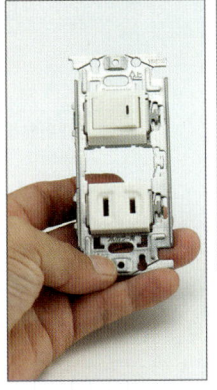

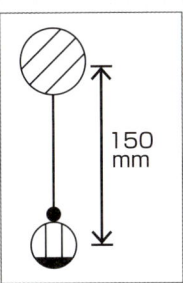

150mm

1
切断するケーブルの寸法を測ります。右にある計算式になります（➡P322）。

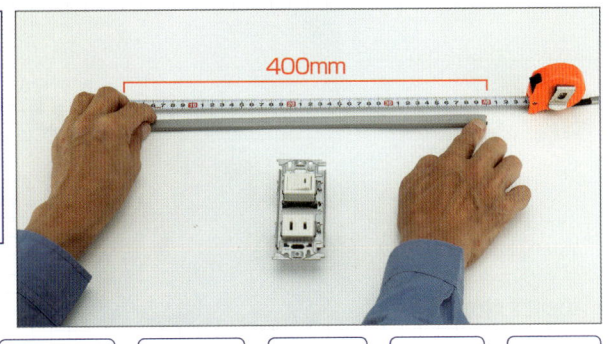

400mm

| 指定された寸法 150mm | + | ジョイントボックス 100mm | + | 埋込連用器具 50mm | + | わたり線 100mm | = | 合計 400mm |

2

ケーブルを切断したら、まずジョイントボックス内の配線を先に進めます。

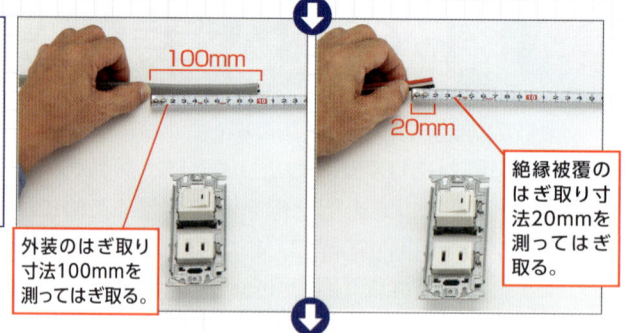

外装のはぎ取り寸法100mmを測ってはぎ取る。

絶縁被覆のはぎ取り寸法20mmを測ってはぎ取る。

3

続いて埋込器具の接続をします。まず、右の計算式で算出された外装のはぎ取り寸法を測ります。

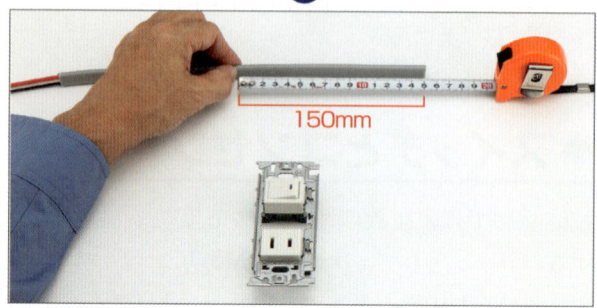

埋込連用器具 50mm ＋ わたり線 100mm ＝ 合計（外装のはぎ取り寸法）150mm

4

外装をはぎ取ったら、わたり線を作るための寸法（目安は80〜100mm）を測り、切断します。

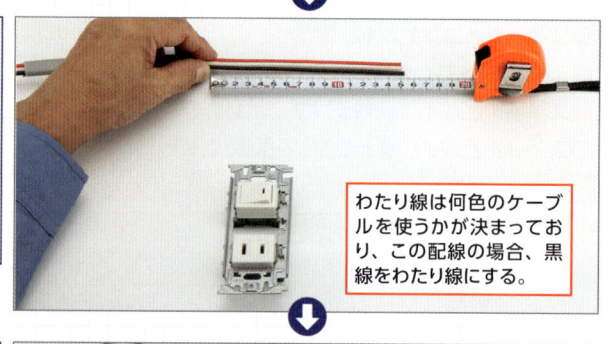

わたり線は何色のケーブルを使うかが決まっており、この配線の場合、黒線をわたり線にする。

5

わたり線を切断したら埋込器具に差し込む心線の長さを測ります。

埋込配線器具の裏にある心線の寸法（10mm）ゲージに心線を当てて10mmの位置に親指のツメを当て、その寸法で絶縁被覆をはぎ取る。

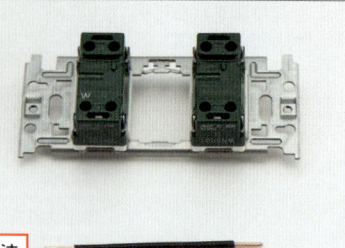

6

わたり線を結線します。わたり線は非接地側のほう（「W」や「N」、「接地側」と書いていないほう）に結線します。一方を差し込んでケーブルを90度曲げます。

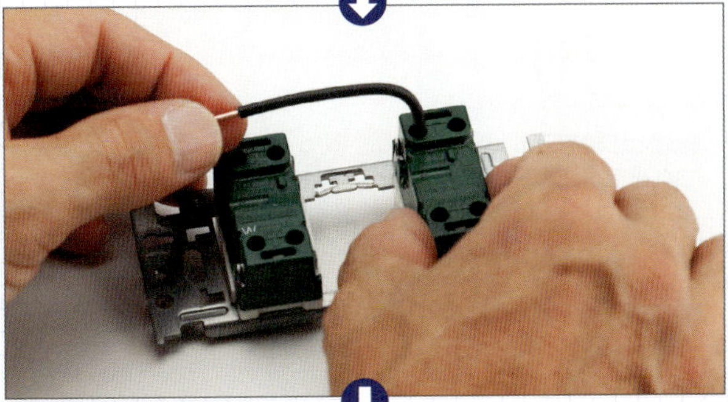

7

わたり線のもう一方を差し込みます。

8

次に非接地の黒線と赤線をスイッチにつなぎます。黒線の長さに合わせて赤線を切断します。

9

差し込む心線の寸法をゲージで測り、被覆をはぎ取ります。

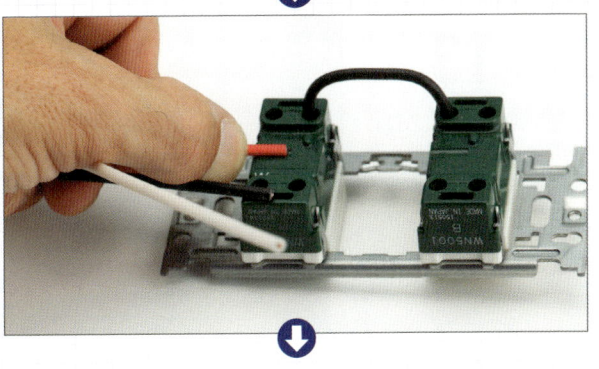

10

黒線と赤線をスイッチにつなぎます。

11

コンセントには極性があるので、接地側に白線をつなぎます。きれいに差し込みができる長さを測ります。

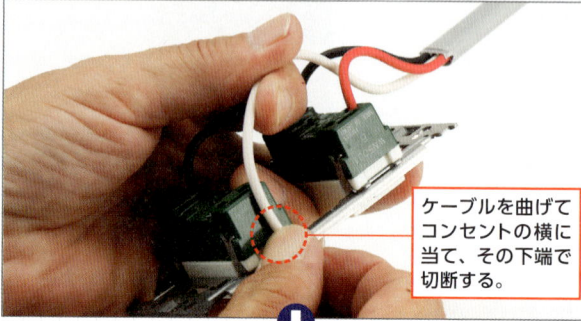

ケーブルを曲げてコンセントの横に当て、その下端で切断する。

12

ゲージで心線の寸法を測ってから被覆をむき、差し込みます。

13

回路図の寸法に合わせてケーブルを曲げて完成です。

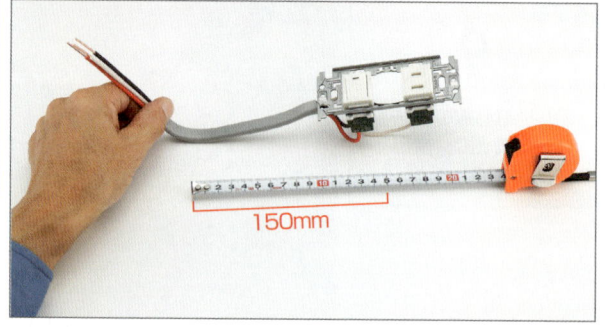

150mm

360

◆スイッチ2つへの結線

スイッチには極性がないので、白線と赤線が逆に結線されていてもかまいません。ただし、わたり線の色は施工条件に「黒」と指定されています。

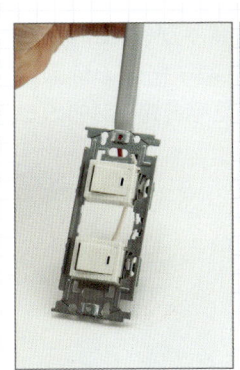

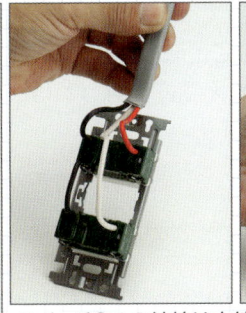

スイッチ2つの結線は白線と赤線が逆になっていてもOK。

◆スイッチとパイロットランプへの結線

パイロットランプは、電灯などスイッチにつないだ機器が通電状態にあることを示す機器のことで、「確認表示灯」ともいいます。パイロットランプの点灯パターンには「常時点灯」「同時点滅」「異時点滅」の3つありますが、試験で出るのは「常時点灯」と「同時点滅」です。

常時点灯の場合の結線方法

常時点灯はスイッチのオン／オフにかかわらず、常に点灯している状態のこと。わたり線は黒線を使う。

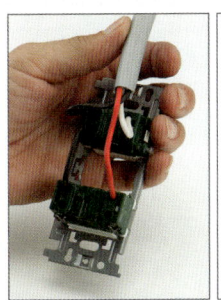

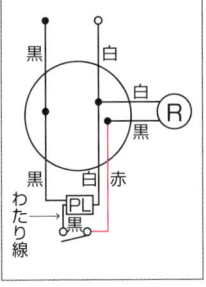

同時点滅の場合の結線方法

同時点滅は、スイッチをオンにするとパイロットランプが点灯、スイッチをオフにすると消灯する点灯している状態のこと。わたり線の電線の色別の指定はない（黒線でも赤線でもよい）。

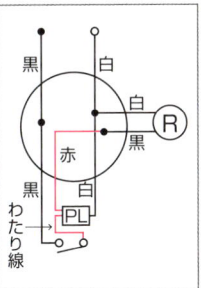

14 端子台への結線

DVD 10-21

端子台とは、電線の接続や分岐などのために複数の端子を集合した器具のことです。技能試験では、タイムスイッチやリモコンリレー、自動点滅器が回路に含まれていることがありますが、「それらの代用として端子台を用いる」ことになっています。端子台への結線は、絶縁被覆のはぎ取り寸法さえ間違えなければ、さほど難しいものではありません。

1
端子台へつなぐために外装を50mmはぎ取ります。

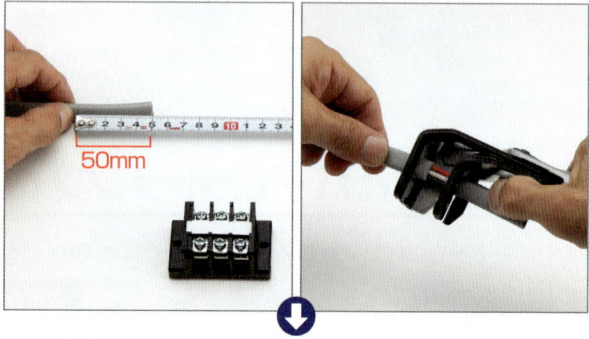

2
端子台にケーブルを合わせて心線の長さを決めます。長さを合わせたら3本をペンチで切断します。

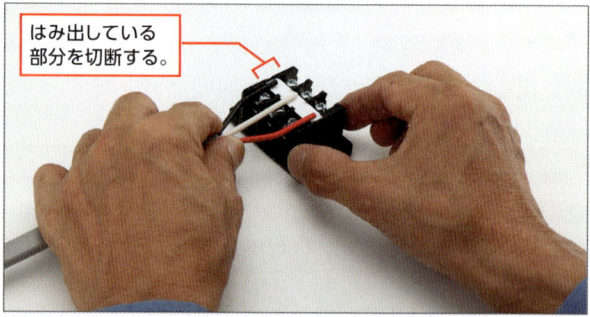

はみ出している部分を切断する。

3

端子台の奥行きに心線が露出しないで収まるように絶縁被覆のはぎ取り寸法を測り、絶縁被覆をはぎ取ります。

4

端子台の奥行きに合わせて心線の長さがそろっている状態になります。

5

端子台のねじを緩めます。

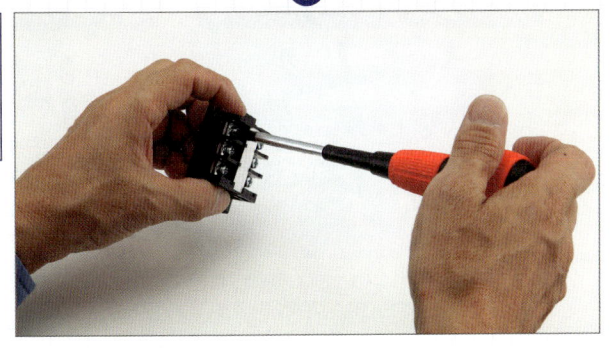

6
端子台に心線を差し込みます。

7
片手でケーブルを端子台に押し込むようにして端子台のねじを締めます。

8
最後に、ねじがすべてしっかり締まっていることと、心線のはみ出しが大きくないか、絶縁被覆をねじがかんでいないかをチェックすること。

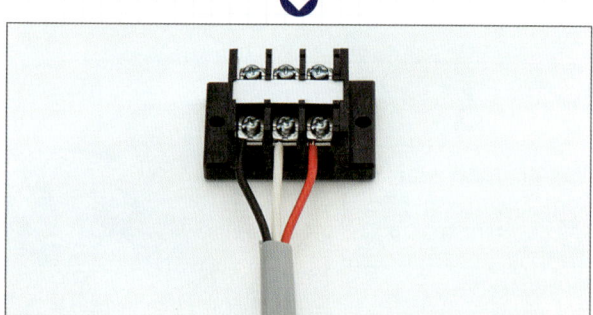

欠陥！

端子が絶縁被覆をかんでいる

心線の長さが足りないときは、線を外してもう一度被覆をむき直して接続します。

端子台の端から心線が露出

5mm以上の露出で欠陥になります。適度な長さに切断して接続し直しましょう。

15 配線用遮断器への結線

屋内配線用の過電流遮断器である配線用遮断器が回路図に入っていることがあります。結線のポイントは次のとおりです。
❶ 極性を間違えない。Nに白線を、Lに黒線を差し込む。
❷ ねじの閉め忘れに注意する（心線が外れるのは欠陥）。

1
ケーブルの外装を50mmはぎ取ります。

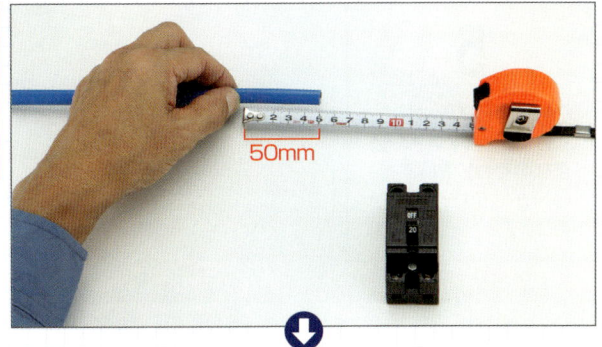

2
絶縁被覆をはぎ取る寸法を測ります。配線用遮断器に電線の先端を当て、出っ張りの部分までの長さをはぎ取ります。

3
配線用遮断器のねじを緩めます。

4

Nに白線を、Lに黒線を差し込みます。

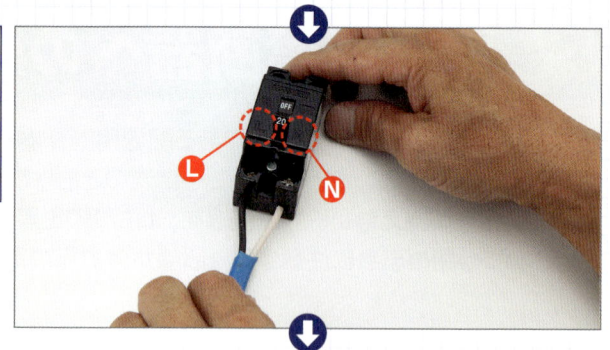

5

心線を押し込みながら、ねじを締めます。押し込まないでねじを回すと、心線がはずれる場合があります。

6

心線が外れないか、極性に間違いがないかを確認して完成です。

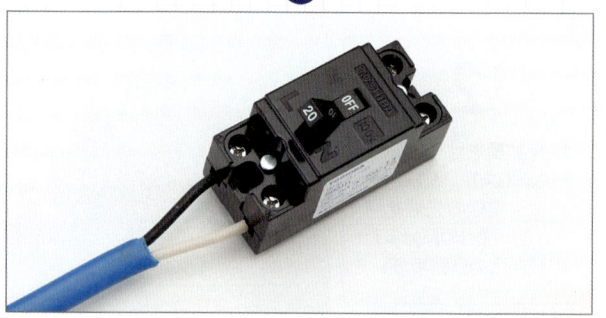

欠陥！

心線が露出しすぎ 
端から5mm以上露出していると欠陥。いったん外してから結線し直します。

端子が絶縁被覆をかんでいる 
絶縁被覆のはぎ取りが少なすぎたために起こる欠陥。適正な長さをはぎ取り直します。

極性の間違い 
差し込むときに確認、完成した後も確認を忘れないようにしましょう。

16 防護管の取り付け

DVD 10-23

技能編 第10章 技能試験の実技

木造のメタルラス張りや金属板張りの壁にケーブルを通す場合の防護管の取り付け工事です（➡P181）。バインド線を確実にケーブルに巻き付けて、防護管が動かないようにします。

1
バインド線を2つに折って真ん中で切断します。

2
ケーブルを防護管に通します。

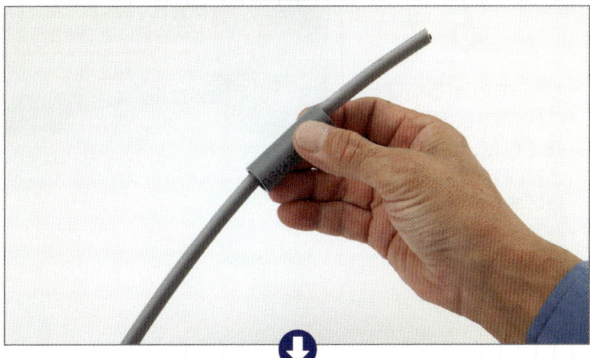

3
防護管を取り付ける位置を決めます。防護管の端に当たるケーブルの箇所にバインド線を2回以上巻き付けます。

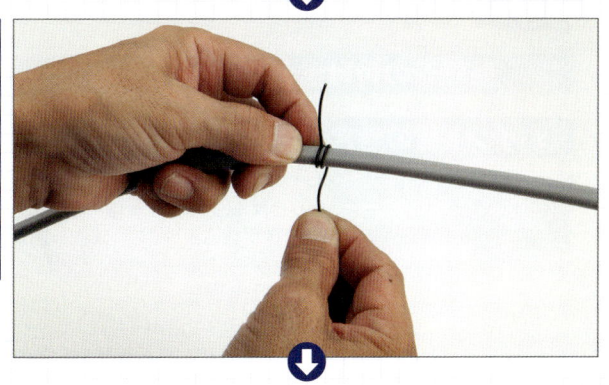

367

4

端を2回以上ねじります（半周を4回以上）。

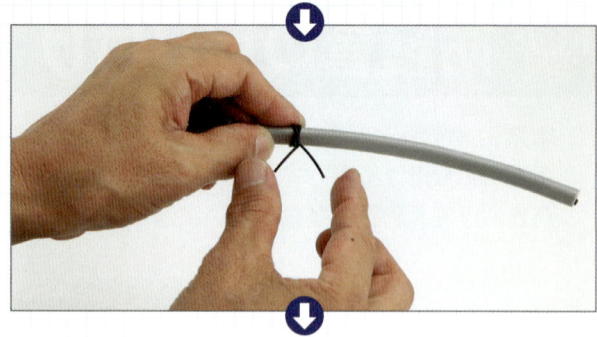

5

バインド線の端を曲げて防護管が止まることを確かめます。

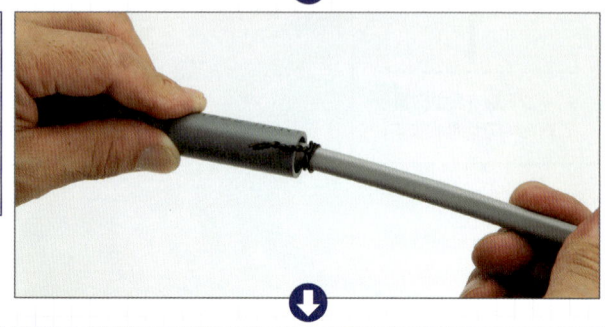

6

もう一方の端に同じようにバインド線を2回以上巻き付け、端を2回以上ねじります。バインド線の端を曲げて防護管を固定させます。

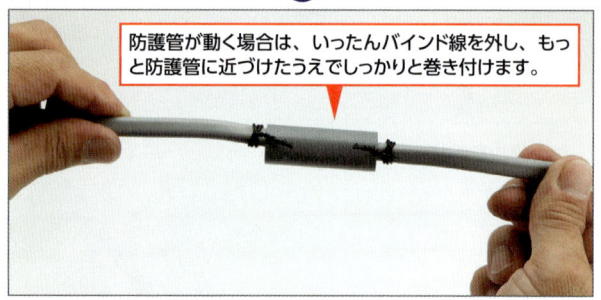

防護管が動く場合は、いったんバインド線を外し、もっと防護管に近づけたうえでしっかりと巻き付けます。

欠陥！

防護管の付け忘れ

バインド線の付け忘れ

バインド線の巻き付け不足

バインド線がしっかりとケーブルに固定されるように、ケーブルに2回以上巻き付けます。

バインド線の緩み

バインド線が動かないように、ケーブルにきつく巻き付けます。

17 アウトレットボックスにゴムブッシングを装着(そうちゃく)

DVD 10-24

技能編 第10章 技能試験の実技

電線管(でんせんかん)の出口や電線管が集まる場所にはボックスを設け、その中で電線どうしを接続したり、器具を取り付けたりします。さまざまな種類があるボックスのうち、技能試験ではアウトレットボックスのみ材料が支給され、PF管や金属管と接続する作業が必要になります。

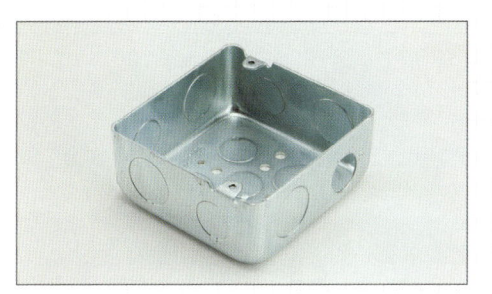

技能試験で支給されるアウトレットボックスは金属管などを接続する穴があらかじめ打ち抜いてあります。他の穴を空けると器具破損として欠陥対象になります。

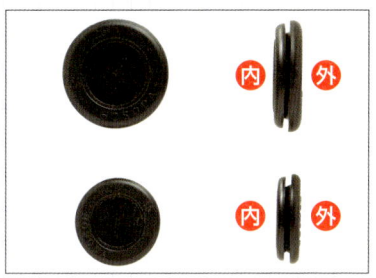

ゴムブッシングは表と裏で出っ張りの直径が異なります。出っ張りの直径が小さいほうがボックスの内側にくるようにします。

内 外
内 外

1
アウトレットボックスにゴムブッシングを押し込みます。

表と裏を間違えてつけないように!

2
電工ナイフを使ってゴムブッシングに十字の切れ込みを入れて装着完了です。

十字の切れ込みからケーブルをボックス内に入れる。

369

18 アウトレットボックスにPF管を接続

DVD 10-25

合成樹脂管(ごうせいじゅしかん)は、硬質塩化(こうしつえんか)ビニル電線管(でんせんかん)(VE管)と可(か)とう電線管(でんせんかん)(PF管、CD管)に大別できますが、技能試験ではPF管の接続のみ出題されます。ロックナットがしっかり接続されているかがポイントで、接続が緩いと欠陥になります。なお、PF管は25mm穴、19mm穴、どちらにも装着ができますが、試験では19mm穴に装着しましょう。

1 ボックスコネクタのロックナットを外します。

2 ボックスにボックスコネクタを入れてナットを締めます。

3 ボックスコネクタにPF管を差し込みます。

4 反対側にボックスコネクタを装着して完成です。

19 アウトレットボックスと金属管の接続

DVD 10-26

技能編 第10章 技能試験の実技

配線工事に使われる金属管にはいくつか種類がありますが、技能試験では管の端をねじ切りする必要のない「ねじなし電線管」の接続が試されます。ねじなし電線管をボックスに接続する際、いくつかの専用材料を用います。

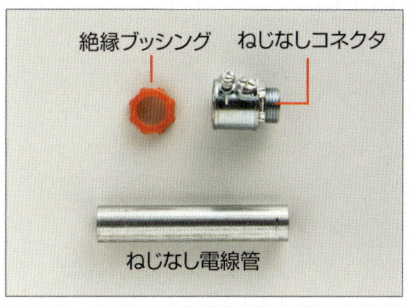

絶縁ブッシング　ねじなしコネクタ
ねじなし電線管

アウトレットボックスとねじなし電線管の接続に使う材料。

ウォーターポンププライヤ。ロックナットを締めたり、ねじなしコネクタの止めねじをねじ切ったりするのに用います。

1 ねじなしコネクタに付いているねじを緩めます。

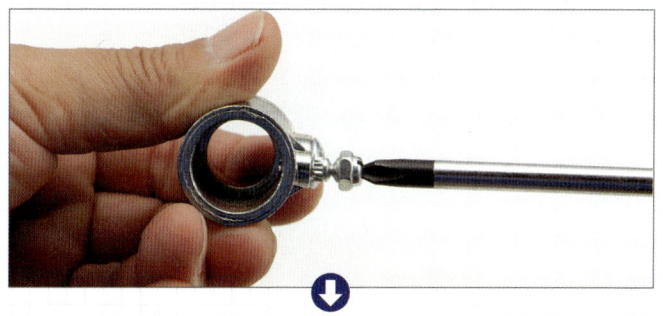

2 ねじなし電線管をねじなしコネクタに差し込みます。

3

ねじなし電線管を奥まで差し込んだ状態でコネクタのねじを締めます。

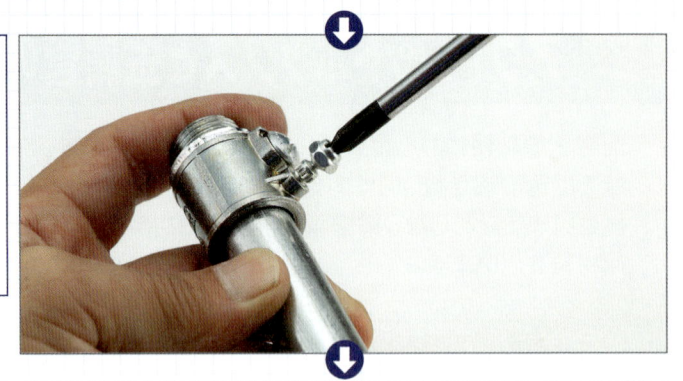

4

ねじなしコネクタのロックナットを外します。

5

ねじなしコネクタをアウトレットボックスの所定の穴に差し込みます。

> ロックナットの向きに注意。少し膨らんだほうがアウトレットボックスに接する向きにする。

6

ロックナットをウォーターポンププライヤでしっかりと締めて固定します。

7
絶縁ブッシングを取り付けます。

8
ねじなしコネクタの止めねじの頭をねじ切ります。

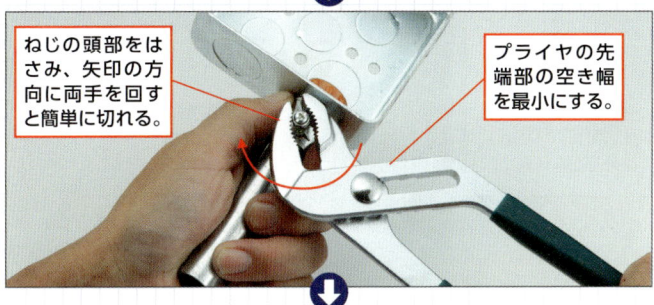

ねじの頭部をはさみ、矢印の方向に両手を回すと簡単に切れる。

プライヤの先端部の空き幅を最小にする。

9
止めねじの頭をねじ切ったところ。ぐらつきがないかチェックして完成です。

欠陥！

絶縁ブッシングの付け忘れ

ロックナットの取り付け忘れも欠陥になります。手順を守って慎重に作業しましょう。

金属管のぐらつき

取り付けた金属管のぐらつきは欠陥になります。ロックナットの向きを間違えると、金属管がうまく接続できず、ぐらつきが生じます。向きを間違えていないかチェックしましょう。

技能編 第10章 技能試験の実技

20 アウトレットボックスと金属管の接続
ボンド線の接続

DVD 10-27

アウトレットボックスと金属管をつなぐことで金属管を接地する線のことをボンド線といいます。技能試験では、ボンド線に使う裸銅線(はだかどうせん)が支給されることがあります。接続のしかたを覚えておきましょう。

1
ボンド線の端で輪作りをします（「輪作りの方法」➡P334〜）。

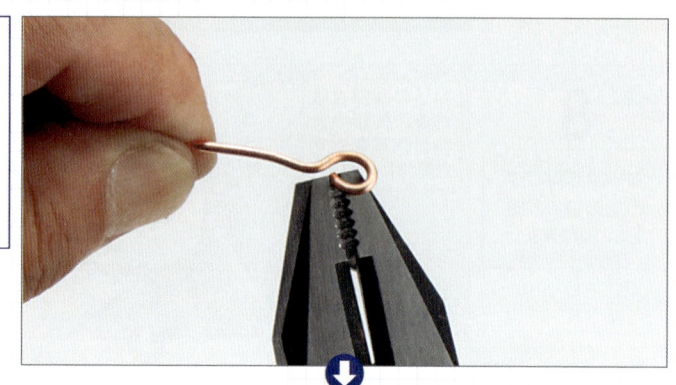

2
アウトレットボックスの脇に付いている4mmのねじを外します。

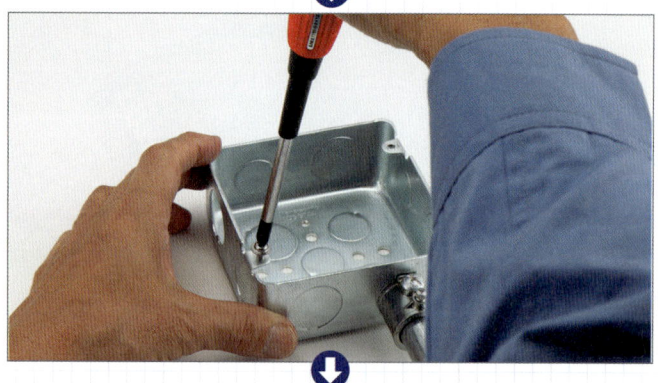

3
ボンド線をアウトレットボックスの穴に通し、ボックスに刻まれたねじ穴に輪を重ねてねじで止めます。

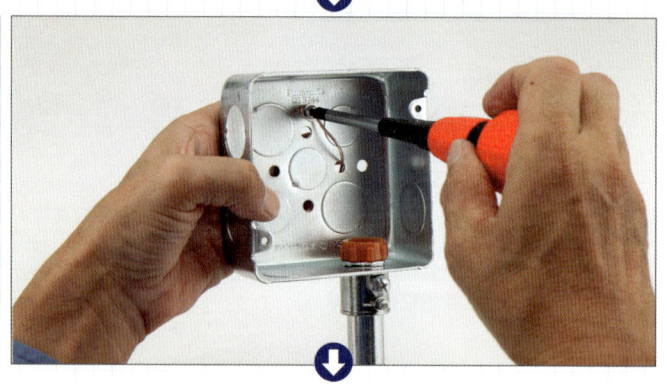

374

4

ボンド線のもう一方の端を矢印のついているボックスコネクタの溝に通します。

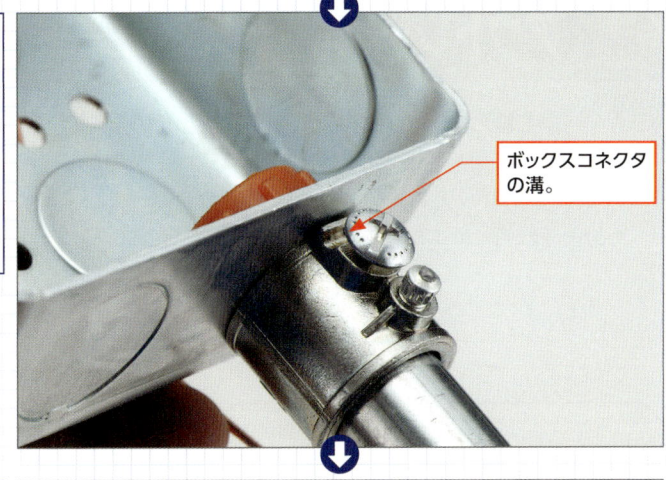

ボックスコネクタの溝。

5

ボンド線を溝に通して、止めねじをプラスドライバでしっかりと締めます。

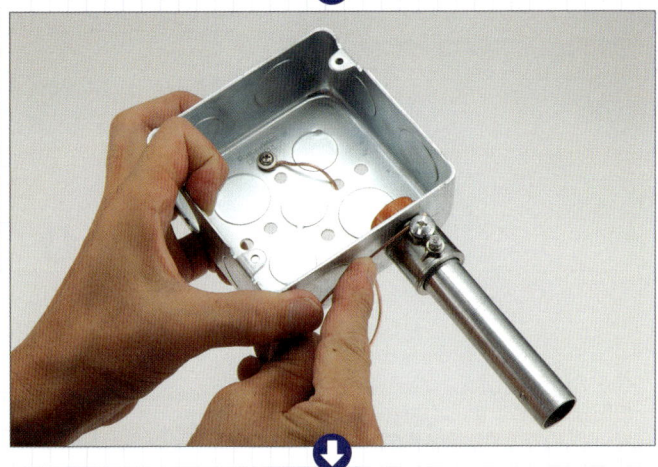

6

止めねじの端からボンド線が少し出ているようにします。余った線をボックスに接するようにしてまとめて完成です。

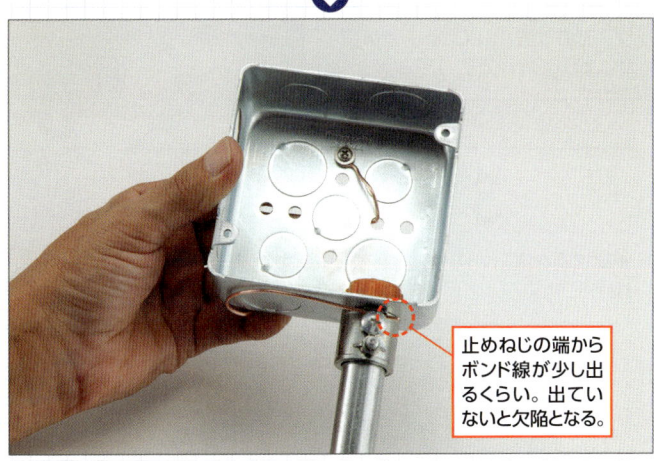

止めねじの端からボンド線が少し出るくらい。出ていないと欠陥となる。

技能編

第10章 技能試験の実技

21 アウトレットボックスでの電線の採寸

DVD 10-28

配線器具をアウトレットボックスに通すときの採寸方法を右の回路図を例に説明しましょう。ケーブルの外装がボックス内へ入るようにしなければなりません。そのためには寸法を正確に測る必要があります。

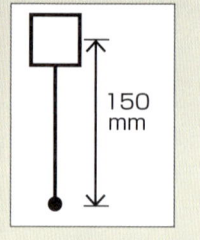

150mm

1
切断するケーブルの寸法を測ります。

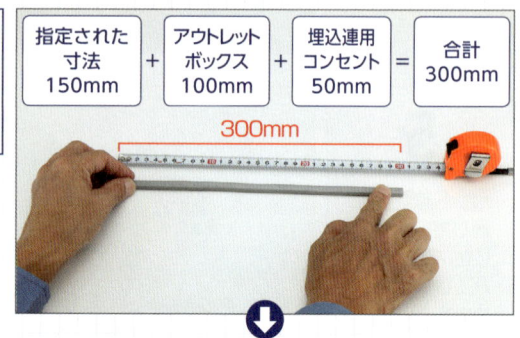

| 指定された寸法 150mm | + | アウトレットボックス 100mm | + | 埋込連用コンセント 50mm | = | 合計 300mm |

300mm

2
ケーブルを切断したら、ボックス内の配線を進めます。アウトレットボックス内での電線接合部の外装のはぎ取り寸法は、ジョイントボックスでの寸法（100mm）とは違い、約130mmです。

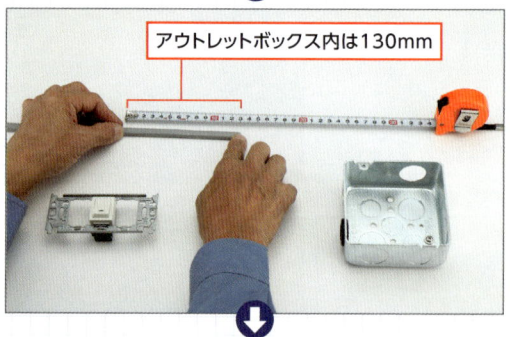

アウトレットボックス内は130mm

3
絶縁被覆を20mmの寸法を測り、はぎ取ります。

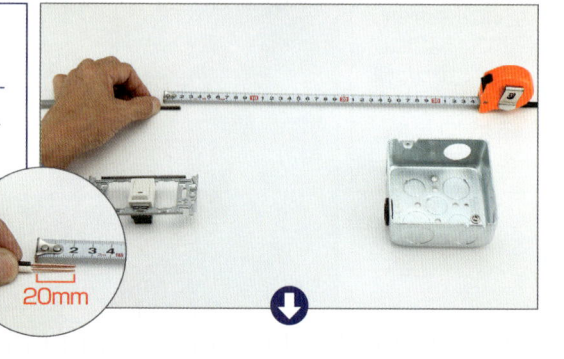

20mm

4

次に埋込形コンセントの接続をします。まず、外装のはぎ取り寸法を測って外装をはぎ取ります。

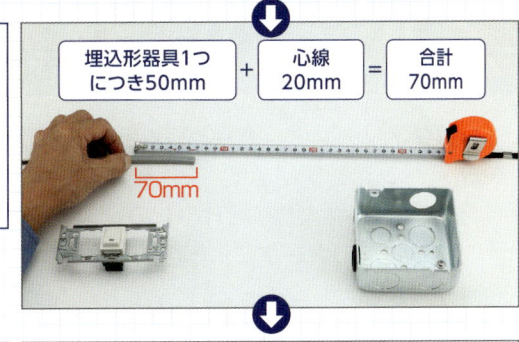

埋込形器具1つにつき50mm ＋ 心線 20mm ＝ 合計 70mm

5

埋込形コンセントに結線をしたら、一方をアウトレットボックスに差し込み、外装がボックス内に入るようにします。

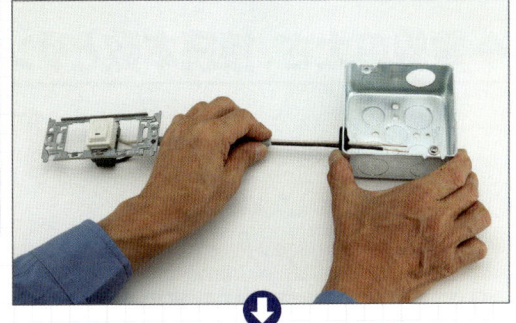

6

端を90度折り曲げ、寸法を確認して完成です。

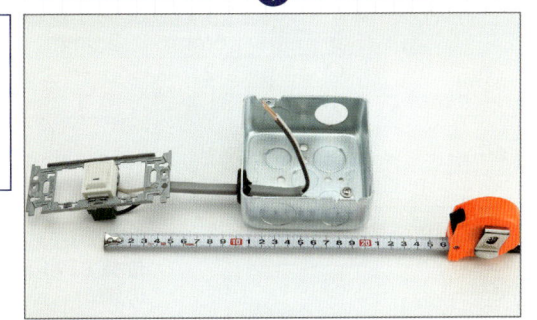

✓ この技もチェック！

PF管、金属管工事のときはIV線を通す問題が出題されます。支給されるケーブルは400～500mmです。これは切断せず、そのまま使って、最後に長さを合わせて切断したほうが効率的です。

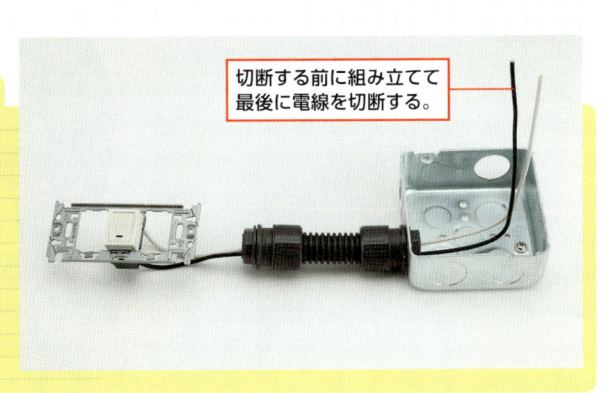

切断する前に組み立てて最後に電線を切断する。

技能編 第10章 技能試験の実技

22 リングスリーブでの電線の接続

DVD 10-29

リングスリーブは、電線どうしを圧着して接続する材料で、圧着には圧着ペンチを使います。電線の太さ（直径、断面積）と接続する本数によって、「大」「中」「小」のリングスリーブを使い分けます。リングスリーブの大きさによって、圧着ペンチの使用箇所が異なることに注意しましょう。

◆ 電線の太さ、接続本数とリングスリーブの大きさ

リングスリーブの大きさは、電線の太さと接続する本数によって決まります。リングスリーブを圧着すると、大きさを表す刻印が刻まれ、それが適したものになっていないと欠陥となります。

電線の太さ、接続本数とリングスリーブの大きさ

リングスリーブ	刻印	同じ太さの電線を使用する場合（本）		異なる太さの電線を使用する場合（本）
		1.6mm	2.0mm	―
小	〇	2	―	―
小	小	3〜4	2	2.0mm×1＋1.6mm×1〜2
中	中	5〜6	3〜4	2.0mm×1＋1.6mm×3〜5 2.0mm×2＋1.6mm×1〜3 2.0mm×3＋1.6mm×1

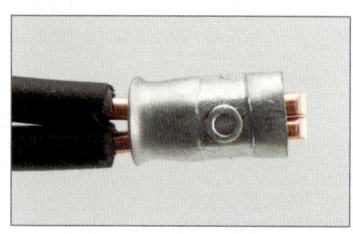

「〇」の刻印。1.6mm×2本の場合はこの刻印に。

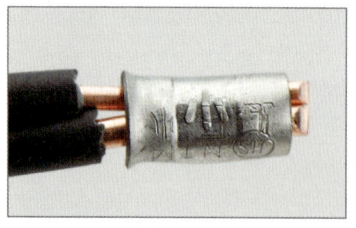

「小」の刻印。

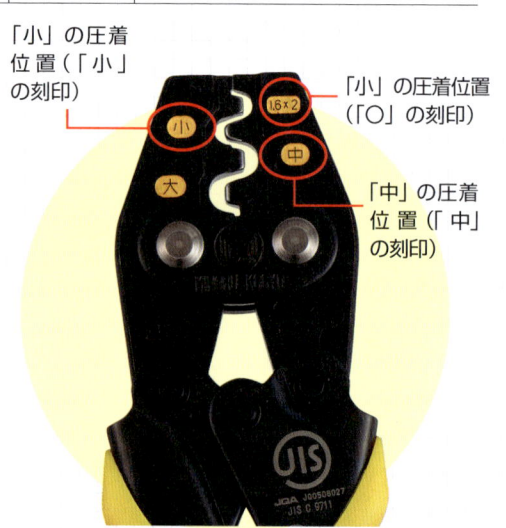

「小」の圧着位置（「小」の刻印）

「小」の圧着位置（「〇」の刻印）

「中」の圧着位置（「中」の刻印）

◆リングスリーブで電線を接続する

1
接続する電線の絶縁被覆を20〜30mmはぎ取ります。

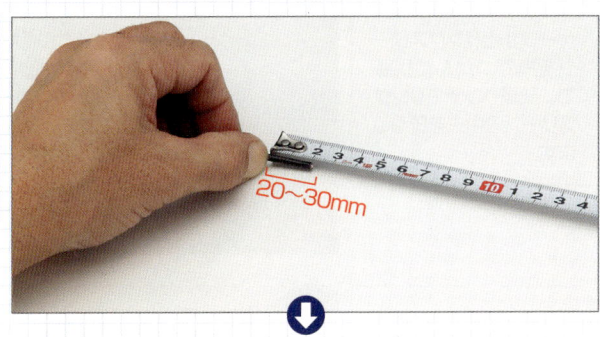

2
他の電線ははぎ取った電線の長さをもとにして寸法を測り、はぎ取ります。

3
リングスリーブの開いているほうから電線に差し込みます。

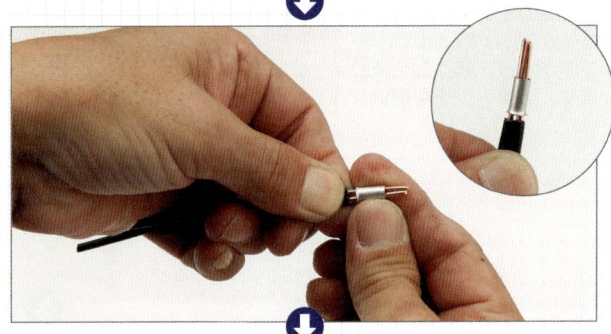

4
圧着ペンチのハンドルを強く握ってロックを解除します。ハンドルの先端を持って握ると解除しやすいです。

技能編 第10章 技能試験の実技

5

ケーブルとリングスリーブを指でつかんだ状態で、圧着ペンチでリングスリーブの中央を圧着します。

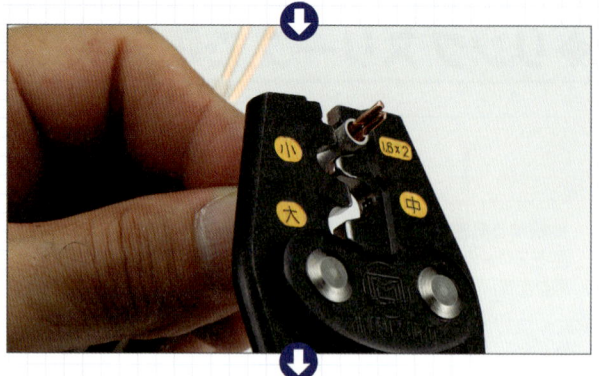

6

ペンチで心線の先端を切ります。切り落とすのを忘れると欠陥をとられる場合があります。

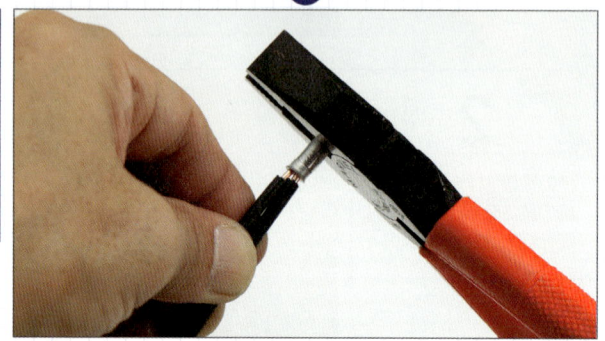

多機能型ケーブルストリッパで心線の先端を切ると、ぎりぎりまで切れてしまいスリーブまで切ってしまうこともあります。必ずペンチを使いましょう。

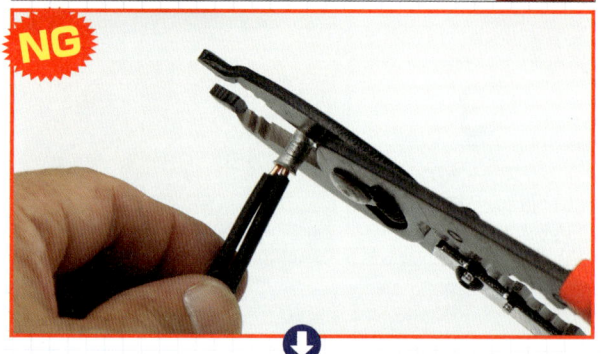

7

圧着ペンチの刻印が正しいかどうか確認して完成です。刻印を間違えると欠陥になりますから注意しましょう。

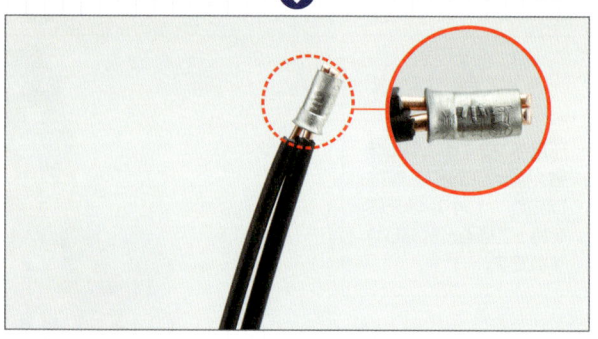

☑ この技もチェック!

「小」で圧着すべきところを「〇」で圧着してしまったら、一度リングスリーブを外すか、ケーブルを切り直してやり直しをします。「〇」の上から圧着し直すと欠陥になります。

圧着し直すと欠陥になります。

欠陥!

欠陥で最も多いのは「圧着刻印の間違い」です。次のようなミスも欠陥となります。

絶縁被覆への圧着
リングスリーブを心線に装着するときに被覆をかんでいないかチェックしましょう。

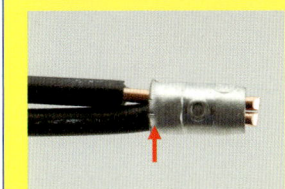

絶縁被覆のむき過ぎ
ギリギリのところで心線を切断して新しいスリーブを圧着し直します。
10mm以上で欠陥

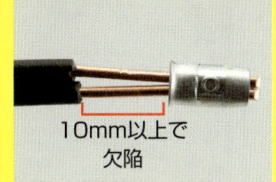

絶縁被覆が短過ぎ
外装の端から20mm以下だと欠陥になります。被覆が短すぎるときはもう一度外装のはぎ取りからやり直します。
20mm以下で欠陥

リングスリーブのつぶれ 中央以外への圧着
ペンチの圧着部をリングスリーブの中央に装着できていることを確認してから圧着します。

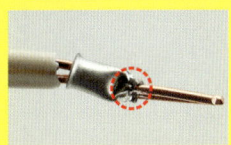

心線の挿入不足
スリーブの端から心線が少し見えている状態にします。

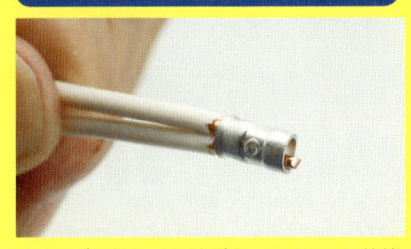

心線の先端の切り忘れ
5mm以上で欠陥
最後の確認を忘れないようにしましょう。

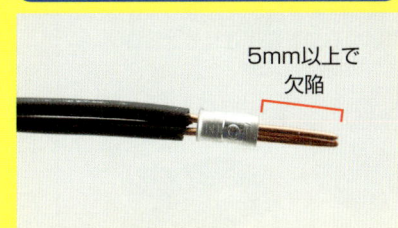

23 差込形コネクタでの電線の接続

DVD 10-30

差込形コネクタは、心線を差し込むだけで結線ができる便利な材料です。しかし、差し込むと簡単には抜けないので、電線を間違えないようにすることが大切です。また、間違って差し込んでしまった際の電線の抜き方を覚えておきましょう。

1. ペンチの穴に心線の端を合わせて心線を切断すると、ちょうどコネクタに合う12mmの寸法になります。
2. コネクタの穴に心線を差し込みます。
3. 抜けないことを確かめて完成です。

1 12mm

2

3 コネクタ上部から心線の先が見えるように。

✓ この技もチェック！

電線を間違えて差し込んでしまったら、手やペンチで差込コネクタをつかんで左右にねじりながら電線を引っ張って心線を抜きます。抜いた心線が傷ついていたら、絶縁被覆をはぎ取ってきれいな心線を露出させてからコネクタに接続します。

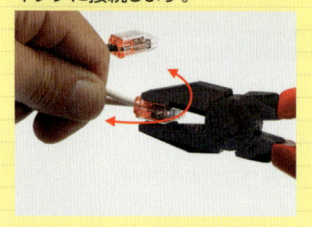

欠陥！

心線が短過ぎる 
コネクタを外してから、もう一度被覆のはぎ取りを行ってやり直しましょう。

心線がコネクタから露出している 
長過ぎるケーブルを引き抜いて12mmで切断して挿入し直します。

第11章 技能試験作業の進め方

1 過去問題にチャレンジ①

DVD 11-01

過去の候補問題を例に技能試験の作業の進め方をみていきましょう。全体の作業効率を高めることで、1つ1つの作業を慎重に行うことができます。下にある作業手順はその例の1つです。初めて試験にチャレンジするなど慣れない人はこの手順にしたがって練習してみるといいでしょう。

技能試験　作業の進め方

1　問題にある単線図から複線図を描く
- 複線図の書き方は➡P232〜。

⬇

2　ケーブルを切断する前に結線する材料を作る
間違ったとしても直しができる作業を先に行うことで、落ち着いて作業を進めることができる。
- 埋込器具の取付枠への取り付けなどを行う。
- アウトレットボックスに、ゴムブッシング、PF管、金属管などを装着。
（ジョイントボックスやスイッチボックスは試験では支給されない）

⬇

3　電線を寸法どおりに切断する
- それぞれの電線ごとに、①寸法を測る→②外装はぎ取り→③絶縁被覆はぎ取りを行う。

⬇

4　配線器具へ電線を結線する
- どの配線器具から始めてもかまわないが、不得意な作業（たとえば、輪作りがある露出形コンセントへの結線）を最後に回したほうが落ち着いて作業できる。

⬇

5　ボックス内の電線を接続する
- 複線図を見ながら、慎重に作業をする。
- 電線が多数ある場合は、接地線を先にまとめて本数を少なくするとよい。

⬇

6　点検と修正をする
- 欠陥がないか点検し、発見したらやり直す。

問題 過去に何度か類題が出題されている次の配線図の施工をしてみましょう。

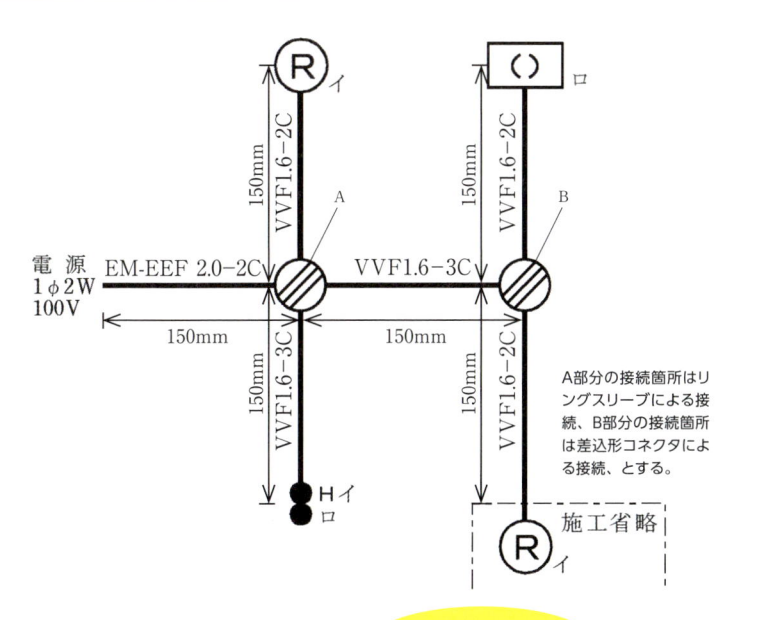

技能編 第11章 技能試験 作業の進め方

電源 1φ2W 100V
EM-EEF 2.0-2C
VVF1.6-2C
VVF1.6-3C
VVF1.6-2C

150mm

A部分の接続箇所はリングスリーブによる接続、B部分の接続箇所は差込形コネクタによる接続、とする。

施工省略

↓ 複線図にする

複線図

接地側
非接地側

白 黒 白 黒 白 赤 黒 赤 白 黒

色が逆になってもOK

施工省略

385

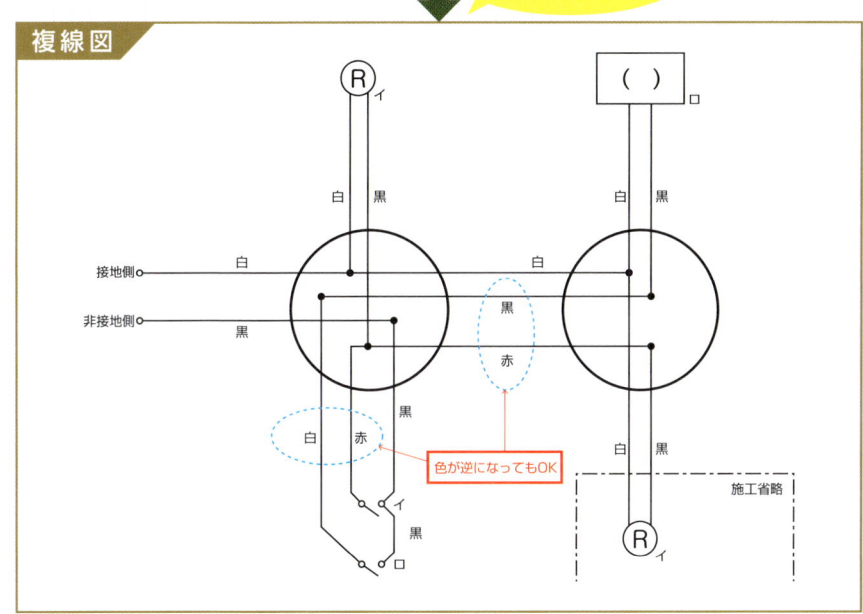

1

最初に結線する材料を作ります。まず、埋込形スイッチを取付枠に取り付けます。

2

ケーブルを切断します。まず、電源ケーブルは施工する長さのまま支給されるので、ボックスに入るほうの端の外装をむき、絶縁被覆をはぎ取ります。

端を90度折り曲げておく。

3

ランプレセプタクルや角形シーリングにつなぐVVFケーブルは配線図にある150mm+ジョイントボックス部分100mmと材料部分50mmを足して300mmで切断します。

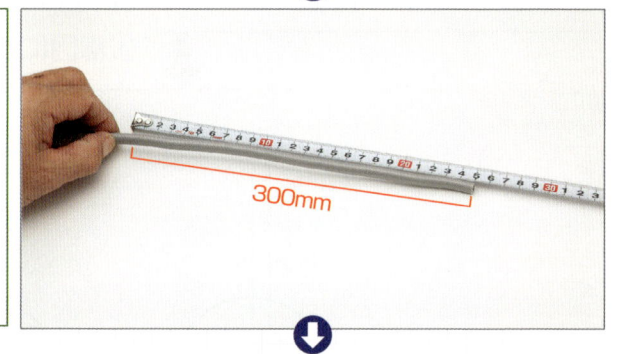

300mm

4

角形シーリングに結線します。ケーブルの寸法を測り、切断したら、極性を間違えないようにします。

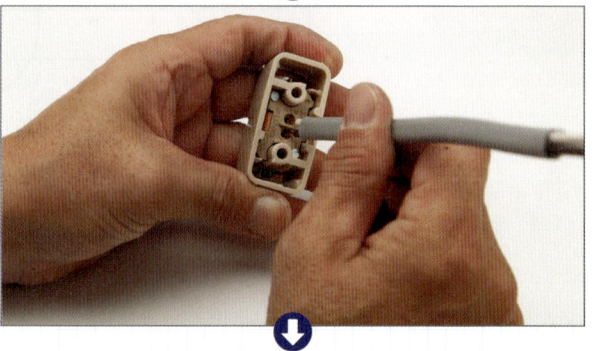

5

ランプレセプタクルに結線します。輪作りはコツがいる作業なので、ある程度手が慣れてきた頃に作業をするといいでしょう。

6

埋込形スイッチに結線をします。わたり線をつけてから、白線と赤線をスイッチにつけます。

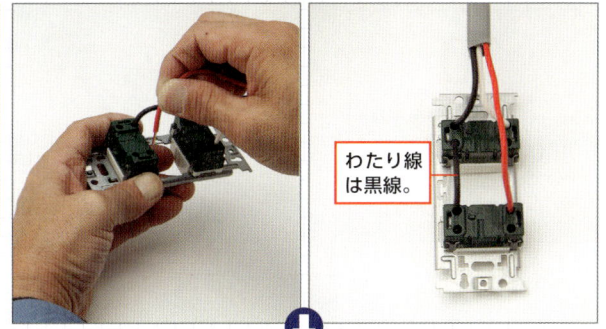

わたり線は黒線。

7

配線器具への結線が終わったら、電線どうしの接続に入ります。最初に配線図どおりに配線器具を並べます。

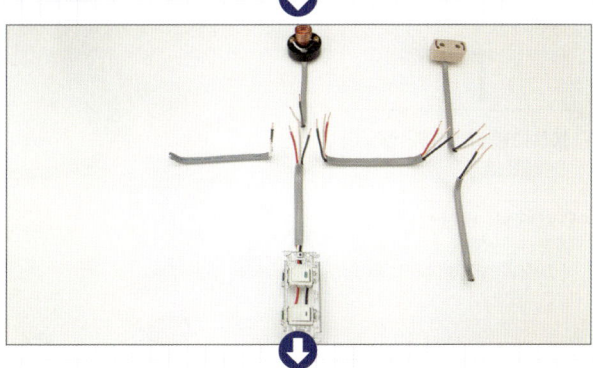

8

最初に左側のスイッチボックスのほう、リングスリーブを使っての接続を行います。スイッチから出ている白線を外して、それ以外の白線をまとめて圧着します。

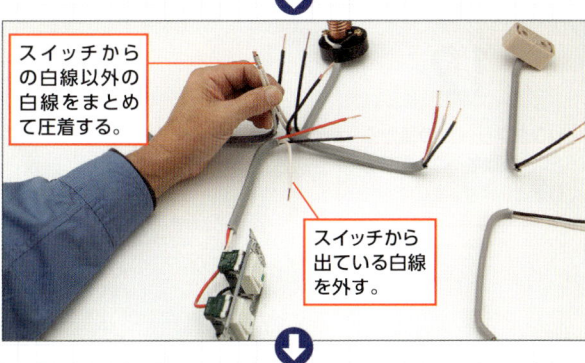

スイッチからの白線以外の白線をまとめて圧着する。

スイッチから出ている白線を外す。

技能編

第11章 技能試験 作業の進め方

9

次に電源の非接地電線とスイッチの非接地側（黒線）をつなぎます。1.6mmと2.0mmの2本の線のジョイントになるので、リングスリーブ小を圧着ペンチの「小」の位置で接続します。

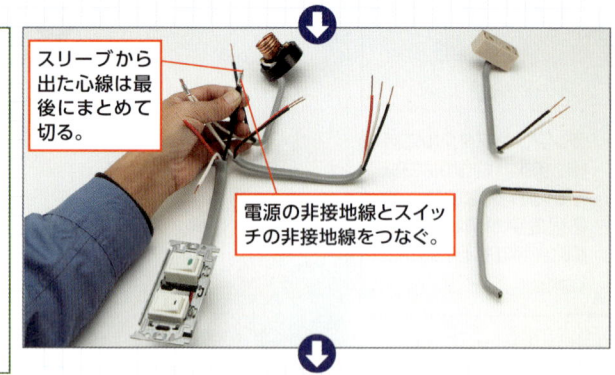

スリーブから出た心線は最後にまとめて切る。

電源の非接地線とスイッチの非接地線をつなぐ。

10

2つのランプセレプタクル（1つは施工省略）へつながる電線とスイッチ「イ」を接続します。

2つのランプレセプタクルへの電線とスイッチ「イ」をつなぐ。

11

最後に残った赤線どうしを接続します。

＊DVDでは、圧着ペンチの位置をわざと間違えて圧着し、その修正方法を最後に紹介しています。

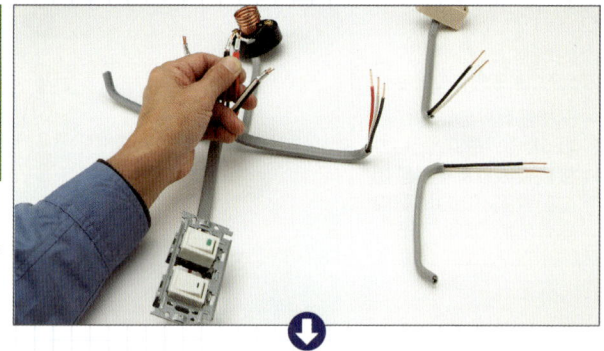

12

リングスリーブの頭から出た心線をペンチで切り落とします。

13

次に右側のジョイントボックスのほう、差込形コネクタを使っての接続をします。まず、心線がすべて20mm出ていますから、ペンチの裏の穴に合わせて12mmで切断します。

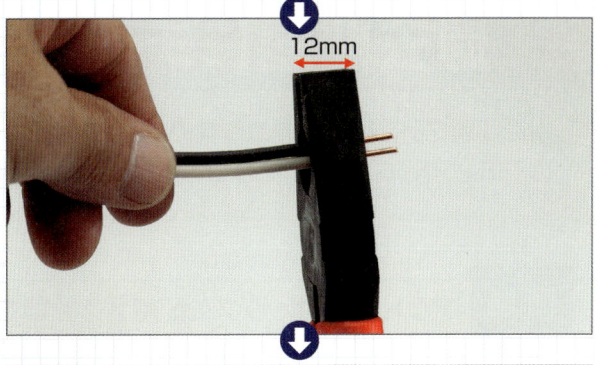

12mm

14

①スイッチ「イ」と施工省略のランプレセプタクルの結線
②スイッチ「ロ」と角形シーリングの結線
③白の接地線3本、の順で電線を接続します。

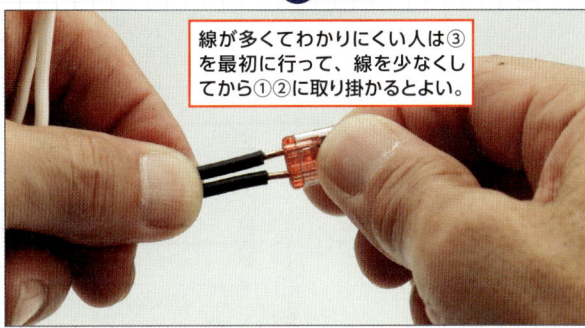

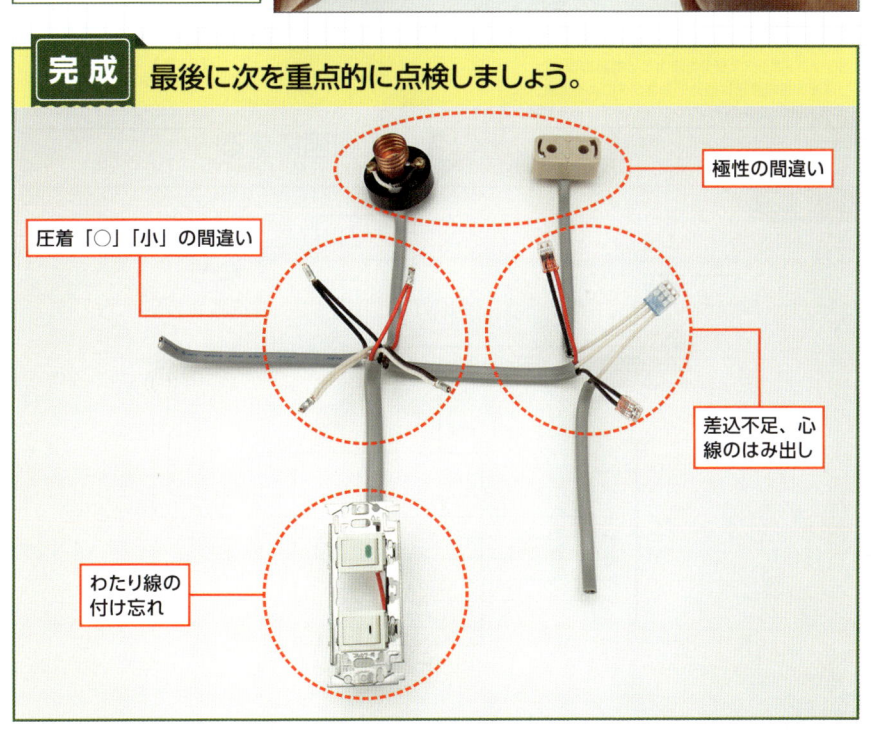

線が多くてわかりにくい人は③を最初に行って、線を少なくしてから①②に取り掛かるとよい。

技能編 第11章 技能試験 作業の進め方

完成 最後に次を重点的に点検しましょう。

極性の間違い

圧着「○」「小」の間違い

差込不足、心線のはみ出し

わたり線の付け忘れ

② 過去問題にチャレンジ②

DVD 11-02

次の問題を例に技能試験の作業の進め方を解説しましょう。基本的にはP384で解説した1〜6に沿った進め方になります。

問題 アウトレットボックスに配線する問題です。

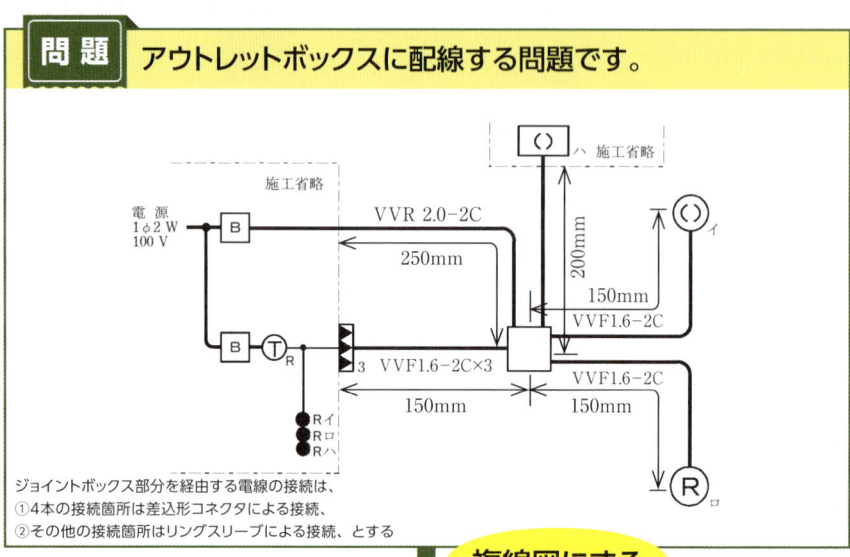

電源
1φ2W
100V

VVR 2.0-2C
250mm

200mm
150mm
VVF1.6-2C

3 VVF1.6-2C×3
150mm

VVF1.6-2C
150mm

施工省略

Rイ
Rロ
Rハ

ジョイントボックス部分を経由する電線の接続は、
①4本の接続箇所は差込形コネクタによる接続、
②その他の接続箇所はリングスリーブによる接続、とする

複線図にする

複線図

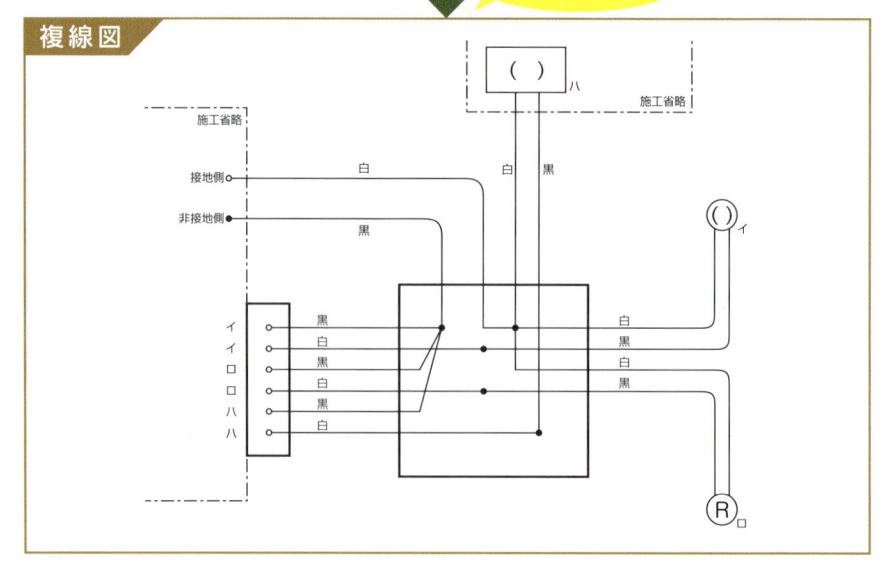

施工省略

接地側　白
非接地側　黒

イイロロハハ
黒白黒白黒白

白黒
白黒
白黒

施工省略

技能編

第11章 技能試験 作業の進め方

1
まず、配線器具を作るので、アウトレットボックスへのゴムブッシングのはめ込みからスタートします。

> 裏表と大きさを間違えないようにしてすべての穴にブッシングをはめる。

⬇

2
ゴムブッシングにケーブルを通す穴を電工ナイフで十字型に空けます。

⬇

3
電源のVVRケーブルの外装をむきます。VVRの外装のはぎ取りには電工ナイフを使います。そして20mm絶縁被覆をむきます。

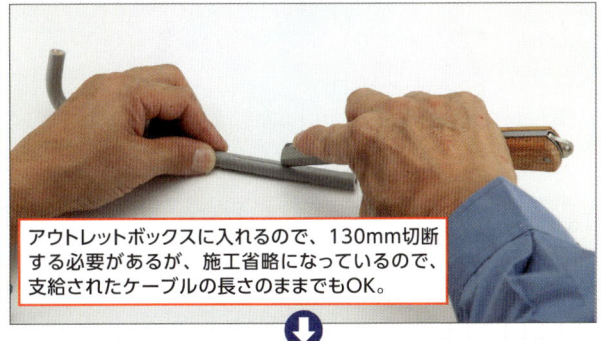

> アウトレットボックスに入れるので、130mm切断する必要があるが、施工省略になっているので、支給されたケーブルの長さのままでもOK。

⬇

4
アウトレットボックスに入れます。この後の作業でも配線器具とケーブルを結線したら、ボックス内にケーブルを入れるようにします。

⬇

5

次に端子台をスイッチとしてケーブルを3本切断します。アウトレットボックス側130mmの寸法を測ります。

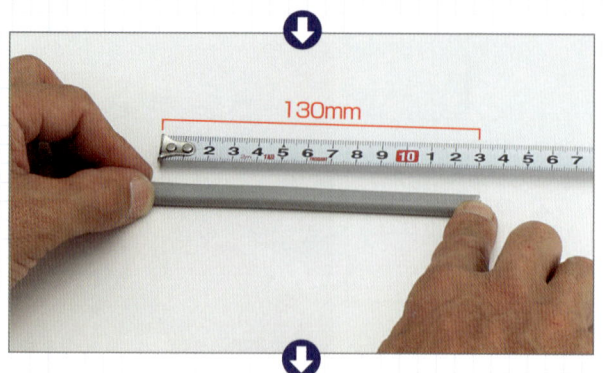

6

端子台側の外装を50mm、絶縁被覆を20mmむき、端子台の大きさに合わせて心線を切断してから結線します。

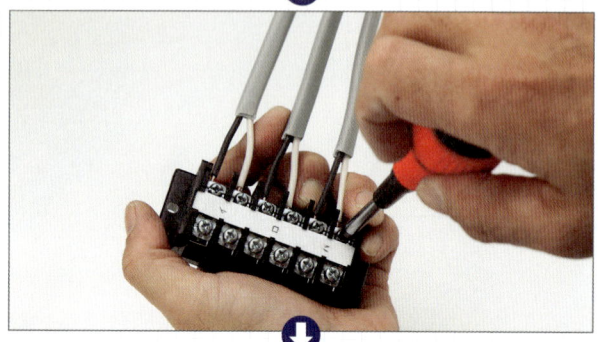

7

端子台のケーブルをアウトレットボックスに入れておきます。アウトレットボックスに入れたら、スイッチ「イロハ」がわかるようにクリップがあると便利です。

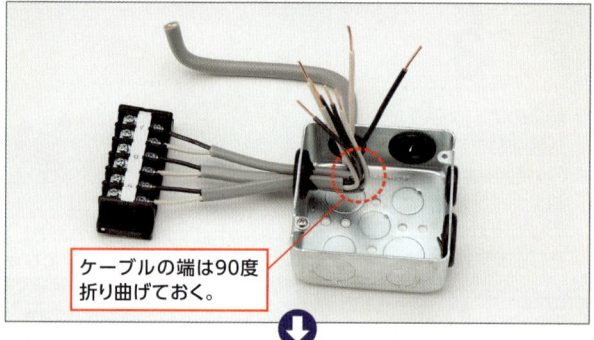

ケーブルの端は90度折り曲げておく。

8

施工省略「ハ」のケーブルを用意してアウトレットボックスに入れます。（これは最後に施工して余ったケーブルを入れておくことでもOKです）

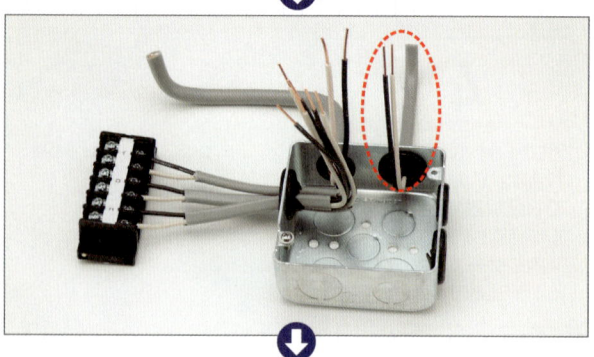

9

丸形シーリングに結線します。極性を間違えないようにしましょう。

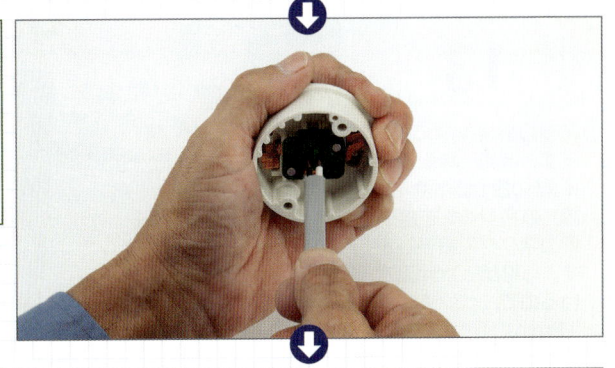

10

丸形シーリングをつないだケーブルをアウトレットボックスに入れます。

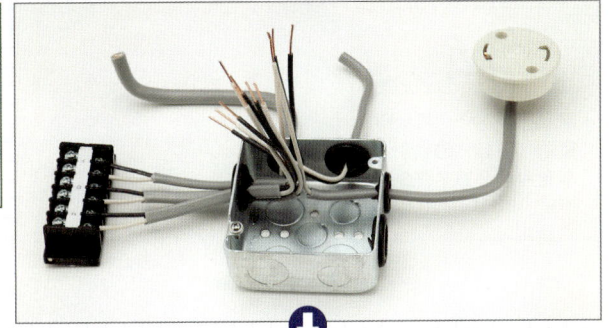

11

輪作りをしてランプレセプタクルに結線します。これも極性に注意します。

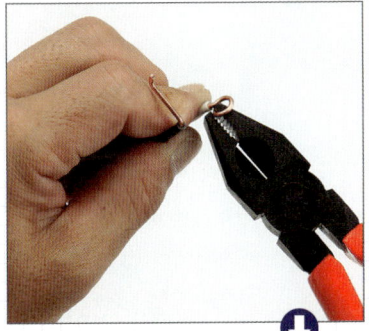

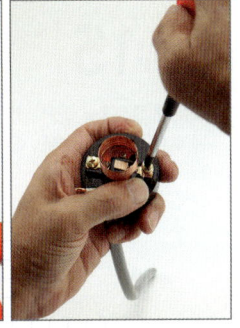

12

ランプレセプタクルをつないだケーブルをアウトレットボックスに入れます。これですべての配線ケーブルがボックス内に集まったことになります。

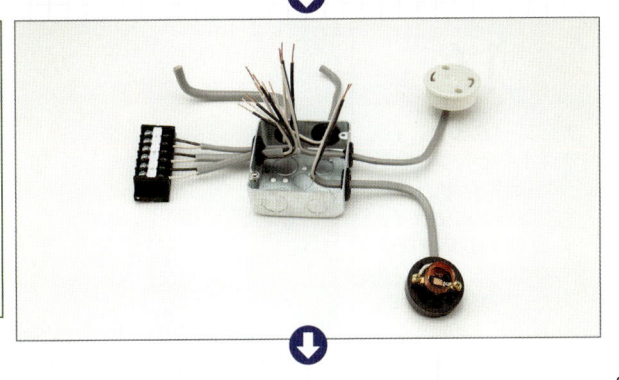

技能編

第11章 技能試験 作業の進め方

13

電線の接続作業に入ります。まず、電源とスイッチの接地側電線(白線)の合計4本を差込形コネクタに接続します。心線が20mm出ているので、ペンチの幅12mmで切断します。

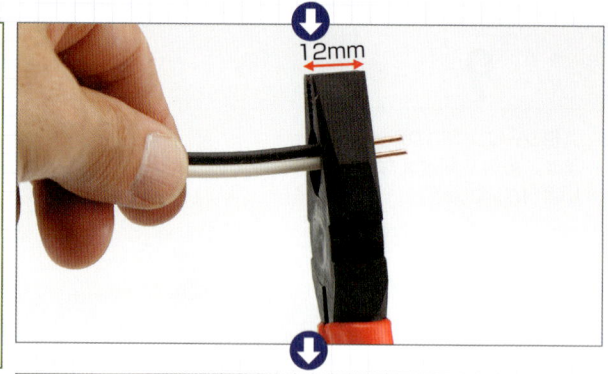

14

電源とスイッチの接地側電線(白線)の合計4本を差込形コネクタに接続します。

施工条件にあるとおり、4本の接続箇所は差込形コネクタで接続。

15

次に電源とスイッチの非接地側電線(黒線)の合計4本を差込形コネクタに接続します。

16

丸形シーリングとスイッチ「イ」、ランプレセプタクルとスイッチ「ロ」、角形シーリングとスイッチ「ハ」の対応を間違えないようにしてリングスリーブを差します。

4本の接続箇所以外はリングスリーブで接続する。

17

圧着ペンチでリングスリーブを圧着します。圧着する位置を間違えないようにしましょう。

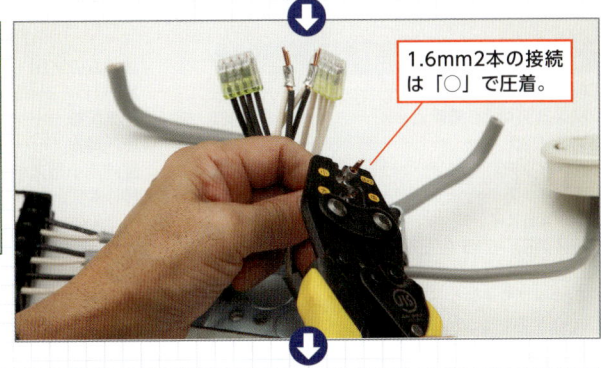

1.6mm2本の接続は「○」で圧着。

18

リングスリーブの頭から出た心線をペンチで切り落とします。

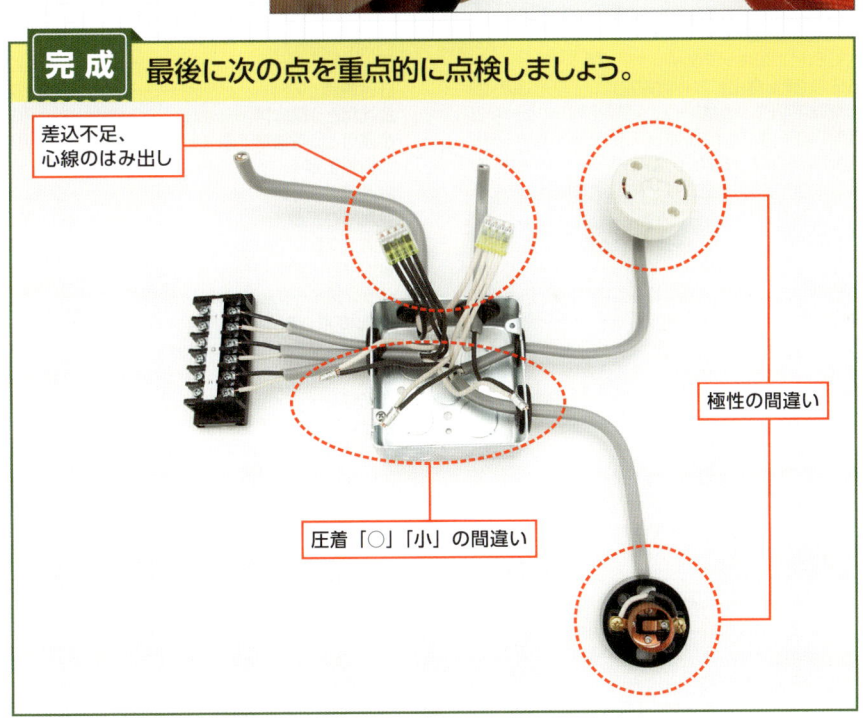

完成　最後に次の点を重点的に点検しましょう。

- 差込不足、心線のはみ出し
- 極性の間違い
- 圧着「○」「小」の間違い

技能編　第11章　技能試験 作業の進め方

さくいん

英数字

- 2極スイッチ ·· 105
- 2種金属製可とう電線管 ································ 108
- 3路スイッチ ··· 105・142
- 3路スイッチの配線 ·· 238
- 4路スイッチ ··· 142
- 3路／4路スイッチ ··· 106
- 3路／4路スイッチの配線 ····························· 240
- CD管 ··· 109・170
- CT（キャブタイヤケーブル） ···························· 94
- CV（600V架橋ポリエチレン絶縁ビニルシースケーブル） ··· 94
- C種接地工事 ·································· 168・183
- DV（引込用ビニル絶縁電線） ························ 93
- D種接地工事 ······················· 168・173・183
- EM-EEF（600Vポリエチレン絶縁耐燃性ポリエチレンシースケーブル） ···························· 94
- EM-IE（600Vポリエチレン絶縁電線） ······· 93
- HIV（600Vビニル二種絶縁電線） ··················· 92
- IV（600Vビニル絶縁電線） ····························· 92
- LED電球 ··· 117
- MI（MIケーブル） ····································· 94・95
- OW（屋外用ビニル絶縁電線） ······················· 93
- PF管 ··· 109・170
- PF管の接続 ·· 370
- RLC直列回路 ·· 37
- RLC並列回路 ·· 39
- VCT（ビニルキャブタイヤケーブル） ············· 94
- VE管（硬質塩化ビニル電線管） ········· 109・170
- VVF（600Vビニル絶縁シースケーブル平形） ······ 94・95
- VVF端子付ジョイントボックス ···················· 112
- VVF用ジョイントボックス ··············· 112・137
- VVR（600Vビニル絶縁シースケーブル丸形） ····· 94

あ行

- アウトレットボックス ························· 112・137
- アウトレットボックスでの電線の採寸 ······· 376
- 圧着ペンチ ·· 313
- アンペア ··· 18
- 位相 ·· 35・36
- 位置表示灯内蔵スイッチ ······························ 142
- 一般用（壁付）コンセント ···························· 139
- 一般用電気工作物 ··· 215
- インダクタンス ·· 32
- インピーダンス ·· 37
- ウォーターポンププライヤ ················ 110・315
- 薄鋼電線管 ·· 108
- 埋込形コンセント ······························· 100・233
- 埋込器具（ダウンライト） ······························ 145
- 埋込器具への結線 ··········· 353・354・356・358・360
- 埋込連用取付枠 ··· 350
- エントランスキャップ ··································· 110
- オーム ··· 20
- オームの法則 ··· 21
- 屋外灯 ·· 145
- 屋外配線 ·· 81
- 屋内幹線 ·· 76
- 屋内用小型スイッチ ······································ 103
- 押しボタンスイッチ ······································· 143

か行

- がいし引き工事 ·· 162
- 開閉器 ································ 71・102
- 回路計（テスタ） ····························· 194・202
- 確認表示灯内蔵スイッチ ······························ 142
- ガストーチランプ ··· 111
- カップリング ··· 109
- 過電流遮断器 ·························· 72・78
- 可とう電線管 ·· 170
- 金切のこ ··· 110
- カバー付ナイフスイッチ（開閉器） ········· 102・147
- 過負荷保護付漏電遮断器 ··········· 115・147・185
- 簡易接触防護措置 ··· 163
- 換気扇 ·· 149
- 感電 ·· 182
- 危険な施設場所 ··· 161
- キャノピスイッチ ··· 103
- キャパシタンス ·· 34
- キャブタイヤケーブル ····································· 94
- 極 ··· 73
- 許容電流 ··· 68・77
- 金属可とう電線管 ··· 169
- 金属可とう電線管工事 ·································· 169
- 金属管工事 ····························· 110・166
- 金属管の接続 ··························· 371・372
- 金属線ぴ工事 ··· 172
- 金属ダクト ··· 175
- 金属ダクト工事 ·· 175
- クランプメータ（クランプ形漏電電流計） ········ 202
- クリックボール ··· 111
- グロースタート式 ··· 118
- 計器の図記号 ··· 146
- 蛍光灯 ································ 117・118・144
- 蛍光灯用変圧器（安定器） ···························· 149
- ケーブル ·································· 93・164
- ケーブル外装のはぎ取り ············· 325・326・328
- ケーブルカッタ ·· 99
- ケーブル工事 ·· 164
- ケーブルストリッパ ······································· 315
- ケーブルストリッパ（専用型） ············ 328・333
- ケーブルストリッパ（多機能型） ··· 325・326・332・338
- ケーブルの図記号 ··· 136
- ケーブルラック ··· 112
- 検相器 ·· 123
- 検電器 ·· 203

項目	ページ
コイル	31
高圧水銀ランプ	118
硬質塩化ビニル電線管	170
合成インピーダンス	37
合成樹脂管	170
合成樹脂管工事	111・170
合成樹脂管用パイプカッタ	111
合成抵抗	24
光束	116
高速切断機	110
光度	116
交流	19
コード	95
コードサポート	178
ゴムコード	95
ゴムブッシング	113
ゴムブッシングの装着	369
コンクリートボックス	112・137
コンセント	82・100
コンセントの図記号	138
コンデンサ	33
コンビネーションカップリング	109

さ 行

項目	ページ
最大値	30
差込形コネクタ	98・247
差込形コネクタでの電線の接続	382
サドル	113・164
三相交流	42・44
三相3線式	59・66
三相用配線用遮断器	115
シーリングライト	145
自家用電気工作物	215
施設場所	160
実効値	30
自動点滅器	104・142
自動点滅器の配線	242
遮断器	114
シャンデリア	145
周期	30
充電	33
周波数	30
手動油圧式圧着器	99
主任電気工事士	222
需要率	78
竣工検査	194
瞬時値	30
ショウウインドウ内配線工事	179
小勢力回路	180
照度	116
照明器具の図記号	144
心線の絶縁被覆のはぎ取り	332

項目	ページ
進相コンデンサ	121
振動ドリル	113
スイッチ	102
スイッチの図記号	141
スイッチボックス	112
スケール	324
Y(スター)結線	43
スターデルタ(Y−Δ)始動器	123
ステップル	113・164
制御盤	146
絶縁体	19
絶縁抵抗	195・196
絶縁抵抗計(メガー)	194・196
絶縁テープ	97
絶縁電線	92
絶縁被覆付圧着端子用圧着工具	99
絶縁ブッシング	113
接触防護措置	163
接地	182
接地極	137
接地極付コンセント	139
接地極付接地端子付コンセント	140
接地工事	182
接地端子	137
接地端子付コンセント	139
接地抵抗	183・194・197
接地抵抗計(アーステスタ)	194・197
線間電圧	43
線状導体	177
線付防水ソケット	117
線電流	43
線ぴ	172
送電	58
相電圧	43
相電流	43
測定器の動作原理	205
素子	73

た 行

項目	ページ
ターミナルキャップ	110
第一種電気工事士	216
第二種電気工事士	216
タイムスイッチ	104・148
タイムスイッチの配線	242
ダクト	174
ダクト工事	174
タップ	111
タップハンドル	111
単極スイッチ	104・141
端子台への結線	362・364
単線	68
単線図	232

単相交流	42
単相3線式	59・62・64
単相電力計	201
単相2線式	59・60
タンブラスイッチ	103
地中埋設配線	165
チャイム	149
チャイム用小型変圧器	180
中性線欠相	74
チューブサポート	178
調光器	104・142
張線器(シメラー)	70
直流	19
地絡電流	183・185
低圧進相コンデンサ	147
低圧ノップがいし	162
抵抗	31
抵抗器	199
適合表示マーク	221
Δ(デルタ)結線	43
電圧	18
電圧計	198
電圧降下	26・60
展開した場所	160
電気機器の図記号	147
電気工作物	215
電気工事業法	222
電気工事士法	216
電気工事士免状	218
電気事業法	215
電気設備技術基準	219
電気設備の技術基準の解釈	219
電気抵抗	20
電気はんだごて	99
電気保安4法	214
電気用品安全法	221
点検できない隠ぺい場所	160
点検できる隠ぺい場所	160
電工ナイフ	98・312・329・330
電磁開閉器・電磁開閉器用押しボタン	102・148
電磁的平衡	167
天井付コンセント	139
電線	96
電線管	108
電線管の図記号	136
電線の図記号	136
電線の切断寸法	322
電動機	82・147
電動機保護兼用配線用遮断器(モータブレーカ)	148
電熱器(ヒーター)	148
電流	18
電流計	198
電流減少係数	69
電力	28
電力系統	58
電力損失	60
電力量	29
電力量計	147
同期速度	122
導体	19
特定電気用品	221

な 行

ナトリウムランプ	118
抜止形コンセント	139
ネオン管	118
ネオン変圧器	178
ネオン放電灯工事	178
ねじ切り器	111
ねじなしカップリング	109
ねじなし電線管	108
ノーマルベンド	109
ノックアウトパンチャ	113

は 行

配線図	134
配線図記号	134
配線用遮断器	71・73・114・146
配線用遮断器への結線	365・366
配電	58
配電盤	146
配電盤の図記号	146
パイプカッタ	110
パイプバイス	110
パイプベンダ	111
パイプレンチ	110
パイラック	113
倍率器	200
パイロットランプ	107・142
白熱電球	117
白熱灯	117・144
箱開閉器	102・147
裸圧着端子用圧着工具	99
羽根切り	113
ハロゲンランプ	117
半導体	19
引掛形コンセント	139
引掛シーリング	145・233
引掛シーリングへの結線	345・346・348
引込口配線	71
引込線	70
皮相電力	40
ビニルキャブタイヤケーブル	94
ビニルコード	95

ヒューズ	72・114
表示灯内蔵スイッチ	103
平形がいし（引留がいし）	162
平形保護層工事	180
平やすり	111
ファラド	34
複線図	232
複線図を起こす基本ルール	234
ブザー	149
ブッシング	166
プラグ	100
プラスドライバ	314
プリカチューブ	108・169
プリカナイフ	111
プルスイッチ	103・142
プルボックス	112・137
フロアコンセント	100・139
フロアダクト	176
フロアダクト工事	176
フロートスイッチ	148
フロートレススイッチ電極棒	148
分圧	23
分岐回路	76・80
分電盤	146
分電盤の図記号	146
分流	22
分流器	199
ベクトル	35
ベル	149
ベル用変圧器	149
ペンダントライト	145
ペンチ	98・313
ヘンリー	32
変流器	200
防雨形コンセント	100・139
防雨スイッチ	143
防護管	181
防護管の取り付け	367・368
防水プリカ	108
放電	33
放電灯	118
ボックス	112
ボックスコネクタ	113
ホルソ	113
ボルト	18
ボンド線の接続	374

ま 行

埋設配管	166
マイナスドライバ	314
無効電力	41
メタルモール	172
メタルラス	181
面取り器	111
木造メタルラス壁	181
木工用きり	113

や 行

有効電力	40
誘導性リアクタンス	32
誘導電動機	120
誘導灯	145
ユニバーサル	109
容量性リアクタンス	34
呼び線挿入器	113
より線	68

ら 行

ライティングダクト	177
ランプレセプタクル	145・233
ランプレセプタクルへの結線	340・342
リーマ	111
力率	40
リモコン回路	244
リモコンスイッチ	104・143
リモコンセレクタスイッチ	143
リモコントランス（小型変圧器）	104・143
リモコンリレー	104・143
リングスリーブ	98・246
リングスリーブでの電線の接続	378・380
リングレジューサ	166
ルームエアコン　屋内ユニット	149
レースウェイ	172
連用器具の配線	236
漏電	75・114・182
漏電遮断器	75・115・146・182・185
漏電遮断器付コンセント	115・140
露出形コンセント	100・233
露出形コンセントへの結線	343・344
露出形スイッチボックス	112
露出配管	166

わ 行

ワイドハンドル形スイッチ	141
ワイヤ（ケーブル）ストリッパ	99
輪作り	334・336・338
ワット	28

●編著者紹介 —— 電験・電工資格試験研究会
[でんけん・でんこうしかくしけんけんきゅうかい]
電気主任技術者や電気工事士など、電気関連資格の講習などを行う講師集団。公共団体・企業などでの講義や、電気工事士技能判定員を務める講師らが在籍する。

- ●イラスト ——— 株式会社ウエイド　原田 新
- ●写真提供 ——— スターヒューズ株式会社　日動電工株式会社　白光株式会社　パナソニック株式会社
  ホーザン株式会社　株式会社マーベル　三菱電機株式会社　未来工業株式会社
  株式会社明工社　横河メータ＆インスツルメンツ株式会社
- ●スチール撮影 —— 嶋田写真事務所
- ●デザイン ——— FANTAGRAPH（河南祐介、五味 聡、藤田真央）
- ●DTP ——— 株式会社明昌堂
- ●DVD編集制作 —— 株式会社メディアスタイリスト
- ●編集協力 ——— パケット

[本書に関するお問い合わせ]

本書に関するお問い合わせは、下記の読者質問係まで電子メールまたはFAXにてお願いいたします。その際、①書名、②発行年月日、③質問される方の氏名・ご連絡先を明記してください。電話によるお問い合わせや、本書の範囲を超えるご質問などにはお答えできませんので、あらかじめご了承ください。

『DVDで一発合格！ 第二種電気工事士 筆記＆技能テキスト カラー版』読者質問係
E-mail：st-shitsumon@paquet.jp　／　FAX：03-5577-5098

DVDで一発合格！
第二種電気工事士　筆記＆技能テキスト　カラー版

2016年10月20日発行　第1版
2024年 1月10日発行　第2版　第5刷

- ●編著者 ——— 電験・電工資格試験研究会　[でんけん・でんこうしかくしけんけんきゅうかい]
- ●発行者 ——— 若松 和紀
- ●発行所 ——— 株式会社西東社
  〒113-0034 東京都文京区湯島2-3-13
  電話　03-5800-3120（代）
  URL　https://www.seitosha.co.jp/

本書の内容の一部あるいは全部を無断でコピー、データファイル化することは、法律で認められた場合をのぞき、著作権者及び出版社の権利を侵害することになります。
第三者による電子データ化、電子書籍化はいかなる場合も認められておりません。
落丁・乱丁本は、小社「営業」宛にご送付ください。送料小社負担にて、お取替えいたします。
ISBN978-4-7916-2428-7